Dieter Liepsch

Krankenhaus- und Labortechnik

Weitere empfehlenswerte Titel

Energie-, Gebäude-, Versorgungstechnik
Dieter Liepsch, Ferdinand Bajic, Christian Steger, 2014
ISBN 978-3-486-72769-2, e-ISBN (PDF) 978-3-486-76967-8,
e-ISBN (EPUB) 978-3-486-98965-6

Biomedizinische Technik – Vernetzte und intelligente Implantate
Uwe Marschner, Bernhard Clasbrummel, Johannes Dehm (Hrsg.)
ISBN 978-3-11-034927-6, e-ISBN (PDF) 978-3-11-034933-7,
e-ISBN (EPUB) 978-3-11-038408-6

Technische Assistenzsysteme. Vom Industrieroboter zum Roboterassistenten
Wolfgang Gerke, 2014
ISBN 978-3-11-034370-0, e-ISBN (PDF) 978-3-11-034371-7,
e-ISBN (EPUB) 978-3-11-039657-7

Medizinische Informatik kompakt.
Ein Kompendium für Mediziner, Informatiker, Qualitätsmanager und Epidemiologen
Roswitha Jehle, Johanna Christina Czeschik, Torsten Freund,
Ernst Wellnhofer (Hrsg.), 2015
ISBN 978-3-11-033993-2, e-ISBN (PDF) 978-3-11-034025-9,
e-ISBN (EPUB) 978-3-11-038957-9

Biosignalverarbeitung. Grundlagen und Anwendungen mit MATLAB®
Stefan Bernhard, Andreas Brensing, Karl-Heinz Witte, 2022
ISBN 978-3-11-100189-0, e-ISBN (PDF) 978-3-11-100311-5,
e-ISBN (EPUB) 978-3-11-100363-4

Optical Nanospectroscopy. Applications
Alfred J. Meixner, Monika Fleischer, Dieter P. Kern, Evgeniya Sheremet,
Norman McMillan, 2022
ISBN 978-3-11-044289-2, e-ISBN (PDF) 978-3-11-044290-8,
e-ISBN (EPUB) 978-3-11-043498-9

Dieter Liepsch

Krankenhaus- und Labortechnik

Grundlagen

DE GRUYTER
OLDENBOURG

Autor
Prof. Dr. Dieter Liepsch
Hochschule München
FB 05VS
Lothstr. 34
80335 München
Deutschland

ISBN 978-3-11-040290-2
e-ISBN (PDF) 978-3-11-040291-9
e-ISBN (EPUB) 978-3-11-042746-2

Library of Congress Control Number: 2024935205

Bibliografische Information der Deutschen Nationalbibliothek
Die Deutsche Nationalbibliothek verzeichnet diese Publikation in der Deutschen Nationalbibliografie; detaillierte bibliografische Daten sind im Internet über
http://dnb.dnb.de abrufbar.

Coverabbildung: gorodenkoff / iStock / Getty Images Plus
Satz: VTeX UAB, Lithuania

www.degruyter.com

Vorwort

Die technische Entwicklung in der Krankenhaus- und Labortechnik schreitet mit riesigen Schritten voran. Auch wenn nicht alles in diesem Buch erfasst werden kann, so soll es als Grundlage und Nachschlagewerk für Ingenieure, Techniker, Studierende sowie Betriebsleiter und dem technischen Personal im Krankenhaus und im Labor dienen. Außerdem ist es für Mediziner und die im Krankenhaus und im Labor tätigen Mitarbeiter gedacht.

Neben speziellen Besonderheiten und Grundlagen auf dem Gebiet der Energie-, Versorgungstechnik, dem Facility-Management werden die heute wichtigen Themen der Hygiene behandelt.

Technisch physikalische Grundlagen werden als bekannt angenommen. In den einzelnen Abschnitten wird auf die einschlägigen Normen, DIN, EU-Normen sowie VDI/VDE-Richtlinien verwiesen. Diese werden bekanntlich öfter überarbeitet, sodass man sich bezüglich der Normen jeweils die neuesten gültigen Normen beschaffen sollte.

Die Abbildungen und Beispiele sind für Lernende und Fachleute gedacht, die mit der Materie nicht so vertraut sind und dieses Werk zur Einarbeitung in den Bereich Krankenhaus- und Labortechnik verwenden möchten. Das Buch soll für alle Tätigen auch als Nachschlagewerk dienen.

Das Buch gibt den Inhalt der laufenden Vorlesung „Krankenhaustechnik“ an der Hochschule München wieder, was auf Wunsch vieler Hörer, aber auch in der Praxis Tätigen erstellt wurde. In zahlreichen Seminaren und Vorträgen des VDI-Arbeitskreises Bio-, Medizin- und Umwelttechnik wurden viele Hinweise auf die Hygiene im Krankenhaus gegeben, deren Inhalte zum Teil in dieses Buch mit einfließen.

Unser Dank gilt besonders Frau Joyce McLean und Frau Hopf, die bei der Erstellung des Manuskripts behilflich waren und auch Korrektur gelesen haben.

Ferner danke ich den zahlreichen Studierenden, die bei der Stoffsammlung im Rahmen von Bachelor- und Masterarbeiten zum Gelingen des Buches beigetragen haben.

Ferner gilt unser Dank der Fa. Friedmann, besonders Dipl.-Ing. Thomas Friedmann, der jahrelang als Lehrbeauftragter an der Hochschule München einen Teil der Krankenhaustechnik las, sowie Klaus und Karl-Heinz Friedmann, die im Rahmen vieler Symposien an der Hochschule München einschlägige Vorträge hielten.

Ebenso gilt unser Dank Herrn Dipl.-Ing. Jürgen Mayer (Ingenieurbüro Mayer AG) der besonders den Teil Gesetze, Vorschriften, Verordnungen und den Planungsgang als Lehrbeauftragter an der Hochschule München behandelt.

https://doi.org/10.1515/9783110402919-201

Der Ingenieur in der Medizin

Einleitung

Der Fortschritt in der Technik macht sich im Bereich der Medizin immer stärker bemerkbar. Technische Verfahren und Apparate sind zu unentbehrlichen Hilfsmitteln für den Mediziner geworden. Diagnosen und Therapien vieler Krankheiten werden heute durch medizinische Apparate verfeinert, bzw. verbessert. Je mehr Technik in die Medizin eindringt, umso notwendiger wird die interdisziplinäre Zusammenarbeit im modernen Gesundheitswesen. Eine sinnvolle, der Sache dienende interdisziplinäre Zusammenarbeit mit Medizinern, Chemikern, Physikern und Elektrotechnikern ist eine selbstverständliche Voraussetzung für Ingenieure, die Krankenhäuser bzw. Laboratorien planen, bauen und für die Instandhaltung der versorgungstechnischen Anlagen verantwortlich sind.

Z. B. sind es bei der Therapie neben der Erfahrung und dem ärztlichen Blick, technische Geräte, die dem Arzt Maß und Zahlen angeben, die für ihn sinnlich nicht unmittelbar erreichbar sind. Die Anwendung physikalischer, chemisch-pharmazeutischer und radiologischer Methoden bietet hier ein viel tieferes Eindringen als die bloße sinnliche Wahrnehmung des Arztes.

Ein breites Gebiet der Technik nimmt heute die Entwicklung optischer und fotografischer, wie filmischer Möglichkeiten der Untersuchung des Körperinneren ein. So wurde eine Sonde entwickelt, die sich von Mund bis zum After durchführen lässt, und mit der man jeden Teil des Darms betrachten kann.

Impulse gehen von der Optik, Elektrotechnik, Chemie, Analytik, Verfahrens- und Strömungstechnik, angewandte Physik und Apparatebau aus. Die Entwicklung des Lasers, der Kunststoffe, der Ultraschalltechnik (z. B. die Feststellung von Durchblutungsstörungen) helfen den Medizinern schwierige Aufgaben zu lösen.

Auch die sogenannten Schnelltests in der Vorsorgemedizin müssen genannt werden, z. B. auf enzymatischer Basis, also das Fachgebiet der Biochemie. Hier sei nur der Combur-6-Test erwähnt, der es ermöglicht, mit einem einzigen Teststreifen sechs Einzeluntersuchungen durchzuführen (pH-Wert, Eiweiß, Glucose, Fettabbauzwischenprodukte gestörter Fettverbrennung, Urobilinogen und die Anzahl der roten Blutkörperchen).

Welche Aufgaben fallen dabei dem Versorgungsingenieur bzw. Krankenhausbetriebsingenieur zu?

Aufgaben des Versorgungs-, Krankenhausbetriebsingenieurs

Allgemeines

Der Ingenieur ist dank seiner Ausbildung in der Lage, für viele anstehende Probleme eine Lösung zu finden.

https://doi.org/10.1515/9783110402919-202

Neben Klima-, Lüftungs-, Heizungstechnik, spielt die Sanitärtechnik sowie die Abfallbeseitigung eine entscheidende Rolle in seiner bisherigen Ausbildung. Hygienische Gesichtspunkte sind von besonderer Bedeutung. Er findet somit daher bei der Planung, beim Bau als auch bei der Wartung einen vielseitigen Einsatz in Krankenhäusern, Forschungs- und Entwicklungslabors. Betrachtet man nur einige auf dem Gebiet der Versorgungstechnik wichtige Faktoren, so sieht man, dass diese für das Wohlbefinden des Menschen von entscheidender Bedeutung sind. Welche Einflussfaktoren spielen eine entscheidende Rolle auf das menschliche Allgemeinbefinden?

1. Die Lufttemperatur: sie wird mit 20 °C als normal angenommen, wenn kein Strahlungsaustausch erfolgt, für den körperlich nicht arbeitenden Menschen bei einer Luftfeuchte von $\varphi = 50\,\%$.
2. Wärmestrahlung
3. Luftgeschwindigkeit: es werden bei Außenlufttemperaturen von 0–26 °C folgende Raumluftnormative gefordert, z. B. für eine Kantine: eine Außenluftrate von 30 m^3/h und Person bei Rauchverbot und 50 m^3/h und Person bei Raucherlaubnis.
4. Luftfeuchte
5. Staub- und Fremdgasgehalt: Entfernung von Staub, Riechstoffen, Bakterien und gasförmigen Schadstoffen. Die Bakterienabscheidung ist nur in Spezialfällen anwendbar, z. B. im OP-Bereich. Das Keimfreimachen erfolgt durch Feinstfilter, sogenannte Bakterienfilter. Außerdem kann es durch Versprühen von Desinfektionsmitteln in der Zuluft, durch Ionisierung der Zuluft, bzw. Bestrahlung mit Ultraviolettstrahlen erfolgen. Die gesamte Reinraumtechnik ist hier in Spezialfällen zu beachten.
6. Elektrostatische Aufladungen: Menschen reagieren bekanntlich unterschiedlich auf die Luftelektrizität. Es handelt sich dabei um Einwirkungen auf den Menschen durch das Spannungsfeld zwischen Erdoberfläche und der äußeren Schicht der Lufthülle und der Eigenfrequenz der Erde. Genaue Werte, als Unterlagen für lüftungstechnische Anwendungen fehlen noch. Es tritt eine Beeinflussung der Reaktionszeit des Menschen – Unfallhäufigkeit – durch luftelektrische Störungen auf. Ein typisches Beispiel ist ein plötzlicher Föhneinbruch in München, der sich deutlich im Straßenverkehr bemerkbar macht. Die Einwirkung der *Luftionisation* auf die Atemwege erfordert eine Berücksichtigung in Krankenhäusern. In Räumen mit Kunststoffkanälen, oder mit PVC-Unterlagen ist eine Luftionisation möglich, und es wurden Einflüsse auf das menschliche Wohlbefinden festgestellt.
7. Geräuschpegel, Schalldämpfung: Geräusche können zu starken Belästigungen führen. Für Krankenhäuser und Sanatorien wird allgemein eine Lärmbewertungszahl N am Tage von 25, in der Nacht von 20 gefordert. Die sogenannte Lärmbewertungszahl N dient zur Kennzeichnung eines bestimmten Geräusches durch eine Zahl, in der Intensität und die spektrale Verteilung dieses Geräusches wird berücksichtigt. Jeder dieser Komponenten ist in ihrer Einwirkung nur im Zusammenhang mit einer, oder mehreren anderen zu beurteilen. Ausschlaggebend ist ferner die Bekleidung, die Bewegungs- und Arbeitsintensität und vor allem der körperliche Zustand, also der Gesundheitszustand.

2.2 Aufgaben im Krankenhaus

Ungünstiges Raumklima beeinträchtigt die Leistungsfähigkeit des Menschen beträchtlich. Im menschlichen Körper soll die Temperatur von 37 °C aufrechterhalten werden. Bei ungünstigen Klimabedingungen treten physiologische Regelmechanismen in Kraft. Im Krankenhaus soll sich der Patient wohlfühlen. Es sind also die erwähnten Faktoren zu berücksichtigen.

Bei der Planung sollte der Architekt darauf achten, dass sich der Patient geborgen fühlen muss, d. h. es sollten möglichst keine durchlaufenden Fenster von Wand zu Wand gebaut werden. Neben dem Wohlbefinden des Patienten hat ein nicht durchgehendes Fenster außerdem eine Kostenersparnis zur Folge.

Weiter sollte beim Bauen von Krankenhäusern darauf geachtet werden, dass maximal drei Betten in einem Krankenzimmer stehen. Dies läßt sich durchaus verwirklichen. Die Ingenieure sollten hier energisch bei der Planung darauf achten, denn der Mensch braucht seine ungestörte Intimsphäre.

Weiter sollten alle technischen Erkenntnisse genutzt werden, z. B. gut konstruierte Krankenhausbetten ersparen Personal.

Im Bettenbereich muss auf gute Lüftung und einwandfreie Heizung geachtet werden. Eine Klimatisierung im Krankenhaus ist im OP-Bereich und in der Intensivstation unbedingt erforderlich. Beim Bettentrakt hängt es von den klimatischen Verhältnissen der Gegend ab. Die sanitären Einrichtungen sollten für jeden Patienten bequem erreichbar sein. Hier ist die Hygiene oberstes Gebot. Diese Einrichtungen werden in vielen Krankenhäusern noch stark vernachlässigt. Damit sind wir bei dem leidigen Problem der Kosten. Bei der Planung und beim Bau von Krankenhäusern sollten beratende Ingenieure bzw. entsprechende Firmen, Angebote unterbreiten, wobei bei der Auswahl keine falschen Sparmaßnahmen erfolgen sollten.

Eine einwandfreie Hygiene muss gewährleistet sein. Negative Erscheinungen, wie Zug müssen verhindert werden.

Die Überwachung und der Betrieb von Klimaanlagen stehen im Vordergrund, davon ist häufig viel mehr das Leben des Patienten abhängig, als von Planer und Ersteller. Auch bei der Planung und Wartung in den Laboratorien (Großlaboratorien) sowie bei der Nuklearmedizin, bei der Intensivpflege und Diagnostik fallen bei der Planung, beim Bau und bei der Wartung viele versorgungstechnische Probleme an. Abwasserleitungen, die Verbrennung von Müll und Abfallstoffen seien erwähnt. Der Entwurf DIN 58990 [1] gibt hierfür Richtlinien an. Die gesamten Küchenanlagen sowie Wäschereien sind reine versorgungstechnische Einrichtungen, auch auf die gesamten Heizungsanlagen sei hingewiesen.

Das Einsatzgebiet für den Ingenieur im Krankenhaus ist also sehr vielseitig. Außerdem sollten neue Richtlinien erarbeitet werden. Eine wichtige Zusammenarbeit mit Medizinern und Hygienikern ist erforderlich, nur so lassen sich alle Aufgaben lösen.

Der Ingenieur sollte aber über diese Aufgaben hinaus in der Lage sein, bestimmte medizinisch-technische Geräte zu bedienen und zu warten (siehe Pkt. 2.4). Er sollte als sogenannter Betriebsingenieur bzw. als technischer Leiter seinen Einsatz finden. Auch für organisatorische Abläufe im Krankenhauswesen sollte er verantwortlich sein. Hier ließen sich noch viele Dinge verbessern.

Aufgaben in Forschungs- und Entwicklungslabors der pharmazeutischen und chemischen Industrie sowie bei Behörden

In unserer heutigen Zeit ist es besonders wichtig die toxikologische Wirkung und die Umweltveränderungen, die durch Chemikalien hervorgerufen werden, zu berücksichtigen. In toxikologischen Instituten, Pharmaforschungszentren ist es deshalb ebenfalls wichtig, richtige versorgungstechnische Einrichtungen zu installieren. Aber nicht nur die Planung und Erstellung sollte Aufgabe des Ingenieurs sein. Er sollte auch in der Lage sein, Prüfgeräte zu bedienen, zu warten, oder neu zu entwickeln, die giftigen und aggressiven Stoffe sofort feststellen. Die Vermeidung jeder gesundheitlichen Gefährdung ist für ihn oberstes Gebot. Er sollte die Gefahrenmomente herausfinden und gezielte Schutzmaßnahmen in Zusammenarbeit mit Physikern, Chemikern und Medizinern erarbeiten.

Die Kunststoffe müssen für den Menschen toxikologisch unbedenklich sein, auch die Giftigkeit von Farben organischer und anorganischer Chemikalien sollte dem Ingenieur bekannt sein.

Ein weiterer Punkt ist die Umwelttoxikologie: z. B. die Aufnahme von kleinen Mengen von Chemikalien über sehr lange Zeit. Diese dürfen nicht schädlich sein. Tierexperimente erfordern eine Zusammenarbeit mit Ärzten, Tierärzten, Biologen und Chemikern. Die Behörden, wie das Amt für Umweltschutz, das Wasserwirtschaftsamt und TÜV sind hier maßgeblich tätig und bieten z. B. dem Versorgungsingenieur ein großes Betätigungsfeld an, denn er bringt bereits bestimmte gewünschte interdisziplinäre Kenntnisse aus Bau-, Maschinenbau- sowie Elektrotechnik mit.

2.4 Wartung und Verbesserung medizinisch-technischer Geräte

Auch bei den medizinisch-technischen Geräten kann der im Krankenhaus bzw. Labor tätige Ingenieur dank seiner Ausbildung die Wartung und die Pflege vieler Geräte übernehmen, er kann auch Verbesserungen und Neukonstruktionen vornehmen. Bei den medizinisch-technischen Geräten unterscheidet man zwischen Diagnose und Therapie.

Die Objektivierung der Befunde lässt sich in den meisten Fällen nur durch Messung erreichen. Es sind deshalb moderne Geräte erforderlich. Man unterscheidet elektrische, elektronische, elektroakustische und optische Hilfsmittel, radioaktive Isotope. Bis heute gibt es noch keine klare Gliederung der ärztlichen Geräte. In DIN 58231 – 58239 [2] werden die Abmessungen und Vorschriften für medizinische Instrumente festgelegt. Dies ist der Anfang. Ein Entwurf DIN 58937 [3] versucht die allgemeine Laboratoriumsmedizin zu regeln, wobei allerdings noch gar keine Werte festgelegt sind. Hier steht man noch ganz am Anfang und der Ingenieur muss endlich gegenüber dem Mediziner die Initiative ergreifen.

DIN 58360 [4] gibt Richtlinien für die Bluttransfusionsgeräte an, DIN 58371 [5] die Konservierung der Blutkonserven – Kühlschränke – und DIN 58350 [6] Gefriertrocknung von Substanzen biologischen Ursprungs für medizinische Zwecke.

Der Ingenieur hat hier ein großes Betätigungsfeld. Denkt man nur an die ärztlichen Geräte für die Therapie, an die hygienischen Einrichtungen, wie Klimakammer, Couveuse, Inkubator, Beatmungs-, Atem- und Kreislaufgeräte (Unterdruckkammer, Sauerstoffzelt, Inhalationsgeräte, die medizinischen Laboratoriumsgeräte und -einrichtungen, Kolorimeter etc.).

Was ist Biotechnik?

Die Begriffe: Biotechnik, Bionik, Biotechnologie

Biologie, Biochemie, Mikrobiologie, sowie Ingenieurwissenschaften bilden die Grundlagen für Biotechnik und Bionik.

Die Biotechnik kann man aufteilen in die bekannten Begriffe Kybernetik, Biomediziningenieur, Gesundheitsingenieur und biotechnische Apparate und Systeme sowie die Biotechnologie, die sich mit den verschiedenen Produktionsverfahren und der chemischen Technologie beschäftigt, z. B. technische Mikrobiologie, technische Biochemie, Fermentationstechnologie, Gärungstechnologie, Teile der Lebensmitteltechnologie und Agrartechnologie.

Die Bionik schließlich kann man der Biotechnik gleichrangig zuordnen, sie beschäftigt sich mit den Regelungsprozessen zwischen Biologie und Technik sowie den Nachbau biologischer Prinzipien. Biotechnik sollte also am zweckmäßigsten als übergeordneter Begriff für jegliche technische Nutzbarmachung von Organismen, biologischen Erscheinungen, Gesetzmäßigkeiten und Systemen gebraucht werden. Bei der Ausbildung zum Ingenieur für Bioingenieurwesen können natürlich nicht alle Fächer gelehrt werden, aber es wird dem Studierenden ein großer Überblick gegeben und er kann sich dann in die gestellten Aufgaben schneller hineindenken, Sterilisationstechnik, Sterilbelüftung und Reinraumtechnik spielen z. B. bei der Antibiotikaherstellung eine große Rolle. Diese Aufgaben kann dieser so ausgebildete Ingenieur wieder bevorzugt lösen.

Modelltheorie

Durch Erstellen von Modellen können viele medizinische Fragen geklärt werden. Zur Konstruktion von Vorrichtungen, die die Arbeitsprinzipien eines lebenden Organismus erfüllen, sind stets Modellbetrachtungen erforderlich. Hierbei helfen uns die dimensionslosen Kennzahlen bei der Umrechnung zwischen Modell und Natur (Beispiel Delphin, Untersuchung von Strömungsvorgängen in Adern).

Häufig ist uns auch die Natur ein Vorbild für technische Lösungswege, z. B. bei der Spiralversteifung von Rohren. Wir finden sie bei Diatomeen-Schalen in der Natur. Durch die Nachbildung, der in der Natur vorkommenden Systeme, erhalten wir aber auch Aufschluss über die Funktion und deren Abläufe z. B. einzelner Organe.

Technische Nachbildung von Nervenzellen – Pneumatisches Modell

Die Nervenzelle, als Grundbaustein des Informationsübertragungsnetzes im Organismus wurde in zahlreichen Modellen nachgestaltet. Als Schalt- und Speicherelemente finden diese nachgebauten Neuromimen eine große Anwendung. Bisher war man der Ansicht, die Vorgänge in Nervennetzen elektrisch verstehen zu können. Heute ist die Notwendigkeit bestimmter Übertragungssubstanzen bekannt, z. B. Acetylcholin als Verstärkersubstanz zwischen einem motorischen Neuron und einem Muskel. Die entstehenden elektrischen Felder sind sekundäre Erscheinungen. Die Nervenendigungen sind meist so fein ausgebildet, dass sich keine genügende Stromstärke ergibt, um eine elektrische Erregung nachfolgender Zellen zu bewirken. Der Impuls muss auf chemischen Weg verstärkt werden (z. B. durch Stoffwechselvorgänge in den Mitochondrien). Das Problem von Strömungsvorgängen im Nervensystem rückt damit in den Vordergrund. Die Konstruktion von Neuromimen auf hydrodynamischen Grundlagen folgt hieraus. Die Anwendung finden wir bei hydraulischen oder pneumatischen Rechenanlagen, den sogenannten Fluidic-Elementen z. B. eines Repeaters. Zur Imitation biologischer Verhaltensweisen sind pneumatische und elektronische Bauelemente unerlässlich.

Biorhythmus

Die Diskussion um den Zeitsinn, die sogenannte Rhythmik, ist unter den Wissenschaftlern zurzeit stark im Gespräch. Es ist allerdings auf dem Gebiet der Rhythmusforschung noch nicht gelungen, die für die Periodizität verantwortlichen endogenen biologischen Mechanismen aufzudecken. Aktuelle Ergebnisse wurden auf dem Gebiet der Photoperiodizität erzielt.

Die biologische Uhr ist für den Menschen auf alle Fälle von entscheidender Bedeutung. Einer der am längsten bekannten biologischen Rhythmen ist der Herzschlag und die Atemfrequenz. Auch hierauf sollte bei Kranken geachtet werden, z. B. ist die Wirkung von Insulin auf Zuckerkranke am Abend stärker, als am Morgen.

Regelungsprozesse in Biologie und Technik

Wenn ein Techniker eine wichtige Betriebsgröße gegen Störungen konstant halten will, so kann dies durch Steuerung dieser Größe erfolgen, oder sie kann geregelt werden.

Im ersten Fall wird die Veränderung nicht an die Befehlsstelle zurückgemeldet. Bei der Steuerung wird einem System ein Verhalten von außen aufgezwungen.

Damit überhaupt eine Regelung möglich ist, muss ein Regelkreis vorhanden sein. Alle Regelkreise besitzen eine Rückkopplung. Mithilfe der Bionik ist es möglich, viele Naturvorgänge nachzuahmen, hierbei ist die Regelungstechnik ein sehr wichtiger Teil.

Anwendung der Erkenntnisse

Durch die Erfolge der Kybernetik, Regelungstheorie und Informatik versucht man immer mehr menschliche Organe zeitweise, oder dauernd durch Maschinen zu ersetzen.

Man muss zwischen extrakorporalen Kreislauf und Maschinen, die direkt implantiert werden sollen, unterscheiden.

Es seien hier nur einige wichtige Entwicklungen der Techniker erwähnt, wie z. B. künstlicher Schrittmacher oder die zurzeit laufenden Entwicklungen an einem künstlichen Herzen, künstliche Niere, künstliche Gliedmaßen, Hör-, Seh- und Sprechhilfen.

Der Ingenieur kann hier durch seine breite Grundlagenausbildung einige Teilprobleme lösen. Erwähnt seien hier kurz die Biobrennstoffzelle sowie grundlegende Untersuchungen an Modellen, z. B.: dem Blutkreislauf, also biomechanische und fluidbiomechanische Problemstellungen.

Forschungsziele von morgen

Die Biotechnik und die Bionik stehen heute noch am Anfang. Es ist in naher Zukunft sicher möglich, komplexe Systeme aus nichtorganischen Molekülen aufzubauen, die in der Lage sind, Informationen aufzunehmen und bedingte Reflexe zu lernen. Diese Geräte bzw. Apparate könnten einen Teil unserer geistigen Arbeit abnehmen, denkt man nur an unsere heutige Computertechnik. Der Mensch wird dann frei für weitere schöpferische Aufgaben.

In unserer heutigen Zeit ist es wichtig und sofort erforderlich, Luft und Wasser rein zu halten, neue Verkehrssysteme zu schaffen, Nahrung und Energie zu sichern, Krankheiten zu verhüten und wirksamer zu bekämpfen.

Dem Ingenieur fallen hierbei wichtige Aufgaben zu.

Literatur

[1] DIN 58990: 1983-11 für Abfälle aus Krankenhäusern u. sonstigen Einrichtungen des Gesundheitswesens. Beuth Verlag, Berlin.
[2] DIN 58231- 58239: 2023-3 Vorschriften für medizin. Instrumente u. Abmessungen. Beuth Verlag, Berlin.
[3] DIN 58937: 1975-01 Allgemeine Laboratoriumsmedizin, Bennenung, Gliederung. Beuth Verlag, Berlin.

[4] DIN 58360: 1991-04 Transfusionsgeräte u. Zubehör, Benennungen, Anforderungen, Prüfung. Beuth Verlag, Berlin.
[5] DIN 58371: 2010-09 Blutkonserven, Kühlgeräte Begriffe, Anforderungen, Prüfung. Beuth Verlag, Berlin.
[6] DIN58350: 1978-07 Gefriertrocknung von Substanzen biologischen Ursprungs für medizinische Zwecke. Beuth Verlag, Berlin.

Inhalt

Nomenklatur

A	Niederschlagsfläche [m^2] ($1\,m^2 = 10^{-4}$ ha) oder Beckenwasserfläche [m^2] Filterfläche [m^2]
a	Wasserfläche je Person [m^2]
AW_S	Anschlusswert (1 AW = 1 l/s) Dimensionsloser Bemessungswert für den angeschlossenen Entwässerungsgegenstand
b	Personenbezogene Belastung [m^{-3}]
C	Speicherkapazität eines Speichers [kWh]
c_w	spezifische Wärmekapazität des Wassers [kJ/(kg×K)] ≈ 4,2 kJ/(kg×K)
CKW	Chlor-Kohlenwasserstoff
CV-Verbindung	Rohrverbindung aus stabilisiertem Chromstahl für SML- bzw. KML-Rohre
d	Filterdurchmesser [m], allgemein Durchmesser
D-Wert	Absterbegeschwindigkeit (dezimale Reduktionszeit) Zeit, in der die koloniebildenden Zellen einer Bakterienpopulationum eine Zehnerpotenz reduziert werden
ES-Anlage	Emulsionsspaltanlage
f_d	Dichtefaktor für Fettstoffe bzw. Leichtflüssigkeiten
f_m	Erschwernisfaktor für außergewöhnliche Masse an Fettstoffen
f_r	Erschwernisfaktor für Einfluß von Spül- und Reinigungsmitteln
f_t	Erschwernisfaktor für erhöhte Temperatur
GN-Maße	Gastronormmaße Das sind einheitlich festgelegte Maße für Behälter und Kücheneinrichtungsgeräte
I_S	Speicherinhalt [l]
K	Abflusskennzahl [l/s] Sie ergibt sich aus Gebäudeart und Abflusscharakteristik (für Krankenhäuser $K = 0{,}7$ l/s)
KBE/ml	Koloniebildende Einheiten pro ml
KG	Korngröße
KML-Rohre	Muffenlose Abflussrohre aus Gusseisen mit spezieller Epoxid-Teer-Beschichtung
l	Rohrleitungslänge [m]
$l \times R$	Druckverlust aus Rohrreibung [mbar]
LW	Rohrinnendurchmesser bei Abflussrohren [mm]
MZK	Maximal zulässiger Konzentrationswert
N	Nennbelastung [h^{-1}]
NG	Nenngröße des Abscheiders
n	Personenbezogene Frequenz [h^{-1}] oder Wohneinheiten
η_{ges}	Gesamtwirkungsgrad
p	Personen/Wohnung
$p_{min\,Fl}$	Mindestfließdruck [mbar] Erforderlicher statischer Überdruck an der Entnahmearmatur
$p_{min\,V}$	Mindest-Versorgungsdruck [mbar]
Δp_{Ap}	Druckverlust in Apparaten [mbar] z. B. Δp_{WZ}, Δp_{Fil}, Δp_{EH}, Δp_{DOS} usw.
Δp_{geo}	Druckverlust aus geodätischem Höhenunterschied [mbar] $\Delta p_{geo} = h_{geo} \times g \times \rho$

https://doi.org/10.1515/9783110402919-203

Δp_{St}	Druckverlust der Stockwerks- und Einzelzuleitungen [mbar]
Δp_{verf}	Verfügbarer Druckverlust für Rohrreibung und Einzelwiderstände [mbar]
ψ	Abflussbeiwert
Q	Filterumwälzvolumenstrom [m^3/h] oder
	Warmwasserbedarf [l/Pers. u. Tag], allgemein Volumenstrom
Q_d	täglicher Warmwasserbedarf [l/d]
$Q_{h\,max}$	stündlicher Spitzenwarmwasserbedarf [l/h]
Q_r	Regenwasserabfluss [l/s]
Q_S	Schmutzwasserabfluss [l/s]
	Schmutzwassermenge, die sich aus der Summe der Anschlusswerte unter Berücksichtigung der Gleichzeitigkeit ergibt oder Schmutzwasseranfall [l/s]
R	Rohrreibungsdruckgefälle [mbar/m]
r	Regenspende [l/(s×ha)]
R_{verf}	Verfügbares Rohrreibungsdruckgefälle [mbar/m]
SML-Rohre	Muffenlose Abflussrohre aus Gusseisen
TRW	Trockenwäsche
t_k	Kaltwassertemperatur [°C]
t_o	mittl. obere Speicherwassertemperatur [°C]
t_u	untere Speicherwassertemperatur [°C]
t_w	Entnahmetemperatur [°C]
v	Rechnerische Fließgeschwindigkeit [m/s]
V_R	Berechnungsdurchfluss [l/s]
	Angenommener Entnahmearmaturendurchfluss für den Berechnungsgang
V_S	Spitzendurchfluss [l/s]
	Unter Berücksichtigung der während des Betriebs auftretenden wahrscheinlichen Gleichzeitigkeit der Wasserentnahme für die hydraulische Berechnung maßgebender Durchfluss
w	Filtergeschwindigkeit [m/h]
W_B	Nennwärmebelastung [kW]
W_{ges}	Gesamtwirkungsgrad einschl. Wärmeverluste [kW]
W_K	Kesselleistung [kW]
W_N	Nutzwärmebedarf eines Speichers [kW]
z_A	Zahl der Anheizstunden [h]
z_B	Zeitdauer des WW-Spitzenbedarfes [h]

1 Planungsgrundlagen – Planungsgang

Einleitung

Die ständige Weiterentwicklung in der Medizin erfordert für deren Anwendung einen ebenso hohen Stand der Technik. Die Lüftung, das Klima und die Sanitärtechnik in einem Krankenhaus werden hauptsächlich durch bauliche und funktionelle Gliederung unter Berücksichtigung hygienischer Aspekte geprägt. Besonderer Wert bei der Krankenhausplanung sollte dabei auf Hygiene, Zweckmäßigkeit, Betriebssicherheit, Dauerhaftigkeit und nicht zuletzt auf die Wirtschaftlichkeit gelegt werden. Insbesondere im Bereich der Hygiene werden hohe Anforderungen gestellt, um zusätzliche, vermeidbare Infektionen zu verhindern. Einen vergleichbar hohen Stellenwert im Krankenhaus hat die Betriebssicherheit. Wichtige technische Einrichtungen müssen so geplant und ausgeführt werden, dass zu jeder Zeit, auch bei Ausfall einer Einheit die notwendige Ver- bzw. Entsorgung sichergestellt ist. Um diese Forderungen einhalten zu können, ist es zweckmäßig neben den Fachplanern, auch das klinische Personal weitgehend in die Planung mit einzubeziehen. Nur eine enge Verbindung mit diesem Personenkreis wird das vorteilhafte, zweckbedingte Abstimmen der Bauteile und Einrichtungen ermöglichen.

Im Folgenden werden die Behörden aufgelistet, die zu kontaktieren sind. Die einzuhaltenden Vorschriften, Gesetze und Richtlinien werden aufgeführt. Hier sind jeweils Änderungen zu beachten. Der Planer hat sich über die neuesten Vorschriften zu informieren. Stichpunktartig wird der Planungsgang aufgezeigt.

1.1 Bei der Planung beteiligte Behörden

BSTMAS – Bayr. Staatsministerium für Arbeit und Soziales
OBB – Oberste Baubehörde
ROB – Regierung von Oberbayern
LRA – Landratsamt
StBA – Stadtbauamt
TBA – Tiefbauamt
GBA – Gartenbauamt
SVA – Staatl. Vermessungsamt
GAA – Gewerbeaufsichtsamt
SGA – Staatl. Gesundheitsamt
TÜV – Technischer Überwachungsverein
LfU – Bayr. Landesamt für Umweltschutz
LfD – Staatl. Landesamt für Denkmalschutz
BVK – Bayr. Versicherungskammer/Abteilung Brandversicherung

https://doi.org/10.1515/9783110402919-001

BPV – Bayr. kommunaler Prüfungsverband
GUV – Gewerbeunfallversicherung
WWA – Wasserwirtschaftsamt
EVU – Elektro-Versorgungsunternehmen
LGB – Berufsgenossenschaft

1.2 Gesetze, Vorschriften, Verordnungen, Richtlinien

Die folgende Zusammenstellung enthält die wichtigsten Normen, Gesetze, Verordnungen und technischen Regeln, die bei der Planung und Ausführung von sanitär-, heizungs-, lüftungs- u. klimatechnischen Anlagen in Krankenhäusern zu beachten sind.

EnEG – Energieeinsparungsgesetz [3]
Dieses Gesetz war bis zum 31.10.2020 gültig, ab 01.11.2020 ist das Gebäudeenergiegesetz (GEG) anzuwenden. Das Gesetz zur Einsparung von Energie in Gebäuden beinhaltet die Verordnung über energiesparende Anforderungen an heizungstechnischen Anlagen und Brauchwasseranlagen.

- Wärmeschutz V. – Wärmeschutzverordnung trat am 1.11.1977 in Kraft als erste Verordnung nach dem Energieeinsparungsgesetz [4].
- Heizbetr. V. – Heizungsbetriebs-Verordnung wurde auf der Grundlage des EnEG 1977 erlassen und ist eine Verordnung über energiesparende Anforderungen an den Betrieb von heizungstechnischen Anlagen. Es wird meist auf die Heizkostenverordnung verwiesen.
- HeizkostenV – Verordnung über Heizkostenabrechnung [5].
- Verordnung über die verbrauchskostenabhängige Abrechnung der Heiz- und Warmwasserkosten.

BImschG. – Bundesimmissionsschutzgesetz [6]
Gesetz zum Schutz vor schädlichen Umwelteinwirkungen durch Luftverunreinigungen, Geräusche, Erschütterungen und ähnliche Vorgänge

- 1. BImschV. – Verordnung über Feuerungsanlagen
- Erste Verordnung zur Durchführung des Bundesimmissionsschutzgesetzes
- 4. BImschV. – Verordnung über genehmigungsbedürftige Anlagen
- Vierte Verordnung zur Durchführung des Bundesimmissionsschutzgesetzes
- 9. BImschV. – Grundsätze des Genehmigungsverfahrens
- Neunte Verordnung zur Durchführung des Bundesimmissionsschutzgesetzes
- 13. BImschV. – Verordnung über Großfeuerungsanlagen
- Dreizehnte Verordnung zur Durchführung des Bundesimmissionsschutzgesetzes
- TA Luft – Technische Anleitung zur Reinhaltung der Luft
- Erste allgemeine Verwaltungsvorschrift zum Bundesimmissionsschutzgesetz
- TA Lärm – Technische Anleitung zum Schutz gegen Lärm

- Allgemeine Verwaltungsvorschrift über genehmigungsbedürftige Anlagen nach § 16 der Gewerbeordnung (GwO) [7]
- Verordnung zur Neufassung und Änderung von Verordnungen zur Durchführung des Bundesimmissionsschutzgesetzes

Verordnung zur Ablösung v. Verordnungen nach § 24 der Gewerbeordnung

- Dampfk.V. – Dampfkesselverordnung [8]
- Verordnung über Dampfkesselanlagen mit den vom Deutschen Dampfkesselausschuss erarbeiteten Technischen Regeln für Dampfkessel (TRD)
- Druckbeh.V. – Druckbehälterverordnung [9]
- Verordnung über Druckbehälter, Druckgasbehälter und Füllanlagen mit den vom Deutschen Dampfkesselausschuss erarbeiteten Technischen Regeln für Druckgase
- Aufz.V. – Aufzugsverordnung [10]
- Verordnung über Aufzugsanlagen mit den vom Deutschen Aufzugsausschuss erarbeiteten Technischen Regeln für Aufzüge (TRA)
- VbF. – Verordnung über brennbare Flüssigkeiten [11]
- Verordnung über Anlagen zur Lagerung, Abfüllung und Beförderung brennbarer Flüssigkeiten zu Lande mit den vom Deutschen Ausschuss für brennbare Flüssigkeiten erarbeiteten Technischen Regeln für brennbare Flüssigkeiten (TrbF)

WHG – Wasserhaushaltsgesetz
Gesetz zur Ordnung des Wasserhaushaltes

- Verordnung über wassergefährdende Stoffe bei der Beförderung in Rohrleitungsanlagen mit den darauf gestützten Richtlinien des BMI.
- Landeswassergesetz mit den darauf gestützten Verordnungen, insbesondere den Verordnungen über das Lagern wassergefährdender Flüssigkeiten [12].

AbwAG – Abwasserabgabengesetz

Gesetz über Abgaben für das Einleiten von Abwasser in Gewässer [13].

Trinkwasser-Aufbereitungsverordnung

Verordnung über die Verwendung von Zusatzstoffen bei der Aufbereitung von Trinkwasser [14].

Landesbauordnungen mit den darauf gestützten Verordnungen und Ausführungsbestimmungen für Feuerungsanlagen, Heizräume, Brennstofflager und Schornsteine [15]

Verwaltungsvorschriften zum energiesparenden Bauen und zur Betriebsüberwachung [16]

Verdingungsordnung für Bauleistungen Teil C (VOB/C) insbesondere DIN 18380 Heizungs- und zentrale Brauchwassererwärmungsanlagen
(in dieser Norm sind die wichtigsten einschlägigen technischen Regeln und Normen aufgeführt) [17, 18].

Vorschriftenwerk des Vereins Deutscher Elektrotechniker (VDE) [19]

Normen des Deutschen Instituts für Normung (DIN) [20]

Richtlinien des Vereins Deutscher Ingenieure (VDI) [21]

Regelwerk des Deutschen Vereins des Gas- und Wasserfaches e. V. (DVGW) [22]

1.3 Planungsgang

Der Planungsgang kann in folgende Schritte gegliedert werden [1, 2]:

1.3.1 Grundlagenermittlung

- Klärung der technischen und wirtschaftlichen Grundsatzfragen im Bezug auf technische Gebäudeausrüstung in Zusammenarbeit mit Bauherren und Architekten
- Schriftliche Zusammenstellung der Erkenntnisse
- evtl. Vorschläge für mögliche Systemvarianten (nach Nutzen, Aufwand und Wirtschaftlichkeit)
- evtl. Energieeinsparung

1.3.2 Vorplanung

- Untersuchung und Überprüfung der Grundlagen
- Erstellung eines Planungskonzepts mit überschlägiger Auslegung sowie skizzenhafter Darstellung der wesentlichen Anlagenteile, einschließlich Alternativen
- Wirtschaftlichkeitsvorbetrachtung
- Entwurf eines Funktionsschemas für jede Anlage
- Teilnahme an Vorverhandlungen bei Behörden und Fachplanern über Genehmigungen
- Kostenschätzung nach DIN 276
- evtl. Durchführung von Versuchen
- Zusammenfassung der Ergebnisse

1.3.3 Entwurfsplanung

- Erarbeitung einer zeichnerischen Lösung unter Einbeziehung sämtlicher Anforderungen und anderer Fachplaner bis zum vollständigen Entwurf
- Feststellung sämtlicher Systeme und Anlagenteile mit deren Berechnung, Bemessung, Anlagenbeschreibung sowie zeichnerischen Darstellung
- Angabe der zur Tragwerksplanung benötigten Daten
- Teilnahme an Verhandlungen bei Behörden und Fachplanern über Genehmigungen
- Mitwirken bei der Kostenberechnung nach DIN 276
- evtl. Ermittlung von Daten für die Planung Dritter
- evtl. Betriebskostenberechnung
- evtl. detaillierter Wirtschaftlichkeitsnachweis
- evtl. Erstellung des technischen Teils eines Raumbuches

1.3.4 Genehmigungsplanung

- Erstellen der Vorlagen für die Genehmigungen oder Zustimmungen der notwendigen öffentlich-rechtlichen Vorschriften sowie Anträge auf Ausnahmen und Befreiungen
- Zusammenfassung dieser Unterlagen und Führung noch verbleibender Verhandlungen mit Behörden
- Vervollständigen u. Anpassen der Planungsunterlagen, Beschreibungen u. Berechnungen

1.3.5 Ausführungsplanung

- Analyse der Ergebnisse der Punkte 3 und 4. Bearbeitung aller fachspezifischer Anforderungen sowie der durch die Objektplanung integrierten Fachleistungen bis zur ausführungsreifen Lösung
- Anlagenzeichnungen mit Dimensionen
- Anfertigen von Schlitz- und Durchbruchsplänen
- Aktualisierung der Ausführungsplanung mit den Ausschreibungsergebnissen
- evtl. Durchsicht und Genehmigung von Schaltplänen, Montage- und Werkstattzeichnungen auf Übereinstimmung mit der Planung überprüfen
- evtl. Anschlusspläne für beigestellte Maschinen und Betriebsmittel
- evtl. Anfertigen von Stromlaufplänen

1.3.6 Vorbereiten der Vergabe

- Mengenermittlung

- Erstellen eines Leistungsverzeichnisses nach Gewerken
- evtl. Anfertigen von Zeichnungen zur Leistungsbeschreibung

1.3.7 Mitwirken bei der Vergabe

- Angebotsüberprüfung und -auswertung sowie Erstellung eines Preisspiegels
- Mitwirken bei Verhandlungen mit Bietern
- Unterbreitung von Vergabevorschlägen
- Mitwirken bei der Kostenberechnung nach DIN 276
- Mitbestimmung bei der Auftragserteilung

1.3.8 Objektüberwachung

- Überwachung der Ausführung hinsichtlich der Baugenehmigung, den Ausführungsplänen, den Leistungsbeschreibungen, den anerkannten Regeln der Technik sowie den einschlägigen Vorschriften
- Mitwirken beim Aufstellen und Überwachen eines Zeitplanes, beim Führen eines Bautagebuches, beim Aufmaß, bei der Kostenfeststellung, beim Auflisten der Verjährungsfristen, sowie bei der Kostenkontrolle
- Rechnungsprüfung
- Abnahme und Feststellung der Mängel
- Antrag auf behördliche Abnahmen
- Übergabe der Revisionsunterlagen, Bedienungsanleitungen und Prüfprotokolle
- Überwachung der Mängelbeseitigung
- evtl. Durchführung von Leistungs- und Funktionsmessungen
- evtl. Einweisung von Bedienungspersonal

1.3.9 Objektbetreuung und Dokumentation

- Mängelfeststellung vor Ablauf der Verjährungsfristen
- Überwachung der Mängelbeseitigung innerhalb der Verjährungsfristen
- Mitbestimmung bei der Freigabe von Sicherheitsleistungen
- Beteiligung an der Zusammenstellung sämtlicher Zeichnungen und Berechnungen
- evtl. Wartungsplanung und Organisation

1.3.10 Fachplanung

Die technischen Installationen des Krankenhauses beinhalten eine Vielfalt von speziellen Technologien, deren Planung verschiedene Fachleute erfordert.

Im Einzelnen sind dies:

- Projektsteuerer:
  - Objektplaner
  - Tragwerksplaner
  - Technische Ausrüstung: GWA / HLW
- Elektrotechnik
- Fördertechnik
- Gebäudeleittechnik GLT
- Medizintechnik
  - Landschaftsplaner
  - Schutzlufttechnik

1.4 Funktionsbereiche im Krankenhaus

		Krankenhaus		
Krankenstation	**Behandlungsbereich**	**Physikalische Therapie Einrichtungen**	**Pathologie**	**Sonstiges**
Krankenzimmer *(Einoder Mehrbettzimmer)*	OP-Abteilung *Operationsräume* *Ein- u. Ausleitungsräume* *OP Waschraum* *Sterilisationsraum* *Gipsraum*	Med. Vollbäder	Sektionsraum	Apotheke
Stationsbetriebsräume	Gynäkologie u. Geburtshilfe *Kreißsaal*	Med. Teilbäder	Leichen Aufbewahrung	Wäscherei
Bettenaufbereitung	Notaufnahme	Hydroelektrische Bäder	Labor für Pathologie	Laboreinrichtung
Arztuntersuchungsräume	Urologie	Güsse und Duschen	Einsargung	Zentralsterilisation
Schwesterndiensträume	Endoskopie	Schwitzbäder		Zentralküche
Stationsküche	Schleuse	Packungen		Zentrale Überwachung Station für Heizung, Klima, Lüftung, Kühlung etc.
Patientenbad		Inhalationen		Abfallentsorgung
Pflegearbeits- und Fäkalienausgussräume		Bewegungstherapie im Wasser		Sonstige Räume
Stationstoiletten				
Wöchnerinnen- und Neugeborenenpflege				
Intensivpflege				

Literatur

[1] VDI 5800 Blatt 1: Richtlinien für Nachhaltigkeit in Bau und Betrieb von Krankenhäusern. 23.04.2020, VDI-Verlag, Düsseldorf.

[2] Ingenieurbüro Mayer AG: Mayer Jürgen: Richtlinien für Planer und Architekten für die Erstellung und Abgabe von Plänen während der Planung und des Baus von Gebäuden. Diplomarbeit WS 2000/2001, Fachhochschule München.

[3] EnEG Verordnung über Energie einsparenden Wärmeschutz und energiesparende Anlagentechnik bei Gebäuden. Bundesgesetzblatt 1994 Teil 1 Nr. 55. Berlin.

[4] Wärmeschutz V. Verordnung über Energie einsparenden Wärmeschutz bei Gebäuden. 11.08.1977. www.bbsr-geg.bund.de und Usemann K.: die neue Wärmeschutzverordnung für Gebäude. Oldenburg Verlag, Januar 1996.

[5] Heizkosten-Verordnung: Verordnung über verbrauchsabhängige Abrechnung der Heiz- und Warmwasserkosten. Bundesamt der Justiz, Berlin 23.02.1981, letzte Änderung 16.10.2023.

[6] BImschG. Bundesimmissionsschutz Gesetz: Jarass Hans, D.: Bundesimmissionsschutzgesetz mit Durchführungsverordnung, Emissionshandelsrecht TA Luft und TA Lärm. Beck, Berlin, Texte im dtv, 20.04.2023.

[7] GWO Gewerbeordnung, Berlin. Beck texte im dtv 01.06.2022.

[8] Dampfk.V. Dampfkessel-Verordnung: TRD Technische Regeln für Dampfkessel. Verband der Technischen Überwachungsvereine e. V., Berlin, -01.01.2007.

[9] Druckbeh.V. Druckbehälter-Verordnung: TRB/TRRT Taschenbuch Technische Regeln zur Druckbehälter-Verordnung. Hauptverband der gewerblichen Berufsgenossenschaften, Berlin, 2007.

[10] Aufz.V. Aufzugs-Verordnung: 12 Prod.sv 06.04.2016 www.gesetze-im-internet.de prodsg 2011. Berlin.

[11] VbF. Verordnung über brennbare Flüssigkeiten. Bundesgesetzblatt Nr. BGBL Nr. 45/2023 Dokumenten Nr. BGBLA 2023_II_45.

[12] WHG Wasserhaushaltsgesetz: Czychowski/Reinhardt C. H. Beck Verlag, München, 2023.

[13] AbwAG Abwasserabgabengesetz. Sieder, Zeitler, Dahme, Knopp: Wasserhaushaltsgesetz, Abwasserabgabengesetz WHG. C. H. Beck, München, 2023 (Stand 01.08.2022).

[14] Trinkwasser-Aufbereitungsverordnung, https://www.wasserblick.net/servlet/is/47655 2023 s. auch Trinkwasser-Verordnung 2023 C. H. Beck Verlag, München.

[15] Landesbauordnungen: Informationsblatt Nr. 39 – Auszüge zur Muster-Feuerungsverordnung. Herausgeber: Interessengemeinschaft Energie, Umwelt, Feuerung GmbH, Berlin, Fassung September 2007.

[16] Verwaltungsvorschriften zum energiesparenden Bauen und zur Betriebsüberwachung. Siehe Marquardt, Helmut: Energiesparendes Bauen. Ein Praxisbuch für Architekten, Ingenieure u. Energieberater. GEG 2023, Beuth Verlag, Berlin, 2023.

[17] VOB: VOB Vergabe- u. Vertragsordnung für Bauleistungen. Gesamtausgabe 2019 u. Ergänzungsband 2023. Herausgeber DIN e. V. u. DVA, Beuth Verlag, Berlin, 2023.

[18] DIN 18380 Heizungs- u. zentrale Brauchwassererwärmungsanlagen. Beuth Verlag, Berlin, 2017.

[19] DIN 276 Kosten im Bauwesen 12-2018. Es ist eine DIN, die im Bauwesen zur Ermittlung der Projektkosten dient, u. Grundlage der HOAI ist. Beuth Verlag, Berlin.

[20] VDE: Schmolke H., Calloden K.: Elektroinstallation in Wohngebäuden, Handbuch für die Elektroinstallationspraxis VDE-Schriftenreihe Bde. 45 25.03.2021. Berlin.

[21] DIN Deutsche Industrie Norm, eine unter der Leitung des Deutschen Institutes für Normung unabhängige Plattform für Normung und Standardisierung in Deutschland u. weltweit. Beuth Verlag, Berlin.

[22] Das DVGW-Regelwerk plus bietet einen tagesaktuellen Zugriff auf die Regeln und Normen des DVGW. Bonn.

2 Sanitärtechnik

2.1 Sinnbilder

Bei der normgerechten Darstellung von sanitären Einrichtungsgegenständen in der Trinkwasserver- und Abwasserentsorgung wird auf die gültigen Normen und die einschlägige Literatur [1, 7] verwiesen.

2.2 Anschlusswerte von sanitären Einrichtungsgegenständen

In den folgenden Tabellen werden einige Ausschlusswerte für verschiedene Entnahmestellen und Entwässerungsgegenstände aufgeführt [17].

2.2.1 Trinkwasserentnahmestellen

Tab. 2.1: Trinkwasser entnahmestellen nach DIN 1988 [24].

Art der Entnahmestelle		Mindestfließdruck	Berechnungsdurchfluss bei der Entnahme von		
			Mischwasser		kaltem oder erwärmten Trinkwasser
		p_{min} bar	$\dot{V}_R$ Kalt l/s	$\dot{V}_R$ Warm l/s	$\dot{V}_R$ l/s
Auslaufventile ohne Luftsprudler	DN 15	0,5			0,3
	DN 20	0,5			0,5
	DN 25	0,5			1,0
mit Luftsprudler	DN 10	1,0			0,15
	DN 15	1,0			0,15
Brauseköpfe für Reinigungsbrause	DN 15	1,0	0,1	0,1	0,2
Druckspüler	DN 15	1,2			0,7
	DN 20	1,2			1,0
	DN 25	0,4			1,0
Druckspüler für Urinale	DN 15	1,0			0,3
Haushaltsgeschirrspülmaschine	DN 15	1,0			0,15
Geschirrspüler für Großküche		Abhängig von der Gerätegröße (siehe Herstellerangaben)			
Haushaltswaschmaschine	DN 15	1,0			0,25
Waschmaschine für kothaltige Wäsche		Abhängig von der Gerätegröße (siehe Herstellerangaben)			
Waschmaschine für Krankenhauswäscherei		Abhängig von der Gerätegröße (siehe Herstellerangaben)			

https://doi.org/10.1515/9783110402919-002

Tab. 2.1 (Fortsetzung)

Art der Entnahmestelle		Mindest-fließdruck	Berechnungsdurchfluss bei der Entnahme von		
			Mischwasser		kaltem oder erwärmten Trinkwasser
		p_{min} bar	$\dot{V}_R$ Kalt l/s	$\dot{V}_R$ Warm l/s	$\dot{V}_R$ l/s
Mischbatterie für					
Brausewanne	DN 15	1,0	0,15	0,15	
Badewanne	DN 15	1,0	0,15	0,15	
Küchenspüle	DN 15	1,0	0,07	0,07	
Waschtisch	DN 15	1,0	0,07	0,07	
Sitzwaschbecken	DN 15	1,0	0,07	0,07	
Fußwaschbecken	DN 15	1,0	0,07	0,07	
Mischbatterie	DN 20	1,0	0,3	0,3	
Spülkasten	DN 15	0,5			0,13
Elektro-kochendwassergerät	DN 15	1,0			0,1
Sterilisatoren					
Krankenhausausguss mit Mischbatterie	DN 15	1,0	0,12	0,18	
Druckspüler	DN 20	1,2			1,0
Füllarmatur für Kombinationsbadewanne (Physiotherapie)	DN 25	1,5	1,0	1,0	
Stachelbrause mit Mischbatterie	DN 15	2,0	0,3	0,3	
Regenbrause mit Mischbatterie	DN 20	2,0	0,5	0,5	
Kapellendusche	DN 20	2,5	0,75	0,75	
Duschkatheder	DN 20	2,5	0,5–0,8	0,5–0,8	

2.2.2 Entwässerungsgegenstände

Tab. 2.2: Entwässerungsgegenstände nach DIN 1988 [24].

Entwässerungsgegenstand oder Art der Leitung	Anschlusswert AWs	Nennweite der Einzelabschlussleitung DN
Handwaschbecken, Waschtisch, Sitzwaschbecken	0,5	40
Küchenablaufstellen, Spülbecken (einfach und doppelt)	1,0	50
Haushaltsgeschirrspülbecken, Haushaltswaschmaschinen	1,5	70
Waschmaschinen (6–12 kg Trockenwäsche)	2,0	100

Tab. 2.2 (Fortsetzung)

Entwässerungsgegenstand oder Art der Leitung		Anschlusswert AWs	Nennweite der Einzelabschluss-leitung DN
Gewerbliche Geschirrspülmaschine Urinal		0,5	50
Bodenablauf	DN 50	1,0	50
	DN 70	1,5	70
	DN 100	2,0	100
Klosett, Steckbeckenspülapparat, Fäkalienausguss		2,5	100
Brausewanne, Fußwaschbecken		1,0	50
Badewanne mit direktem Anschluss		1,0	50
Badewanne mit direktem Anschluss, Anschlussleitung oberhalb des Fußbodens bis zu 1 m Länge		1,0	40
Badewanne oder Brausewanne mit indirektem Anschluss, Anschlussleitung bis 2 m Länge		1,0	50
Badewanne oder Brausewanne mit indirektem Anschluss, Anschlussleitung länger als 2 m		1,0	70
Seziertisch		1,5	70
Medizinische Vollbäder		2,0	100
Armbad		2×0,5	2×50
Fußbad		2×1,0	2×70
Vierzellenbad		2,0	100
Duschkatheter		2,0	100
Gipsbankanlage		2×1,0	2×50
Laborbecken		0,5	40

2.3 Richtlinien bei der Planung und Projektierung

2.3.1 Planungsgrundlagen Trinkwasserinstallation

Folgendes ist zu beachten:
- Angaben über Versorgungsdruck, maximal mögliche Wasserentnahme und Wasserbeschaffenheit einholen
- Trinkwasserentnahme für sparsamen Betrieb auslegen
- Entsprechung der Trinkwasserinstallation mit den hygienischen Anforderungen
- Abstand von erdverlegten Trinkwasserleitungen zu Abwasserleitungen min. 1 m
- Anschlussleitungen sollen absperrbar, frostfrei und nicht überbaut verlegt werden
- Innenleitungen sind mit Entleerungen zu versehen, Luftpolster sind zu vermeiden
- Steig- und Stockwerksleitungen müssen einzeln absperrbar und entleerbar sein
- der Schutz des Trinkwassers ist durch geeignete Maßnahmen zu gewährleisten
- Schallschutzmaßnahmen nach DIN 4109 beachten [22]
- Brandschutzmaßnahmen nach DIN 4102 beachten [23]
- geeignete Wärmedämmung ist vorzusehen [3].

1. Die Wasserzähleranlage sollte mit einer plombierbaren Beipassverrohrung ausgestattet sein, da sonst bei einer Reparatur an den Wasserzählern die Einrichtung nicht mit Wasser versorgt werden kann.
   Außerdem hat die Erfahrung gezeigt, dass am Abgang nach der Wasseruhr ein Wasserfeinfilter eingebaut werden soll, der rückspülbar ist, um einen Eintrag von Sand und sonstigen Verschmutzungen ins Leitungsnetz zu verhindern.
   Wenn das Wasserversorgungsunternehmen (WVU) die Einrichtung nur mit einem Hauptwasserstrang versorgt, so sollte darauf geachtet werden, dass im Störungsfall der Hauptwasserleitung über einen Noteinspeisungsanschluss, die Gebäude weiter mit Wasser versorgt werden können.
2. Beim Betrieb von Trinkbrunnen sind sämtliche Wasseruntersuchungen nach Angaben des örtlichen Gesundheitsamts durchzuführen und zu dokumentieren.
3. Die Dosierungskonzentration der dezentralen Geräte müssen jährlich überprüft und eingestellt werden. Das Prüfprotokoll muss 5 Jahre aufbewahrt werden [11].

2.3.2 Dimensionierung von Trinkwasserleitungen nach DIN 1988 Teil 3 (vereinfachter Berechnungsgang)

Der in der DIN 1988 Teil 3 angebotene vereinfachte Berechnungsgang ist in der Regel auch für den Bau von Krankenhäusern ausreichend [24]. Das differenzierte Verfahren soll nur angewendet werden, wenn beim vereinfachten Berechnungsgang keine brauchbaren Durchmesser ermittelt werden konnten.

Vereinfachter Berechnungsgang:

- Berechnungsdurchflüsse der Entnahmearmaturen ermitteln.
- Der Berechnungsdurchfluss V_R wird aus Tabelle 11 der DIN 1988 Teil 3 bzw. aus Herstellerangaben entnommen.
- Summendurchflüsse ermitteln und den Teilstrecken zuordnen: Von der entferntesten Entnahmestelle bis zur Versorgungsleitung werden die Berechnungsdurchflüsse addiert und den entsprechenden Teilstrecken zugeordnet, Spitzendurchfluss aus dem Summendurchfluss ermitteln.
- Für die Berechnung des Spitzendurchflusses von Krankenhäusern gilt Abb. 3, Kurve H bzw. Tabelle 16 der DIN 1988 Teil 3.
- Verfügbare Druckdifferenz für Rohrreibung und Einzelwiderstände ermitteln.
- Die Berechnung des verfügbaren Druckverlustes aus Rohrreibung und Einzelwiderständen erfolgt nach Tabelle 2 der DIN 1988 Teil 3, wobei die einzelnen Angaben aus Normwerten bzw. aus Planungsvorgaben zusammengestellt werden.
- Geschätzten Anteil der verfügbaren Druckdifferenz für Einzelwiderstände (in der Regel 40–60 % des verfügbaren Druckverlustes) abziehen und verfügbares Rohrreibungsdruckgefälle ermitteln.
- Die Berechnung erfolgt ebenfalls nach Tabelle 2 der DIN 1988 Teil 3.

- Rohrdurchmesser wählen und Rohrreibungsdruckgefälle sowie zugehörige rechnerische Fließgeschwindigkeit ermitteln.
- Mit dem verfügbaren Rohrreibungsdruckgefälle und den Tabellen 18–26 der DIN 1988 Teil 3 können die funktionsgerechten Rohrdurchmesser bestimmt werden.
- Summe der Druckverluste aus Rohrreibung aller Teilstrecken berechnen und mit der dafür verfügbaren Druckdifferenz vergleichen:
- Der vereinfachte Berechnungsgang wird anhand des Formblattes A4 der DIN 1988 Teil 3 durchgeführt.
- Gegebenenfalls mit geänderten Rohrdurchmessern nachrechnen.

2.3.3 Planungsgrundlagen Entwässerung

- Alle Entwässerungsgegenstände über der Rückstauebene sind mit natürlichem Gefälle zu entwässern.
- Entwässerungsgegenstände unterhalb der Rückstauebene müssen vor Rückstau geschützt werden.
- Überprüfung der Beschaffenheit des Abwassers.
- Ableitung verschiedener Abwasserarten trennen (Regen- und Schmutzwasser getrennt).
- Frostfreiheit innerhalb und außerhalb von Gebäuden.
- Abläufe, Aufsätze und Abdeckungen sind so auszuführen, dass sie den möglichen Belastungen an der Einbaustelle genügen.
- Mindestnennweiten und Mindest- bzw. Höchstgefälle beachten (DIN 12056 Teil 2) [25].
- Geeignetes Lüftungssystem in Abhängigkeit der Gebäudehöhe wählen.
- Schallschutzmaßnahmen nach DIN 4109 beachten.
- Brandschutzmaßnahmen nach DIN 4102 beachten.

2.3.4 Dimensionierung von Schmutzwasserleitungen nach DIN 12056

Bemessungsgrundsätze:

- Der Abflussvorgang darf die Sperrwasserhöhe in Geruchsverschlüssen um nicht mehr als 20 mm reduzieren.
- Das Sperrwasser darf weder durch Unterdruck abgesaugt, noch durch Überdruck herausgedrückt werden ($\Delta p_{zul} \leq 4$ mbar).
- Es sollen keine größeren Nennweiten als die nach DIN 12056 berechneten, verwendet werden [25].
- Es soll eine Selbstreinigung der Leitungen erreicht werden.
- Das Abwasser soll geräuscharm abfließen können. Die Lüftung der Entwässerungsanlage soll gesichert sein.

Ermittlung des Schmutzwasserabflusses Q_S:

$$Q_S = K \cdot \sqrt{\Sigma AW_S} \qquad (2.1)$$

K: Abflusskennzahl (abhängig von der Gebäudeart – siehe DIN 12056 T2)
AW_S: für Krankenhaus: $K = 0{,}7$
Anschlusswert (Bemessungswert für den angeschlossenen Entwässerungsgegenstand)

Ist der nach diesem Verfahren ermittelte Schutzwasserabfluss Q_S kleiner als der größte AW_S-Wert, so ist der AW_S-Wert maßgebend!

Bestimmung der Anschlusswerte und Abwassermengen:
Anschlusswerte und Nennweiten von Einzelanschlussleitungen werden nach Tabelle 3 der DIN 12056 Teil 2 bestimmt.

z. B. Handwaschbecken: $AW_S = 0{,}5 \Rightarrow$ DN40
oder WC: $AW_S = 2{,}5 \Rightarrow$ DN100

Bei der Betrachtung bestimmter Einheiten, wie Wohnungen oder Hotelbadezimmer, können die Anschlusswerte in einen aus Tabelle 5 der DIN 12056 Teil 2 ersichtlichen Faktor reduziert werden.

Diese Reduktion kann jedoch nur bei Fallleitungen angewandt werden!

Reihenwasch- und Duschanlagen werden nicht nach AW_S-Werten, sondern nach dem Wasserzufluss entwässert. Für Entwässerungspumpen und Fäkalienhebeanlagen ist der Pumpenförderstrom ausschlaggebend. (siehe Tabelle 6 der DIN 12056 Teil 2)

Bemessung von Einzelanschlussleitungen:
- Einzelanschlussleitungen für Handwaschbecken, Waschtische und Sitzwaschbecken mit höchstens drei Richtungsänderungen dürfen DN 40 ausgeführt werden. Bei mehr als drei Richtungsänderungen wird DN 50 erforderlich.
- Bei Einzelanschlussleitungen DN 40 und DN 50 darf die abgewickelte Länge L maximal drei Meter, bei DN 70 maximal fünf Meter betragen. Der Höhenunterschied H muss <1 m sein.
- Ist $L > 3$ m bzw. 5 m oder $1\,\text{m} < H < 3\,\text{m}$, so ist entweder die nächstgrößere Nennweite zu wählen oder die Leitung zu lüften.
- Bei unbelüfteten Klosetteinzelanschlussleitungen DN 100 ist $H \leq 3$ m zulässig. Der Entwässerungsgegenstand darf allerdings nicht mehr als 1 m von der Fallstrecke entfernt, sein. Einzelanschlussleitungen mit $H > 3$ m sind zu lüften.

Bemessung von Sammelanschlussleitungen:
(siehe Tabelle 7 aus DIN 12056 Teil 2)

- Bei unbelüfteten Sammelanschlussleitungen DN 50 darf die Länge, einschließlich der am entferntesten Einzelanschlussleitung, maximal 6 m, bei DN 70 und DN 100 maximal 10 m betragen, wobei $H \leq 1$ m sein muss.
- Bei Sammelanschlussleitungen DN 50 mit $L \leq 6$ m bzw. DN 70 mit $L \leq 10$ m und 1 m $\leq H \leq 3$ m, ist entweder von der Fallstrecke ab, die nächstgrößere Nennweite zu wählen oder die Leitung ist zu belüften.
- Leitungen DN 100 mit WC-Anschlüssen und $H \geq 1$ m sind zu belüften. Sammelanschlussleitungen DN 50 und $L > 6$ m bzw. DN 70 oder DN 100 und L>10 m oder $H >$ 3 m oder $\sum AW_S \geq 16$ sind zu belüften.

Bemessung der Schmutzwasserfallleitungen:
Näheres siehe DIN 12056 Teil 2 für Schmutzwasserfallleitungen mit Hauptlüftung Tabelle A9.

Tab. 2.3: Bemessung der Schmutzwasser Fallleitungen [34].

1	2	3	4	5
DN	**LW mm zul. Abw. – 5 % *)**	**zul. $\sum AW_S$**	**max. Anzahl Klosetts**	**zul. Q_S l/s**
70	70	5	–	1,5
100	100	32	8	4,0
125	118	57	14	5,3
	125	79	20	6,2
150	150	200	52	10,1

*) bezogen auf die Querschnittsfläche

Für andere Lüftungssysteme siehe DIN 12056 Tabelle 9 bzw. 10.

Bemessung von liegenden Schmutzwasserleitungen:

- Die Nennweiten liegender Schmutzwasserleitungen können nach Tabelle 11 oder Abb. 4 der DIN 12056 Teil 2 ermittelt werden.
- Die Nennweite für im Erdreich verlegte Leitungen muss mindestens DN 100 betragen.
- Die Nennweite von Grundleitungen kann ab DN 150 nach Tabelle 14 bzw. Abb. 5 der DIN 12056 Teil 2 ermittelt werden.

2.3.5 Beispiel für die Dimensionierung von Be- und Entwässerungsleitungen

Bewässerungsleitungen
Ermittlung des Spitzendurchflusses über den Summendurchfluss nach DIN 1988 Teil 3 zeigt ein Beispiel Tabelle 2.4.

Bei z. B. vier Steigleitungen mit jeweils 3 Mischbatterien, 3 Badewannen, 3 Waschtischen, 3 Spülkasten, 3 Mischbatterien für Waschmaschinen Geschirrspüler, ergeben sich für die Steigleitung:

Tab. 2.4: Ermittlung des Spitzendurchflusses über den Summendurchfluß nach DIN 1988 Teil 3.

TW pro Strang l/s	für TWW pro Strang l/s
2,46	0,87
Bei 4 Strangen	
9,84	3,84
Gesamter Summendurchfluss 13,3 l/s	

Entwässerungsleitungen
AW_S – Werte:

Badewanne	1,0
Waschtisch	0,5
Klosett	2,5
Spültisch	1,0
Waschmaschine	1,0
Geschirrspülmaschine	1,0

Es gilt wieder Gleichung 2.1:

$$Q_S = K \cdot \sqrt{\Sigma AW_S}$$

Mit
Q_S: Schmutzwasserabfluss (Wohnungsbau $K = 0{,}5$ l/s)
K: Abflusskennzahl ($1\,AW_S = 1$ l/s)
AW_s: Anschlusswert

Berechnung des Warmwasserbedarfes [8]

Durchflusswassererwärmer
Der Warmwasserbedarf und die Wärmeleistung eines Durchflusswassererwärmers werden nach dem Spitzendurchfluss V_S ermittelt.

Tab. 2.5: Berechnung des verfügbaren Rohrreibungsdruckgefälles R_{verf} nach DIN 1988 Teil 3 [24].

Angaben zu Anlage:	**a) Anschluss an die Versorgungsleitung**		**b) zentraler Trinkwassererwärmer**		
	unmittelbar	**mittelbar**	**Gruppentrinkwasser-erwärmer**		
				w	**k**
Nr	**Benennung**	**Zeichen**	**Einheit**	**1**	**2**
1	Mindestversorgungsdruck oder ausgangsseitiger Druck nach Druckminderer oder Druckerhöhungsanlage (DEA)	$p_{\text{min V}}$	mbar	4000	4000
2	Druckverlust aus geodätischem Höhenunterschied	Δp_{geo}	mbar	870	850
3	Druckverlust in Apparaten, z. B.				
	a) Wasserzähler (siehe Tabelle 3 der DIN 1988 Teil 3 oder Angabe des WVU)	Δp_{WZ}	mbar	357	357
	b) Filter	Δp_{FIL}	mbar	71	71
	c) Enthärtungsanlage				
	d) Dosieranlage				
	e) Gruppentrinkwassererwärmer (siehe Tabelle 4 DIN 1988 Teil 3)				
	f) weitere Apparate: Stockwerkzähler	Δp_{Ap}	mbar	285	
4	Mindestfließdruck	$p_{\text{min Fl}}$	mbar	1000	1000
5	Druckverlust der Stockwerks- und Einzelzuleitungen	Δp_{St}	mbar		
6	Summe der Druckverluste aus Nr. 2 bis Nr. 5	$\sum \Delta p$	mbar	2583	2278
7	Verfügbar für Druckverlust aus Rohrreibung und Einzelwiderständen, Wert aus Nr. 1 minus Wert aus Nr. 6	Δp_{verf}	mbar	1417	1718
8	Geschätzter Anteil für Einzelwiderstände bei 50 %	–	mbar	708	859
9	Verfügbar für Druckverluste aus Rohrreibung, Wert aus Nr. 7 minus Wert aus Nr. 8	–	mbar	708	859
10	Leitungslänge	l_{ges}	m	53,75	58,25
11	Verfügbares Rohrreibungsdruckgefälle, Wert aus Nr. 9 geteilt durch Wert aus Nr. 10	R_{verf}	mbar/m	13,2	14,8

Die maßgebliche Nennwärmebelastung W_B ergibt sich aus:

$$W_B = \frac{V_S \cdot \rho \cdot c_W \cdot (t_w - t_k)}{\eta_{\text{ges}}} \quad [\text{kW}] \tag{2.2}$$

W_B: Nennwärmebelastung [kW]
V_S: Spitzendurchfluss [l/s]
ρ: Dichte des Wassers ≈ 1,0 kg/dm^3
c_w: spezifische Wärmekapazität des Wassers ≈ 4,2 kJ/(kg×K)
t_w: Entnahmetemperatur 40–45 °C
t_k: Kaltwassertemperatur ≈ 10 °C
η_{ges}: Gesamtwirkungsgrad ≈ 0,75

Tab. 2.6: Ermittlung der Rohrdurchmesser, vereinfachter Berechnungsgang nach DIN 1988 Teil 3 [24].
Verfügbar für Druckverluste aus Rohrreibung: 708 mbar;
Verbraucht in Teilstrecke (TS): 1 bis 10 692 mbar;
Verfügbar für Druckverluste aus Rohrreibung in den Teilstrang: 708 mbar;
Leitungslänge TS 1 bis 10 = 54 m;
Verfügbares Rohrreibungsdruckgefälle für die Teilstränge 1 bis 10 $\frac{708}{54}$ = 13.2.

Aus dem Rohrplan				mit vorläufigem Rohrdurchmesser			
Teilstrecke	**Rohrleitungslänge**	**Summendurchfluss**	**Spitzendurchfluss**	**Nennweite**	**Rechnerische Fließgeschwindigkeit**	**Rohrreibungsdruckgefälle**	**Druckverlust aus Rohrreibung**
TS	l	$\sum \dot{V}_r$	$\dot{V}_S$	**DN**	v	R	$l \times R$
	m	**l/s**	**l/s**		**m/s**	**mbar/m**	**mbar**
1	2	3	4	5	6	7	8
1*	10,0	13,32	2,04	40	1,6	6,5	65
1.1	3,0	13,32	2,04	40	1,7	7,9	23,7
2	6,5	3,48	1,06	25	2,1	20,4	132,6
3	8,0	2,61	0,91	25	1,9	15,7	125,6
4	8,0	1,74	0,74	25	1,5	10,7	85,6
5	10,0	0,87	0,50	20	1,6	15,8	158,0
6	3,0	0,58	0,39	20	1,3	10,3	30,9
7	3,0	0,29	0,25	15	1,2	13,5	40,5
8	1,2	0,29	0,25	15	1,2	13,5	16,2
9	0,5	0,14	0,14	12	1,1	13,4	6,7
10	0,55	0,07	0,07	10	0,8	12,4	6,8
$\sum l =$	53,75 m					$\sum l \times R =$	692
						+ Differenz	
						$\sum l \times R =$	692

* Teilstrecke 1, PE-Rohr, DN 10
$\sum(l \times R) = 692$ mbar
$R_{verf} = 708$ mbar ⇒ keine Nachrechnung mit geänderter Nennweite erforderlich!

Er setzt sich zusammen aus dem Gerätewirkungsgrad $\eta_g \approx 0{,}85$ und den Verlusten in der Warmwasserverteilanlage in Höhe von ≈ 10 %.

Somit ergibt sich eine Nennwärmebelastung W_B zum Beispiel von:

$$W_B = \frac{1{,}06 \cdot 1{,}0 \cdot 4{,}2 \cdot (40 - 10)}{0{,}75} = 173{,}04\,\text{kW}$$

a. Speicherwassererwärmer

Die Berechnung soll mit nachfolgender Tabelle für ein Mehrfamilienhaus, allgemeiner Wohnungsbau mit mittlerem Komfort durchgeführt werden.

Warmwasserbedarf Q ergibt sich aus der Tabelle für Warmwasserbedarf in Gebäuden zu 40*l*60 °C/Person u. Tag.

Tab. 2.7: Reduktionsfaktor für Schmutzwasserleitungen [25].

Strecke	Reduktionsfaktor	$\sum AW_S$	reduzierte $\sum AW_S$ *	Q_S	Nennweite DN
4.3		7,0	5,0	1,1	100
4.2	0,7	14,0	10,0	1,6	100
4.1		21,0	14,5	1,9	100
3.3		7,0	5,0	1,1	100
3.2	0,7	14,0	10,0	1,6	100
3.1		21,0	14,5	1,9	100
3.0	-	42,0	-	3,2	100
2.3		7,0	5,0	1,1	100
2.2	0,7	14,0	10,0	1,6	100
2.1		21,0	14,5	1,9	100
2.0	-	63,0	-	4,0	100
1.3		7,0	5,0	1,1	100
1.2	0,7	14,0	10,0	1,6	100
1.1		21,0	14,5	1,9	100
1.0	-	84,0	-	4,6	125 (LW118)

* Werte auf 0,5 gerundet

Der ***tägliche Warmwasserbedarf Q_d*** errechnet sich aus:

$$Q_d = Q \cdot p \cdot n \quad [l/d] \tag{2.3}$$

Q: Warmwasserbedarf [l/Pers. u. Tag]
p: Personen/Wohnung
n: Wohneinheiten

Unter der Annahme von 4 Personen pro Wohnung, und der Vorgabe von 12 Wohneinheiten, ergibt sich ein täglicher Warmwasserbedarf Q_d von:

$$Q_d = 40l/(d \cdot P) \cdot 4P \cdot 12 = 1920\ l/d$$

Spitzenwarmwasserbedarf $Q_{h\,max}$:
Der Spitzenwarmwasserbedarf wird in der Regel für 1 Stunde angesetzt. Außerdem ist nicht zu erwarten, dass beispielsweise alle Bewohner gleichzeitig in einer Stunde ein Wannenbad nehmen. Deshalb ist, durch mathematische Gleichzeitigkeitsberechnungen, die den Erfahrungen und Messungen in der Praxis angepasst wurden, ein Diagramm für die prozentuale Gleichzeitigkeit bei der Benutzung von Bädern in Wohngebäuden entstanden (siehe z. B. Feurich, Sanitärtechnik, Warmwasserversorgung – Warmwasserverteilsysteme, Krammer Verlag, Düsseldorf).

Tab. 2.8: Für Warmwasserbedarf in Gebäuden.

Gebäudeart	Zweckbestimmung	Warmwasserbedarf in l 60 °C/Tag			
		Einheit	nK	mK	hK
Einfamilienhaus	einfacher Standard	P	30	40	50
	mittlerer Standard	P	35	50	60
	gehobener Standard	P	40	60	80
Mehrfamilienhaus	sozialer Wohnungsbau	P	20	30	40
	allg. Wohnungsbau	P	30	40	50
	gehobener Wohnungsbau	P	40	50	70
Krankenhäuser	medizinisch-technische Einrichtungen:				
	- einfach	B	50	60	80
	- durchschnittlich	B	70	80	100
	- umfangreich	B	100	120	150

nK = niedriger Komfort, mK = mittlerer Komfort, hK = höherer Komfort, P = pro Person, B = pro Bett

Daraus folgt:

$$Q_{h\,\max} = Q_d \cdot \text{prozentuale Gleichzeitigkeit} \quad [l/h] \tag{2.4}$$

Bei z. B. 12 Bädern erhält man eine prozentuale Gleichzeitigkeit von ca. 0,37. Der Spitzenwarmwasserbedarf errechnet sich dann zu:

$$Q_{h\,\max} = 1920 \cdot 0{,}37 = 710{,}40\,l/h$$

Mit diesem Wert kann der Nutzwärmebedarf berechnet werden.

Nutzwärmebedarf W_N:

$$W_N = \frac{Q_{h\,\max} \cdot \rho \cdot c_W}{3600} \cdot (t_o - t_u) \quad [\text{kW}] \tag{2.5}$$

W_N: Nutzwärmebedarf des Speichers [kW]
$Q_{h\,\max}$: stündlicher Spitzenwarmwasserbedarf [l/h]
ρ: Dichte des Wassers ≈ 1,0 kg/dm^3
c_W: spezifische Wärmekapazität des Wassers ≈ 4,2 kJ/(kg×K)
t_o: mittlere obere Speicherwassertemperatur ≈ 60 °C
t_u: untere Speicherwassertemperatur ≈ 10 °C

Für die Beispielrechnung folgt:

$$W_N = \frac{710{,}4 \cdot 1{,}0 \cdot 4{,}2}{3600} \cdot (60 - 10) = 41{,}44\,\text{kW}$$

Gesamtwärmebedarf W_{ges}:

$$W_{ges} = W_N/\eta_{ges} \quad [\text{kW}] \tag{2.6}$$

W_{ges}: Gesamtwärmebedarf einschl. Wärmeverluste [kW]
η_{ges}: Gesamtwirkungsgrad der Anlage 0,65–0,90;
bei Vorhandensein von Normalwohnungen: $\eta_{ges} \approx 0{,}85$

Daraus ergibt sich für unsere Anlage:

$$W_{ges} = 41{,}44/0{,}85 = 48{,}75\,\text{kW}$$

Kesselleistung W_K:

$$W_K = \frac{W_{ges} \cdot z_B}{z_A + z_B} \quad [\text{kW}] \tag{2.7}$$

W_K: Kesselleistung [kW]
z_B: Zeitdauer des WW-Spitzenbedarfs [h], bei Wohnungsbau ≈ 2 h
z_A: Zahl der Anheizstunden ≈ 2–3 h, kann meistens mit 2 h angenommen werden

In unserem Fall heißt das:

$$W_K = \frac{48{,}75 \cdot 2}{2 + 2} = 24{,}38\,\text{kW}$$

Speicherkapazität C:

$$C = W_{ges} \cdot z_B - W_K \cdot z_B \quad [\text{kWh}] \tag{2.8}$$

C: Speicherkapazität (gespeicherte Wärmemenge) des Speichers [kWh]

$$\Rightarrow \quad C = 48{,}75 \cdot 2 - 24{,}38 \cdot 2 = 48{,}75\,\text{kWh}$$

Speicherinhalt I_S:

$$I_S = \frac{C \cdot 3600}{c_W \cdot \Delta t \cdot \rho} \cdot b \quad [l] \tag{2.9}$$

I_S: Speicherinhalt [l]
b: Zuschlagfaktor für den toten Raum unterhalb der Speicherheizfläche
1,10 – 1,20 für liegende Speicher
1,05 – 1,15 für stehende Speicher

Δt: Temperaturdifferenz zwischen der mittleren oberen und der zulässigen unteren Speicherwassertemperatur: $\Delta t = (t_o - t_u)$
Die Höhe der unteren Wassertemperatur t_u hängt von der Bauart des Speichers ab und der sich daraus ergebenden Schichtung. Für stehende Speicher gilt:
$\Delta t = 60 - 10 = 50$ K
$\Delta t = 60 - (60 + 10)/2 = 25$ K (bei Vollmischung)
$\Delta t = 60 - 25 = 35$ K (bei Teilmischung)

Für die Beispielrechnung folgt:

$$I_S = \frac{48{,}75 \cdot 3600}{4{,}2 \cdot 50 \cdot 1{,}0} \cdot 1{,}1 = 919{,}29\,l$$

2.4 Ausstattungen der einzelnen Bereiche

2.4.1 Krankenstation

Die Krankenstation besteht aus folgenden Räumen:
- Ein- und Mehrbettzimmer mit Sanitäreinrichtungen, integrierten Schwesternarbeitsplätzen
- Dienstplatz der Abteilungsschwester (Abteilungspfleger)
- Schwesterndienstzimmer
- Aufenthaltsraum für das Pflegepersonal
- Untersuchungs- und Behandlungsraum
- Arztraum
- Stationsküche (Teeküche)
- Reiner Arbeitsraum, einschließlich Medikamentendepot
- Pflegearbeitsraum
- Fäkalienausgussraum
- Patientenbad
- Tagesräume für Patienten und Besucher
- Ver- und Entsorgungsstützpunkt
- Abstell-, Geräte- und Putzräume
- Personal- und Besucher-WC

Die Raumgliederung wird wesentlich durch das Pflegesystem bestimmt.
Man unterscheidet:
- Stationspflegesystem mit einer Einheit, wobei eine Einheit 33 bis 36 Betten umfasst.
- Gruppenpflegesystem mit zwei bis vier Pflegeeinheiten, wobei eine Pflegeeinheit 16 bis 18 Betten umfasst.

Bei der Raumgliederung unterscheidet man zwischen:

- Krankenzone
- Betriebszone
- Verkehrszone.

Krankenzimmer

Vor jedem Krankenzimmer oder wenigstens vor jeder Abteilung sollte ein Handdesinfektionsbehälter installiert sein.

Mindestausstattung:

- 1 Waschtischanlage je drei Betten, bestehend aus:
- Waschtisch, Wandbatterie, Ablage, Spiegel, Handtuchhalter, Wandhaken, Papierkorb.

Der heute übliche Standard ist die, dem Krankenzimmer vorgeschaltete Sanitärzone mit folgender Ausstattung:

- 1 WT-Anlage
- 1 WC-Anlage bestehend aus:
  - WC-Becken, WC-Sitz, Spülkasten, Papierrollen-, Reservepapier- und Klosettbürstenhalter, Haltegriff
- 1 Dusche, bestehend aus:
  - Duschwanne (bzw. Bodenablauf), Mischbatterie, Handbrause, Brauseschlauch, Brausestange, Seifenhalter, Duschabtrennung, Badetuchhalter
  - evtl.: Behindertensitz, Haltegriff (Abb. 2.1, 2.2, 2.3).

Ausstattungsvarianten:

1 Bidet mit Mischbatterie, oder
1 Sitzbadewanne mit Zubehör

Jedes Krankenzimmer sollte einen Schwesternarbeitsplatz erhalten, der in der einfachsten Form aus einer Arbeitsplatte, Waschtisch und Schrankteil für reine Pflegeutensilien besteht.

Eingangsschleusen vor Infektionskrankenzimmern und Intensivpflege erhalten eine WT-Anlage mit Desinfektionsmittelspender zur Händedesinfektion des Personals. Die Dusche im Bad wird durch ein Wannenbad ersetzt.

Anforderungen an Ausstattung und Montage:

Waschplatz:

- Die lichte Mindestabmessung des Waschplatzes sollte 1.00×1.35 m betragen, für Rollstuhlfahrer min. ⌀ 1.50 m
- Höhe der Waschtischoberkante 820–850 mm
- Ellenbogenfreiheit vor dem Waschtisch
- der Waschtisch muss das Eintauchen beider Arme gestatten

- da der Waschtisch im Sitzen nutzbar sein soll, ist eine Kniefreiheit unter dem Waschtisch in 30 cm Tiefe und 65 cm Höhe einzuhalten
- die Oberfläche muss stoß- und kratzfest, reinigungs- und desinfektionsmittelbeständig sein
- Einlaufventil mit Handhebelmischbatterie darf nach Höhe und Ausladung das Kopfwaschen nicht behindern
- Einlauftemperatur für warmes Wasser nicht über 45 °C
- Wassereinlauf mit Strahlregler
- freier Ablauf, wahlweise mit einsetzbarem Überlauf-Standrohr
- revisionsfähiger Geruchsverschluss.

WC-Anlage:
- die lichte Mindestbreite des WC-Platzes beträgt 1.00 m, die Länge ist, nach der Anordnung von Türaufschlag und Waschtisch, nicht unter 1.50 m zu bemessen
- Höhe des WC-Sitzes 47 cm
- WC möglichst mit Einbau-Spülkasten und wandhängend ausführen
- Sitzring, vorn geöffnet, desinfizierbar, leicht abnehmbar, ohne Schrauben und Scharniere oder sonstige Hilfskonstruktionen
- Stütz- und Aufrichtegriffe.

Die Entscheidung, ob Flach- oder Tiefspülklosetts verwendet werden, ist vom Nutzer zu treffen:

Vorteil des Flachspülklosetts: Fäkalienuntersuchung möglich

Vorteil des Tiefspülklosetts: geringere Geruchsbelästigung.

Duschanlage:
- Sitz, Fußstufe und/oder Einseifplatz außerhalb des Brausekegels vorsehen
- rollstuhlgerechte Duschen für Behinderte planen
- Einlauftemperatur für warmes Wasser nicht über 45 °C.

Schwesterndienstzimmer

Normalausstattung:
- 1 WT-Anlage bestehend aus:
  - Waschtisch, Wandbatterie, Ablage, Spiegel, Seifen-, Desinfektionsmittel- und Handtuchspender, Papierkorb
- *Anforderungen an Ausstattung und Montage:*
  - Höhe der Waschtischoberkante 820–850 mm
  - Ellenbogenfreiheit vor dem Waschtisch
  - der Waschtisch muss das Eintauchen beider Arme gestatten

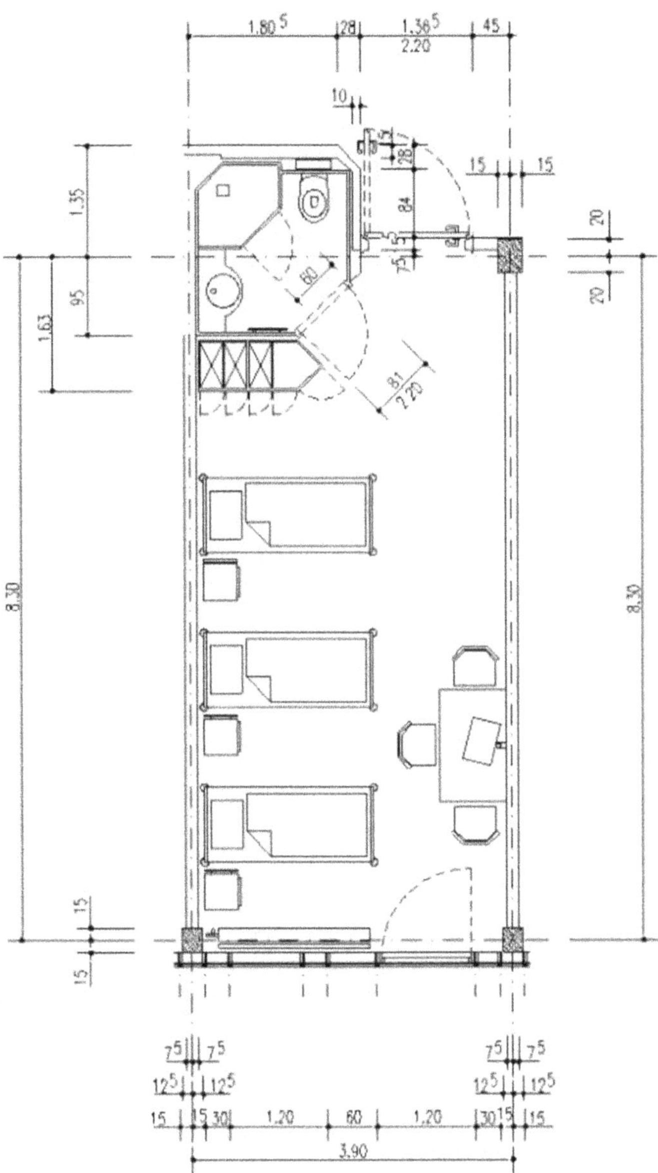

Abb. 2.1: Beispiel eines 3-Bett-Krankenzimmers, Krankenhaus Starnberg.

- Oberfläche muss stoß- und kratzfest, reinigungs- und desinfektionsmittelbeständig sein
- Einlauftemperatur für warmes Wasser nicht über 45 °C
- freier Ablauf, wahlweise mit einsetzbarem Überlaufstandrohr.

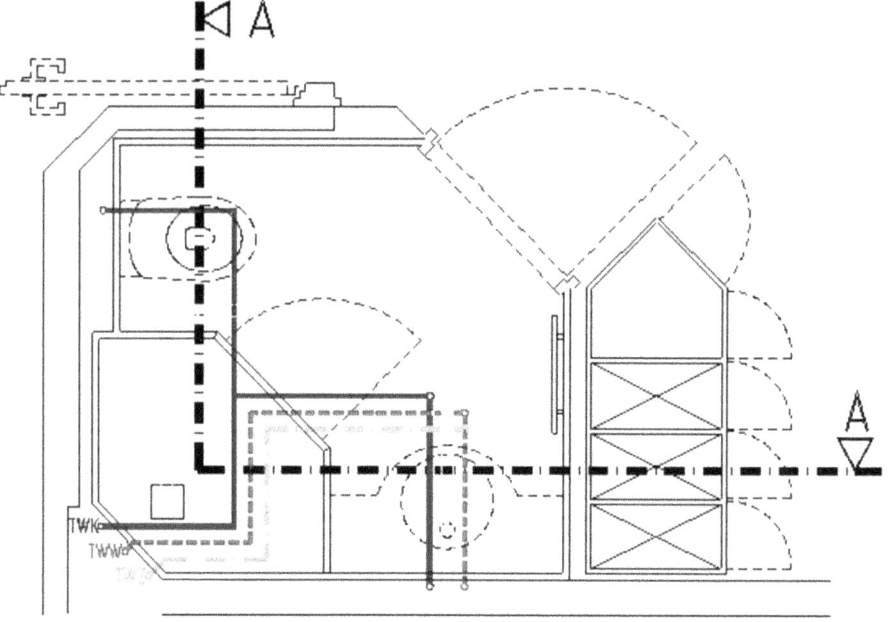

Abb. 2.2: Installationszeichnung der Sanitärzone.

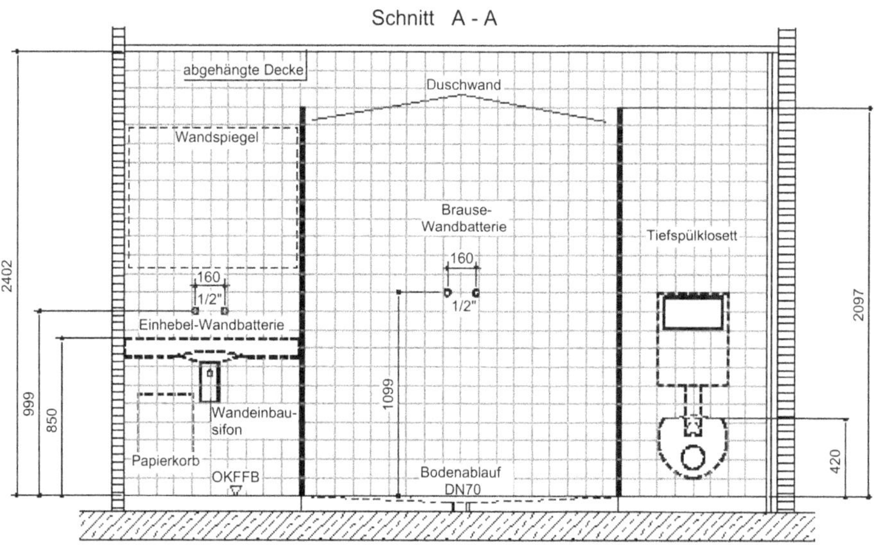

Abb. 2.3: Schnittdarstellung der Sanitärzone, modulare Koordinierungsmasse der Fliesen 10 × 10 cm, Fugenbreite 2 mm, Fugenraster 100 × 100 mm.

Untersuchungs- und Behandlungszimmer

Normalausstattung:

- WT-Anlage wie im Schwesterndienstzimmer
- Instrumentenspüle mit Armhebelwandbatterie

Anforderungen an Ausstattung und Montage:

- einteilige Spüle mit Abstellfläche (Außenmaße 90×45 cm)
- herausnehmbares Standrohrablaufventil und Überlaufventil
- Beckengröße je nach Verwendungszweck (Abb. 2.4).

Falls kein Untersuchungszimmer geplant wird, ist die Instrumentenspüle im Schwesterndienstzimmer aufzustellen. Eventuell kann auf eine Instrumentenspüle in der Krankenstation verzichtet werden, da die Instrumente in der Zentral- oder Substerilisation gereinigt, desinfiziert und sterilisiert werden können.

Arztzimmer

Normalausstattung:

1 WT-Anlage wie im Schwesterndienstzimmer.

Das Arztzimmer bildet mit dem Schwesterndienst- und Untersuchungszimmer meist eine Raumgruppe mit Verbindungstüren untereinander.

Stationsküchen (Teeküche)

Aufgaben:

- Speisenverteilung
- Zubereitung einzelner Gerichte und Getränke
- evtl. Reinigung und Aufbewahrung des Geschirrs.

Normalausstattung:

- Besteckkästen
- 1 Abstellplatz für Speisewagen
- 1 Doppelspüle mit Abstellflächen
- 1 Geschirrspülautomat
- 1 Ausgussbecken
- 1 Arbeitstisch
- 1 Kochplatte mit zwei Kochstellen
- 1 Kühlschrank
- 1 Geschirrschrank
- 1 Wärmeschrank für das Geschirr

Anforderungen an Ausstattung und Montage:

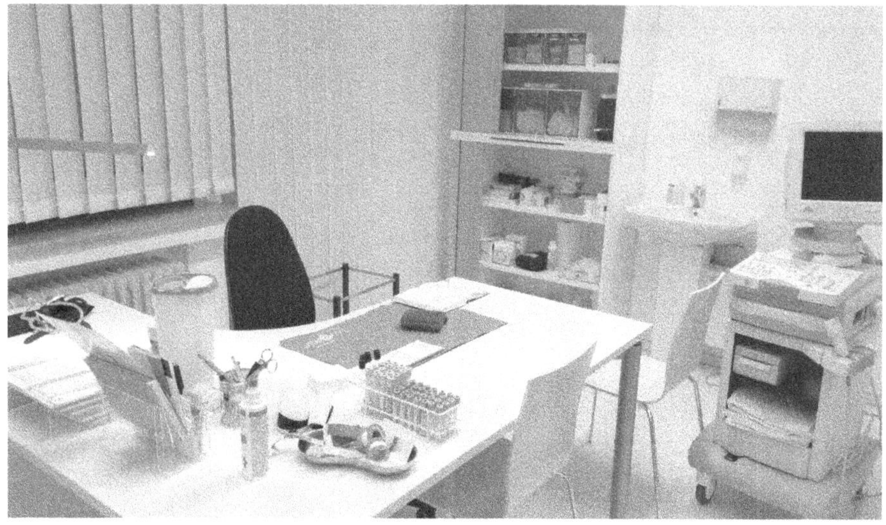

(a)

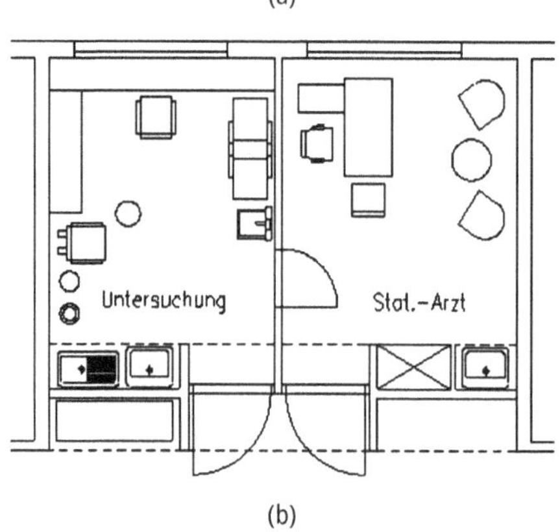

(b)

Abb. 2.4: Raumgruppe Untersuchungs- und Stationsarztzimmer.

- günstige Arbeitshöhe wählen
- Spüle mit zwei Becken, möglichst je 50×40 cm innen gemessen, erstes Becken zum Vorwaschen (Wassertemperatur 40–45 °C), zweites Becken zum Nachspülen (Wassertemperatur 65–80 °C), evtl. örtliche Nacherwärmung erforderlich
- Ausgussbecken mit Klapprost und großem Ablaufquerschnitt wählen
- Wandbatterie für das Ausgussbecken mit Vorregulierung der Wassertemperatur und festem Auslauf.

Reiner Arbeitsraum mit Medikamentendepot

Der reine Arbeitsraum mit Medikamentendepot bildet in der Regel eine Raumeinheit mit dem Pflegearbeitsraum.

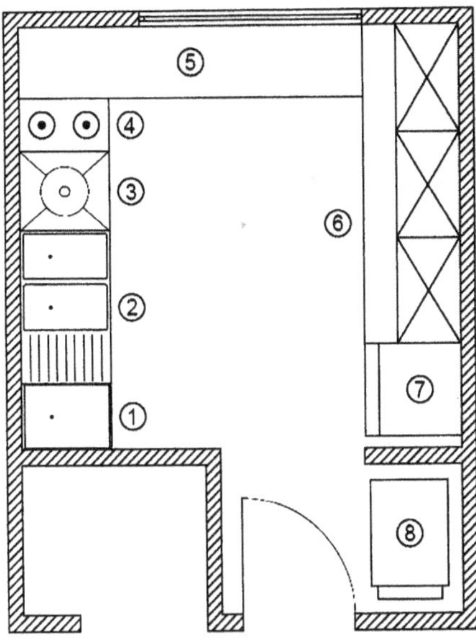

(1) Ausgussbecken
(2) Doppelspüle
(3) Geschirrspüler
(4) Kochplatte
(5) Arbeitsplatte bzw. Arbeitstisch
(6) Schrankwand
(7) Kühlschrank
(8) Speisewagen

Abb. 2.5: Stationsküche: 1. Ausgussbecken, 2. Doppelspüle, 3. Geschirrspüler, 4. Kochplatte, 5. Arbeitsplatte Arbeitstisch, 6. Schrankwand, 7. Kühlschrank, 8. Speisewagen.

Pflegearbeitsräume

Der Pflegearbeitsraum, auch Schmutzarbeitsraum genannt, erfüllt gleichzeitig die Aufgabe eines Fäkalienausgussraumes. Die in ihm vorzunehmenden Arbeiten sind:

- Entleeren, Spülen, Reinigen, Desinfizieren und Trocknen von Steckbecken, Urinflaschen, Uringläsern
- Aufbewahren von Steckbecken, Urinflaschen u. -gläsern, Nierenschalen, Speischalen usw.
- Sammeln, Abfüllen und Aufbewahren von Untersuchungsmaterial
- Herrichten von Laborproben
- Reinigen und Desinfizieren von Geräten
- Entnehmen und Ausgießen von Spülwasser
- Sammeln der Schmutzwäsche
- Vorwäsche und Desinfektion kothaltiger Wäsche

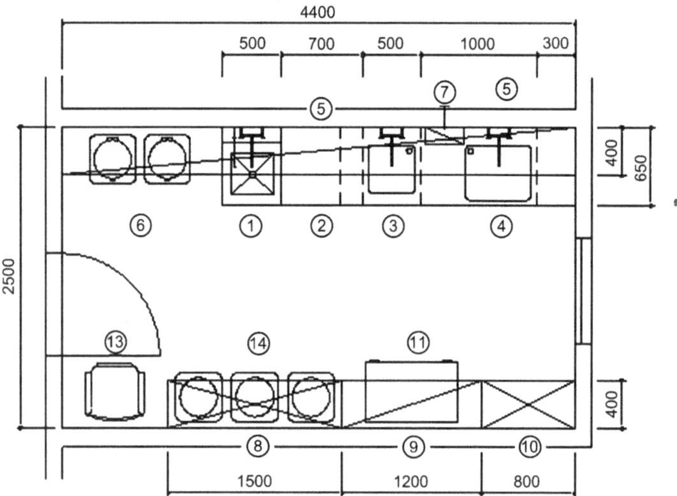

Abb. 2.6: Pflegearbeitsraum, (Krankenhaus St. Barbara, Schwandorf [14]).
1. Ausgussbecken 350×350×250, 2. Steckbeckenspülautomat, 3. Abstellschrank mit Zwischenablage und Handwaschbecken 400×400×200, 4. Abstellschrank mit Wasch- bzw. Desinfektionsbecken 600×450×300, 5. Abstellborde, 6. Abfallsammler, 7. Handtuch-, Seifen-, Desinfektionsmittelspender, 8. Wandhängeschrank, 9. Wandregal, 10. Hochschrank für Putzmittel, Utensilien usw., 11. Transportwagen, 12. Schmutzwäsche, 13. Krankenstuhl.

Normalausstattung:
- 1 Steckbeckenspülautomat
- 1 Ausguss mit Randspülung zur Wasser- und Desinfektionsmittelentnahme, sowie zur Entleerung von Gefäßen
- 1 kleines Spülbecken
- 1 Reinigungs- und Desinfektionsgerät für Steckbecken, Urinflaschen und Nachtstuhleimer
- 1 Wärmevorrichtung für Steckbecken
- 1 Aufbewahrungsschrank für Steckbecken und Urinflaschen (Abb. 2.6)

Anforderungen an Funktion, Ausstattung und Montage:

Steckbeckenspülautomat:

Beim Steckbeckenspülautomat unterscheidet man zwischen dem chemischen und dem thermischen Desinfektionsverfahren. Aus umwelttechnischen Gründen ist die thermische Desinfektion, mit Heißwasser oder Dampf, der chemischen Desinfektion vorzuziehen.

Als Reinigungssystem kommen das Pumpenspülsystem, das vom Versorgungsdruck unabhängig arbeitet, oder das Planetenspülsystem (Mindestwasserdruck 1,2 bar), infrage. Letzteres System besteht aus einem großen und einem kleinen Spülflügel. Durch die beiden Treibdüsen werden die Flügel in Bewegung versetzt.

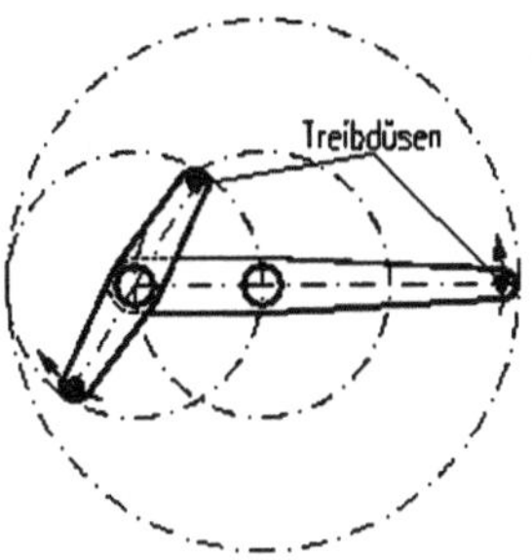

Abb. 2.7: Planetenspülsystem.

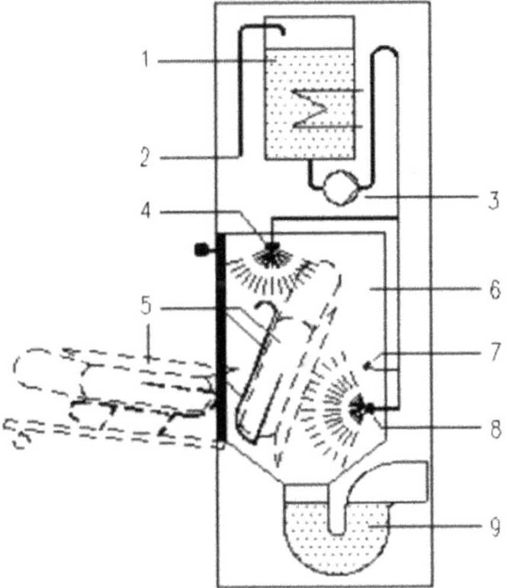

Abb. 2.8: Funktionsdarstellung eines Steckbeckenspülapparates mit Pumpenspülsystem: 1. Wasserbehälter mit elektr. Aufheizung, 2. Kaltwasseranschluss, 3. Pumpe, 4. Vollstrahldüse, 5. Steckbecken, 6. Waschkammer, 7. Stabdüse zur Urinflaschenreinigung, 8. Drehdüse, 9. Geruchverschluss.

Zur Vermeidung von starker Kalkausfällung kann das Heizaggregat des Steckbeckenspülautomaten mit Weichwasser anstatt Hartwasser betrieben werden. Die bessere Möglichkeit besteht jedoch im Einbau einer Dosierpumpe, die dem Wasser Ferrofoslösung beimischt. Steckbeckenspülapparate (Abb. 2.8) müssen jährlich überprüft und die Überprüfung dokumentiert werden.

***Fäkalienausguss*:**
- Ablaufanschluss DN 100
- Bodenstehende und wandhängende Fäkalienausgüsse werden mit einem Druckspüler zur Beckenspülung und einer Wandbatterie zur Wasserentnahme ausgestattet.

– Einbauausgüsse werden nur mit Wandbatterie ausgestattet, der Spülrand besitzt einen nicht sichtbaren Zulaufanschluss von unten, der über ein Fußventil betätigt wird.

Reinigungs- und Desinfektionsgerät:
Das Reinigungs- und Desinfektionsgerät dient der Langzeitdesinfektion, die bei Steckbecken und Urinflaschen von Zeit zu Zeit durchzuführen ist. Diese Funktion kann alternativ auch von einem großen Spülbottich übernommen werden.

Spülbecken:
– das Spülbecken dient u. a. auch dem Händewaschen
– krankenhausübliche Ausstattung.

Empfehlenswert sind Kombinationseinheiten (Abbildung 2.9*):*

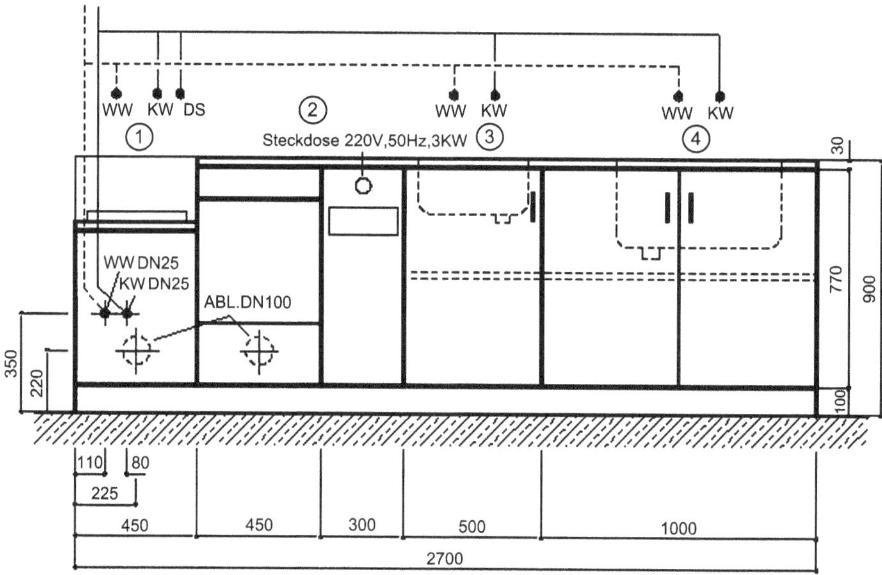

Abb. 2.9: Beispiel einer Pflegekombination 1. Fäkalienausguss, 2. Steckbeckenspülapparat, 3. Waschbecken, 4. Spülbottich.

Fäkalienausgussräume
Der Fäkalienausgussraum ist eine reduzierte Version des Pflegearbeitsraumes. Seine Funktionen beschränken sich auf:
– Entleeren, Spülen, Reinigen, Desinfizieren und Trocknen von Steckbecken, Urinflaschen und Uringläsern

- Aufbewahren von Steckbecken, Urinflaschen, Uringläsern, Nierenschalen und dergleichen
- evtl. Sammeln der Schmutzwäsche, Vorwäsche und Desinfektion kothaltiger Wäsche.

Normalausstattung:
- 1 Steckbeckenspülapparat
- 1 Ausguss mit Randspülung zur Wasser- und Desinfektionsmittelentnahme sowie zur Entleerung von Gefäßen
- 1 kleines Spülbecken
- 1 Reinigungs- und Desinfektionsgerät für Steckbecken, Urinflaschen und Nachtstuhleimer (oder Spülbottich) (Abb. 2.10)

Auf den Fäkalienausgussraum kann verzichtet werden, wenn in einer Sanitärzone, die den Krankenzimmern vorgeschaltet ist, oben genannte Aufgaben vorgenommen werden können.

Patientenbäder

Patientenbäder dienen hauptsächlich zur Reinigung der Patienten, gelegentlich werden aber auch therapeutische Bäder und Einläufe vorgenommen. Die Einrichtung des Stationsbades muss den vielseitigen Anforderungen durch folgende Sanitärgegenstände entsprechen:

Normalausstattung:
- 1 Badewanne 180 × 80 cm
- 1 Brausewanne 90 × 90 cm
- 1 Sitzwanne 75 × 75 cm
- 1 Waschtisch 60 × 50 cm
- 1 Sitzwaschbecken (Bidet) 40 × 60 cm
- 1 Klosettbecken
- Bodenablauf
- 1 Auslaufventil für Schlauchanschluss

Anforderungen an Ausstattung und Montage:
- Für Fußbäder ist evtl. eine Fußbadearmatur im Brausestand vorzusehen.
- Die Badewanne soll von beiden Längsseiten zugänglich sein, um evtl. den Einsatz eines Patientenhebers zu ermöglichen (Hubwannen empfehlenswert).
- Badewannenablauf großzügig bemessen, um eine rasche Entleerung der Badewanne zu erreichen, wodurch eine höhere Behandlungsfrequenz ermöglicht wird.
- Sitzwaschbecken und Waschtisch sollten neben dem Klosett liegen, da sie für anschließende Waschvorgänge benutzt werden.
- Einrichtungsgegenstände mit krankenhausüblichen Armaturen ausstatten.

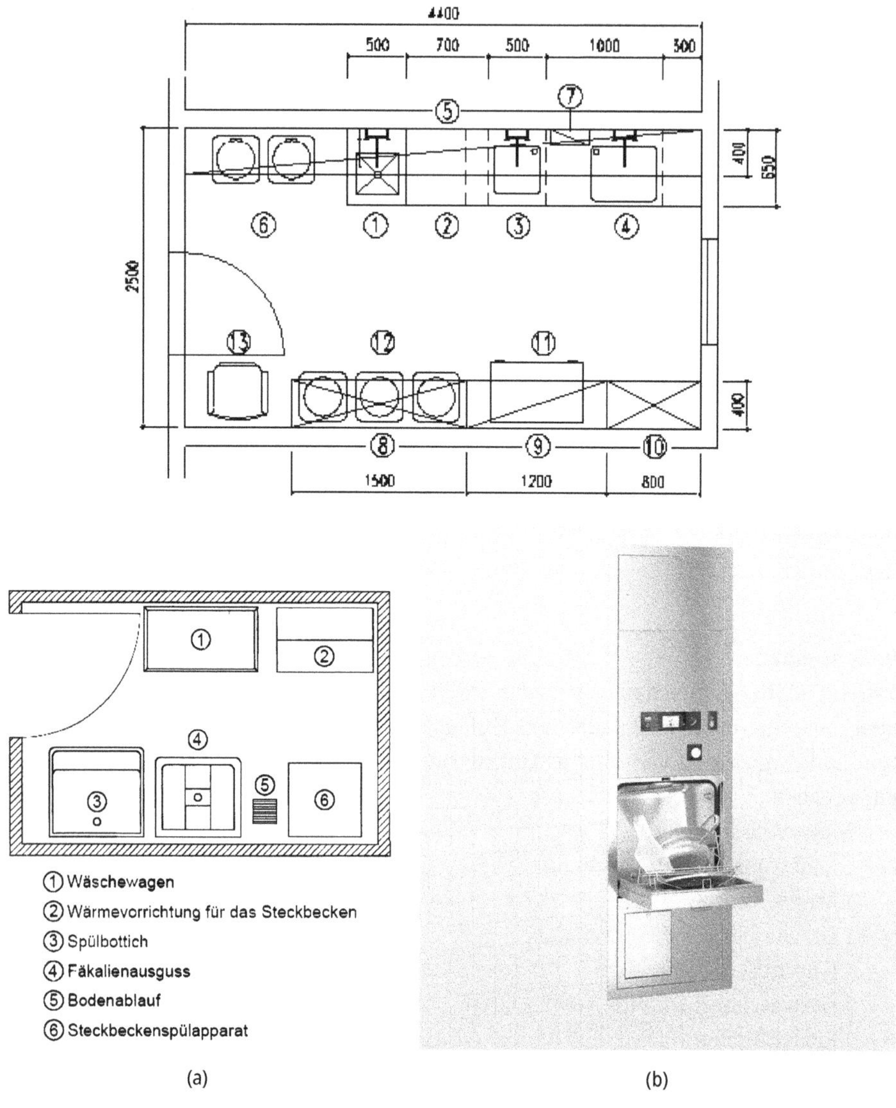

Abb. 2.10: a: Fäkalienausgussraum mit 1. Wäschewagen, 2. Wärmevorrichtung für das Steckbecken, 3. Spülbottich, 4. Fäkalienausguss, 5. Bodenablauf 6. Steckbeckenspülapparat. b: Fa. Maiko Topline.

Auf eine behindertengerechte Ausführung ist im Patientenbad besonderer Wert zu legen. Dazu gehören:

- Haltegriffe an Dusche, Klosett und Waschtisch
- Behindertensitz in der Dusche
- Waschtisch höhenverstellbar
- Patientenheber.

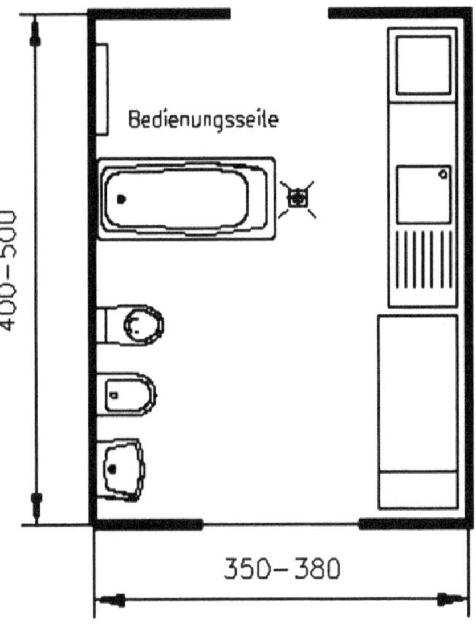

Abb. 2.11: Grundrissvorschlag eines Stationsbades.

Abstell-, Geräte- und Putzräume

Normalausstattung:

- Ausgussanlage mit Zulaufgarnitur.

Wöchnerinnen- und Neugeborenenpflege

Die Einteilung erfolgt wie bei den konventionellen Krankenstationen, jedoch werden die Stationen zusätzlich durch Säuglingspflegekombinationen ergänzt (Abb. 2.12).

EL_1	Unterputzdose 220 /50 Hz	EL_2	Schukosteckdosen 220 V/50 Hz, spritzwassergeschützt
O_2	Sauerstoff	DL	Druckluft
WW	Warmwasser	KW	Kaltwasser
A	Ablauf ⌀ 50 mm	MW	Mischwasseranschluss für Schlauchbrause
PA	Potentialausgleich		

Personal- und Besucher-WC

Getrennte WCs für Personal und Besucher. Eine Unterteilung für Frauen und Männer ist erforderlich.

Normalausstattung:

- 1 WC-Anlage bestehend aus:
  - WC-Becken, WC-Sitz, Spülkasten, Papierrollenhalter, Reservepapierhalter, Klosettbürstenhalter, Zigarettenablage
- 1 Urinalanlage bestehend aus:
  - Druckspüler bzw. berührungslose Spülsitzautomatik

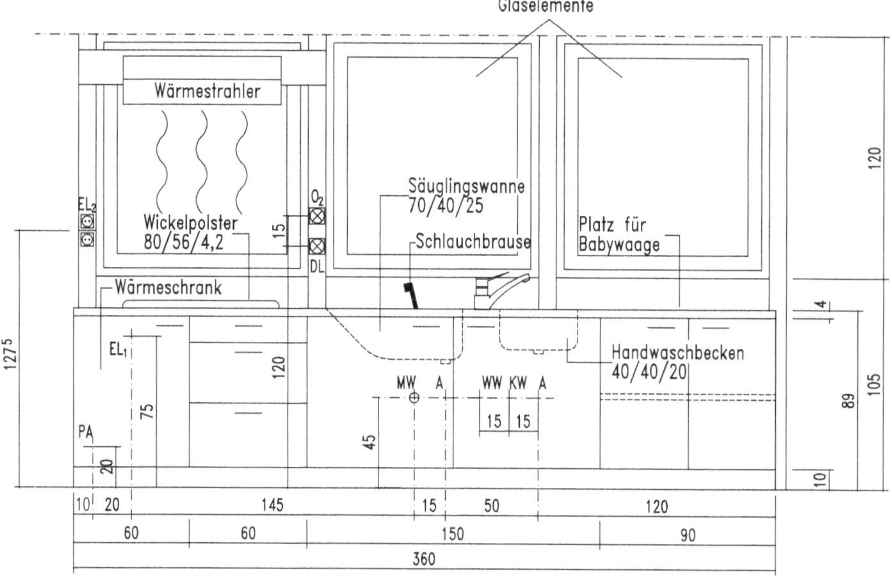

Abb. 2.12: Beispiel einer Säuglingspflegekombination, Krankenhaus Starnberg [15].

   - Bodenablauf
   - Auslaufventil mit Schlauchanschluss
- 1 Waschtischanlage bestehend aus:
   - Waschtisch, Wandbatterie, Spiegel, Seifen- und Handtuchspender, Papierkorb, Zigarettenablage.

2.4.2 Behandlungsbereich

Der Behandlungsbereich unterteilt sich in folgende Abteilungen:
- Operationsabteilung
- Abteilung für Geburtshilfe und Gynäkologie
- Notfallaufnahme
- Endoskopie
- Urologie
- Schleusen

Operationsabteilungen

Die Operationsabteilung besteht aus folgenden Räumen:
- OP-Raum
- Vorbereitungsraum (Einleitungsraum)
- Ausleitungsraum

- reiner Waschraum
- Schwesternarbeitsplatz
- Geräteraum, Messraum
- Gipsraum
- Versorgungsflur
- Sterilisationsraum

OP-Raum

Man unterscheidet septische (keimhaltige, d. h. für Behandlung von infizierten Wunden, Knochen etc.) und aseptische (keimfreie) OP-Räume.

Die Ausstattung beider Räume ist gleich. Aus hygienischen Gründen sollte auf den Einbau von sanitären Einrichtungsgegenständen verzichtet werden [5].

Vorbereitungsraum (Einleitungsraum)

Im Vorbereitungsraum wird die Narkose vorbereitet und eingeleitet.

Normalausstattung:

- 1 Waschtischanlage bestehend aus:
  - Armhebelwandbatterie, Seifen-, Desinfektionsmittel- und Handtuchspender
- 1 Krankenhausausguss mit Druckspüler und Wandbatterie.

Ausleitungsraum

Im Ausleitungsraum wird nach dem Transport aus dem OP-Raum die Narkose ausgeleitet und der Patient umgebettet.

Normalausstattung: wie beim Vorbereitungsraum.

Reiner Waschraum

Im reinen Waschraum erfolgt die chirurgische Händedesinfektion des an der Operation direkt beteiligten Personals. Er steht in direkter Verbindung zum OP, wenn zusätzlich ein unreiner Waschraum vorhanden ist.

Normalausstattung:

- 3 Ärztewaschtischanlagen bestehend aus:
  - Ärztewaschtisch, Thermostatwandbatterie, Ablegeplatte, Handtuchhalter, Desinfektionsmittel-, Seifen- und Bürstenspender, Bürstenentsorgungsbehälter
- 1 Bodenablauf mit Mischwasserauslauf

Anforderung an Ausstattung und Montage:

Die sanitären Einrichtungsgegenstände sind so anzuordnen, dass der Arzt aus dem Waschraum, die Vorbereitung des Patienten, durch das Durchblickfenster überwachen kann.

- Ärztewaschtisch mit großer Beckenmulde zur Ellenbogenwäsche

- Wassertemperatur 40–42 °C
- Thermostatwandbatterie mit berührungsloser Ein- und Ausschaltautomatik bzw. mit Armhebel
- kein Ablaufverschluss
- Wandeinbaugeruchsverschlüsse sind zu empfehlen, um die Fußfreiheit beim Sitzen auf den Hockern zu gewährleisten
- Anordnung der Ärztewaschtische unter Durchblickfenster mit einer Anbringungshöhe von 80–85 cm für eine Benutzung im Stehen und Sitzen
- sämtliche Ecken in runder Ausführung, um den Anforderungen an Hygiene gerecht zu werden
- eine OP-Ärztewaschstationsanlage ist empfehlenswert.

Unreiner Waschraum

Im unreinen Waschraum erfolgt die hygienische Händedesinfektion. Außerdem werden die bei der Operation gebrauchten Kleider abgelegt.

Normalausstattung:

Auf diesen Raum kann bei eingeschränkten Platzverhältnissen verzichtet werden. Dafür muss dann der reine Waschraum mit einem Spiegel und einem Textilsammelbehälter ausgestattet werden.

Schwesternarbeitsplatz

Schwesternarbeitsplätze dienen der Zwischenlagerung und Vorbereitung des OP-Materials. Sie werden jedoch nicht bei jeder OP-Konzeption berücksichtigt.

Normalausstattung: 1 Instrumentenspüle mit Armhebelwandbatterie.

Anforderungen an Ausstattung und Montage:

- einteilige Spüle mit Abstellfläche (Außenmaße 90×45 cm)
- herausnehmbares Standrohrab- und Überlaufventil.

Gipsraum

Um OP-Räume vor Staubbildung beim Aufschneiden und Lösen von Gipsen zu vermeiden, werden in der Regel separate Gipsräume, mit einer Grundfläche von 30–40 m^2, eingerichtet. Heute werden oft schnell aushärtende Kunststoffe, statt Gips verwendet, die unter UV-Licht ausgehärtet werden.

Normalausstattung:

- 1 Ärztewaschtischanalgen (wie unter: Reiner Waschraum beschrieben)
- 2 Bodenablauf DN 100 mit Gitterrost unter Gipsbecken
- 1 Bodenablauf DN 70
- 1 Auslaufventil mit Schlauchanschluss
- 1 Gipsbankanlage bestehend aus:

- 2 Gipsbecken, 2 Standrohrventile, Armhebelwandbatterie,
- Gipsschlammfänger (fahrbar) mit 2 Standrohrventilen, Ablaufhahn.

Anforderungen an Ausstattung und Montage:
- wandhängende oder bodenstehende Gipsbankanlage
- Wandbatterie mit schwenkbaren Auslauf und gegebenenfalls mit Thermostat
- Gipsbeckengröße 40×40×20 cm
- Gipsschlammfänger fahrbar
- Ärztewaschtischanlage (wie unter: Reiner Waschraum beschrieben)
- Bodenablauf DN 100 mit Gitterrost unter Gipsbecken
- Bodenablauf DN 70
- evtl. geflieste Filmnische mit Spüleinrichtung unterhalb des Röntgenschaukastens zum Abhängen nasser Röntgenfilme vorsehen. Spülung über zwei Spritzköpfe mit Selbstschlussventil als Bedienungsarmatur. Für den Abfluss ist eine Rinne mit Ablaufventil vorzusehen.

Sterilisationsraum
Im Gegensatz zum zentralen Sterilisationsraum werden im dezentralen Sterilisationsraum die Instrumente von ein bis zwei OP-Räumen gesäubert, desinfiziert und sterilisiert.

Normalausstattung:
- 1 Sterilisationsanlage mit Kammern für Dampf- und Heißluftsterilisation, Wasserdestillierapparat
- 1 Waschtischanlage bestehend aus:
  - Wandbatterie, Seifen-, Desinfektionsmittel- und Handtuchspender, Spiegel, Ablegeplatte
- 1 Instrumentenreinigungskocher
- 1 Instrumentenspüle mit Wandbatterie
- 1 Bodenablauf mit Randspülung
- 1 Spritzventil
- 1 Wäschewärmer.
- evtl. 1 Krankenhausausguss mit Druckspüler und Wandbatterie.

Anforderungen an Ausstattung und Montage:
- Dampfanschluss für Sterilisationsanlage, DN 32–40, 2,5 bar, auch elektrische Beheizung möglich, Kondensatableitung DN 25–32
- Wandbatterien mit berührungsloser Ein- und Ausschaltautomatik, alternativ: Armhebelbetätigung
- für Instrumentenspüle: herausnehmbares Standrohrab- und Überlaufventil.

Abteilungen für Geburtshilfe und Gynäkologie

Zur Sicherung der Hygiene in der Betriebsstelle Geburtshilfe müssen ähnliche Vorkehrungen wie in den Betriebsstellen Operation und Intensivmedizin getroffen werden.

Die Abteilung für Geburtshilfe und Gynäkologie besteht aus folgenden Räumen:

- Kreißsaal
- Wickelraum
- Aufnahmebad
- Hebammendienstplatz
- Geburtshilfe-OP/Gynäkologischer OP
- Ärztewaschraum
- Sterilisationsraum
- Vorbereitungsraum
- Umbettraum
- Geräteraum
- Eklapsieraum
- Personalwaschraum/Personalumkleide
- Schwesterndienstzimmer
- Ärzteaufenthaltsraum
- Aufwachraum.

Die bereits in den vorhergehenden Kapiteln behandelten Räume werden nicht mehr näher erläutert.

Kreißsaal

Im Kreißsaal werden Entbindungen, Neugeborenenerstversorgung und Reanimation durchgeführt.

Normalausstattung:

- 1 Ärztewaschtischanlage bestehend aus:
  - Ärztewaschtisch, Thermostatwandbatterie, Ablegeplatte, Handtuchhalter, Desinfektionsmittel-, Seifen- und Bürstenspender, Bürstenentsorgungsbehälter
- 1 Plazentabecken mit Besichtigungsschale und Wandarmatur
- 1 Auslaufventil mit Schlauchanschluss
- 1 Bodenablauf

Anforderungen an Ausstattung und Montage:

- Der Bodenablauf soll spülbar und unterhalb des Entbindungsbettes angeordnet sein.
- Das Plazentabecken ist aus Feuerton, die Besichtigungsschale aus Edelstahl.
- Anstelle des Auslaufventils kann auch eine Mischbatterie installiert werden.

Wickelraum

Der Wickelraum beinhaltet die zur Erstbehandlung der Neugeborenen benötigten Gerätschaften. Bei beengten Platzverhältnissen können die Einrichtungsgegenstände des Wickelraumes direkt im Kreißsaal untergebracht werden.

Normalausstattung:
- Krankenhausausguss
- Säuglingswanne mit Wandbatterie
- Instrumentenspüle mit Wandbatterie

Anforderungen an Ausstattung und Montage:

Zu empfehlen ist eine Säuglingspflegekombination bestehend aus:
- Säuglingswanne
- Wickeltisch
- Einbauschränke
- evtl. Handwaschbecken.

Aufnahmebad

Zur Vorbereitung und zur Einleitung der Geburt steht für die Kreißende ein Aufnahmebad zur Verfügung.

Normalausstattung:
- 1 Badewanne
- 1 Brausewanne
- 1 Sitzwanne
- 1 Waschtischanlage bestehend aus:
  - Waschtisch, Wandbatterie, Ablage, Spiegel, Seifen- u. Handtuchspender, Papierkorb
- 1 WC-Anlage
- 1 Bodenablauf
- 1 Auslaufventil mit Schlauchanschluss

Anforderung an Ausstattung und Montage:
- Badewanne von beiden Längsseiten zugänglich
- die Einrichtungsgegenstände sind mit den krankenhausüblichen Armaturen auszustatten
- an den Einrichtungsgegenständen sind Haltegriffe anzubringen.

Hebammendienstplatz

Der Hebammendienstplatz ist direkt mit dem Kreißsaal verbunden und ermöglicht damit raschen Einsatz der Hebamme.

Normalausstattung: siehe Schwesterndienstzimmer.

Eklapsieraum

Im Eklapsieraum findet die Versorgung von Schwangeren und Gebärenden mit einer Spätgestose, d. h. heftigen generalisierten Krämpfen und anschließendem komatösen Schlafzustand, statt.

Normalausstattung:
1 Waschtischanlage, wie im Schwesterndienstzimmer.

Aufwachraum

Nahe dem OP ist der Aufwachraum angeordnet, in den die Patientinnen nach der Operation verlegt werden.

Normalausstattung:
1 Waschtischanlage, wie im Schwesterndienstzimmer.

Die Behandlungsbereiche Urologie, Endoskopie und Notfallaufnahme setzen sich aus Räumen zusammen, die bereits angesprochen wurden.

Schleusen im Krankenhaus

Schleusen dienen dazu, die Keimübertragung zwischen den verschiedenen Krankenhausbereichen einzuschränken. Die jeweils erforderliche Schleusenart ist nach den speziellen Anforderungen festzulegen.

Folgende Bereiche sind mit Schleusen zu versehen:
- sämtliche OP-Bereiche
- Neugeborenen Station
- Intensivmedizin
- Pathologie.

Man gliedert Schleusen nach:
- hygienischer Funktion in Kontaktschleusen und Luftschleusen
- funktionell-baulicher Anforderung in Patienten-, Personal- und Materialschleusen.

Mit Sanitäreinrichtungsgegenständen wird lediglich die Personalschleuse versehen:

Normalausstattung:
- 1 Waschtischanlage bestehend aus: Waschtisch, Wandbatterie mit berührungsloser Ein- und Ausschaltautomatik, Seifen-, Desinfektionsmittel- und Handtuchspender, Papierkorb

Wird die Personalschleuse als Dreiraumschleuse ausgeführt, so sollte auch noch eine WC-Anlage installiert werden.

Prosektur/Pathologie

In der Prosektur werden Untersuchungen an Leichen vorgenommen. Die Infektionsmöglichkeit durch die Leichen erfordert eine räumliche Abtrennung der Prosektur gegenüber den anderen Funktionsstellen des Krankenhauses.

Die Prosektur besteht aus folgenden Räumen:

- Sektionsraum
- Leichenaufbewahrungsraum (mit Neben- und Vorraum)
- Warteraum für Angehörige
- WC für Angehörige
- Personal-WC, Personalumkleide
- Vorbereitungsraum (Einsargung)
- Ärztewaschraum
- Vorführraum
- Labor für Pathologie.

Abb. 2.13: Beispiel einer Prosektur.

Sektionsräume

Im Sektionsraum werden die Leichen geöffnet. Dies dient der Feststellung der Todesursache und des Krankheitsverlaufes.

Normalausstattung:

- 1 Krankenhausausguss mit Druckspüler und Wandbatterie
- 2 Darm- und Spülbecken mit Zuflussarmatur
- 2 Seziertische mit Zuflussarmaturen
- 1 Rohrtrenner am Seziertisch und Organbecken
- 1 Bodenablauf (Abb. 2.13).

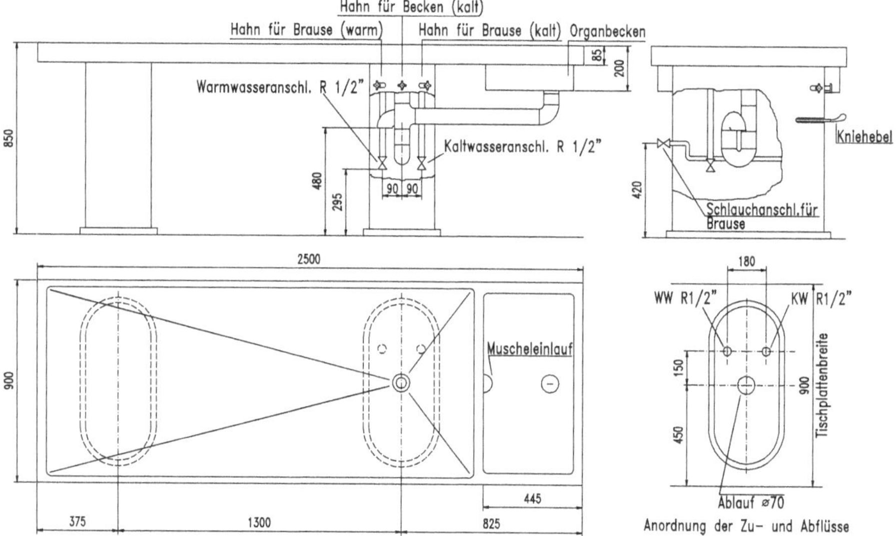

Abb. 2.14: Beispiel für einen Seziertisch.

Anforderungen an Ausstattung und Montage:

- Kalt- und Warmwasserzufluss der Wasch- und Spüleinrichtungen müssen im Sektionsraum durch Kniehebelmischbatterien bedient werden können.
- Das Organbecken des Seziertisches ist mit Standrohrüberlaufventil und Muscheleinlauf zu versehen.
- Die Ablaufstellen sind mit Sieben auszustatten, damit keine Gewebe- und Organteile in die Kanalisation gelangen.
- Die Zuflussarmatur am Seziertisch ist als Handbrause mit Durchflussvorregulierung auszuführen.
- Der Bodenablauf ist mit Spülventil auszuführen.
- Die Zuflussrohrarmatur des Darm-, und Spülbeckens besteht aus einer Spültischbatterie mit Luftbeimischer und einer Mischbatterie mit Schlauchanschluss.

Leichenaufbewahrungsraum (mit Neben- und Vorraum)

Um die Zersetzung (Fäulnis) der Leichen zu verzögern, werden diese im Leichenaufbewahrungsraum gekühlt. Bei kurzzeitiger Aufbahrung sollen Temperaturen zwischen +2 °C und +4 °C, bei längerer Aufbahrung eine Temperatur von −5 °C, erreicht werden. Für die Ausführung von Sägeschnitten wird eine Temperatur von −15 °C empfohlen. Im Nebenraum des Leichenaufbewahrungsraumes steht das Kühlaggregat. Der Leichenaufbewahrungsraum und der Nebenraum sind durch einen gemeinsamen Vorraum verbunden.

Normalausstattung:
Nebenraum:
- 1 Kaltwasseranschluss DN 20
- 1 Abflussanschluss DN 50, mit freiem Abfluss über Trichter
- 1 Bodenablauf (Deckenablauf) DN 70
- Vorraum: 1 Krankenhausausguss mit Druckspüler und Wandbatterie.

Anforderungen an Ausstattung und Montage: evtl. ist für das Kühlaggregat eine Bodenwanne mit eingearbeitetem Gefälle, Sammelrinne und Abflussstutzen für das Tau- und Reinigungswasser vorzusehen.

WC für Angehörige
Ausstattung sieht wie beim Besucher-WC der Krankenstation aus.

Personalumkleide und WC
Die Ausstattung sieht wie auf der Krankenstation aus.

Vorbereitungsraum
Im Vorbereitungsraum werden die Leichen gereinigt und zur Einsargung und Aufbewahrung vorbereitet.

Normalausstattung:
- 1 Krankenhausausguss mit Druckspüler und Wandbatterie
- 1 Spültisch
- 1 Bodenablauf
- 1 Auslaufventil mit Schlauchanschluss.

Anforderung an Ausstattung und Montage:
- Der Spültisch muss mit einer Spültischbatterie mit Luftbeimischer und einem Standrohr versehen sein.
- Wasch- u. Spüleinrichtungen sind durch Lichtstrahlsteuerung bzw. Armhebel zu betätigen.

Ärztewaschraum
Im Ärztewaschraum reinigt und desinfiziert sich der Arzt vor und nach der Sektion die Hände.

Normalausstattung:
- 2 Ärztewaschtischanlagen bestehend aus: Ärztewaschtisch, Thermostatwandbatterie, Desinfektionsmittelspender, Seifenspender, Handtuchhalter, Ablegeplatte, Bürstenspender, Bürstenentsorgungsbehälter
- 2 Desinfektionsbecken mit Flaschenhalter zur Händedesinfektion

- 1 Bodenablauf
- 1 Auslaufventil mit Schlauchanschluss

Anforderungen an Ausstattung und Montage: siehe reiner Waschraum in der Operationsabteilung.

Vorführräume

Der Vorführraum wird für Vorlesungen und Demonstrationen benötigt.

Normalausstattung: 1 Waschtischanlage mit Krankenhausausstattung.

Labor für Pathologie

Die Laborräume für Pathologie unterteilen sich in:
- Präparierraum
- Präparatorraum
- Histologieraum
- Spülraum
- Fotolabor.

Diese Räume sind durch Flure von den Leichenaufbewahrungsraum und Sektionsraum getrennt.

Normalausstattung: Fotolabor.

In älteren Krankenhäusern bestand die Ausstattung aus:
- 1 Fotolabornasstisch mit Kreiselwässerung und Laborauslaufventil
- 1 Sammelbehälter für Fotochemikalien.

Heute wird mit Digitalkameras gearbeitet. Es entfallen die Einrichtungen für den Fotolaborraum. Dafür ist ein Computerarbeitsplatz bzw., Computerraum notwendig.

Präparierraum:
- 1 Doppelspüle mit Armhebelwandbatterie
- 1 Waschtischanlage mit Armhebelwandbatterie

Spülraum:
- 1 Waschtischanlage wie Schwesterndienstzimmer
- 1 Krankenhausausguss mit Druckspüler und Wandbatterie
- 1 Säureausguss mit Laborauslaufventil
- 1 Laborglasspülautomat.

Präparatorraum: 1 Waschtischanlage mit Krankenhausausstattung wie im Schwesterndienstzimmer.

Histologieraum: 2 Wässerungsbecken.

2.5 Physikalische Therapien

Bei der physikalischen Therapie (Physiotherapie) werden vorwiegend Wärme, Kälte, Druck des Wassers und andere mechanische Kräfte, z. B. Massagen, Krankengymnastik sowie elektrische und strahlende Energie zur Behandlung eingesetzt. Die häufigsten Behandlungsverfahren sind medizinische Voll- und Teilbäder mit und ohne Zusätze, hydrotherapeutische Maßnahmen, Dampf- und Heißluftanwendungen, Wärmestrahlungen, Heilpackungen, Unterwasserdruckstrahlmassagen sowie Bewegungstherapie. Um die Möglichkeiten einer Keimverschleppung im Krankenhaus gering zu halten, sollte die Physiotherapie sowohl von den stationären als auch von den ambulanten Patienten leicht erreichbar sein. Die physikalische Therapie besteht aus folgenden Räumen:
- Umkleideräume mit Barfußgang, WCs, Duschen, Einrichtungen zur Fußdesinfektion für Patienten
- Behandlungsräume mit notwendigen Nebenräumen
- Ruheräume
- Dienst- und Personalaufenthaltsräume, Personaltoiletten, Personalumkleide- und Waschräume
- Geräte-, Vorrats- und Abstellräume
- Putzräume, Entsorgungsräume [10, 13].

2.5.1 Umkleideräume mit Barfußgang

Die Umkleideräume dienen dem Ablegen und Aufbewahren der Patientenkleidung. Die Duschräume dienen der Reinigung der Patienten zur Aufrechterhaltung der Hygiene in den Therapiebecken und der Fußdesinfektion.

Normalausstattung:
- Umkleideräume: (Da/He)
- 2 Bodenabläufe
- 2 Auslaufventile mit Schlauchanschluss
- 2 Spiegel, Ablage, Handtuchhaken, evtl. Haartrockner.

Barfußgang:
- 1 Bodenablauf
- Duschen: (Da/He)
- Ausstattung je Duschplatz
- 1 Köperbrause (Wandmontage)
- 1 Unterputz – Thermostat
- 1 Haltegriff
- 1 Seifengitter
- eventuell Behindertensitz
- eventuell Duschabtrennungen

- bei je 3 Duschplätzen ist ein Bodenablauf DN70 vorzusehen
- Handtuchhaken, Ablagen
- Fußdesinfektionsbrause
- Auslaufventil mit Schlauchanschluss.

Patiententoiletten: (Da/He)
- 1 WC-Anlage wie im Krankenzimmer
- 1 Waschtischanlage bestehend aus:
- Waschtisch, Wandbatterie, Ablegeplatte, Spiegel, Seifenspender, Handtuchspender, Papierkorb
- 1 Urinalanlage für Herrentoiletten mit Druckspüler bzw. berührungslose Spülautomatik

Anforderungen an Ausstattung und Montage:
- Thermostat bei Duschen mit Verbrühungsschutz und Sicherheitssperre bei 38 °C
- Anschluss der Fußdesinfektionsbrause entweder an Zumischgerät oder Dosierzentrale
- die Anzahl der Duschplätze ist abhängig von der Größe der physiotherapeutischen Abteilung
- Die Patiententoiletten sind direkt an die Duschen angrenzend anzuordnen.

2.5.2 Dienst- und Personalräume

Der Personalbereich dient dem Personal zum Wechseln der Kleidung, der Reinigung und Körperpflege sowie zur Einnahme von Speisen und Getränken. Der Personalbereich besteht aus Aufenthaltsraum, Personaltoilette u. Umkleide- u. Waschraum.

Normalausstattung:
- Dienst- und Personalaufenthaltsräume:
- Teeküche bestehend aus: Einbauspüle, Wandbatterie, Kühlschrank, Kochgelegenheit, Arbeitsplatte, Papierkorb.

Personaltoiletten:
Die Ausstattung sieht wie bei den Patiententoiletten aus, jedoch ohne behindertengerechter Ausführung.

Personalumkleide- und Waschräume:

Duschplatz bestehend aus: Duschwanne, Einhebelmischbatterie, Handbrause mit Brausestange und -schlauch, Seifengitter, Duschabtrennung.

Waschtischanlage bestehend aus:
- Waschtisch, Wandbatterie, Ablegeplatte, Spiegel, Seifenspender, Handtuchspender, Papierkorb
- Bodenablauf
- Auslaufventil mit Schlauchanschluss
- Fußdesinfektionsbrause
- Handtuchhalter
- Eventuell Haartrockner.

Anforderungen an Ausstattung und Montage:

Es sind die üblichen Anforderungen für Dusch-, WC- und Aufenthaltsbereich einzuhalten.

2.5.3 Putzräume, Entsorgungsräume

Sie dienen dem Reinigungspersonal zum Aufbewahren von Reinigungsutensilien und zur Wasserentnahme sowie der Entsorgung diverser Güter.

Die Normalausstattung besteht aus einer Ausgussanlage mit Zulaufarmatur.

2.5.4 Behandlungsräume mit notwendigen Nebenräumen

Im Krankenhaus gewinnt die physiotherapeutische Nachbehandlung bei orthopädischen und chirurgischen Operationen zunehmend an Bedeutung. Man unterscheidet in der physikalischen Therapie folgende Behandlungsarten:
- Thermotherapie (Wärmebehandlung)
- Hydrotherapie (Wasserbehandlung mit gewöhnlichen Wässern)
- Balneotherapie (Behandlung mit natürlichen Heilquellen)
- Klimatherapie (Luftkurortbehandlung)
- Mechanotherapie (Massage und Bewegungsbehandlung)
- Pneumotherapie (Atmungstherapie)
- Ultraschalltherapie (Behandlung mit Ultraschallfrequenzen)
- Lichttherapie (Behandlung mit Sonnenlicht und künstlichen Lichtquellen)
- Elektrotherapie (Behandlung mit elektrischen Strömen, feucht oder trocken)
- Strahlentherapie (Röntgen- und Radiumtherapie).

Aus sanitärtechnischer Sicht sind nur die Bereiche Balneo-, Thermo-, Hydro- und Bewegungstherapie von Bedeutung. Medizinisch nutzt man die gesundheitsfördernde und heilende Wirkung des Wassers oder des Wassers gebunden an feste, flüssige, schlamm- oder breiförmige, dampf- oder gasförmige Stoffe. Stets ist der Wärmezustand ein wesentlicher Wirkungsfaktor. In den Behandlungsräumen kommen folgende Anwendungen in Betracht:

- Medizinische Vollbäder:
  - Medizinische Bäder mit Zusätzen (Natursolebad, Kohlensäurebad, Sauerstoffbad, Luftperlbad, Schwefelbad, Moorbad), Bürstenbäder, Überwärmungsbäder, Unterwasserdruckstrahlmassagen, subaquale Darmbäder
- Medizinische Teilbäder:
  - Medizinische Sitzbäder, Fuß- und Beinbäder, Armbäder
- Hydroelektrische Bäder:
  - Stangerbäder, Zweizellenbäder, Vierzellenbäder
- Güsse und Duschen:
  - Kneipp'sche Güsse, Duschkatheter, Dampfduschen, Brausen
- Schwitzbäder:
  - Sauna, Dampfbad, Warm- und Heißluftbäder, Sandbäder
- Packungen:
  - Pelose-, Fango-, Moor-, Paraffin-, Meerschlickpackungen
- Inhalationen:
  - Einzelinhalationen, Rauminhalationen
- Bewegungstherapie im Wasser:
  - Aktive und passive Bewegungsübungen einzeln oder in Gruppen [9].

Medizinische Vollbäder

Bei den medizinischen Vollbädern unterscheidet man zwischen kalten Bädern (33–36 °C) und heißen Bädern (37–45 °C). Als Arzneibäder werden medizinische Vollbäder mit Zusätzen bezeichnet. Da die Wannen in der Regel die Verwendung verschiedener Zusätze gestatten, wird ihre Anzahl nur für den allgemeinen Bedarf und nicht von den Bäderarten bestimmt [6].

Natursolebad, Sauerstoff- und Luftperlbad, Bürstenbad, Unterwasserdruckstrahlmassage, Überwärmungsbad, Kohlensäure-Trockengasbad, Kohlensäure-Wasserbad, hydroelektr. Vollbad

Diese Anwendungen können in einer Wanne durchgeführt werden. Dazu verwendet man Kombinationsbadewannen bestehend aus:

- Wannenkörper (Acrylglas) mit Bedienungspult
- eingebaute Wannenfüll- und Brausebatterie
- Handbrause mit Brauseschlauch
- Wannenverkleidung
- Ab- und Überlaufgarnitur
- Anschluss für Hochdruckschläuche
- Bodenablauf DN 100.

Anforderungen an Ausstattung und Montage:
- Die Größe der Wanne muss so gewählt werden, dass Schultern und Knie des Patienten mit Wasser überdeckt sind (Standardinnenmaß 1600×650×500 mm).
- Die Wanne muss frei stehend im Raum angeordnet werden (von drei Seiten zugänglich).
- Präzisionsthermometer und Manometer
- Haltegriffe am Wannenrand
- Kopfstütze zur Lagerung des Kopfes in verstellbarer Ausführung
- Einsteigetreppe
- Hebevorrichtung, evtl. Hubwannen
- Kabinenflächenbedarf ca. 6 m^2
- Füll- und Entleerungsarmaturen sind i. d. R. für Trinkwasser verchromt und für aggressive Heilwässer aus thermoplastischem Kunststoff (PVC bzw. PP) oder aus meerwasserbeständiger Bronze mit chemikalienbeständiger EPS-Kunststoffbeschichtung.

Sonderausstattungen:

Sauerstoff- bzw. Luftperlbad:
- Entnahmeventil DN 10 mit Schlauchtülle für Sauerstoff oder Druckluft
- integrierter Luftdüsenboden, 2×10 Düsen
- Luft- bzw. O_2-Perlrost mit Anschlussschlauch
- Luftperlbaderost-Rückenlehne mit Anschlussschlauch (s. Abb. 2.15).

Kohlensäure-Wasserbad:
- Füllarmatur DN 20 für CO_2-Imprägniertes Wasser
- CO_2-Reduzierstation (siehe Abb. 22)
- CO_2-Imprägnierautomat (siehe Abb. 22)
- evtl. aufklappbare Heizregister zur Wassererwärmung (Abb. 2.16).

Kohlensäure-Trockengasbad:
- Wannenkörper aus Acrylglas mit säurebeständiger Kunststoffabdeckung
- CO_2-Absauggebläse (Euosmon-Gebläse)
- Zeitschaltuhr (0–30 min.) für CO_2-Zufuhr und Absaugung
- Schalt- und Bedienungseinrichtungen
- CO_2-Reduzierstation.

Unterwasserdruckstrahlmassagen:
- Graphitelektroden an der Wannenwand
- bewegliche Zusatzelektroden

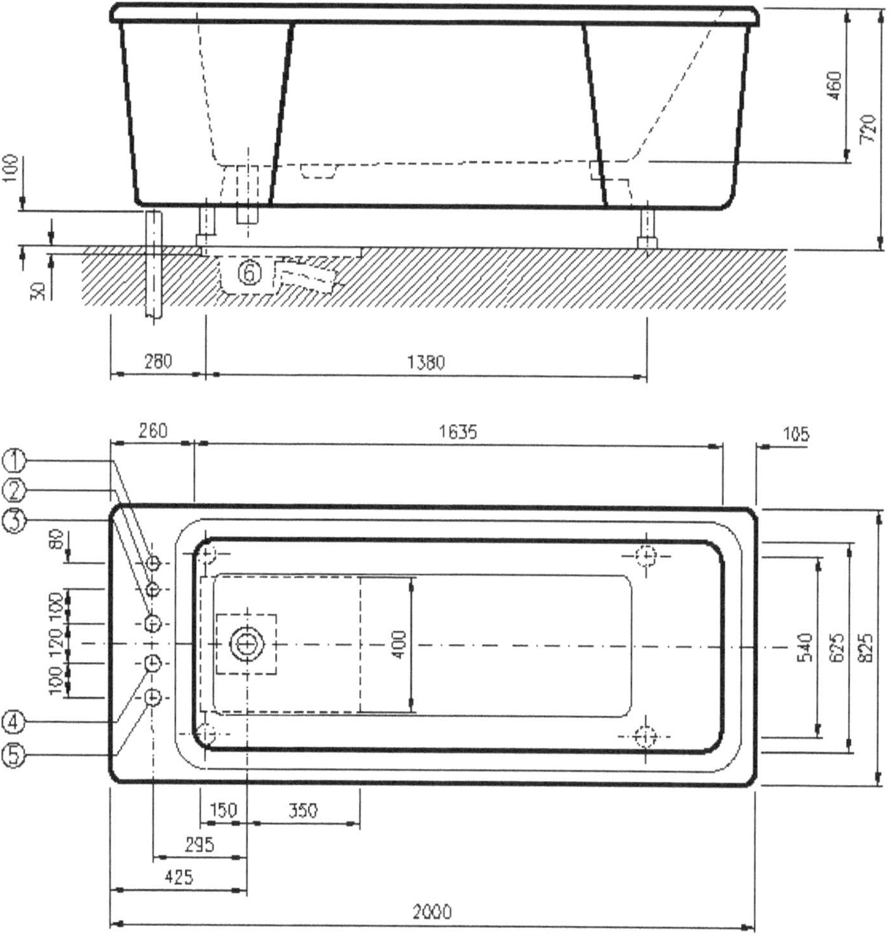

Abb. 2.15: Beispiel einer Kombinationsbadewanne für Sauerstoff- bzw. Luftperlbäder, Kohlensäure-Wasserbäder und evtl. Bäder mit Badezusätzen mit folgenden Anschlüssen (alle Anschlüsse mit Innengewinde): 1. Druckluft, Cu-Rohr DN 10 (3/8"); 2. Sauerstoff, Cu-Rohr DN 10 (3/8"); 3. Warmwasser DN 20 (3/4"); 4. Kaltwasser DN 20 (3/4"); 5. CO_2-imprägniertes Wasser, Cu-; 6. DN 20 (3/4")Bodenablauf DN 100 vertieft.

- elektr. Massagebürste
- Stromreguliereinrichtung mit elektronischer Steuerung
- Amperemeter zur Kontrolle der Stromstärke
- Gleichrichter 24 V 1,5 A zur Erzeugung des galvanischen Stromes
- separater FI-Schutzschalter.

Schwefelbäder, Jodbäder

Schwefel- bzw. Jodbäder erfordern Wanneneinzelkabinen (ca. 6 m^2)

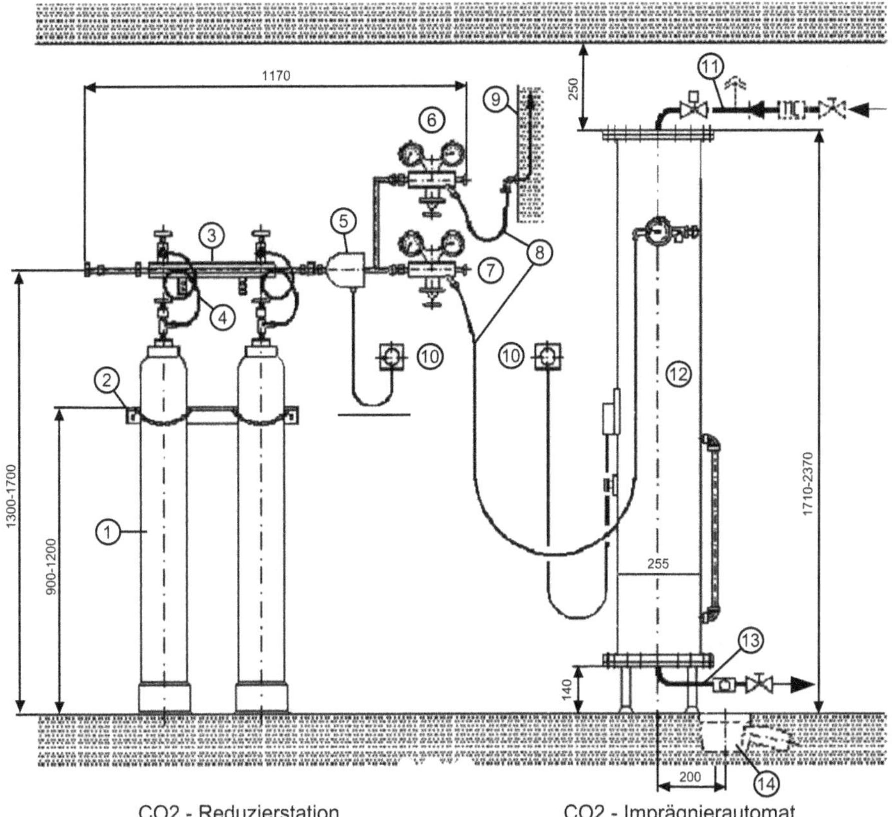

Abb. 2.16: Beispiel einer CO_2-Reduzierstation mit anschließendem CO_2-Imprägnierautomat; 1. CO_2-Flaschen; 2. Flaschenhalter; 3. Sammelrohr mit Zwischenventilen; 4. Anschlussbogen (Cu-Rohr); 5. Einfrierschutz 220 V; 6. Druckminderer (0,5 bar); 7. Druckminderer (max. 2 bar); 8. Verbindungsschlauch 3/8"; 9. Cu-Rohr ⌀12×1 zu CO_2-Trockengasbad; 10. Schukosteckdose 220 V; 11. KW-Leitung 3/4" max. 4 bar; 12. Kupferbehälter (Rieselsäule); 13. Cu-Rohr ⌀28×1,5 CO_2-imprägniertes Wasser; 14. Bodenablauf DN 70.

Als Werkstoff für die Badewanne wird Gusseisen mit hochsäure- und laugenbeständigem Emaille verwendet.

Moorbäder:

Moorbäder werden in Krankenhäusern größtenteils mit Badezusätzen verabreicht. Die Badedauer beträgt 30 bis 60 Minuten. Auf die Behandlung mit Naturmoor wird hier nicht näher eingegangen:

- Moorbadewannen werden häufig aus Holz gefertigt, die Alternative dazu ist eine Edelstahlwanne.
- Bei festem Einbau empfiehlt sich eine seitliche Fliesenverkleidung.
- Eine Handbrause zur Vorreinigung ist vorzusehen.

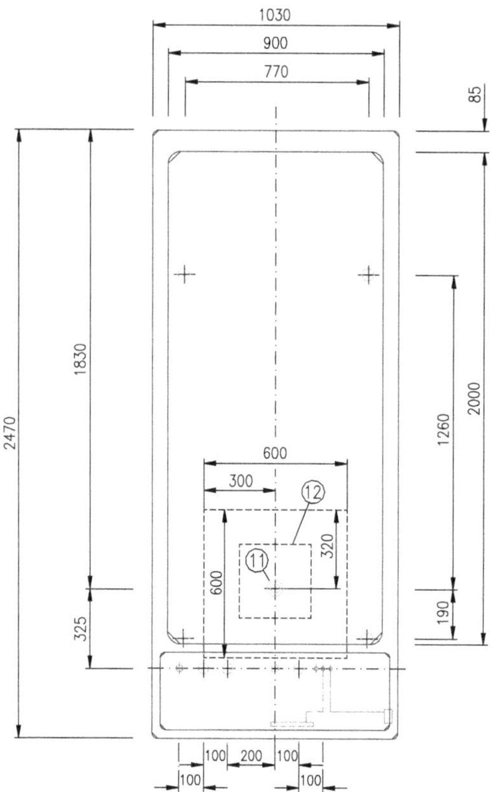

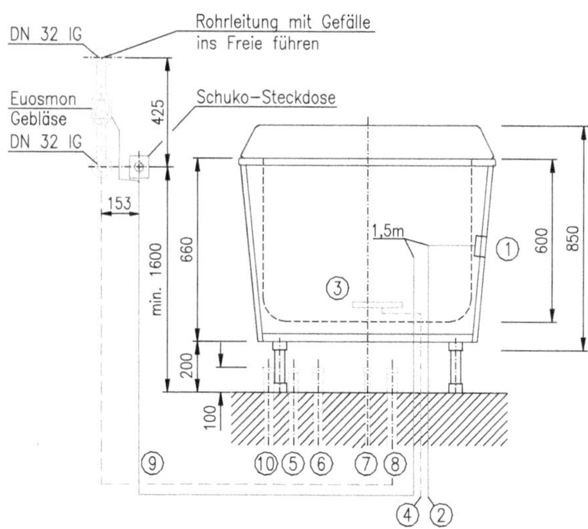

Abb. 2.17: Kombi-Wanne für CO_2-Trockengasbad, Unterwassermassage und elektro-galv. Vollbad; 1. Anschlussdose; 2. Netzversorgungsleitung; 3. 200/380 V; 4. PA-Schiene; 5. PA-Leitung; 6. WW DN 25 (1"); 7. KW DN 25(1"); 8. CO_2-Zuleitung Cu-Rohr; 9. (3/8"); 10. CO_2-Absaugung Cu-Rohr; 11. (1"); 12. Elektroltg. $3 \times 1{,}5^2$ Enthärtetes Wasser DN 15 Wannenablauf ⌀50 Bodenablauf DN 100.

Anforderung an Ausstattung und Montage:
- 1 Reinigungsdusche je 2 Wannen
- bzw. Reinigungswanne säurebeständig, aus emailliertem Grauguss oder Kunststoff, neben Moorbadewanne anordnen
- Taucherwärmer mit Dampf- oder Heißwasseranschluss für Erwärmung des Moorschlammes in der Wanne.

Colon-Hydro-Therapie (CHT):

Die Colon-Hydro-Therapie ist ein Ersatz für das subaquale Darmbad (Sudabad). Im Sudabad lagen die Patienten früher in einer Badewanne, welche nach jeder Benutzung gesäubert werden musste; da das Reinigen des Bades ein großer Aufwand war, hat man die Colon-Hydro-Therapie eingeführt. Die Colon-Hydro-Therapie wird mit dem Colon-Hydromat durchgeführt.

Mit der Colon-Hydro-Therapie wird der Dickdarm von Stuhlblockaden befreit. Besonders werden Divertikel, die im Bereich des Dickdarms und Verdauungsapparates auftreten freigespült. Hierbei wird der Darm geruchsfrei und sauber durchspült. Dabei wird temperiertes Wasser ohne Druck durch ein Kunststoffröhrchen in den Darm geführt. Der Darminhalt wird durch ein geschlossenes System abgeleitet, welches eventuell unangenehme Gerüche verhindert.

Das Ziel der Colon-Hydro-Therapie ist es, den Darm auf natürliche Weise zu reinigen und dabei die schädlichen Bakterien auszuspülen. Es werden auch ältere Kotreste ausgespült. Nach dem Entfernen der Giftstoffe aus den Dickdarm kann dieser sich wieder vollkommen regenerieren und sich erholen. Diese Therapie ist das einzige Verfahren, welches einen Operationseinsatz am Patienten verhindern kann.

Bei der Therapie werden etwa zehn Liter Wasser ohne Druck in den Darm geleitet, welches abwechselnd eine Temperatur von 21 bis 41 °C hat. Man kann einen gewöhnlichen Waschbeckenfrischwasseranschluss kalt oder warm schnell und einfach erweitern, sodass der Colon-Hydro-Hydromat angeschlossen werden kann. Der Wasserdruck muss mindestens 2,5 bar sowie maximal 4 bar betragen. Höhere Drücke im Versorgungsnetz sind, falls möglich, von der Bauseite zu begrenzen. Die maximale Wassertemperatur liegt bei 60 °C. Am Hydromat befindet sich ein flexibler Schlauch, welcher mit 3/8 der Überwurfmutterverschraubung am Frischwasseranschluss angeschlossen wird. In den Kalt- und Warmwasserzuleitungen müssen Filter eingebaut werden, welche Partikel größer als 40 µm aus dem Wasser ausfiltern (Abb. 2.18).

Das Abwasser des Hydromaten kann an jeden beliebigen Abwasseranschluss angeschlossen werden. Es muss nur ein Abzweigstück mit dem Außendurchmesser von d = 25 mm in das bisherige Abwasserrohr eingefügt werden.

Medizinische Teilbäder

Die Wasseranwendungen der Teilbäder beschränken sich auf Körperteile wie Arme, Beine, Füße, Unterleib usw.

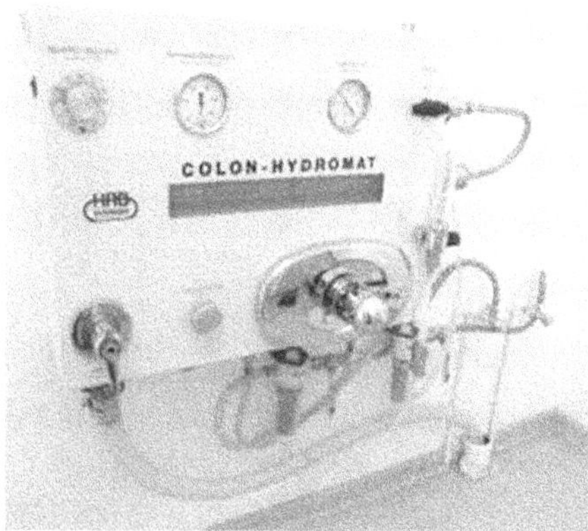

Abb. 2.18: Colon Hydromat.

Medizinische Sitzbäder

Man unterscheidet die medizinischen Sitzbäder nach ihren Anwendungstemperaturen. Die Ausstattung besteht aus:

- Sitzbadewanne, überwiegend aus Acryl
- Wannenfüllarmatur mit Thermostat als Verbrühungsschutz
- Ablaufgarnitur
- Bodenablauf DN 70
- Auslaufventil mit Schlauchanschluss.

Anforderungen an Ausstattung und Montage:

- Mindestnennweite der Zulaufarmaturen DN 20
- Zulaufarmatur am besten seitlich der Wannenmitte anordnen (meist linksseitig)
- der Zulauf der Wanne erfolgt über einen Füllschlauch bzw. Einlauf
- die Sitzbadewanne kann mit Sonderausstattungen, wie Seiten-, Rücken-, Vorder- und Unterduschen, sowie einer zweiten Zuflussarmatur mit Gießschlauch ausgestattet werden
- Wannenablauf erfolgt über Bodenablauf
- Überlaufstandrohr sollte höhenverstellbar sein
- das Zubehör medizinischer Sitzbadeeinrichtungen besteht aus Sitzringen, Sitzstühlen, Rückenkissen, Haltegriffen und einer Seifenschale.

Fuß- und Beinbäder, Armbäder

Die Teilbädereinrichtungen für Füße und Arme sind in einem Raum untergebracht.

Die Ausstattung besteht aus:

Fuß- und Beinbäder:
- Doppelfußwanne aus Chromnickel oder Kunststoff mit Verkleidung
- 2 Standrohrab- und Überlaufgarnituren
- 2 Wandmischbatterien DN 15 mit Füllschlauch
- Bodenablauf DN 70

Armbäder:
- 2 Armwannen aus Chromnickel oder Kunststoff mit Verkleidung
- 2 Standrohrab- und Überlaufgarnituren
- 2 Wandmischbatterien DN 15 mit Füllschlauch
- Bodenablauf DN 70.

Anforderungen an Ausstattung und Montage:
- Anstelle der Wandmischbatterien kann auch ein Thermostat mit zwei Unterputzventilen verwendet werden.
- Armwannen müssen auf seitlich schwenkbaren Spezialkonsolen montiert werden.
- Der Ablauf der Armwannen kann durch die Konsolen oder flexibel über Bodenablauf geführt werden.
- Evtl. soll Raume mit einer Fußdesinfektionseinrichtung ausgestattet werden.

Hydroelektrische Bäder

Hydroelektrische Bäder sind Wasserbäder, bei denen über das Wasser verschiedene Stromarten den menschlichen Körper oder Teile desselben durchströmen. Bei diesen Bädern dient das Wasser, das die Haut benetzt, als Körperelektrode. Nicht die wirklichen Elektroden der Graphiteinsatzplatten, sondern die fiktiven Elektroden an den Körperoberflächen sind biologisch wirksam. Zur Verbesserung der Leitfähigkeit des Wassers können entsprechende Zusätze (Salze und Mineralien) in Form von Pulver oder Tabletten in das Badewasser gegeben werden. Zu unterscheiden sind das Einzellenbad (hydroelektrisches Vollbad) und das Mehrzellenbad.

Stangerbad (Einzellenbad)

Beim Einzellenbad erfolgt die Behandlung in einer Wanne, wobei der in Wasser eingebettete Körper, von Strom durchflossen wird. Mit den großflächigen Graphitelektroden in der Wannenwand erfasst die Wirkung des elektrischen Stromes fast die gesamte Körperoberfläche. Diese großen Elektrodenflächen ermöglichen zusammen mit der guten Leitfähigkeit des Badewassers, das relativ hohe Stromstärken angewendet werden können, obwohl die Spannung zugunsten der Verträglichkeit ziemlich niedrig bleibt. Die Stromstärken beim Einzellenbad schwanken zwischen 300 und 1200 mA.

Anforderungen an Ausstattung und Montage:

Mehrzellenbad (Zwei- und Vierzellenbad)

Beim Mehrzellenbad erfolgt der Stromfluss von einer Wanne über die eingetauchten Körperteile und dem nicht eingebetteten Körper zur anderen Wanne. Das Mehrzellenbad ermöglicht eine gezielte Anwendung des elektrischen Stromes.

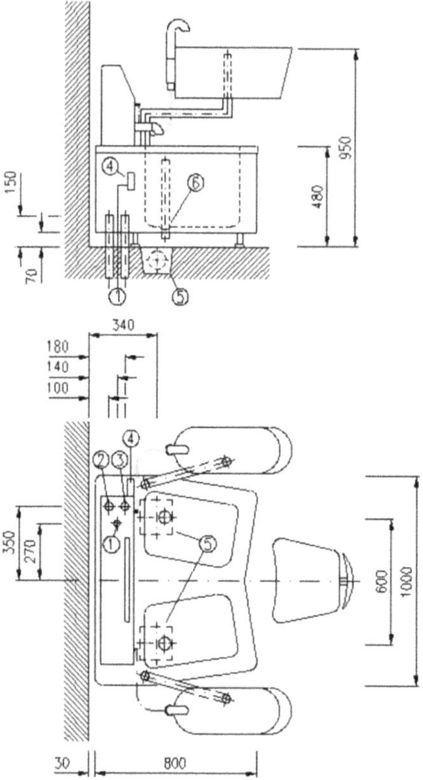

Abb. 2.19: Vierzellenbad: 1. Netzversorgungsleitung 220 V/0,1 k W; 3 adrig; 2. TWW 3/4" mit Innengewinde; 3. TWK 3/4" mit Innengewinde; 4. Anschlussdose; 5 Deckenabläufe DN 100, 6. Wannenabläufe 5/4" mit Standrohr.

Die Ausstattung, z. B. beim Vierzellenbad, besteht aus:

- 1 Doppelfußwanne aus Acrylglas, säure- und basenbeständig, in vollkommen geschlossener Baueinheit mit allseitig nach unten abgeschrägter Kunststoffverkleidung
- 2 aufgebaute Armwannen mit eingebauten Ab- und Überlaufstandrohre (5/4")
- 2 Messingrohrschwenkkonsolen mit innerem Abfluss
- 1 Schaltpult auf der Fußwanne aufgebaut mit 4 Füllventilen (1/2") und Thermomischventil zur gleichzeitigen Füllung jeder Wanne
- Bodenabläufe DN 100 (Abb. 2.19)

- 1 Schalttafel:
  - 1 Ein-/Ausschalter mit Gleichrichter zur Erzeugung des 24 V Gleichstromes
  - 1 Stromreguliereinrichtung mit elektronischer Steuerung
  - 1 Amperemeter zur Kontrolle der Stromstärke
  - 2×8 Drucktastenschalter mit eingebauten Kontrolllampen und mechanischer Verriegelung zur Steuerung der 8 in Fuß- und Armwannen eingebauten Elektroden.

Güsse und Duschen

Bei der hydrotherapeutischen Behandlung wird neben der thermischen auch die mechanische Wirkung zu Heilzwecken nutzbar gemacht. Man unterscheidet dabei zwischen folgenden Behandlungsarten:
- drucklose Güsse
- Duschen, Duschkatheter, Druckstrahlgüsse.

Drucklose Güsse (Kneipp-Güsse)

Sie werden als kalte Güsse (bis 18 °C) und als Wechselgüsse heiß (bis 42 °C) – kalt ausgeführt.

Die Ausstattung besteht aus:
- Wandeinbauthermostat
- Wandauslauf DN 20 mit Schlauchanschluss
- Zeigerthermometer
- Schlauch mit 20 mm lichter Weite
- Bodenablauf DN 50.

Anforderungen an Ausstattung und Montage:
- Schlauchlänge 2 bis 3 m
- Druckhöhe von ca. 50 mm bei senkrechter Schlauchhaltung
  - Wasserverbrauch 18 *l*/min
- evtl. Luft beimischendes Auslaufmundstück verwenden
- Für Wechselgüsse eignen sich Thermomischarmaturen wegen der geringen Verzögerung des Temperaturwechsels.

Duschen, Duschkatheter, Druckstrahlgüsse

Im Gegensatz zu den Kneipp'schen Güssen wird bei medizinischen Duschen und Druckstrahlgüssen der Druck des Wassers zu therapeutischen Zwecken mitverwendet. Die zentrale Einrichtung für medizinische Duschen ist der Duschkatheter, auf dem alle Bedienungsarmaturen zusammengefasst sind. Aus räumlichen Gründen ist die Kombination des Blitzgusses mit den Duschkathetern sinnvoll. Je nach der Ausführung der Brauseköpfe unterscheidet man weiche (Staub- und Regendusche) und harte Duschen (Stachel-, Strahl- und Fächerdusche).

Die Ausstattung besteht aus:

- 1 Thermostatsicherheitsanschlussventil DN 20 mit Vorregulierung
- 1 Einhebelmischer DN 25 mit Zeigerfederthermometer
- 4 Anschlussarmaturen DN 20
- 1 Schlauch mit Regenbrause
- 1 Schlauch mit Strahlmundstück (Blitzgüsse)
- 1 Gießschlauch (Kneipp-Güsse)
- 1 Körperbrause (Ferndusche)
- 1 Bodenablauf DN 100
- evtl. Kunststoffrost.

Anforderungen an Ausstattung und Montage:

- Schläuche in Hochdruckausführung verwenden
- der Duschkatheter sollte einen Abstand von 2,5–4 m zur Ferndusche haben
- Mischwasserleitung klein dimensionieren, um bei Wechselgüssen bzw. -duschen die Verzögerung klein zu halten
- Biltzgüsse erfordern einen Wasserdruck von 1,5–3 bar
- der Fließdruck der angeschlossenen Duschen sollte min. 1 bar betragen.

Schwitzbäder und Packungen

Schwitzbäder

Bei Schwitzbädern wird ein künstliches Klima mit höheren Temperaturen erzeugt. Man unterscheidet zwischen:

- Sauna (finnisches Bad)
- Warmluft-, Heißluftbad (römisches Bad)
- Dampfbad (russisches Bad)
- Warmluft-, Heißluft- und Dampfbad kombiniert (russisch-römisches Bad)
- Sandbad

Bei der allgemeinen Behandlung mittels Schwitzbäder erfolgt eine Vorreinigung (Duschen), eine Vorerwärmung (Fußbad), eine Abkühlung (mittels Guss- oder Tauchbad), beim Saunagang ist auch ein Freiluftbad möglich sowie ein Ruheraum angegliedert. Danach sollte man ca. 30 Minuten in einen Ruheraum, der angegliedert ist, ruhen.

Die Ausstattung sollte bestehen aus:

Vorreinigung:

- 3 Reinigungsbrausen mit Thermostatmischbatterien
- Bodenablauf DN 70
- Seifengitter

- Handtuchhaken, Ablage
- Fußdesinfektionsbrause
- 1 WC-Anlage mit Normalausstattung
- 1 WT-Anlage mit Normalausstattung
- 1 Auslaufventil mit Schlauchventil.

Vorerwärmung:
- 2 Fußbadewannen mit Standrohrab- und Überlaufventil, Wandbatterie, Haltegriffe
- Bodenablauf DN 70
- Hocker.

Abkühlung:
- Körperdusche mit einer Strahl-, Stachel-, Regen- und Rückenbrause sowie einer Schlauchdusche mit Wechselbrause und erforderlichen Armaturen
- Auslaufventil mit Schlauchanschluss
- Tauchbecken mit Zu- und Überlauf (möglichst Rinne), sowie Einstiegstreppe
- Bodenablauf DN 70
- evtl. Tretbecken
- evtl. Speibecken mit Druckspüler, Auslaufventil mit Brauseschlauch und Haltegriffen.

Ruheräume

Die Nachruhe bildet den Abschluss eines medizinischen Bades, deshalb sind, je nach Bädergröße, ausreichend viele Liegeflächen vorzusehen.

Anforderungen an Ausstattung und Montage:
- für Dampfbad, sowie Warmluft-, Heißluft- und Dampfbad kombiniert, ist ein Bodenablauf DN 70 und ein Auslaufventil mit Schlauchanschluss erforderlich
- Wassertiefe für Tauchbecken max. 1,20 m
- Wasserinhalt für Tauchbecken bei genügend, ständigem Frischwasserzulauf max. 1 m^3
- Tauchbecken aus hygienischen Gründen möglichst aus Edelstahl
- für das Sandbad wird eine Holzwanne verwendet, zur Nachreinigung ist eine tiefe Brausewanne nötig
- für das Sandbad Bodenabläufe mit Sandfang vorsehen.

Packungen

Hierzu zählen Umschläge, Packungen und Wickel mittels der Wasseranwendung. Die zugehörige Raumgruppe umfasst eine Fangoküche, einen Behandlungsraum mit Reinigungswanne und Reinigungsdusche.

Die Ausstattung der Fangoküche besteht aus:
- Fangowarmhalteschrank
- Fangoaufbereitungsgerät
- Spüle mit Wandbatterie
- Ausgussanlage mit Randspülung sowie Auslaufventil mit Schlauchanschluss
- mehrere Schlammeimer.

Die Ausstattung des Behandlungsraumes besteht aus:
- Reinigungsbadewanne mit Wannenfüll- und Brausebatterie, Handbrause, Ab- und Überlaufgarnitur, Seifengitter, Haltegriff
- Reinigungsbrause mit Allstrahlkörperbrause, 6 Seitenbrausen und Handbrause, Seifengitter, Haltegriff
- 2 Bodenabläufe DN 70
- Auslaufventil mit Schlauchanschluss.

Anforderungen an Ausstattung und Montage:
- Reinigungsbadewanne mit säurebeständiger Emaillierung
- Wandbatterie über Spüle mit Schwenkauslauf versehen
- Zuflussarmatur für Reinigungswanne möglichst mit Thermomischventil.

Inhalationen
Die Erkrankung der Atemwege wird durch Inhalieren von Kochsalzlösungen, Meerwasser, Sole, und Medikamenten behandelt. Die Anwendung erfolgt als Einzelinhalation oder Rauminhalation.

Einzelinhalation
Zur Einzelinhalation wird ein Raum mit mehreren Inhalationstischen versehen. Dieser Raum ist folgendermaßen ausgestattet:
- Inhalationstische (Anzahl je nach Anforderung) mit Anschlüssen für Kaltwasser, Warmwasser, Beckenspülung, Druckluft, Abfluss, Vernebelungsapparat, evtl. Aufsatz für Nasen und Rachendusche, Aerosolvibrator, Aerosolvernebler mit Heizung
- 1 WT-Anlage mit Normalausstattung
- 1 Doppelspüle mit Abstellfläche, Wandbatterie
- 1 Speibecken mit Druckspüler, Auslaufventil mit Brauseschlauch, Haltegriffe
- 1 Bodenablauf DN 70.

Anforderungen an Ausstattung und Montage:
- Inhalationstische aus Acryl mit Brustschweifung
- Inhalationstisch soll leicht zu reinigen sein
- alle, mit Patienten in Berührung kommenden, Teile des Nasen- und Rachenduschaufsatzes müssen leicht zu desinfizieren und sterilisieren sein

- Wandbatterie für Spüle mit schwenkbarem Auslauf
- Rauminhalation.

Bei der Rauminhalation wird ein Rauminhalationsapparat für 2 bis 25 Personen in der Raummitte oder bei kleineren Räumen an der Raumwand installiert. Man unterscheidet Druckluft-, Elektro- und Ultraschallrauminhalation.

Die Ausstattung besteht aus:

- Speibecken (Anzahl nach Raumgröße und Ansprüchen) mit Druckspüler
- Auslaufventil mit Brauseschlauch, Haltegriff
- Bodenablauf DN 70
- je nach Raumgröße sind mindestens 1 bis 2 Speibecken vorzusehen (von allen Plätzen gut erreichbar)
- bei hohen Ansprüchen ist an jedem Sitzplatz ein Speibecken bzw. ein Speibecken je 2 Sitzplätze anzubringen
- der Fußboden soll aus wasserdichtem Material gefertigt werden.

Bewegungstherapien im Wasser

Bewegungs- bzw. Therapiebäder bieten sich hervorragend zur Einzel- bzw. Gruppenunterwassergymnastik an, da die Beanspruchung der erkrankten Bewegungsorgane gegenüber einer Trockengymnastik aufgrund der drastischen Reduzierung der Eigenschwere im Wasser sehr schonend und kaum noch spürbar ist. Die warme Wassertemperatur wirkt zusätzlich muskelentkrampfend und schmerzlindernd. Nach den speziellen Bedürfnissen der Behandlung werden Bewegungsbadeeinrichtungen ausgeführt als:

- Bewegungsbadewannen
- Bewegungs- und Therapiebecken
- Gehbecken.

Bewegungsbadewannen

Bewegungsbadewannen in Pilz- und Schmetterlingsform sind in Form und Abmessung so ausgestattet, dass der Patient ausreichend Spreizraum für Arme und Beine hat. Oftmals werden diese Großraumwannen mit Einrichtungen zur Unterwasserstrahlmassage kombiniert.

Zur Ausstattung dieser Wannen gehören:

- 1 Wannenkörper mit separatem Bedienungspult aus Kunststoff mit Manometer und Thermometer
- 1 Wanneneinlaufarmatur, DN 25 mit Handbrause (Einhandmischer)
- Wannenablauf DN 65
- 4 Haltegriffe, 1 Kopfpolster
- evtl. 1 Strahlschlauch mit verschiedenen Düsen zur Massage (Abb. 2.20).

Anforderungen an Ausstattung und Montage:

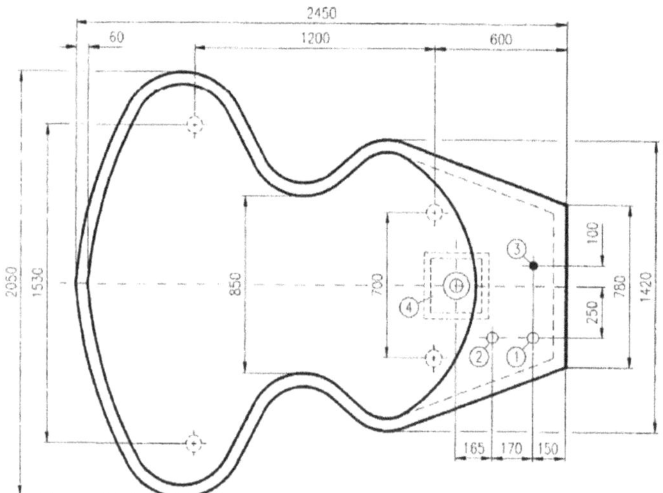

Abb. 2.20: Bewegungsbadewanne in Schmetterlingsform: 1. KW DN 32/25; 2. WW DN 32/25; 3. Netzversorgungsleitung; 4. Bodenablauf DN 100; 5. Wannenablauf DN 65.

- Entwässerung über Bodenablauf DN 100
- die Aufstellung der Wanne erfolgt frei stehend und allseitig zugänglich im Raum
- eine schwenkbare Hebevorrichtung ist vorzusehen.

Bewegungs- und Therapiebecken

Bewegungs- und Therapiebäder dienen der hydrotherapeutischen Bewegungsbehandlung im Bereich der Prävention und Rehabilitation. Sie sind bequem zugänglich frei in Räumen bzw. Hallen anzuordnen. Abhängig von der Nutzungsfrequenz sind Beckengrößen zwischen 3×4 m und 8×16,66 m üblich. Um Patiententransporte behinderungsfrei durchführen zu können, sollte je eine Beckenlängs- und -schmalseite mindestens 2 m breit sein. Die Wassertiefe der Bewegungsbecken sollte zwischen 0,8 m und 1,35 m betragen (für Kinder 0,5–0,9 m). Mit einem höhenverstellbaren Zwischenboden (Hubboden) lässt sich die Wassertiefe den individuellen Behandlungsverfahren anpassen.

Für die Ausführung der Bewegungsbecken gibt es verschiedene Möglichkeiten:
- Beckenrandboden eben mit Überlaufrinne und Bedienungsgang
- der trockene Bedienungsgang für das Pflegepersonal ist auf mindestens einer Seite des Beckens anzuordnen (Abmessungen: Tiefe 85–90 cm; Breite ≥ 75 cm)
- Beckenrand ca. 85–90 cm über OKFFB
- Beckenrand auf Sitzhöhe (45–50 cm über OKFFB) für Rollstuhlbenutzer.

Gymnastik- und Bewegungsbecken werden, wie Bewegungswannen, mit Einrichtungen zur Unterwassermassage kombiniert. Das kann einerseits mit einem Massageschlauch (Armatur auf dem Beckenrand) oder andererseits mit einer Gegenstromschwimm-

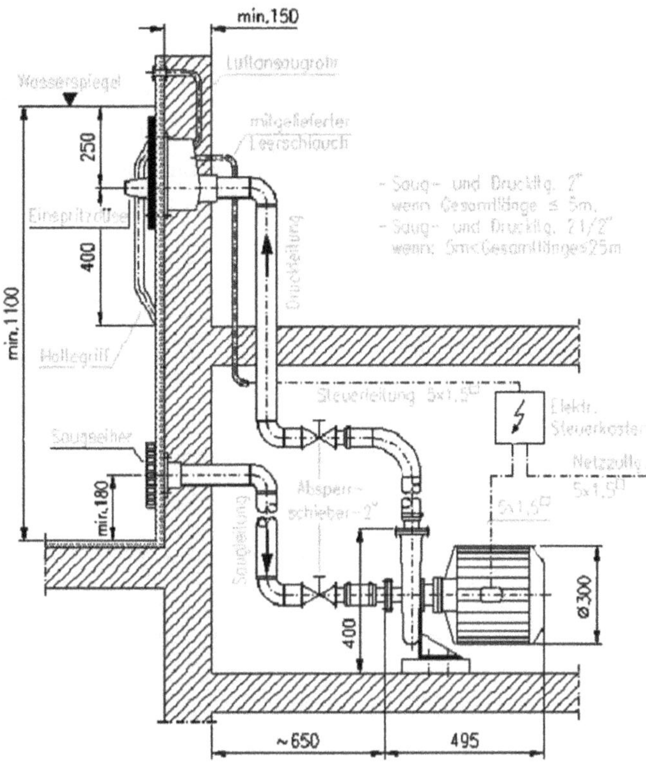

Abb. 2.21: Gegenstromschwimm- und Massageeinrichtung, Netzzuleitung 220/380 V, 50 Hz, Leistungspumpenaggregat 3 kW, Absicherung 16 A.

und Massageeinrichtung, wie in der nachfolgenden Abbildung dargestellt, erfolgen [4] (Abb. 2.21).

Um eine sinnvolle Nutzung des Beckens zu ermöglichen, sollten folgende Beckeneinbauten angebracht werden:
- Patientenhebevorrichtung
- höhenverstellbare Haltebügel und Barren
- Beckeneinstiegstreppe mit Handlauf.

Um Korrosionsschäden zu vermeiden, sollten sämtlich metallische Beckeneinbauten aus Nirosta-Stahl mit erhöhtem Molybdängehalt (V4A) gefertigt werden. Um den hygienischen Anforderungen an dic Wasserqualität gerecht zu werden, werden Bewegungs- und Therapiebecken mit einer Überlaufrinne sowie einer speziellen Beckenwasseraufbereitungsanlage ausgestattet.

Auf jeder Seite der Becken sollte ein Bodenablauf angeordnet werden. Dem Behandlungsraum sind Duschen (mit Fußdesinfektion) und WCs vorgeschaltet.

Gehbecken (Kneipp'sches Tretbecken)

Häufig sind den Bewegungs- und Therapiebecken noch zusätzliche Gehbecken zugeordnet. Diese sollten eine maximale Wassertiefe von 1,35 m, eine Breite von 0,9 m und eine Mindestlänge von 5,0 aufweisen. Die Gehbecken sind mit einem Handlauf zu versehen. Außerdem ist ein Standrohrab- und Überlaufventil und ein Muscheleinlauf anzuordnen. Wird das Wasser nicht gemeinsam mit dem Wasser aus den Bewegungs- und Therapiebecken aufbereitet und desinfiziert, so muss es täglich abgelassen werden.

2.5.5 Allgemeine Richtwerte für hydrotherapeutische Einrichtungen

Tab. 2.9: Richtwerte für hydrotherapeutische Einrichtungen.

Bezeichnung	Wasserbedarf			Wasseranschluss	Abwasseranschluss	Behandlungsfrequenz
	l/Beh.	l/h	l/min	KW + WW DN	DN	1/h
Vollbad m. Badezusätzen	200	500	100–120	20	100	2,5
Kohlensäure-Wasserbad	200	480	100–120	20	100	2,4
Kohlensäure-Gasbad	–	–	–	25	100	1,5
Sauerstoffbad	200	480	100–120	20	100	2,4
Sudabad	200	-	100–120	20	70	0,66
Sitzbad	40–80	80–160	60	20	70	2
Fußwechselbad (2 Wannen)	60–80	240–360	80	2×15	70	4
Armbad	25–30	55–66	40	15	70	2,2
Einzellenbad	430–630	730–1070	120-200	20	100	1,7
Vierzellenbad	100	300	60	20	2×100	3
Duschkatheter	400–600	2400–3600	80–120	25	100	6

Ein Beispiel für eine balneologische Therapieabteilung zeigt Abb. 2.22 und mit den Ver- und Entsorgungsleitungen Abb. 2.23 [10].

2.6 Sonstige zugehörige Raumgruppen

2.6.1 Zentralsterilisation

Sterilisationseinheiten dienen der Aufbereitung und Sterilisation des verschmutzten und mikrobiell kontaminierten Materials aus den verschiedenen Bereichen des Krankenhauses. Zu den Aufbereitungsmaßnahmen gehören Desinfizieren, Reinigen, technisches Warten, Sortieren und Verpacken. Sterilisationseinheiten sind funktionell-baulich in Räume vor und nach der Sterilisation zu unterteilen, damit eine Übertragung von Krankheitserregern sowie eine Rekontaminierung der Sterilgüter vermieden werden. Man benötigt dafür folgende Räume bzw. Flächen:

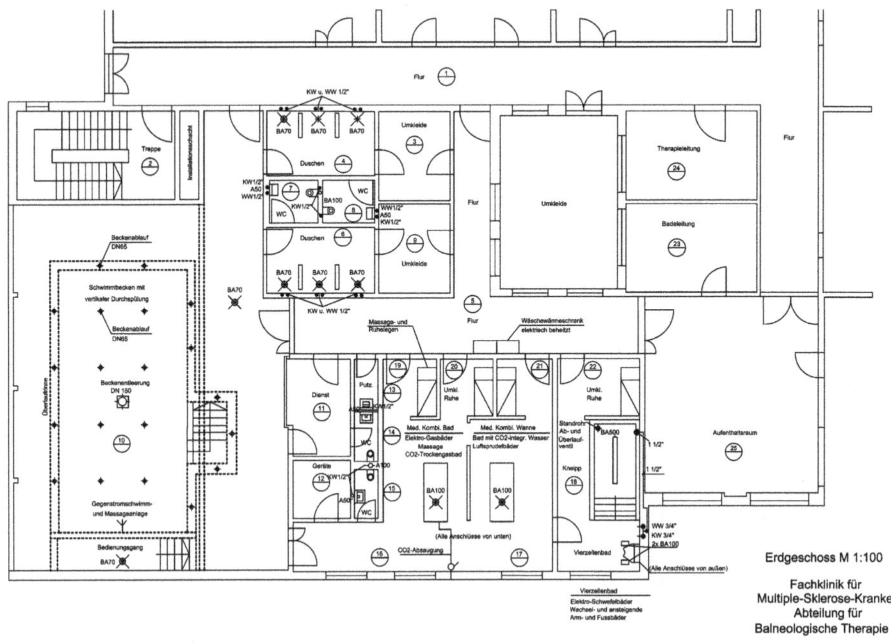

Abb. 2.22: Balneologische Therapie, Erdgeschoss.

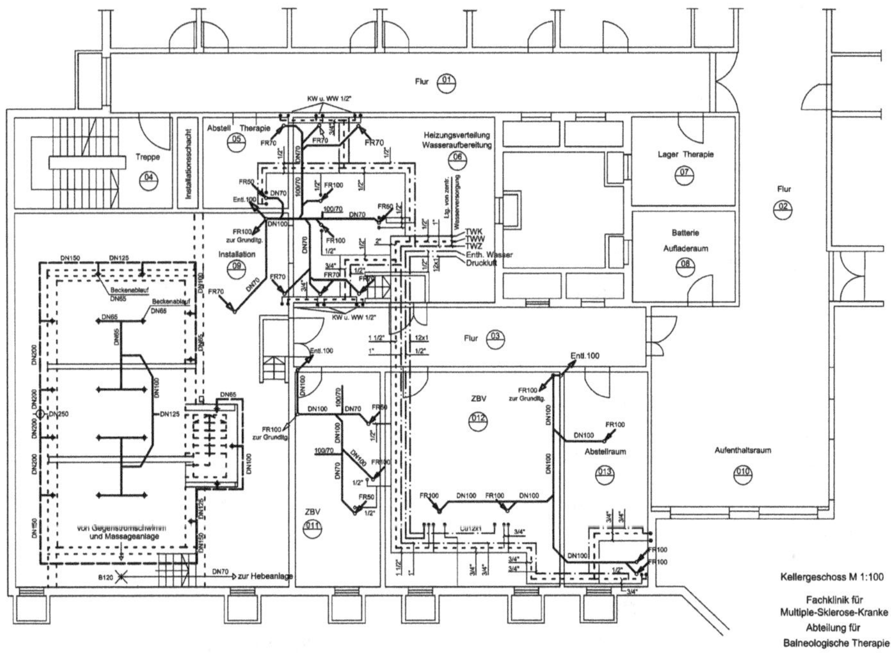

Abb. 2.23: Balneologische Therapie, Kellergeschoss.

- Materialannahme
- Raum zur Sortierung und Sterilisation
- Sterilisatoren
- Sterilgutlager.

Kontrolle und Verpackung (Abb. 2.24):
1 Eingabeschleuse
2 Materialschleuse
3 Reinigungszone
4 Reinigung, Desinfektion und Vorsterilisation
5 Desinfektionskammer
6 Personalschleuse
7 Sortier- und Packzone
8 Ausgabe von desinfiziertem Gut
9 Durchladesterilisator
10 Sterilgutlager
11 Ausgabe von sterilisiertem Gut.

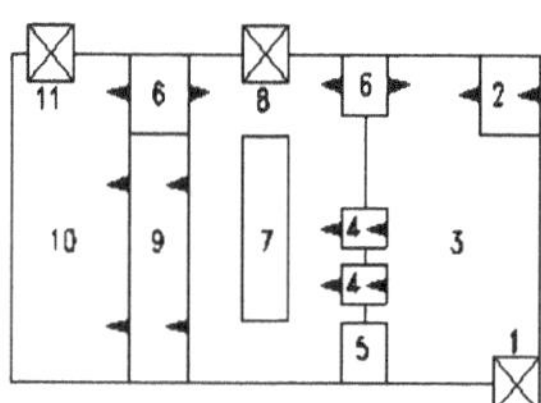

Abb. 2.24: Schematische Darstellung einer Zentralsterilisation.

Raum zur Sortierung und Desinfektion

Hier werden die Instrumente nach den Operationen gewaschen und kurz überkocht. Zur Ausstattung gehören:
- Instrumentenspüle mit Wandbatterie
- Instrumentenreinigungskocher
- Krankenhausausguss mit Druckspüler und Wandbatterie
- Waschtischanlage
- Bodenablauf mit Randspülung
- Spritzventil.

Anforderungen an Ausstattung und Montage:
- Wandbatterien mit berührungsloser Ein- und Ausschaltautomatik, alternativ: Armhebelbetätigung
- herausnehmbares Standrohrab- und Überlaufventil für Instrumentenspüle.

Sterilisatoren

Die Sterilisation erfolgt auf physikalischem Wege durch Einlegen des Sterilgutes in kochendes Wasser ohne oder mit Sodazusatz, in Hochdruckdampf von 120 bis 138 °C oder in Heißluft von 160 bis 200 °C. Heutzutage bietet der Hochdruckdampf die besten Voraussetzungen für eine einwandfreie Sterilisation, deshalb sollte dieses Verfahren bevorzugt zum Einsatz kommen. Ein Sterilisationsgerät besteht aus Kammern für Dampf- und Heißluftsterilisation sowie einem Wasserdestillierapparat und einer Vakuumpumpe, zur Entfernung der Luft aus den Sterilisationskammern.

Anforderungen an Ausstattung und Montage:

- Der Sterilisator benötigt eine Sockelentwässerung DN 70, zwei Abflussanschlüsse DN 40, sowie einen Dampf- (DN 32–40), Kaltwasser- (DN 25–32) und Kondensatanschluss DN 25–32.
- Die Vakuumpumpe benötigt einen Kaltwasseranschluss DN 40 und einen Saugleitungsanschluss DN 25.

Schleusen, Personalumkleiden und Aufenthaltsräume

In diesen Bereichen werden die im Krankenhaus üblichen Ausstattungen benötigt, die bereits im Kapitel 2.4.2 Behandlungsbereich beschrieben wurden.

2.6.2 Laboreinrichtung

Die Einrichtung und technische Ausstattung eines Laboratoriums ist von der jeweiligen Aufgabenstellung sowie von der Größe des Krankenhauses abhängig. Neben den einschlägigen DIN-, DVGW-, VDE-Vorschriften sind bei der Planung eines Labors die Laboratoriumsrichtlinien sowie besondere Sicherheits- und Unfallverhütungsvorschriften zu beachten (siehe Kap. 10). Im Bereich der Sanitärtechnik verwendet man im Labor hochwertige Materialien, die gegen chemische, thermische und physikalische Belastungen weitgehend resistent sind. Je nach Verwendungszweck des Laboratoriums muss ein Abwasserauffangbehälter bzw. ein separates Entwässerungssystem mit eigener Abwasseraufbereitungsanlage eingebaut werden. Siehe hierzu auch Kapitel 2.7 Abwasserbehandlung. Aus Gründen der Flexibilität sollten die Labortische selbst keine direkte Medienversorgung erhalten, vielmehr empfiehlt sich die Versorgung mit Kaltwasser, Druckluft, technischen Gasen und Strom über feste Installationsgestelle, die von unten angeschlossen werden. Im Wesentlichen besteht die sanitäre Einrichtung eines Krankenhauslabors aus:

- Installationsgestellen mit Laborarmaturen und Schlauchtüllen bzw. Schlauchverschraubungen
- Labortischen mit Laborabläufen
- Doppelspüle mit zwei Kaltwasserlaborventilen und einer Armhebel-Sicherheitsmischbatterie mit Schwenkauslauf sowie einem Anschluss für entmineralisiertes Wasser

- Notbrause mit Schnellschlussarmatur
- Augendusche
- Laborglas Spülapparat
- einer Waschtischeinheit je Funktionseinheit
- Deckenablauf DN 70.

Anforderungen an Ausstattung und Montage:
- die Waschtischanlage ist mit einer Wandmischbatterie mit berührungsloser Ein- und Ausschaltautomatik, einem Seifen-, einem Desinfektionsmittel- sowie einem Handtuchspender, einem Papierkorb, einem Spiegel und einer Ablage auszustatten
- Doppelspüle aus säurebeständiger technischer Keramik bzw. aus Edelstahl
- Ab- und Überlauftrichter aus säurefestem PE
- Anzahl der Notbrausen abhängig von Brandgefahr und Beschäftigtenzahl
- Anordnung der Notbrausen im Fluchtbereich, aber nicht über den Türen
- Brausekopf der Notbrausen verstopfungssicher (verstopfungsfreie Düsenbrausen)
- Brausearmaturen nicht selbstschließend
- Laborglas Spülapparat mit Warm- und Kaltwasseranschluss.

2.6.3 Zentrale Bettenaufbereitung

Die Bettenaufbereitung (Desinfektion und Reinigung der Betten) ist eine wichtige Maßnahme zur Bekämpfung von Krankenhausinfektionen. Die erforderlichen Aufbereitungsmaßnahmen, d. h. Bettgestell Wasch- und Desinfektionsanlage, sowie Matratzensterilisationsanlage, werden an einer zentralen, dafür besonders geeigneten Stelle im Krankenhaus eingerichtet. Die zentrale Bettenaufbereitung gliedert sich in eine reine und eine unreine Seite, wobei die Desinfektions- und Sterilisationsanlagen dazwischen angeordnet sind, sodass eine Infektionsübertragung bzw. eine Dekontaminierung von bereits aufbereiteten Betten verhindert wird. Das Personal erreicht die reine und die unreine Seite der Bettenaufbereitung über eine Einkammerpersonalschleuse. Beim Übergang des Personals von der unreinen auf die reine Seite sind eine hygienische Händedesinfektion sowie ein Wechsel der Schutzkleidung erforderlich. Die unreine Seite hat zusätzlich einen Fäkalienausguss für grobe Verunreinigungen. Die Bettgestell Wasch- und Desinfektionsanlage besteht im Wesentlichen aus einer Edelstahlkabine mit Hebetüren und einem beweglichen Düsensystem. Die Bettengestelle werden vollautomatisch gewaschen und chemisch desinfiziert. Es kommt zu folgenden Verfahrensabläufen:
- Einweichen (Weichspülen)
- Waschen mit über 65 °C heißem Wasser
- Kippen des Bettes, damit das Wasser abläuft
- Einsprühen des Bettes mit Desinfektionsmittel
- Trocknen.

Die chemisch-thermische Desinfektion, nach dem Wasch- und Spülvorgang, erfolgt mit einer wässrigen Lösung auf der Basis eines Gemisches von Aldehyden und einer kationischen Verbindung. Die Desinfektion bzw. Sterilisation der Matratzen erfolgt physikalisch. Die Matratzensterilisationskabinen aus Edelstahl haben wie die Bettengestelldesinfektionsanlage jeweils eine Hebetür auf der reinen und auf der unreinen Seite. Der vollautomatische Sterilisationsvorgang setzt sich aus folgenden Verfahrensschritten zusammen:

- Injektion
- Dampf
- Desinfektion
- Hitzeablass
- Trocknung und Belüftung.

Beschreibungen einer Bettenwasch- und Desinfektionsanlage

Mit dieser Bettenwasch- und Desinfektionsanlage können Bettgestelle, Nachttische, Transportwagen etc. gereinigt und desinfiziert werden.

Die Anlage besteht aus einer Edelstahlkammer mit angeschlossenem Aggregateraum, in dem Pumpen, Schaltschrank usw. untergebracht sind (Abb. 2.25).

Programmablauf:

1. Waschen mit Umlaufwasser, Waschtemperatur 65 °C
2. Spülen mit Spülwasserrückführung in den Vorratsbehälter, Spültemperatur 65 °C
3. Absaugung und Trocknung (Frischluftzufuhr und Bettenschrägstellung)
4. Aufsprühen (chemische Flächendesinfektion)
5. Absaugen der Desinfektionsmitteldämpfe.

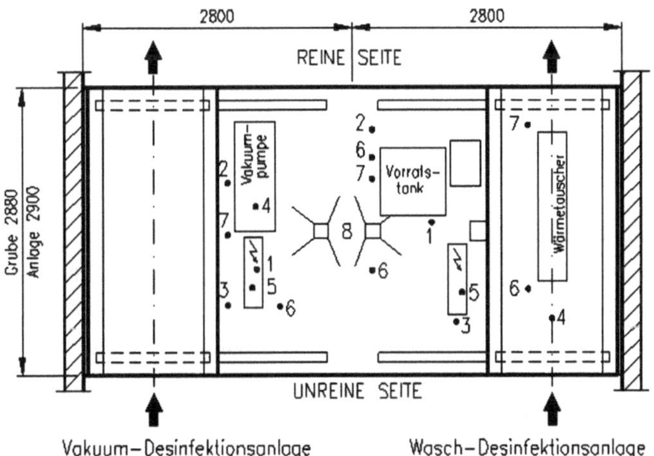

Abb. 2.25: Kombination einer Wasch-Desinfektions- und Vakuumdesinfektionsanlage: 1. Ablauf; 2. Kaltwasser; 3. Pressluft; 4. Abluft; 5. Strom; 6. Kondensat; 7. Dampf; 8. Bodenablauf.

Das Aufsprühen eines chemischen Desinfektionsmittels ist nur für bestimmte Seuchenlagen erforderlich. Im Allgemeinen reichen die ersten 3 Programmpunkte zur Reinigung und Desinfektion aus.

Anschlusswerte:

– Kaltwasser	enthärtet 2–3 °dH, 6 bar Auslegeleistung	DN 20
		1200 *l*/h
– Dampf	0,5–2,5 bar Überdruckanschlusswert	DN 32
		150 kg/h
– Elektro	220 / 380 V, 50 Hz Anschlusswert	
		9 kW
– Pressluft	8 bar Auslegeleistung	DN 15
		5 *l*/min
– Abluftleitung		DN 160–180
– Kondensat		DN 20
– Wasserablauf		DN 50
– Bodenablauf		DN 70
– Wärmeabstrahlung	gesamte Anlage pro Bett	6500 W/h
		800 W/h

Bei dieser Anlage ist ein Warmwasseranschluss nicht notwendig, da ein integrierter Rohrbündelwärmetauscher vorhanden ist.

Alle Programme laufen vollautomatisch ab, und können über das Bedienteil, auf der unreinen Seite, oder über das Anzeigetableau, auf der reinen Seite, überwacht werden. Sonderprogramme können auf Wunsch installiert werden.

Wichtige Daten für den Einbau einer Bettenwasch- und Desinfektionsanlage:

– Außenabmessungen	Höhe	2050–2200 mm je nach Anlagengröße
	Breite	2800 mm
	Tiefe	2900 mm
– Gewicht		2600–2800 kg je nach Anlagengröße
– Bodenbelastung (max.)		1000 kg/m^2

Beschreibungen einer Vakuumdesinfektionsanlage

Mit dieser Vakuumdesinfektionsanlage können Matratzen, Bettzeug, Oberflächengüter oder sogar infektiöse Krankenhausabfälle desinfiziert werden. Die Anlage besteht, wie die Bettenwasch- und Desinfektionsanlage, aus einer Edelstahlkammer mit angeschlossenem Aggregateraum (siehe Abb. 2.32) (Abb. 2.26).

Werkseitig sind drei Standarddesinfektionsprogramme installiert:

– P1:	75 °C	Einwirkzeit 20 min.	Wirkungsbereich A/B
– P2:	105 °C	Einwirkzeit 1 min.	Wirkungsbereich A/B
– P3:	105 °C	Einwirkzeit 5 min.	Wirkungsbereich A/B/C

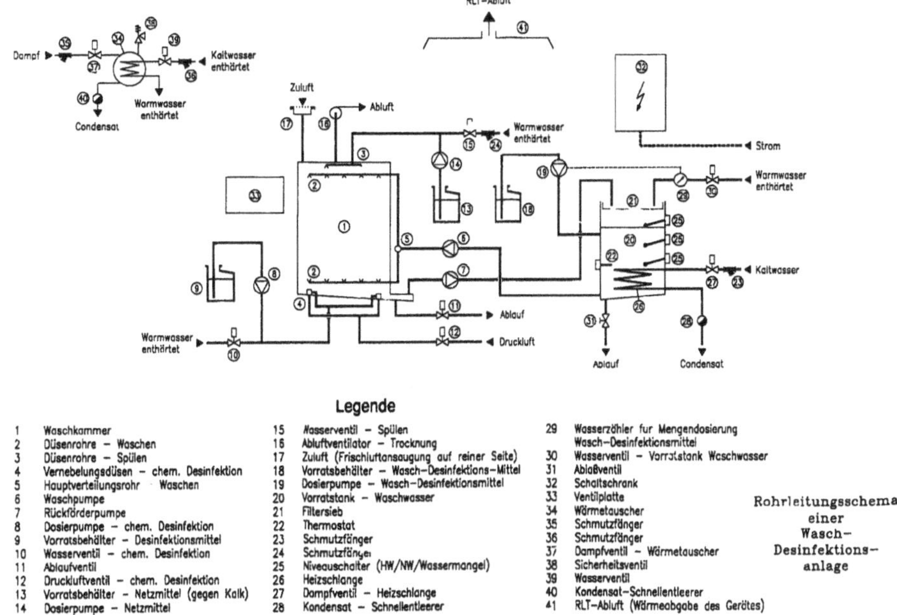

Abb. 2.26: Rohrleitungsschema einer Bettenwasch- und Desinfektionsanlage.

Wirkungsbereiche:

A = Zur Abtötung von vegetativen bakteriellen Keimen einschl. Mykobakterien sowie von Pilzen einschl. pilzlicher Sporen geeignet.

B = Zur Inaktivierung von Viren geeignet.

C = Zur Abtötung von Sporen des Erregers des Milzbrandes geeignet.

Anschlusswerte:

– Kaltwasser	enthärtet 2–3 °dH, 6 bar Auslegeleistung	DN 25
		1200 *l*/h
– Dampf	0,5–1 bar Überdruckanschlusswert	DN 65
		360 kg/h
– Elektro	220 / 380 V, 50 Hz Anschlusswert	
		5,5 kW
– Pressluft	8 bar Auslegeleistung	DN 15
		4 *l*/min
– Abluftleitung		DN 80–100
– Kondensat		DN 20
– Wasserablauf		DN 65
– Bodenablauf		DN 70
– Wärmeabstrahlung	je Front Maschinenraum	1460 W
		3500 W

Beide Anlagen besitzen eine gegenseitige Türverriegelung, die verhindert, dass beide Türen (unreine bzw. reine Seite) gleichzeitig geöffnet werden können.

Wichtige Daten für den Einbau einer Vakuumdesinfektionsanlage:

– Außenabmessungen	Höhe	2050–2200 mm
	Breite	2800 mm
	Tiefe	2900 mm
– Gewicht		3500 kg

Die Abmessungen der Vakuumdesinfektionsanlage sind mit denen der Bettenwasch- und Desinfektionsanlage identisch, damit eine Kombination in geschlossener Bauweise möglich ist (Abb. 2.27).

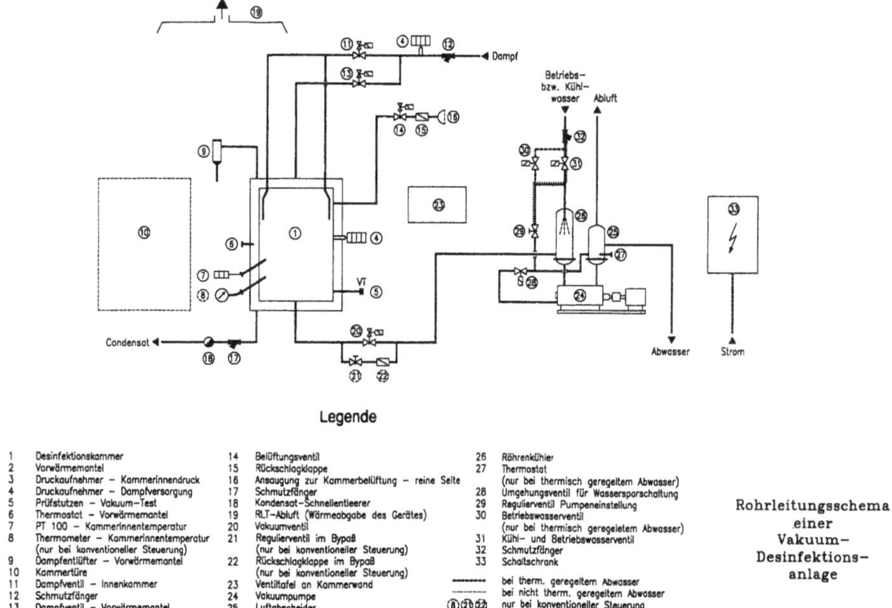

Abb. 2.27: Rohrleitungsschema einer Vakuumdesinfektionsanlage.

2.6.4 Apotheke

Beim Bau und Betrieb von krankenhauseigenen und das Krankenhaus versorgenden Apotheken sind die im Krankenhaus üblichen Hygieneregeln zur Vermeidung von Infektionsgefahren für Patienten und Personal zu beachten. Grundsätzlich unterscheidet man Apotheken, die nur keimarme Medikamente zur äußerlichen Anwendung zubereiten und Apotheken, die zusätzlich sterile Arzneimittel herstellen. Für Apotheken, die lediglich keimarme Medikamente herstellen, benötigt man als Sanitärausstattung ein Handwaschbecken mit Desinfektionsmittel-, Seifen- und Einmalhandtuchspender sowie einem Papierkorb, einer Ablage und einem Spiegel. Für die Herstellung von sterilen Arzneimitteln ist eine Personalschleuse mit den gleichen Einrichtungsgegenständen vorzusehen. Außerdem ist im Sterilraum eine Spüle für Arbeitsgeräte mit einem zugeordneten Durchladesterilisator einzuplanen. Für beide Apothekenarten sind Spülräume angeordnet, in denen maschinell desinfiziert und gereinigt werden muss. Aus hygienischen Gründen sind Räume für die Entsorgung und für die Unterbringung von Reinigungsgeräten und -materialien unbedingt zu empfehlen. Für die Herstellung von destilliertem und demineralisiertem Wasser ist ein eigener Raum mit den notwendigen Geräten zu empfehlen.

2.6.5 Wäscherei

Wirtschaftlichkeitsbetrachtungen

Vor der Planung einer Krankenhauswäscherei sind detaillierte Wirtschaftlichkeitsberechnungen anzustellen, ob sich eine eigene Wäscherei lohnt, oder ob Fremdwäschereien diese Aufgabe übernehmen sollen [12].

Parameter für solch eine Berechnung ist z. B. die Menge des Wäscheanfalls (Faustformel: eigene Wäscherei ab ca. 3 Tonnen Wäsche täglich), die benötigte Energieversorgung, die Entfernung zu einer Fremdwäscherei, die Finanzierungsmöglichkeiten und die Höhe der Investitionen.

Die nachstehende Konzeption ist auf die mittlere und große Krankenhauswäscherei ausgerichtet.

Beispiel für eine vorausschauende Wirtschaftlichkeitsberechnung:

A – **Leistung der Wäscherei:**

Die Wäschereileistung beträgt 200.000 kg/Jahr

B – **Kostenzusammenstellung:**

Material	390.000,–	EUR
Installation	18.000,–	EUR
Wartung und Pflege	5.000,–	EUR
Verwaltung	12.000,–	EUR
Gas	3,1	Cent/kWh
Strom	16,0	Cent/kWh
Wasser kalt	55,0	Cent/m^3
Waschmittel	250,0	Cent/kg

(Der Pressluftverbrauch ist in den Stromkosten enthalten. Die hier angeführten Preise sind keine Richtwerte.)

	Ganztagspersonal	40.000,–		EUR/Person	
	Halbtagspersonal	20.000,–		EUR/Person	
C	– **Durchschnittliche Betriebsmittelkosten pro 1000 kg Wäsche:**				
	Waschen und Schleudern:				
	Wasser	20	m^3/to	11,00	EUR
	Waschmittel	25	kg/to	62,50	EUR
	Strom	37	kWh/to	5,92	EUR
	Heizung + WW-Bereitung	500	kWh/to	15,50	EUR
	Mangeln bzw. Trockner:				
	Strom	60	kWh/to	9,60	EUR
	Heizung	500	kWh/to	15,50	EUR
D	– **Personalkosten / Jahr**				
	3 Ganztagskräfte a EUR	40.000	120.000		EUR
	4 Halbtagskräfte a EUR	20.000	80.000		EUR
E	– **Kostenzusammenstellung:**				
	10 % der Kapitalkosten		40.800	EUR	
	Wartung und Verwaltung		17.000	EUR	
	Betriebsmittel		24.004	EUR	
	Personal		200.000	EUR	
jährliche Kosten (o. MWSt.)			281.804 EUR		
Kosten pro kg Wäsche			**1,41 EUR (o. MWSt.)**		

Generell ist zu prüfen und zu entscheiden, ob beim Bau oder der Grundinstandsetzung von Krankenhauswäschereien Mehraufwendungen für energiesparende Maßnahmen vertretbar sind.

Kapazitätsberechnungen
Richtwerte für den Wäscheanfall

Tab. 2.10: Wäschezusammenstellung.

Innere Medizin	1,5–2,5 kg
Gynäkologie	2,6–3,6 kg
Chirurgie	1,8–2,5 kg
Pädiatrie	3,4–4,2 kg
HNO	1,5–2,2 kg
Infektion	2,0–3,0 kg
Intensivabteilung	5,0–6,0 kg
Orthopädie	1,4–1,8 kg
Psychiatrie	1,0–1,4 kg
Allgem. Krankenhaus	ca. 2.5 kg

Legt man ein allgemeines Krankenhaus zugrunde, so kann man, liegen keine exakten Werte vor, von einem Wäscheanfall von 2,5 kg TRW/Bett und Pflegetag ausgehen.

So errechnen sich für ein 500-Betten-Krankenhaus:

$$\frac{500\,\text{Betten} \cdot 7\,\text{Pflegetage} \cdot 2{,}5\,\text{kg}\ TRW}{5\,\text{Arbeitstage}} = 1{,}75\,\text{to}\ TRW$$

In Universitätskliniken mit Instituten und Lehrbetrieben können bis zu 6 kg TRW/Bett und Pflegetag anfallen, während Psychiatrische Krankenhäuser etwa bei 1,5 kg TRW/Bett und Pflegetag einzuordnen sind (s. Tab. 2.11).

Durch den Einsatz von Mischgewebe ergeben sich deutliche Abweichungen von den Richtwerten, da das spezifische Gewicht und entsprechend auch das Quadratmetergewicht niedriger als bei Baumwolle bzw. Leinen liegt.

Für die Auslegung der Maschinenkapazitäten ist diese Gewichtsdifferenz von nachrangiger Bedeutung, da die Wäschestückzahlen entscheidender sind.

Tab. 2.11: Wäschezusammenstellung.

	Flachwäsche	TRW	Formw.	ch. R.
Allg. Krankenhaus	70 % (65%GT+35%KT)	20 %	10 %	
Universitätsklinik	75 %	15 %	10 %	
Psychiatr. Krankenh.	40 % (50%GT+50%KT)	40 %	12 %	8 %
Altenheim	60 %	25 %	15 %	

GT = Großteile
KT = Kleinteile

Die Prozentzahlen beziehen sich auf das Wäschegewicht.

Für die exakte Ermittlung kann nach:
- Bearbeitungsart
- Konfektionierung

Verschmutzung und Farbe unterschieden werden.

Zu beachten ist: kothaltige Wäsche darf nicht mehr vorgewaschen werden.

Raumeinteilungen

Die Wäschereien für Krankenhauswäsche sind in eine reine und eine unreine Seite mit jeweils eigenem Zugang zu trennen.

Auf der unreinen Seite befinden sich die Anlieferung der verschmutzten Wäsche, eine Waage, die Beschickungsanlage für die Waschstraße sowie die Füllseite für eventuelle Einzelgeräte. Weiterhin sollte die Waschmitteldosieranlage, Waschmittellager und die ganze Technikzentrale in der unreinen Seite untergebracht werden.

Die reine Seite der Krankenhauswäscherei beinhaltet die für die weitere Verarbeitung der gereinigten Wäsche notwendigen Geräte wie z. B. Mangel, Trockner, Pressen usw.

Der Arbeitsablauf einer Wäscherei in einem Krankenhaus muss sowohl von der hygienischen als auch von der technischen und funktionellen Seite aufeinander abgestimmt werden. So wird die angelieferte Schmutzwäsche gewogen und über ein Förderband in die vom Computer vorprogrammierte und gesteuerte Waschstraße transportiert. Nach der Waschstraße gelangt die Wäsche, über eine Entwässerungspresse, in einen Takttrockner und von dort über ein Sortierband zu den jeweiligen Mangel-, Falt- und Formteilpressgeräten (s. Abb. 2.28).

Platzbedarfsermittlungen

Im Idealfall werden die benötigten Räume so geplant, dass die ausgewählten Maschinen für einen optimalen Produktionsablauf angeordnet werden können. In bestehenden Räumen sind häufig Kompromisse zu wählen, die auch einen nicht unerheblichen Einfluss auf die Maschinenauswahl haben (Tab. 2.12).

Tab. 2.12: Flächenbedarf in Quadratmeter / kg TRW.

kg TRW / Tag	Produktionsräume	Lagerwäsche	Personalräume	Technik- und Nebenräume
500–1000	0,175	0,075	0,05	0,040
1000–2000	0,125	0,070	0,05	0,030
2000–5000	0,100	0,060	0,04	0,025
5000–10000	A	0,050	0,03	0,020

Architekturen

Mittlerweile hat sich ein frei stehender Baukörper in eingeschossiger Bauweise, teilweise oder ganz unterkellert (Installationskeller) durchgesetzt. Ein solches Gebäude ermöglicht eine Betriebsgestaltung nach rein ökonomischen und ergonomischen Gesichtspunkten.

Der Arbeitsablauf kann in einer Richtung durchgehend, in L-Form oder in U-Form verlaufen. Entsprechend sind Anlieferung und Ausgabe der Wäsche und die dazwischenliegenden Produktions-, Lager-, Sozial- und Nebenräume (Technik) anzuordnen.

Bereits im frühen Planungsstadium sind Anordnung und Bauart der Maschinen festzulegen, damit der Statiker Deckenbelastung und Schwingungsdämpfung beurteilen kann.

Die Raumhöhe soll mindestens 3,5 m (Forderung der Gewerbeaufsicht) betragen, besser sind jedoch 5 m. Pfeiler und Stützen sollten weitgehend vermieden werden.

Zur Verlegung der Ver- und Entsorgungsleitungen hat sich ein Installationskeller am besten bewährt, da bei einer Veränderung der Maschinenanordnung Anschlüsse problemlos verlegt werden können. Statt der Unterkellerung sind mit Einschränkung auch begehbare Installationskanäle im Fußboden geeignet.

Der wasserdichte und trittsichere Fußbodenbelag ist mit leichtem Gefälle zu den Bodenabläufen zu verlegen.

An den Wänden sind stoßfeste Verkleidungen (z. B. Fliesen) bis zu einer Mindesthöhe von 2 m anzubringen. An Außenwänden wird leicht der Taupunkt unterschritten, sodass es zur Kondensatbildung kommt. Durch entsprechenden wasserfesten Innenanstrich kann Schimmelpilzbildung weitgehend verhindert werden.

Die Raumtrennwand trennt die Wäscherei in die *unreine* und *reine* Seite. Die nach dem Durchladeprinzip arbeitenden Wasch- und Reinigungsanlagen sind in der Raumtrennwand installiert. Die Trennwand ist unumgänglich für die Einhaltung der hygienischen Vorschriften, und sie sollte möglichst transparent ausgeführt werden. Die Verbindung der unreinen Seite mit der reinen Seite erfolgt über Schleusen. In der Personenschleuse müssen Vorrichtungen für die Händedesinfektion (Waschtischanlage mit Desinfektionsmittelspender) sowie für die Aufbewahrung von Schutzbekleidung vorhanden sein.

Maschinensysteme

Bei einer täglichen Waschleistung bis 1500 kg Trockenwäsche sollte die Wäschekapazität auf zwei bis drei Waschschleudermaschinen verteilt werden [20].

Wichtig ist, dass für jedes Sonderwaschverfahren ein kleiner Waschschleuderautomat (Fassungsvermögen 10 bis 15 kg TRW) vorzusehen ist.

Im Leistungsbereich von 1500 bis 2000 kg TRW ist die Bearbeitung der Schmutzwäsche sowohl mit Waschschleudermaschinen als auch mit einer Waschstraße möglich. Im Normalfall ist die Waschstraße am günstigsten, da die Betriebsmittelkosten hier bis zu 50 % niedriger liegen (Gegenstromwaschverfahren). Die nachstehende Gegenüberstellung soll als Projektierungshilfe im genannten Leistungsbereich dienen.

Es hat sich gezeigt, dass bei einer Tagesleistung von 2000 bis 8000 kg TRW, die Waschstraße mit ein bis zwei Waschschleudermaschinen vorteilhaft ist.

Um alle baulichen und technischen Voraussetzungen für einen übersichtlichen und hygienischen Arbeitsablauf zu schaffen, hat sich die Durchlademaschine in einer Trennwand sehr bewährt (siehe Bundesseuchengesetz und Richtlinien zur Vergabe von Klinikwäsche) [26].

Waschschleudermaschinen, das sind Badwechselmaschinen, werden vom Bundesgesundheitsamt für die Behandlung von Wäsche an meldepflichtigen Infektionskrankheiten erkrankter Personen empfohlen (Bundesseuchen Gesetz §§ 3 und 41).

Weitere Anlagenteile:

- Entwässerungspresse oder Waschschleudermaschine zur mechanischen Entwässerung. Hierbei werden etwa 50 % Restfeuchte nach DIN 1190/2 erreicht [28] (s. auch Tab. 2.13).

Tab. 2.13: Vergleich der Faktoren zwischen Waschschleudermaschinen u. Waschstraße.

Faktoren	Waschschleudermaschinen	Waschstraße
Investitionskosten		
- Maschinen	niedriger	höher ca. 45 %
- bauliche Maßnahmen	höher, dynamische Bodenbelastung	niedriger
- Versorgungseinrichtungen	höher, (Enthärter und Kessel)	niedriger
Betriebsmittelkosten	höher	niedriger bis 50 %
Personalbedarf	höher	niedriger bis 75 %
Arbeitsleistung	höher	niedriger
Betrieblicher Arbeitsrhythmus	Stosßbetrieb	kontinuierlich
Variable Waschverfahren	1 Maschinenfüllung gleich	jeder Posten begrenzt var.
Betriebssicherheit	hoch	sehr hoch (konstr.-bed.)
Techn. Unterhaltungskosten	konstruktionsbedingt (TÜV)	konstr.-bed.
Platzbedarf	günstiger	größer

- Taktdurchgangstrockner als Vortrockner, wobei weitere 10–15 % Feuchtigkeit entzogen werden.
- Mangel-, Falt- und Formteilpressgeräte.

Bei der Auswahl der Maschinensysteme ist es ratsam, einen Fachplaner des jeweiligen Wäschereimaschinenherstellers heranzuziehen.

Anforderungen an die Wäschereimaschinen: zur Vermeidung von Infektionen und Kontaminationen sind konstruktive und funktionelle Voraussetzungen zu erfüllen:
- Alle mit Wäsche in Berührung kommende Teile der Waschmaschinen müssen z. B. durch 15-minütiges Erhitzen auf mindestens 90 °C desinfizierbar sein.
- Wasser aus der Wäscheentwässerung (Schleudern, Pressen) darf nur in das Einweichwasser zurückgeführt werden.
- Verteilerbehälter, Frischwassertanks, Vorratsbehälter für Waschmittel sowie Flusenfänger müssen vollständig entleerbar und desinfizierbar sein.

Nach der Desinfektion ist zu verhindern, dass die Wäsche in der Waschmaschine wieder bakteriell verunreinigt wird. Bei Benutzung von, aus Ionenaustauschern abfließendem Weichwasser, muss dies besonders beachtet werden. Zur Vermeidung der Kontaminierung müssen beim Nachwaschen oder Spülen geeignete Desinfektionsmittel verwendet oder eine Wassertemperatur von mindestens 60 °C eingehalten werden.

Wäschereimaschinen sind am Ende des Arbeitsbetriebes jeden Tag zu desinfizieren.

In Flüssigkeitsleitungen müssen Rückstau und Stagnation verhindert werden.

Aus sanitärtechnischer Sicht sind von der Baufirma bereitzustellen:
- Kaltweichwasser
- ca. 2–8 °dH, mind. Fließdruck 2,5 bar
- Kalthartwasser
- ca. 12–20 °dH, mind. Fließdruck 2,5 bar

- evtl. Warmweichwasser
- ca. 2–8 °dH, mind. Fließdruck 2,5 bar,
- Temperatur ca. 40–60 °C.

Folgende Anschlusswerte der einzelnen Komponenten sind zu beachten:

- Waschanlage:
  - Wasseranschluss DN 65, 2,5–6 bar Überdruck
  - Abwasseranschluss DN 150
- Wasch- und Waschhilfsmitteldosieranlage:
  - Weichwasseranschluss DN 15-DN 20
- Entwässerungspresse:
  - Abwasseranschluss DN 70
- kleine Wasch- und Schleudermaschine:
  - Wasseranschluss DN 25, Anschlüsse von Kaltweich-, Kalthart- und eventuell von Warmweichwasser.

Abwasseranschluss DN 50

Trinkwasseranlagen nach DIN 1988

Auch die Trinkwasseranlagen in Krankenhäusern sind grundsätzlich nach der DIN 1988 zu projektieren. Speziell für die Krankenhauswäscherei sind zusätzliche Grundlagen und Richtlinien bei der Planung und Projektierung zu beachten.

Diese sind Angaben über:

- Versorgungsdruck,
- über mögliche, maximale Wasserentnahme
- über die Wasserbeschaffenheit
- Schallschutzmaßnahmen nach DIN 4109
- Brandschutzmaßnahmen nach DIN 4102
- Wärmedämmmaßnahmen nach der Heizungsanlagenverordnung.

Auf die Sicherheitseinrichtungen, die das Rückfließen von Trinkwasser aus Apparaten oder Anlagenteilen in die Trinkwasseranlage verhindern sollen, muss besonderer Wert gelegt werden. Die DIN 1988 Teil 4 enthält detaillierte Angaben für den Einsatz der verschiedenen Sicherheitsarmaturen. An dieser Stelle sei erwähnt, dass der Abschnitt 4.5 der DIN 1988 T4 besonders für die Krankenhausplanung anwendbar ist.

Abwässer aus der Krankenhauswäscherei

Für die Wäschereiabwässer sind die Parameter Abwassertemperatur und pH-Wert von großer Bedeutung.

Auszug aus dem Arbeitsblatt A 115 der ATV [27] für Parameter, die für Wäschereiabwässer:

Temperatur	35 °C
pH-Wert	6,5–10
absetzbare Stoffe	10 ml/l nach 0,5 h Absetzzeit
Kohlenwasserstoffe	20 mg/l
halogen. Kohlenw.	5 mg/l Chlor

Die Forderung nach mehr Umweltschutz manifestiert sich auch in den zunehmenden Auflagen, die vonseiten der Kommunen an die Wäschereien bezüglich ihrer Abwasserqualität gestellt werden. Somit sind die Höchstwerte für den pH-Wert und die Temperatur Bestandteile der einzelnen Ortssatzungen.

Nach heutigem Stand der Technik ist es sinnvoll, eine Anlage im Strömungsrohr-Prinzip zur Abwasserneutralisation einzusetzen (siehe Kapitel 2.7.3 Neutralisation).

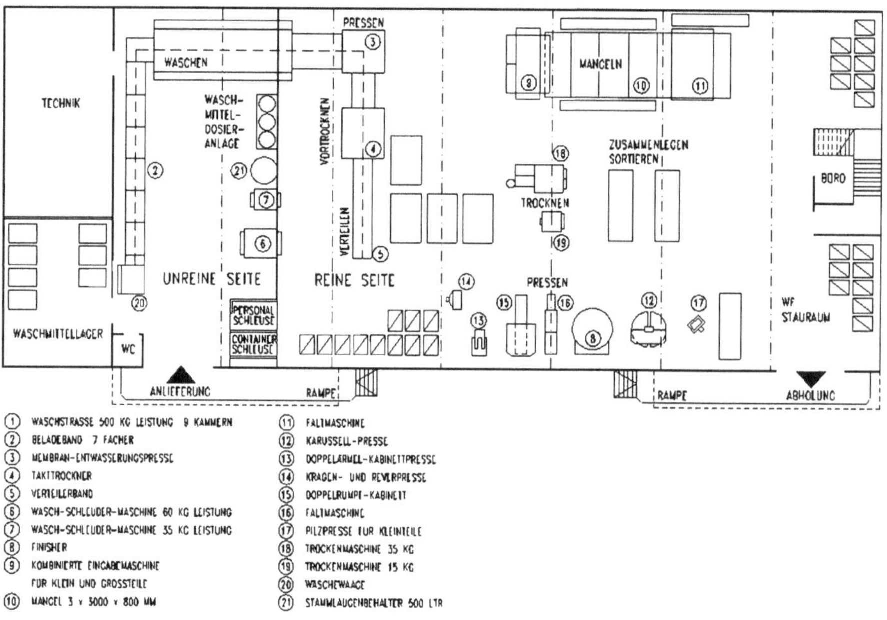

Abb. 2.28: Grundriss einer Krankenhauswäscherei.

2.6.6 Krankenhausküche

Allgemeines

Von Krankenhausküchen können Infektionen und Intoxikationen ausgehen und Schadstoffe verbreitet werden (s. auch Kap. 5.6 Hygienische Anforderungen). Die dort hergestellten und behandelten Lebensmittel können durch Menschen, Geräte, Wasser, Luft und tierische Schädlinge kontaminiert werden. Dem müssen sich die Funktionsabläufe, sowie die bauliche Gestaltung und Ausstattung der Krankenhausküche anpassen.

Um eine nachhaltige gegenseitige Beeinflussung von Lebensmitteln zu vermeiden, sind die Vorbereitungswege für Fleisch, Gemüse und sonstige Lebensmittel zu trennen. Eine einwandfreie Küchenhygiene erfordert eine Trennung von nicht reinen und reinen Arbeitsvorgängen. Zu den nicht reinen Arbeitsvorgängen sind Warenanlieferung, Vorbereitung von Gemüse, Auftauen von rohen, tierischen Lebensmitteln, eventl. einschließlich des küchenfertigen Zerlegens, Lagerung von Vorprodukten, gegebenenfalls Schlachtungen sowie Geschirrspülen und die Abfallbeseitigung zu rechnen. Zu den reinen Arbeitsvorgängen gehören die Speisenzubereitung, das Kochen und andere Garungsvorgänge, das Portionieren, die Speisenausgabe, die Lagerung von fertigen und portionierten Speisen und die Bereitstellung von sauberen Geschirr- und Transportgeräten [21].

Für Krankenhausküchen sind im Allgemeinen folgende Räume erforderlich:

- Anlieferungsstelle
- Lagerräume, Kühlräume, Gefrierräume, Auftauräume
- Fleischvorbereitung
- Hauptküche
- Diätküche
- kalte Küche
- Spülraum
- Lager- und Reinigungsräume für Transportmittel
- Personalräume
- Verwaltungsraum
- Sammelraum für Speiseabfälle.

Die nachstehende Konzeption ist auf mittelgroße Küchen und Großküchen ausgerichtet. Trotzdem bieten sich die gewählten Beispiele als Leitfaden für die Gestaltung der meisten modernen Großküchen an.

Einrichtungs- und Maschinensysteme

Blockbauweise

Viele Küchengerätehersteller empfehlen die sogenannte Blockaufstellungsart. Zum einen geht es um generelle Systemvorteile und zum anderen um spezielle Vorteile hinsichtlich der Planung einer Küchenanlage, der Rohr- u. Geräteinstallation, der Hygiene und schließlich um den praktischen Nutzen für den Betreiber der Großküche selbst. Mit diesen technisch-organisatorisch relevanten Kriterien ist auch eine größere Wirtschaftlichkeit verbunden. Der Planungsaufwand (Zeit/Kosten) ist geringer. Die Geräteinstallation ist einfacher und schneller durchführbar.

Gastronormmaß

Eine weitere Voraussetzung zum Einrichten einer Küche sind die sogenannten Gastronormmaße (GN-Maße). Das sind einheitlich festgelegte Maße für Behälter und Kücheneinrichtungsgeräte. Dadurch wird sichergestellt, dass die unterschiedlichen Artikel der verschiedenen Hersteller untereinander austauschbar sind. Die Behältertiefen gibt ist in unterschiedlichen Maßen.

Elektro- und Gaskippbratpfannen

Eine Elektro- bzw. Gaskippbratpfanne dient zum Kochen, Dünsten, Dämpfen, Braten, Kurzbraten, Rösten Schmoren, auch als Wasserbad kann die Kippbratpfanne verwendet werden. Geregelt wird sie mit einer thermostatischen Heizung. In der Regel haben Kippbratpfannen eine kurze Anheizzeit und sorgen für eine gleichmäßige Temperaturverteilung auf dem Pfannenboden. Der Edelstahltiegel bietet alle Vorteile einer Gussbratpfanne, ist aber unempfindlich gegenüber Temperaturschocks.

Gekippt bzw. in die Ausgangsposition zurückgefahren wird die Bratpfanne elektromotorisch oder mit Handrad. Die hier verwendete Kippbratpfanne hat einen Anschlusswert von 14,74 kW.

Wasserbäder

Wasserbäder dienen zum Erzeugen und Erhalten von Warmwasser. Es gibt Elektrowasserbäder mit indirekter Beckenbeheizung und Gaswasserheizer mit elektrischer Steuer- und Regeltechnik. Bei den Geräten (GN 2/1 Abmessungen 650×530) erfolgt die Entleerung des Beckens über einen Sicherheitshahn nach vorne.

Fritteusen

Man hat die Auswahl zwischen Gas- und elektrisch beheizten Fritteusen. Die Tauchheizkörper sind zur Reinigung herausschwenkbar. Außerdem sollte eine groß dimensionierte Fettablassarmatur vorhanden sein. Für Küchen, in denen viel frittiert wird, ist z. B. eine Fritteuse mit 2 Becken zu empfehlen. Hier allerdings wurde eine Fritteuse, mit einem Becken (Füllmenge ca. 26 l), mit einem Gesamtanschlusswert von 15 kW gewählt. Zu empfehlen ist noch ein dazu passender Unterbau, in dem der benötigte Fettauffangbehälter untergebracht wird.

Kochkessel

Der Kochkessel ist elektrisch oder mit Gas beheizbar. Die wichtigsten Bestandteile des Steuerungssystems sind Druckregler, Temperaturregler und bei einem elektrisch betriebenen Kochherd die Heizleistungsschalter. Eine Sicherheitsarmatur mit automatischer Be- und Entlüftung gewährleistet die Betriebssicherheit, ein Manometer zeigt den Betriebsdruck an. Der meist doppelwandige Kesseldeckel wird von einem Gewichtsausgleichsscharnier in jeder beliebigen Lage gehalten. Die Einlaufmischbatterie muss schwenkbar angeordnet sein. Die Kesselentleerung erfolgt durch groß dimensionierte (mind. 1 1/4“) Abflusshähne mit einem Kesselinnensieb. Der gasbeheizbare Herd hat einen indirekt wirkenden Multigasrundbrenner und eine thermostatische Temperaturregelung.

Elektro- und Gasherde

Bei Elektroherden sollten die Kochplatten quadratisch oder rund mit einem Edelstahlüberfallrand dicht in die Herdmulde eingebaut sein und somit auf gleichem Niveau der Abstellflächen liegen. Dadurch lassen sich die Töpfe und Pfannen leicht verschieben. Des Weiteren sollten übersichtlich angeordnete Kontrollleuchten den Betriebszustand, getrennt nach den einzelnen Kochfeldern, melden. Eine automatische Teillastabschaltung verhindert eine gefährliche Überhitzung der Platte und reduziert die thermische Arbeitsplatzbelastung.

Auch Gasherde sollen tiefgezogene Herdmulden haben, um eine gleichmäßige Arbeitshöhe zu erhalten. Zündbrenner und Thermoelement müssen schmutzgeschützt sein.

Wahlweise werden von den jeweiligen Herstellern Elektro- und Gasherde mit konventionell beheizten Brat- und Backofen oder mit Dualbrat- und Backrohr angeboten. Bei konventionell beheizten Geräten werden Ober- und Unterhitze jeweils thermostatisch geregelt. Ein Heißluftbratofen zeichnet sich durch eine kürzere Aufheizzeit aus.

Elektr. Heißluftbrat- und Dampfgerät

Garen mit einem Dampfgerät ist die modernste und schnellste Art zu garen, dämpfen, dünsten oder blanchieren. Neben dem relativ großen Leistungsvermögen und der vielseitigen Anwendbarkeit gilt auch die bequeme, schnelle Reinigung, sprich die Hygiene, als wichtiger Anschaffungsgrund.

Nahezu alle Geräte bestehen innen und außen aus Chrom-Nickel-Stahl. Garraum, Tür und Dampferzeuger müssen wärmegedämmt sein. Eine große Sichtscheibe und Innenbeleuchtung sind Grundausstattung. Bei Standgeräten wird ein sogenannter Beschickungswagen komplett in das Dampfgerät hineingerollt und dicht abgeschlossen. Die Größe des Dampfgerätes und des Beschickungswagens müssen aufeinander abgestimmt sein. So bedeutet z. B. 10 × GN 1/1, dass maximal 10 Einschübe mit der Gastronormgröße 1/1 auf dem Beschickungswagen zur Verfügung stehen und im Dampfgerät Platz haben.

Des Weiteren sollten eine optische und akustische Störungsmeldung für Wasserpegel und Überhitzung, Anzeigen für Ist- und Sollwerttemperaturen, Zeitschaltuhr und elektronische Kerntemperaturregeleinrichtung zur Regelausstattung gehören.

Außerdem werden zwei getrennte Kaltwasseranschlüsse benötigt, einmal der Weichwasseranschluss (empfohlen ≤ 8°dH) für die Dampferzeugung und zum anderen ein normaler Kaltwasseranschluss für die Kondensatkühlung.

Bandspülmaschinen

Die derzeit am häufigsten vorzufindende Art von Bandspülmaschinen sind die Korbtransportautomaten (Demianlage). Ganz typisch für einen Korbtransportautomaten ist der „Zwang", dass das gesamte Geschirr in Körbe einsortiert werden muss. Das Geschirr wird auf einen Spezialsortiertisch oder langen Maschinenzulauftisch abgestellt, sortiert und gestapelt. Später erfolgt das Einräumen in die Körbe und Beschicken der Maschine.

Systembedingter Nachteil: Jedes Geschirrteil muss vor dem Waschprozess zweimal in die Hand genommen werden.

Dies ist nur ein System von vielen. Die verschiedensten Hersteller bieten unterschiedliche Systeme an. Deshalb ist es schon im Vorfeld wichtig, sich ausreichend über den jeweiligen Verwendungszweck zu informieren.

Wesentliche Gesichtspunkte bei der Auswahl einer Bandspülmaschine sind:

- Wasserführende Teile sollten aus Sicherheitsgründen nicht mit elektr. Anlagen in Verbindung gebracht werden (siehe VDE-Vorschriften).
- Zwischen Wasch- und Nachspülbereich soll eine maximale Sicherheitszone eingerichtet sein, die diese durch einen zusätzlichen Vorhang unterteilt.
- Eine ausreichende Nachspülwassermenge (mind. 2000 l/h) sollte die Maschine aufweisen, um ein hygienisch einwandfreies Geschirr zu erhalten.
- Um ein absolut trockenes Geschirr am Ende der Anlage zu erhalten, sollte das System mind. 2000 m^3/h Niedertemperatur-Lufteinwirkung aufweisen.
- Großflächige Reinigungstüren zu den Wasch- und Nachspülsystemen sollten vorhanden sein, denn verschmutzte Lamellen in der Wärmerückgewinnung führen zu Leistungsabfall in der Anlage.

Die oben aufgezählten Geräte sind die am häufigsten in einer Großküche benötigten Maschinen. Natürlich kann die Aufzählung noch weiter fortgeführt werden: Speisenverteilband, Kartoffel- und Gemüseschälmaschine, Tellerspender Arbeitstischanlagen, Spülbecken jeder Art, Kühltischanlagen, Schneidemaschinen, Waagen, Lagerregale, Universalküchengeräte, Regalwagen, Speisenausgabenwagen, Filterkaffeeanlage bis hin zum Abfallbehälter werden gebraucht. Diese Geräte sind jedoch anwenderspezifisch und werden überwiegend vom Küchenchef selbst ausgesucht.

Grundvoraussetzung ist aber, dass sämtliche Geräte in der Küche zueinanderpassen und aufeinander abgestimmt sind, um einen reibungslosen Ablauf in der Küche zu erreichen. Die Geräteausstattung muss individuell für jeden Einzelfall gesondert abgestimmt werden (s. Tab. 2.14).

Die nachfolgende Aufstellung gibt Auskunft über die Geräteausstattung einer zweistöckigen Krankenhausgroßküche wie in Abb. 2.30 und Abb. 2.31 dargestellt.

Wasserversorgungen

Bei der Planung der Bewässerungsanlagen einer Großküche geht man in der Regel genauso vor, wie bei der Planung der sanitären Anlagen eines normalen Hauses; d. h. Rohrnennweitenermittlung erfolgt gemäß der DIN 1988 Teil 3 (siehe auch Kapitel 2.3.2). Natürlich sind einige Sonderregelungen zu beachten, die bei einem normalen Haushalt nicht auftreten:

- So ist z. B. darauf zu achten, dass Zirkulationsleitungen bis zur Endarmatur gezogen werden, damit die Gefahr der Salmonellenbildung weitgehend ausgeschlossen wird.

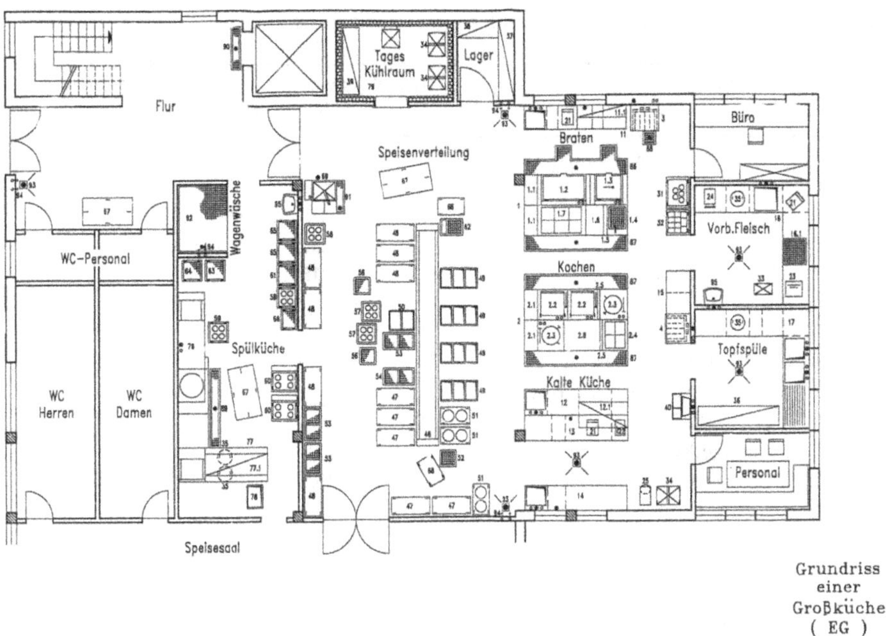

Abb. 2.29: Zeigt die Geräteausstattung für das Erdgeschoss einer Krankenhausgroßküche.

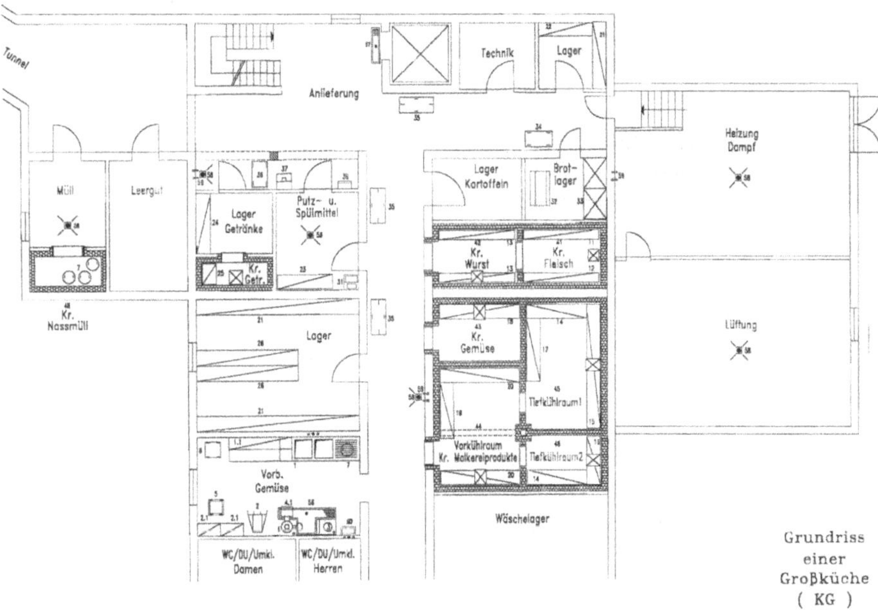

Abb. 2.30: Kellergeschoss einer Krankenhausgroßküche.

Tab. 2.14: Anschlusswerte u. Nenndurchmesser für Küchenausstattungen.

Pos.	Stk.	Benennung	Anschlusswert in kW	DN TWK	DN TWW	DN Weichw	DN Ablauf
1	1	Anbaublockgruppe, Pos. 1.1–1.7					
1.1	2	Arbeitstische	–	–	–	–	–
1.2	1	Elt.-Kippbratpfanne	14,75	20	20	–	–
1.3	1	Elt.-Druckgarpfanne	12,35	20	20	–	–
1.4	1	Elt.-Fritteuse, 26 l	15	–	–	–	–
1.5	1	Blende	–	–	–	–	–
1.6	1	Arbeitstisch	–	–	–	–	–
1.7	1	Elt.-Herd 6 Platten, mit Bratofen	21,5	–	–	–	–
2	1	Anbaublockgruppe, Pos. 2.1–2.7					
2.1	2	Arbeitstische	–	–	–	–	–
2.2	2	Elt.-Rechteckkochkessel, je 100 l	je 17,8	20	20	–	–
2.3	1	Elt.-Rundkochkessel	16,8	20	20	–	–
2.4	1	Elt.-Herd, 4 Platten mit Bratofen	16,5	–	–	–	–
2.5	1	Blenden	–	–	–	–	–
2.6	1	Arbeitstisch	–	–	–	–	–
2.7	1	Elt.-Rundkochkessel, 40 l	12	20	20	–	–
3	1	Elt.-Heißluftbrat- und Dampfgerät 20 × GN 1/1	36,6	20	–	20	50
4	1	Elt.-Heißluftbrat- und Dampfgerät 10 × GN 1/1	18,3	20	–	20	50
11	1	Arbeitstisch-Kühltischanl. mit Becken	–	20	20	–	2 × 50
11.1	1	Wandbord	–	–	–	–	–
12	1	Arbeitstischanl. m. Becken	–	20	20	–	50
12.1	1	Aufsatzbord	–	–	–	–	–
13	1	Arbeitstisch-Kühltischanl.	–	–	–	–	50
14	1	Arbeitstisch-Kühltischanl. mit Becken	–	20	20	–	2 × 50
15	1	Arbeitstischanlage	–	–	–	–	–
16	1	Arbeitstischanl. in L-Form mit Becken	–	20	20	–	50
16.1	1	Hackblock	–	–	–	–	–
17	1	Arbeitstisch-Spültischanl. in L-Form mit Ausguss	–	2 × 20	2 × 20	–	2 × 50
21	3	Waagen, je 6 kg	je 220 V	–	–	–	–
22	1	Aufschnittschneidmaschine	0,5	–	–	–	–
23	1	Fleischschneidmaschine	0,5	–	–	–	–
24	1	Fleischwolf	1	–	–	–	–
25	1	Rühr- u. Schlagmaschine	1	–	–	–	–
31	1	Löffelwagen	–	–	–	–	–
32	1	Gewürzwagen	–	–	–	–	–
33	1	Regalwagen, GN 1/1	–	–	–	–	–
34	3	Regalwagen, 2 × GN 1/1	–	–	–	–	–
35	4	Abfallrolli	–	–	–	–	–
36	1	Topf- u. Behälterregal	–	–	–	–	–
37	1	Lagerregal	–	–	–	–	–
38	1	Lagerregal	–	–	–	–	–

Tab. 2.14 (Fortsetzung)

Pos.	Stk.	Benennung	Anschlusswert in kW	DN TWK	DN TWW	DN Weichw	DN Ablauf
39	1	Lagerregal	–	–	–	–	–
40	1	Handwaschbecken-Ausgusskombination	–	20	20	–	50
46	1	Speiseverteilband	22	–	–	–	–
47	5	Regalwagen für Combi-Set-Unterteile	–	–	–	–	–
48	7	Regalwagen für Combi-Set-Oberteile	–	–	–	–	–
49	4	Speiseausgabewagen, je 3 × GN 1/1	je 1,5	–	–	–	–
50	1	Speiseausgabewagen, je 2 × GN 1/1	–	–	–	–	–
51	3	Tellerspender, je 2 Röhren, beheizt	je 1,5	–	–	–	–
52	1	Korbstapelwagen, 1-reihig, für Besteck	–	–	–	–	–
53	3	Korbstapelwagen, 2-reihig, für große Beilagenschalen	–	–	–	–	–
54	1	Korbstapelwagen, 2-reihig, für kleine Beilagenschalen	–	–	–	–	–
55	1	Korbstapelwagen, 1-reihig, für kleine Beilagenschalen	–	–	–	–	–
56	1	Korbstapler, 1-reihig, für ISO-Suppentassendeckel	–	–	–	–	–
57	2	Bühnenspender für ISO-Suppentassen	je 2,0	–	–	–	–
58	2	Bühnenspender für ISO-Kaffeekännchen	je 2,0	–	–	–	–
59	1	Bühnenspender für Teller flach	–	–	–	–	–
60	2	Bühnenspender für Eintopfschalen	je 1,0	–	–	–	–
61	1	Korbspender für Eintopfschalen	–	–	–	–	–
62	1	Korbroller	–	–	–	–	–
63	1	Korbspender für Kaffeeobertassen	2,0	–	–	–	–
64	1	Korbspender für Thermoset Eierbecher	–	–	–	–	–
65	2	Korbspender Kaffeebecher	–	–	–	–	–
66	1	Korbstapelwagen, 1-reihig, für ISO Kaffekännchendeckel	–	–	–	–	–
67	3	Stationswagen	–	–	–	–	–
68	2	Arbeitstische, fahrbar	–	–	–	–	–
69	1	Filterkaffeeanlage	20,0	15	–	–	50
76	1	Bandspülmaschine mit Demianlage	51,0	–	–	20	100
77	1	Schmutzgeschirr-Sortiert.	–	–	–	–	–
77.1	1	Korbbord	–	–	–	–	–
78	1	Bestecktauchwagen	2,0	–	–	–	–
79	1	Tageskühlraum	–	–	–	–	–
86	1	Bodenablaufrinne	–	–	–	–	100
87	3	Bodenablaufrinne	–	–	–	–	100
88	1	Bodenablaufrinne	–	–	–	–	100
89	1	Bodenablaufrinne	–	–	–	–	100
90	1	Bodenablaufrinne	–	–	–	–	100
91	1	Bodenablaufrinne	–	–	–	–	100
92	1	Bodenablaufrinne	–	–	–	–	100
93	6	Gullys	–	–	–	–	100

Tab. 2.14 (Fortsetzung)

Pos.	Stk.	Benennung	Anschlusswert in kW	DN TWK	DN TWW	DN Weichw	DN Ablauf
94	4	Kalt- und Warmwasserzapfstellen mit Schlauchanschluss u. -halterung	–	20	20	–	–
95	2	Handwaschbecken	–	15	15	–	40

Tab. 2.15: Alternativanschluss mit Dampf für die folgenden Positionsnummern.

Pos.	Stk.	Benennung	Anschlusswert in kW	DN NDD	kg/h NDD	DN K
2.2	2	Dampf-Rechteckkochkessel, 100 l	–	25	45	20
2.3	1	Dampf-Rundkochkessel, 100 l	–	25	45	20
2.7	1	Dampf-Rundkochkessel, 40 l	–	25	25	20
69	1	Filterkaffeeanlage	2,1	25	60	20
76	1	Bandspülmaschine mit Demianl.	7,0	40	70	25

Tab. 2.16: Geräteausstattung für das Kellergeschoss des Krankenhauses wie in Abb. 2.32 gezeigt.

Pos.	Stk.	Benennung	Anschlusswert in kW	DN TWK	DN TWW	DN Weichw	DN Ablauf
1	1	Arbeitstisch-Spültischanl.	–	20	20	–	50
1.1	1	Wandbord	–	–	–	–	–
2	1	Universal Küchenmaschine	1,1	–	–	–	–
2.1	2	Wandregale für Teile Pos.2	–	–	–	–	–
3	1	Salatwaschmaschine	0,65	15	–	–	–
4	1	Kartoffel- Wasch- u. Schälmaschine	0,65	15	–	–	–
4.1	1	Kartoffelauffangbehälter	–	–	–	–	–
5	1	Vielzweckbecken, fahrbar	–	–	–	–	–
6	1	Regalwagen, GN 1/1	–	–	–	–	–
7	4	Abfallrolli	–	–	–	–	–
11	1	Fleischgehänge	–	–	–	–	–
12	1	Lagerregal	–	–	–	–	–
13	2	Lagerregale	–	–	–	–	–
14	2	Lagerregale	–	–	–	–	–
15	1	Lagerregal	–	–	–	–	–
16	1	Lagerregal	–	–	–	–	–
17	1	Lagerregal	–	–	–	–	–
18	1	Lagerregal	–	–	–	–	–
19	1	Lagerregal	–	–	–	–	–
20	2	Lagerregale	–	–	–	–	–
21	1	Lagerregal	–	–	–	–	–
22	1	Lagerregal	–	–	–	–	–

Tab. 2.16 (Fortsetzung)

Pos.	Stk.	Benennung	Anschlusswert in kW	DN TWK	DN TWW	DN Weichw	DN Ablauf
23	1	Lagerregal	–	–	–	–	–
24	1	Lagerregal	–	–	–	–	–
25	1	Lagerregal	–	–	–	–	–
26	2	Lagerregale	–	–	–	–	–
27	2	Lagerregale	–	–	–	–	–
31	1	Handwaschbecken-Ausgusskombination	–	20	20	–	50
32	1	Brotschneidemaschine	220 V	–	–	–	–
33	1	Brotschrank	–	–	–	–	–
34	1	Servierwagen	–	–	–	–	–
35	1	Stationswagen	–	–	–	–	–
36	1	Transportwagen	–	–	–	–	–
37	1	Wandwaage, 150 kg	220 V	–	–	–	–
38	1	Stehpult	–	–	–	–	–
41	1	Kühlraum Fleisch	–	–	–	–	–
42	1	Kühlraum Wurst	–	–	–	–	–
43	1	Kühlraum Gemüse	–	–	–	–	–
44	1	Vorkühlraum/ Kühlraum	–	–	–	–	–
45	1	Molkereiprodukte	–	–	–	–	–
46	1	Tiefkühlraum	–	–	–	–	–
47	1	Kühlraum Getränke	–	–	–	–	–
48	1	Kühlraum Nassmüll	–	–	–	–	–
56	1	Bodenablaufrinne	–	–	–	–	100
57	1	Bodenablaufrinne	–	–	–	–	100
58	5	Gullys	–	–	–	–	je 100
59	3	Kalt- u. Warmwasserzapfstellen mit Schlauchanschl. und -halterung	–	20	20	–	–
60	1	Handwaschbecken	–	15	15	–	40

- Des Weiteren ist auch auf den Schallschutz strengstens zu achten, da es in einer großen Küche doch relativ laut ist und deshalb angrenzende Bettenräume bzw. Räume, die mit den Wasserleitungen verbunden sind, einem hohen Schallpegel ausgesetzt sind.
- Sämtliche Geräteanschlüsse sollten von unten erfolgen, was mit einem Installationskeller am besten zu verwirklichen wäre.
- Die Geschirrspülmaschine sollte mit Kaltweichwasser von 4 bis 5 °dH angeschlossen werden.
- In allen Küchenräumen sind in der Nähe der Arbeitsplätze Handwaschbecken mit Seifen-, Desinfektionsmittel- sowie Handtuchspendern vorzusehen.
- Die Armaturen sollten ohne Handkontakt betätigt werden können.

- Für die Reinigung von schwerzugänglichen Stellen sind Druckwasserlanzen und die zugehörigen Druckwasserzapfstellen einzuplanen. Zur Raumreinigung sind Auslaufventile mit Schlauchanschluss vorzusehen.

Abwasserentsorgung

Bei Entwässerungsanlagen, deren Belastung über den normalen häuslichen Bereich hinausgeht, wie z. B. bei einer Krankenhausküche, ist es unerlässlich Abflussrohre aus Gusseisen zu verwenden. Diese Gusseisenrohre (SML-Rohre) werden innen mit einer Epoxid-Teer-Beschichtung, außen mit einer Farbgrundierung versehen. Richtungsänderungen werden mit Formstücken bewerkstelligt. Die Verbindung erfolgt mit Gummimanschetten, die mit sogenannten CV-Verbindungen zusammengespannt werden. In Küchenbereichen, in denen aggressive, fetthaltige sowie heiße Abwässer und Reinigungsmittel auftreten, ist es notwendig, Sonderausführungen des SML-Rohres zu verwenden. So eine Sonderausführung ist das SML-Rohr, Typ K (KML-Rohr) der Firma ako. Das Rohr ist innen mit einer zweifachen Epoxid-Teer-Beschichtung versehen. Die Formstücke sind innen und außen epoxiert.

Im Verglech zu Rohren aus plastischen Werkstoffen sind Gussrohre unempfindlich gegenüber Hitze und Kälte, wesentlich geräuschärmer und absolut nicht brennbar.

Die Ermittlung der Rohrnennweiten der Abwasserrohre muss nach der DIN 12056 Teil 2 durchgeführt werden.

Für stärkehaltiges Abwasser (Kartoffelschälmaschine) ist der Einbau eines Stärkeabscheiders erforderlich.

Sämtliche fetthaltigen Abwässer sind über einen Fettabscheider zu führen.

2.7 Abwasserbehandlungen

Die Behandlung und Ableitung der Krankenhausabwässer erfordert besondere Maßnahmen, da die Beschaffenheit des Abwassers teilweise von der des normalen häuslichen Abwassers abweicht. Ob und inwieweit Abwässer aus Krankenhäusern vor dem Einleiten in das Kanalsystem zu behandeln sind, wird im Einzelfall bei der Genehmigung durch die zuständige Behörde entschieden.

2.7.1 Dekontaminierungsanlage

Die Dekontaminierungsanlage dient zur Aufbereitung radioaktiver Abwässer aus Isotopenabteilungen von Krankenanstalten, in denen radioaktive Strahlen zu therapeutischen Zwecken genutzt werden [2]. Die anfallenden radioaktiv verseuchten, Abwässer werden durch Abklingen auf die, in der Strahlenschutzverordnung, maximal zulässigen Konzentrationswerte (MZK) gebracht [42] und in das öffentliche Entwässerungsnetz abgepumpt. Die jeweils maximal zulässigen Konzentrationswerte im Abwasser werden

durch die 3. Strahlen-Schutz-Verordnung bzw. die zuständige Genehmigungsbehörde festgelegt (z. B. 5×10^{-4} µCi/cm^3 für das Klinikum Großhadern in München). Man unterteilt die radioaktiven Abwässer in schwach-, stark-, und hochaktives Abwasser. Das hochaktive Abwasser mit langlebigen Radionukliden wird in Auffang- bzw. Lagerbehältern mit Frischwasser verdünnt und bei Erreichen der zulässigen Aktivität in das Abwassersystem gefördert. In der Regel fällt im Krankenhaus überwiegend schwach- bzw. starkaktives Abwasser an, deshalb wird in der folgenden Anlagenbeschreibung nur auf diese Abwasserdekontaminierung eingegangen [16]. Die für die Dekontaminierung benötigte Anlage besteht im Wesentlichen aus:
- Vorschaltgefäßen (ca. 1 m^3 Nutzinhalt)
- Mahlwerken
- Abklingbehältern
- Übergabebehältern
- Förderpumpen
- Rührwerken
- Behältern für Säure und Lauge
- div. Armaturen, Mess- und Regelgeräten
- Verrohrung (aus PE-Rohr).

Die Behälter werden meist als runde, stehende oder liegende Stahlbehälter ausgeführt. Ein Oberflächenschutz der Innenseite durch Hartgummierung, Einbrennlackierung oder Kunststoffanstriche widersteht besser den chemischen Beanspruchungen als rostfreier Stahl, zumal die Betriebstemperaturen niedrig sind. Rostfreier Stahl ist z. B. nicht gegen verdünnte Salzsäure beständig.

Aus Sicherheitsgründen werden sämtliche Rohrstutzen der Behälter oberhalb des Flüssigkeitsspiegels angeordnet. Das Abwasser aus den Isotopenabteilungen gelangt in freiem Gefälle über die Aktivitätsmessstrecke in eines der Vorschaltgefäße (V_1 bzw. V_2). Um den freien Abfluss von der Station zu den Vorschaltgefäßen überprüfen zu können, wird eine Überwachungsanlage (Strahlenmessgerät, Frischwasserzulauf) zur Durchgängigkeitskontrolle eingebaut. Die anfallenden Fäkalabwässer werden in dem jeweils vorgewählten Vorschaltgefäß aufgefangen.

Es kann grundsätzlich immer nur ein Vorschaltgefäß mittels Zulaufventil gefüllt werden. Ob die Umschaltung von einem gefüllten Behälter auf den nächsten automatisch oder durch Handbetätigung nach einer Signalabgabe erfolgt, hängt davon ab, wie viel Bedienungspersonal zur Verfügung steht. Die Doppelbehälter sind untereinander mit einer Überlaufleitung verbunden.

Sollte aus einem Grund die Umschaltung nicht erfolgt sein, so wird der Behälter weitergefüllt bis der Überlauf in Funktion tritt und der zweite Behälter das anfallende Abwasser aufnimmt. Die Vorschaltgefäße werden mit Rührwerk, Frischwasserzulauf und Laugenanschluss versehen. Vor dem Umpumpen in das andere Vorschaltgefäß, bzw. vor dem Abpumpen in einen der Auffangbehälter wird der Behälterinhalt mit dem Rührwerk durchmischt und mit dem Mahlwerk homogenisiert. Zwischen den Vorschaltgefäßen und den Abklingbehältern besteht zusätzlich noch die Möglichkeit fäkalienfreies, radioaktives Abwasser einzuleiten. Der Zulauf zu den Abklingbehältern wird zusätzlich durch Handabsperrventile gesichert.

Raum	Abwasserart	Aktivitsätsgruppe
Personenschleuse	Handwaschwasser und Dekontamin. Brause	3
Behandlungsraum	Handwaschwasser	3
Labor	Spülwasser	1, 2, 3
	Kühlwasser	3
Patientenzimmer	Waschwasser	3
Patienten-WC	Fäkalien	1, 2, 3
Patientenbad	Badewasser	3
Schwesternzimmer	Handwaschwasser	3
Teeküche	Geschirrspülwasser	3
Büro- u. Arztraum	Handwaschwasser	3
Personal-WC	Fäkalien	3
Eimerausguss	Putzwasser	3
Aktivitätsgruppen	1 stark aktiv > 10^{-3} µCi/ml 2 schwach aktiv 10^{-3}–10^{-5} µCi/ml 3 möglich aktiv, normal aktiv < 10^{-5} µCi/ml	

Jeder Abklingbehälter kann durch Öffnen der entsprechenden Saug- und Umpumpventile und durch Einschalten der vorgewählten Förderpumpen umgepumpt und bei Erreichen der zulässigen MZK-Werte abgepumpt werden. Die Abklingbehälter sind ebenfalls mit Rührwerk, Frischwasserzulauf, Laugenanschluss sowie einer Sicherheitsüberlauf- und einer Umpumpleitung ausgestattet. Der pH-Wert ist durch Laugenzugabe über 11 zu halten, weil dann bei Raumtemperatur kein Gären auftritt. Ist ein Abklingbehälter gefüllt, so ist vom Betreiber der Behälterinhalt auf Radioaktivität zu überprüfen, hierfür ist jeder Behälter mit einer eigenen Probeentnahmepumpe ausgerüstet.

Nach Auswertung der Probe ist vom Betreiber der weitere Verfahrensablauf festzulegen: (Als Beispiel sei hier die Anlage des Klinikums Großhadern beschrieben).

Hat die Probe ergeben, dass der Behälterinhalt radioaktiv ist, so kann der Inhalt durch Abklingen auf die MZK-Werte gebracht werden. Um eine weitgehende Fäulnis zu verhindern, ist dem Abwasser eine Lauge (30 %-ige Natronlauge) zuzuführen.

Ist der Behälterinhalt inaktiv (das gemessene Abwasser liegt unterhalb des MZK-Wertes), so kann dieser in den Übergabebehälter (Ü) gepumpt werden. Die Abwässer aus den Abklingbehältern können grundsätzlich nur über den Übergabebehälter in das öffentliche Kanalnetz, in einen Tankwagen oder in die thermische Desinfektionsanlage abgepumpt werden (das Prinzip der thermischen Desinfektion wird in Kapitel 2.7.2 erläutert). Vor Abgabe der Abwässer in die öffentliche Kanalisation sind diese entsprechend zu neutralisieren. Die Neutralisation erfolgt im Umpumpverfahren mithilfe von

Säure- und Laugendosierbehältern. Sie wird durch eine pH-Messstelle überwacht. Der geforderte Grenzwert liegt zwischen pH 6 und pH 9. Zur besseren Durchmischung der Dosierchemikalien ist ein Rührwerk vorzusehen. Außerdem erhält der Übergabebehälter Anschlüsse für Frischwasser, Lauge und Säure. Vor dem Abpumpen des Abwassers ist eine genaue Registrierung der abgegebenen Menge mit genauer Zeitangabe erforderlich. Während dem Abpumpen des Behälters muss sichergestellt werden, dass kein Abwasser diesem Behälter zufließt, weil sonst die entnommene Probe verfälscht wird. Um Wasser-, Abwasser-, sowie Investitionskosten möglichst gering zu halten, sind Wasser sparende Klosett- und Urinalspülungen einzusetzen.

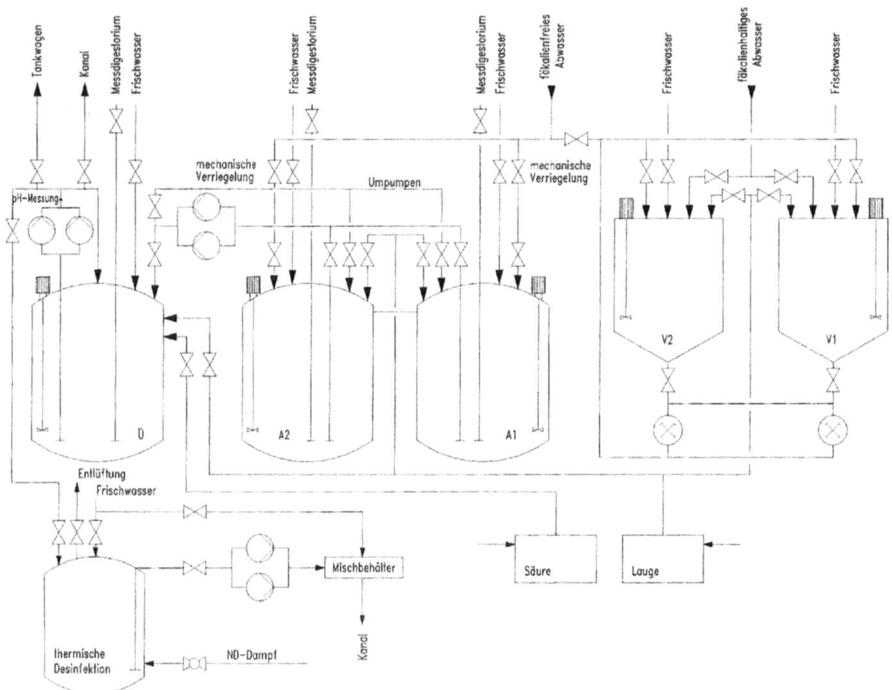

Abb. 2.31: Prinzipschaltbild einer Dekontaminierungsanlage.

Die Abwassergruppe für stark aktives Abwasser besteht im Wesentlichen aus:
- 2 Vorschaltgefäßen V1 und V2 mit je 1 cbm Nutzinhalt
- 2 Homogenisatore
- Auffangbehältern mit je 11 cbm Nutzinhalt
- 8 Förderpumpen
- Rührwerken
- Armaturen, Mess- und Regelgeräten.

Verfahrensbeschreibungen

Zulauf zu den Vorschaltgefäßen V1 und V2

Das Abwasser aus der Bettenstation usw. gelangt im freien Gefälle über die Aktivitätsmessstrecke in die beiden Vorschaltgefäße V1 oder V2. In dem Zulauf ist eine Überwachungsanlage (Strahlenmessgerät) zur Durchgängigkeitskontrolle eingebaut.

Außerdem sind in den liegenden Abwasserleitungen sogenannte Rückstaucontroller angebracht. Sie haben die Aufgabe vor Rückstau frühzeitig zu warnen, damit das Bedienungspersonal genügend Zeit hat, Gegenmaßnahmen einzuleiten.

Funktionsweise:

Der Rückstaucontroller hat das Aussehen eines Abzweiges. Nur dass hier keine Leitung angeschlossen ist, sondern ein spezieller Enddeckel. An diesem Enddeckel ist ein Schwimmer befestigt. Steigt nun der Abwasserspiegel im Controller, wird der Schwimmer nach oben gedrückt. Geschieht das bis ca. zur halben Füllhöhe, wird ein Warnsignal gegeben. Der Rückstaucontroller wird nicht direkt in die Abwasserleitung eingebaut, sondern in eine Umgehungsleitung, damit der Schwimmer bei normalem Betrieb den Durchfluss nicht behindert.

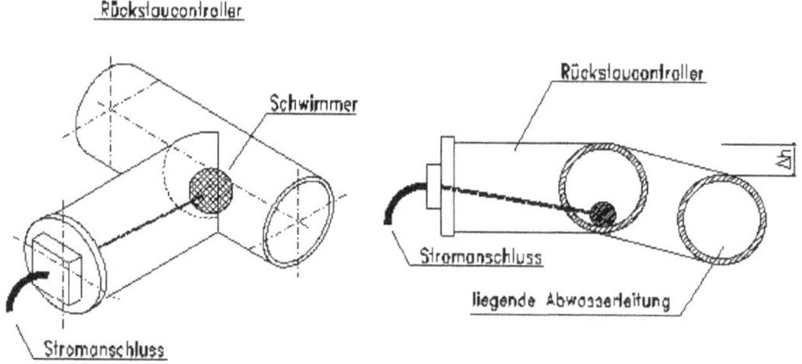

Abb. 2.32: Rückstaucontroller.

Außerdem muss der Anschluss der Umgehungsleitung so gestaltet werden, dass das Abwasser im Normalbetrieb nicht durch den Rückstaucontroller fließt, was ein Verstopfen des Controllers zur Folge hätte.

Füllung der Vorschaltgefäße V1 und V2

Es kann grundsätzlich immer nur ein Vorschaltgefäß V1 oder V2 an den Zulaufstrang angeschlossen werden.

Die Zulaufventile Vp1 oder Vp2 sind untereinander so verriegelt, dass immer nur eines von beiden geöffnet sein kann (Kippschaltung). Bei Erreichen des Vollkontaktes des vorgewählten Vorschaltgefäßes wird automatisch folgendes Programm ausgelöst:

- Das zugehörige Zulaufventil wird geschlossen und das Zulaufventil (Vp1 oder Vp2) des bereitstehenden Vorschaltgefäßes (V1 oder V2) geöffnet.
- Rührwerk R1 oder R2 läuft an.
- Saugventil Vp3 oder Vp4 wird geöffnet.
- Umpumpventil Vp6 oder Vp7 wird geöffnet.
- Abpumpventil Vp5 wird geschlossen.
- Der vorgewählte Homogenisator Pph1 oder Pph2 wird eingeschaltet.
- Das Zeitrelais „Umpumpen", einstellbar von 0 bis 10 Minuten, läuft an.

Nun wird der Inhalt des Vorschaltgefäßes innig durchmischt und homogenisiert.

Nach Ablauf des Zeitrelais „Umpumpen" wird das Umpumpventil Vp6 oder Vp7 geschlossen, und das Abpumpventil Vp 5 geöffnet.

Bei Erreichen des Leerkontaktes werden automatisch der Homogenisator und das zugehörige Rührwerk abgeschaltet und das zugehörige Saugventil Vp3 oder Vp4 geschlossen.

Die gesamten Umpump- und Abpumpprozesse werden von einem Abpumpüberwachungszeitrelais überwacht.

Füllvorgang der Auffangbehälter A1–A11

Nach dem Umpumpen wird das homogenisierte Abwasser in den vorgewählten Auffangbehälter (A1–A11) abgepumpt. Die Zulauffventile Vp8–Vp18 sind so untereinander verriegelt, dass grundsätzlich immer nur ein Zulaufventil geöffnet sein kann. Wird der vorgewählte Behälter gefüllt, und der Vollfüllstand spricht an, so wird optisches und akustisches Signal gegeben und automatisch das Zulaufventil geschlossen. Das Zulaufventil des nächsten bereitstehenden Behälters, an dem kein Vollkontakt anliegt und kein Saugschieber geöffnet ist, wird geöffnet.

Umpumpen und Überpumpen der Behälterinhalte A1–A11

Die Förderpumpen Pp1–Pp6 sind folgenden Behältergruppen zugeordnet:

Förderpumpe	Pp1 u. Pp2	–	Behälter	A1–A4
"	Pp3 u. Pp4	–	"	A5–A8
"	Pp5 u. Pp6	–	"	A9–A11

Jeder Behälterinhalt kann durch Öffnen der entsprechenden Saug- und Umpumpventile und durch Einschalten der vorgewählten Förderpumpe (Pp1–Pp6) umgepumpt und abgepumpt werden.

Damit beispielsweise die Förderpumpe Pp1 oder Pp2 eingeschaltet werden kann, müssen folgende Punkte erfüllt sein:

- Saugventil Vp20 oder Vp21 oder Vp22 oder Vp23 muss geöffnet sein.
- Saugventile Vp24–Vp30 müssen geschlossen sein.

- Das zum abzupumpenden Behälter zugehörige Zulaufventil (Vp8–Vp11) muss geschlossen sein.
- Das Abpumpventil Vp32 muss geschlossen sein.
- Das Umpumpventil Vp31 muss geöffnet sein.
- Die Umpumpventile Vp33 und Vp35 müssen geschlossen sein.
- Das entsprechende Umpumpventil VHF59–VHF62 muss vor Ort geöffnet werden.
- Das in der Leitung eingebaute Ventil VHF44 sowie das Ventil VHF42 sind grundsätzlich geschlossen.

Probeentnahme aus Auffangbehälter A1–A11

Ist ein Behälter gefüllt, und der Vollkontakt liegt an, so ist vom Betreiber der Behälterinhalt auf Aktivität hin zu überprüfen. Jeder Behälter ist mit einer eigenen Probeentnahmepumpe ausgerüstet.

Die Probeentnahmepumpe Pp18–Pp29 kann nur eingeschaltet werden, wenn der zugehörige Vollkontakt des zu prüfenden Behälterinhaltes anliegt, und keine andere Probeentnahmepumpe in Betrieb ist.

Außerdem muss vor Einschalten der Probeentnahmepumpe das zugehörige Rührwerk eingeschaltet werden. Zusätzlich kann der Behälterinhalt, wie vorher erläutert, durch Umpumpen durchmischt werden. Ist der Behälterinhalt ca. 10 Minuten lang durchmischt, kann die Probeentnahmepumpe eingeschaltet werden, wobei das Probeentnahmeventil automatisch geöffnet wird.

Die Entnahme erfolgt in den Digestorien. An dem eingebauten PVC-transparent-Dosier-Gefäß kann festgestellt werden, ob ein Förderstrom vorhanden ist. Der Rücklauf von Dosiergefäß erfolgt in das vorgewählte Vorschaltgefäß V1 oder V2. Das Dosiergefäß ist so geeicht, dass beim Abschalten der Förderpumpe eine Menge von ca. 2 Litern in dem Gefäß vorhanden ist. Nun kann die Probe in den Probenbehälter umgefüllt werden. Nach Auswertung der Probe ist vom Betreiber der weitere Verfahrensablauf festzulegen (Abb. 2.33).

Hat die Probe ergeben, dass der Behälterinhalt aktiv ist, so kann der Inhalt durch Abklingen auf die in der Strahlenschutzverordnung maximal zulässigen Konzentrationswerte gebracht werden.

Ist der Behälterinhalt inaktiv – das gemessene Abwasser liegt unter dem MZK-Wert –, so kann dieser über den Übergabebehälter und von dort direkt in den Kanal abgepumpt werden.

Der Digestoriumraum beinhaltet außer dem Messdigestorium einen Labortisch, eine Tischplatte mit 2 Becken einschließlich Ablauf sowie Absperrhähne für Druckluft, Kalt- und Warmwasser sowie Steckdosen. Die Schleuse und die Notbrause gehören ebenfalls zum Bestandteil dieses Raumes.

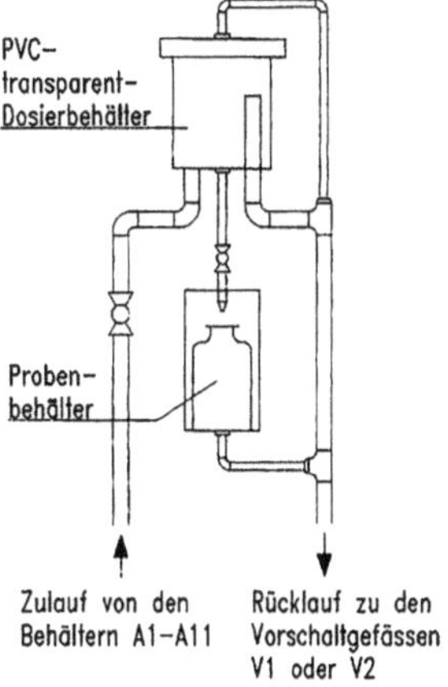

Abb. 2.33: Messdigestorium.

Arbeitsweise der Füllstandmesseinrichtung

In den Behältern und Vorschaltgefäßen ist in der Senkrechten je ein Füllstandsmessrohr eingebaut. Am oberen Ende des Füllstandsmessrohres ist ein Petzschlauch zum Messumformer angeschlossen, der im Schalt- und Steuerschrank eingebaut ist. Der Steuerdruck der Luft für die Füllstandsmessung wird von 6 bar (für die pneumatischen Ventile) auf 0,4 bar reduziert.

Durch das ansteigende Medium im Behälter wird die im Messrohr befindliche Luft proportional komprimiert. Die sich daraus ergebende Widerstandsveränderung im Messwertumformer wird über ein Signalkabel dem Messverstärker zugeführt, indem das Signal entsprechend verstärkt wird.

Der Ausgang 0–20 mA wird dem Anzeigegerät zugeführt, dessen Skala vor Ort in 0–100 %, in der Schaltwarte in m^3 geeicht ist. Mittels der im Messverstärker eingebauten elektronischen Soll-Ist-Werteinstellern können die Leer-, Rührwerks- und Vollkontakte über dem gesamten Messbereich von 0 bis 100 % eingestellt werden.

Um ein Verstopfen der Messrohre in den Behältern und Vorschaltgefäßen zu verhindern, wird Spülluft mit 0,4 bar in bestimmten Zeitintervallen eingeblasen.

Abpumpen der Behälterinhalte A1–A11 in den Übergabebehälter

Beispiel: Abpumpen aus der Behältergruppe A1–A4 in den Übergabebehälter

Bevor die vorgewählte Abwasserpumpe Pp1 oder Pp2 eingeschaltet werden kann, müssen folgende Punkte erfüllt sein:

- Das Saugventil Vp20, Vp21, Vp22 oder Vp23 muss geöffnet sein.
- Die Saugventile der Behälter A5–A11 (Vp25–Vp30) müssen geschlossen sein.
- Das zugehörige Zulaufventil Vp8, Vp9, Vp10 oder Vp11 muss geschlossen sein.
- Der Leerkontakt des abzupumpenden Behälters darf nicht anliegen.
- Das Abpumpventil Vp32 muss geöffnet sein.

- Das Zulaufventil Vp37 von Übergabebehälter muss geöffnet sein.
- Das Umpumpventil Vp31 muss geschlossen sein.
- Die Abpumpventile der anderen Behältergruppen (Vp34–Vp35) dürfen nicht geöffnet sein.
- Der Vollkontakt des Übergabebehälters darf nicht anliegen.

Sind die oben genannten Punkte erfüllt, so wird in der Schaltzentrale ein Signal „Pumpe frei“ gegeben. Die vorgewählte Förderpumpe kann nun eingeschaltet werden. Wird der Leerkontakt des abzupumpenden Behälters oder der Vollkontakt des Übergabebehälters erreicht, wird automatisch die Förderpumpe abgeschaltet.

Das Abpumpen der anderen Behältergruppen A5–A8 und A9–A11 erfolgt analog.

Der Übergabebehälter „Ü“

Die Abwässer aus den Abklingbehältern A1–A11 können grundsätzlich nur über den Übergabebehälter in das städtische Kanalnetz oder in den Tankwagen abgepumpt werden. Bei dieser Anlage wird ausschließlich in das Kanalnetz abgepumpt.

Bevor allerdings in das Kanalnetz abgepumpt wird, wird der pH-Wert des Behälterinhaltes kontrolliert. Der pH-Wert-Schreiber befindet sich in der Schaltwarte. Der Inhalt muss über die pH-Wertmessstelle gepumpt werden.

Das geschieht wie folgt:

- Das Abpumpventil Vp40 muss geschlossen werden.
- Das Umpumpventil Vp84 wird geöffnet.
- Die Förderpumpe Pp6 oder Pp7 wird eingeschaltet.
- Das Rührwerk R14 wird eingeschaltet.

Nachdem der Inhalt gut durchmischt ist, folgt eine Probeentnahme, damit sichergestellt wird, dass das Abwasser wirklich inaktiv ist.

Abpumpen zum Kanal

Hat die Probe ergeben, dass das Abwasser inaktiv ist, kann das Abpumpen zum Kanal erfolgen. Bei der Abgabe ist eine genaue Registrierung der abgegebenen Menge mit Datums- und Zeitangabe vorzunehmen.

Die vorgewählte Abwasserpumpe Pp7 oder Pp8 kann jedoch nur eingeschaltet werden, wenn:

- der Umpumpschieber Vp84 geschlossen ist,
- der Leerkontakt des Übergabebehälters nicht anliegt,
- das Zulaufventil Vp37 geschlossen ist und
- das Kanalventil Vp40 vorgewählt ist.
- (Das Kanalventil wird bei Einschalten der Förderpumpe automatisch geöffnet.)

Wird nun die Förderpumpe Pp7 oder Pp8 eingeschaltet, wird nochmals der pH-Wert automatisch registriert.

Verschiedenes

Frischwasserunterbrecheranlage

Da die Frischwasseranschlüsse an den einzelnen Behältern und Rohrleitungen angeschlossen sind, ist eine Frischwasserunterbrecheranlage nach DIN 1988 erforderlich. Das Frischwasser dient ausschließlich zum Reinigen der Behälter bzw. Rohrleitungen bei einer evtl. auftretenden Verstopfung.

Der Unterbrecherbehälter ist nach DIN 1988 gefertigt. Er ist aus Stahl, innen und außen feuerverzinkt. Das Frischwasserventil Vp85 wird bei Erreichen des 1/3-Kontaktes im Unterbrecherbehälter automatisch geöffnet und bei Erreichen des Vollkontaktes automatisch geschlossen.

Der Druckbehälter ist in stehender Ausführung nach DIN 4810 gefertigt und innen und außen feuerverzinkt [29].

Die vorgewählte Pumpe Pp43 oder Pp44 schaltet sich bei einem Druck von 1,5 bar ein, und bei einem Druck von 3,0 bar automatisch ab.

Sumpf

Eventuell auftretende Leckagen werden im Pumpensumpf gesammelt. Der Pumpensumpf befindet sich in der Grube, in der auch die Vorschaltgefäße montiert sind.

Wird der Vollkontakt des Sumpfes erreicht, erfolgt an der Schaltwarte ein optisches und akustisches Signal. Nun kann die Pumpe Pp17 aktiviert werden. Bei Erreichen des Leerkontaktes schaltet sie sich automatisch ab.

Armaturen

Die pneumatisch betätigten Armaturen sind mit „Vp“ bezeichnet. Diese Ventile können grundsätzlich nur von der Schaltwarte aus über Magnetventile (Pilotventile) geöffnet bzw. geschlossen werden. An der Schalttafel ist die momentane Stellung der Ventile durch Leuchten ersichtlich.

Der Steuerdruck der Luft beträgt 6 bar.

Entlüftung

Die Behälter sind untereinander an ein Entlüftungssystem angeschlossen. Die Anlage ist komplett geschlossen, sodass keine Geruchsbelästigung innerhalb des Raumes auftreten kann. Die Entlüftungsleitung ist frei über Dach verlegt.

In der Sammelentlüftungsleitung ist ein Abluftfilter eingebaut. Der Abluftfilter dient dazu, evtl. mitgeführte aktive Partikel zu absorbieren oder Aerosole auszufiltrieren.

In dem Abluftfilter ist Aktivkohle sowie ein Schwebstofffilter eingebaut. Der Schwebstofffilter sowie die Aktivkohle sind mindestens halbjährlich zu erneuern.

Besonderheiten dieser Anlage

Keine Abwasserverdünnung mit Frischwasser

Im Zuge der jährlichen Überprüfung durch den „Technischen Überwachungsverein" (TÜV), werden die Frischwasseranschlüsse nur zur vorhergingen Reinigung der Behälter genutzt. Die aktiven Abwässer werden nur durch Abklingen auf die MZK-Werte gebracht.

Keine Laugendosierung in die Auffangbehälter zur Fäulnisvermeidung

In herkömmlichen Anlagen wird der pH-Wert auf 11 angehoben, damit keine Fäulnis eintritt. Das ist bei dieser Anlage nicht mehr notwendig. Der Grund hierfür ist die Einleitung von Luft. Wie schon vorher beschrieben wird die Luft für die Füllstandsmessung verwendet. Damit das senkrechte Füllstandsmessrohr nicht mit Fäkalschlamm verstopft wird, wird in bestimmten Zeitabständen Luft in die Behälter geblasen. Gleichzeitig schaltet sich das Rührwerk für einige Minuten ein. Die Durchmischung von Luft und Fäkalschlamm beugt der Fäulnis weitestgehend vor.

Keine Neutralisation im Übergabebehälter

Da keine pH-Wertanhebung in den Auffangbehältern erfolgte, kann auf die pH-Wertsenkung im Übergabebehälter verzichtet werden. Denn die von der Stadt München geforderten Grenzwerte, ca. pH 6.0–pH 9.0, werden ohne Behandlung eingehalten.

Keine thermische Desinfektionsanlage

Nach längeren Untersuchungen des Abwassers wurde festgestellt, dass die Desinfektionsanlage nicht mehr notwendig ist. Unter Einbeziehung der Stadt München wurde sie daraufhin stillgelegt.

Daraus ergeben sich energetische Einsparungen, da die Aufheizung und die anschließende Abkühlung entfallen.

Schlussbetrachtung

Die Möglichkeit auf die Abwasserverdünnung mit Frischwasser, Säure- und Laugendosierung, Neutralisation und Desinfektion zu verzichten, muss im Einzelfall geprüft werden. Die Dekontaminationsanlage im Klinikum München Großhadern kann nicht generell auf andere Kliniken übertragen werden.

Es sollten umfangreiche Untersuchungen ausgeführt werden, um diese Möglichkeit nicht von Anfang an auszuschließen.

Die Dekontaminationsanlage im Klinikum München Großhadern kann als wirtschaftliche und umweltfreundliche Lösung eingestuft werden. (s. Abb. 2.32.)

2.7.2 Abwasserdesinfektion

Infektiöse Abwässer, vor allem aus Infektionsabteilungen, der Pathologie und anderen mit Infektionserregern arbeitenden Abteilungen, benötigen eine zusätzliche Behandlung. Zur Desinfektion von, mit pathogenen Bakterien verseuchten, Abwässern werden das thermische und das chemische Verfahren angewendet.

Thermische Desinfektionsverfahren
In thermischen Abwasserdesinfektionsanlagen wird die Keimtötung durch Erwärmung des infektiösen Abwassers auf eine Temperatur von 100 °C bei einer Einwirkzeit von 15 Minuten erreicht. Das desinfizierte Abwasser muss jedoch entsprechend der DIN 19520 „Abwasser aus Krankenanstalten" wieder unter 35 °C abgekühlt werden, bevor es in die öffentliche Kanalisation abfließt [30]. Bei Großanlagen (Leistung ≥ 2 m^3/h) sollte die Abkühlung des Abwassers wirtschaftlicher über eine Wärmerückgewinnungseinrichtung erfolgen. Die Anlage zur thermischen Desinfektion besteht im Wesentlichen aus folgenden Anlagenteilen:
- Auffangbehälter,
- Mahlwerk,
- Dampferzeuger mit Frischwasserbehälter,
- Desinfektor,
- Mischbehälter bzw. Wärmerückgewinnungseinrichtung.

Das infizierte Abwasser fließt in einen Auffangbehälter. Von dort wird das Abwasser, über einen automatischen Regler gesteuert, in periodischen Zeitabständen, in das Mahlwerk gefördert. Anschließend gelangt die, nun weitgehend homogenisierte, Flüssigkeit in den Desinfektor, der direkt von einem Dampferzeuger beheizt wird. In dem Desinfektor stellt sich eine Temperatur von 100 °C ein. Nach DIN 1988 Teil 4 ist der Wasserzulauf des Dampferzeugers mit einem Rohrtrenner der Einbauart 2 abzusichern. Die Abkühlung des heißen Abwassers nach dem Desinfektionsvorgang erfolgt entweder durch Zumischung von Kaltwasser in einem Mischbehälter oder durch den Anschluss an eine Wärmerückgewinnungseinrichtung (Abb. 2.34).

Eine thermische Desinfektion kann auch der Dekontaminierungsanlage nachgeschaltet werden, wobei dann das Mahlwerk der Desinfektionsanlage entfällt.

Auslegungsbeispiele einer thermischen Desinfektionsanlage:
- *Krankenhaus mit Infektionsstation:*
  Der Abwasseranfall (Leistung) errechnet sich zu:

$$Q_S = \frac{300 l/(d \cdot \text{Bett}) \cdot \text{Bettenanzahl}}{\text{Betriebszeit } t_B \; h/d} \quad [\text{m}^3/\text{h}]$$

  Die Auslegung erfolgt mit einer Betriebszeit von 6 h/d.

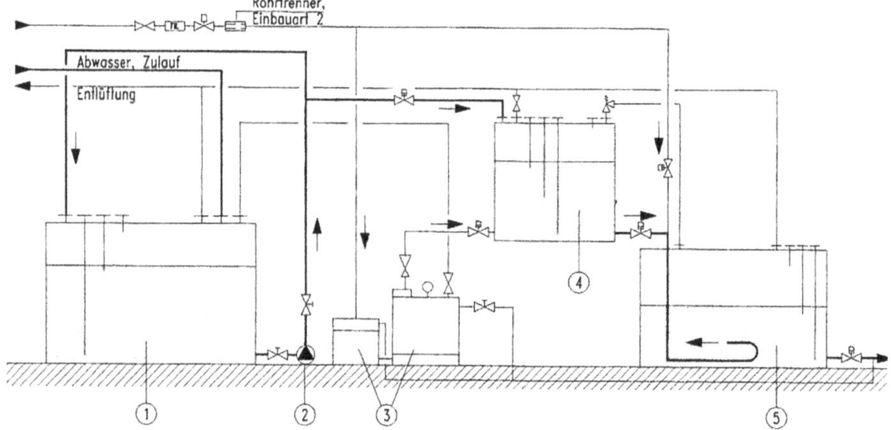

Abb. 2.34: Thermische Abwasserdesinfektionsanlage: 1. Auffangbehälter, 2. Mahlwerk, 3. Dampferzeuger mit Frischwasserbehälter, 4. Desinfektor, 5. Mischbehälter.

– *Forschungslabor:*
  Der Abwasseranfall (Leistung) errechnet sich zu:

$$Q_S = \frac{200l/(d \cdot \text{Arbeitsplatz}) \cdot \text{Anzahl } d. \text{ Arbeitsplätze}}{\text{Betriebszeit } t_B \; h/d} \quad [\mathrm{m^3/h}]$$

  Die Auslegung erfolgt mit einer Betriebszeit von 6 h/d.

Wichtig ist bei einer Anlagenauslegung, die Bemessung des vorgeschalteten Auffangbehälters. Er soll eine Mindestgröße zur Aufnahme des Abwasseranfalls in 2 Tagen besitzen.

Chemische Desinfektionen

Die zentrale Abwasserdesinfektion durch Chlorverbindungen (Chlorgas bzw. -lauge) wird erst nach der biologischen Reinigung des Abwassers angewendet, da andernfalls die Abbauvorgänge nachhaltig beeinflusst werden. Der Chlorzusatz ist dabei den Schwankungen der Abwassermenge und der Abwasserbeschaffenheit anzupassen. Bei der chemischen Desinfektion darf die vorgeschriebene Konzentration an Desinfektionsmittel (für Chlor ca. 10 mg/l) nicht überschritten werden, um Störungen bei der Behandlung des Abwassers zu verhindern. Außerdem ist bei dem chemischen Desinfektionsvorgang eine entsprechend lange Kontaktzeit zwischen den abzutötenden Keimen und dem Desinfektionsmittel Voraussetzung. Bei feststoffbeladenen, keimhaltigen Abwässern können zur Desinfektion beträchtliche Zeitspannen erforderlich sein. Gemäß DIN 19520 ist deshalb möglichst die thermische Desinfektion der chemischen vorzuziehen.

2.7.3 Neutralisation

Enthält das Abwasser aus den klinischen Laborbereichen schädliche Inhaltstoffe, die über den zulässigen Grenzwerten liegen, sind Neutralisationseinrichtungen zur Abwasserbehandlung erforderlich. Bei der Ableitung saurer oder alkalischer Abwässer soll der pH-Wert zwischen pH 6 und pH 8 liegen. Als Abflussrohre für Laborabwässer werden in der Regel PE-Rohre und in speziellen Fällen auch Edelstahl- oder Glasrohre verwendet. Zur Abwasserneutralisation werden unterschiedliche Verfahren angewendet.

Neutralisationen mit Granulat
Dieses Verfahren eignet sich zur Neutralisation von geringen Abwassermengen im schwachsauren Bereich. Die Anlage besteht aus:
- Neutralisationsgefäß,
- Schlammfang bzw. Schmutzfänger.

Bevor das Abwasser in das Neutralisationsgefäß gelangt, wird es im Schlammfang bereits von absetzbaren Verunreinigungen befreit, da diese den Prozess der Neutralisation stören würden. Im Gefäß befindet sich das Neutralisationsgranulat aus Magnesiumverbindungen, das beim Durchfließen des säurehaltigen Abwassers durch seine hohe basische Reaktionsfähigkeit eine ausreichende Neutralisation ergibt.

Verfahren mit gasförmigen Neutralisationsmitteln
Alkalische Abwässer lassen sich mit Inertgas wie z. B. CO_2 oder SO_2 neutralisieren. Üblicherweise werden CO_2- oder SO_2-haltige Abgase zur Neutralisation eingesetzt. Die Neutralisation des Abwassers in Rohrreaktoren erfolgt im Gleichstrom zwischen alkalischen Abwässern und Neutralisationsgasen. Es gibt außerdem Systeme mit Düsenstrahlreaktoren mit selbstständiger Gasansaugung oder Rieselreaktoren mit Füllkörpern, in denen das alkalische Abwasser im Gegenstrom mit dem Gasgemisch neutralisiert wird.

Verfahren mit flüssigen Neutralisationsmitteln
Standneutralisation
Diese Anlage besteht im Wesentlichen aus zwei Auffangbehältern mit Rührwerken und Säure- und Laugenbehältern. Bei diesem diskontinuierlichen Verfahren werden die anfallenden Abwässer wechselseitig in einem Auffangbehälter gesammelt. Sobald ein Auffangbehälter bis zum Maximalniveau gefüllt ist, wird auf den zweiten leeren Behälter umgeschaltet und bei intensiver Durchmischung mittels eines Rührwerkes zunächst der pH-Wert gemessen und dann entsprechend der pH-Wertabweichung vom Sollwert solange Lauge bzw. Säure zudosiert, bis der geforderte Soll-pH-Wert erreicht ist und das Abwasser in die Kanalisation abgegeben werden kann. Dieses Verfahren wird nur bei kleinen Durchsatzleistungen angewandt, da der apparative Aufwand relativ hoch ist.

Durchlaufneutralisation

Bei diesem kontinuierlichen Verfahren ist nur ein Reaktionsbehälter erforderlich, der fortlaufend mit Abwasser beschickt wird. Der pH-Wert wird ständig gemessen und entsprechend der pH-Wertabweichung vom Sollwert Säure oder Lauge zudosiert. Aufgrund der hydraulischen Verhältnisse kommt es zu unterschiedlichen Verweilzeiten im Reaktionsbehälter. Das hat Unter- bzw. Überdosierungen zur Folge, was eine genaue pH-Werteinstellung erschwert. Durchlaufneutralisationsanlagen sind nur zu empfehlen, wenn das Abwasser mit einem relativ konstanten pH-Wert anfällt.

Neutralisationsanlage nach dem Strömungsrohrprinzip (Reaktoranlage)

Das Neutralisationsverfahren nach dem Strömungsrohrprinzip entspricht dem heutigen Stand der Technik. Es unterscheidet sich von der Stand- bzw. Durchlaufneutralisation dahin gehend, dass statt des Reaktionsbehälters mit Rührwerk ein Strömungsrohr verwendet wird, durch das das zu neutralisierende Abwasser mittels einer Pumpe gedrückt wird. In dem Strömungsrohr wird die pH-Wertabweichung vom Sollwert gemessen. Entsprechend der Abweichung werden die Neutralisationschemikalien (HCl oder NaOH) über einen Saugstrahler dem Abwasser zugesetzt. Dadurch werden kurze Verweilzeiten erreicht, was zu einer Erhöhung der Durchsatzmenge bei gleicher apparativer Größe um das Fünf- bis Zehnfache führt (Abb. 2.35).

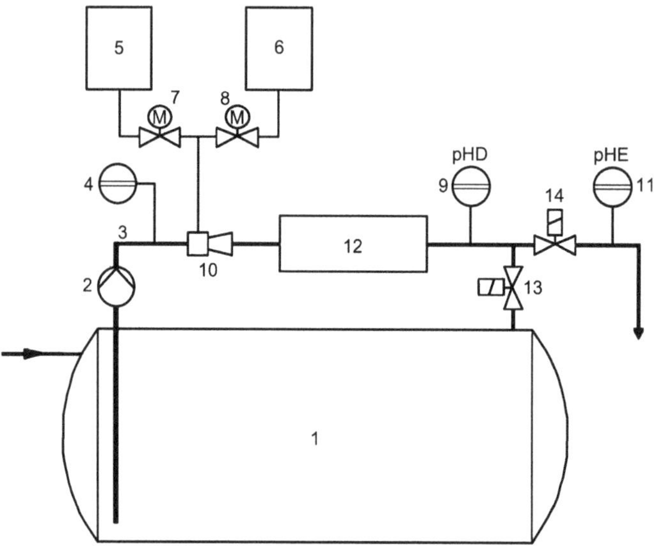

Abb. 2.35: Schema einer Neutralisationsanlage nach dem Strömungsrohrprinzip. 1. Vorlage, 2. Pumpe, 3. Strömungsrohr, 4. pH-Wertmesseinrichtung, 5. bzw. 6. Vorratsbehälter (Säure u. Lauge), 7. bzw. 8. motorgesteuerte Stellglieder, 9. pH-Wertkontrolle, 10. Saugstrahler, 11. pH-Wertendkontolle, 12. Mischkammer, 13. u. 14. Ventile.

Damit verringert sich der erforderliche Platzbedarf einer solchen Anlage um den fünften bis zehnten Teil gegenüber den herkömmlichen Anlagentypen.

***Aufbau der Reaktoranlage*:**
Bei der oben dargestellten Anlage werden die zu neutralisierenden Abwässer in einer Vorlage (1) gesammelt und von dort mittels einer Pumpe (2) in das Strömungsrohr (3) gefördert. Die Strömungsgeschwindigkeit im Strömungsrohr soll dabei so hoch sein, dass eine axiale Vermischung vermieden wird. Durch die pH-Wertmesseinrichtungen (4) werden die pH-Wertabweichungen festgestellt und der Abweichung entsprechend Neutralisationschemikalien aus den Vorratsbehältern (5) bzw. (6) über motorgesteuerte Stellglieder (7) bzw. (8) zugegeben. Die Chemikalienzugabe erfolgt über einen im Strömungsrohr eingebauten Saugstrahler (10), der für eine einwandfreie Durchmischung von Wasser und Chemikalien sorgt. Die reagierten Wässer passieren die Mischkammer (12) und dann die pH-Wertkontrolle (9). Sollte der pH-Wert in der Auslaufkontrolle nicht mit dem vorgegebenen Wert übereinstimmen, so schließt automatisch das Ventil (14) und öffnet das Ventil (13), sodass die Wässer wieder in die Vorlage (1) zurückfließen. Liegt der gemessene pH-Wert an der pH-Wertauslaufkontrolle innerhalb der vorgegebenen Grenzen, gelangt das Abwasser direkt zur Kanalisation. Die Messwerte der pH-Wertkontrolle (9), der pH-Wertendkontrolle (11) als auch die Stellungen der Ventile (13) und (14) werden mit einem Schreiber aufgezeichnet.

Leistungsbemessung:
Für die Leistungsbemessung einer Neutralisationsanlage ist die Anzahl der Laborplätze von Bedeutung. Nach Erfahrungswerten errechnet sich der Spitzenabwasseranfall wie folgt:

$$Q_{\max} = \frac{200\, l/d \cdot \text{Anzahl Laborarbeitsplätze}}{3} \quad [l/h]$$

2.7.4 Abscheideranlagen

Unterschiede im spezifischen Gewicht eines Abwasserinhaltsstoffes zu dem des Wassers werden zur Abtrennung des Stoffes ausgenutzt. Je nachdem, ob der zu entfernender Stoff eine geringere oder eine höhere Dichte als das Wasser aufweist, werden zu seiner Abscheidung Auftriebs- oder Sedimentationsvorgänge genutzt. Demzufolge kann in der Abscheidetechnik eine Klassifizierung der Verschmutzungsart nach absetzbaren Stoffen, direkt abscheidbaren, emulgierten und gelösten Leichtstoffen erfolgen. Unter dem Begriff Leichtstoffe sind sowohl Leichtflüssigkeiten als auch feste Stoffe mit Dichten kleiner als 1 g/cm^3 zu verstehen. Eine weitere Differenzierung der abzuscheidenden Stoffe wird durch die Einteilung in mineralische und in organische Stoffe vorgenommen. Besondere Bedeutung hat dabei die Abscheidung von mineralischen Leichtflüssigkeiten wie Heizöl, Benzin, usw. und von organischen Leichtstoffen wie Speiseöle, Fette, usw. erlangt.

Zur Eliminierung dieser Schadstoffe aus dem Abwasser dienen in erster Linie Abscheideranlagen gemäß den Normen DIN 1999 [31] und DIN 4040 [32]. Darüber hinaus existiert eine Vielzahl von Verfahrenstechniken, um Stoffe, welche mit Leichtflüssigkeits- oder Fettabscheidern nicht eliminiert werden können, zu behandeln. Vor Fett- und Leichtflüssigkeitsabscheidern sind Schlammfänge einzuplanen. Sie dienen dem Zurückhalten und Auffangen von Sinkstoffen die zu Verstopfungen in den Abwasserleitungen führen können. Der Schlammfang verlangsamt die Strömung des Abwassers, sodass sich die schwereren Schmutzstoffe (Sinkstoffe) im Speicherraum absetzen [19].

Fettabscheider

Der Fettabscheider ist der Teil der Anlage, der die Trennung der Fette und Öle organischen Ursprungs vom Schmutzwasser bewirkt und diese zurückhält. Die Trennung der festen und flüssigen organischen Öle und Fette vom Schmutzwasser wird allein durch die Schwerkraft bewirkt. Eine Fettabscheideranlage besteht, in Fließrichtung gesehen, aus:
- Bodenablauf,
- Schlammfang,
- Fettabscheideraum,
- Probeentnahmeeinrichtung (Abb. 2.36).

Die Fließgeschwindigkeit im Fettabscheider ist vom Querschnitt des Durchflussgerinnes abhängig. Vergrößert sich die Durchflussfläche, so verringert sich die Durchflussgeschwindigkeit. Diese Verringerung der Durchflussgeschwindigkeit bezweckt bei Stoffen, die spezifisch schwerer als Wasser sind, dass sie zu Boden sinken und sich dort ablagern. Stoffe, die spezifisch leichter als das Wasser sind, trennen sich vom Abwasser und steigen auf. Durch dieses Prinzip werden die Schwerstoffe im Schlammfang und die Leichtstoffe im Fettabscheider zurückgehalten. Werden Fette vom Abwasser nicht getrennt, so bei fetthaltigem Abwasser ohne Fettabscheider, erstarren diese bei Abkühlen in den Entwässerungsleitungen, setzen sich mit anderen Schmutzstoffen des Abwassers an den Rohrwandungen fest, verursachen Querschnittverengungen und führen später zu Verstopfungen.

Die Fette gehen außerdem sehr schnell, durch bakterielle Zersetzung, in aggressive Fettsäure über und verbreiten einen üblen Geruch. Die sich bildende Fettschwimmschicht verhindert außerdem die zur Frischhaltung des Abwassers erforderliche Sauerstoffaufnahme und beeinträchtigt so die Arbeitsweise der Kläranlage.

Hinweise zur Planung und Ausführung:

In Fettabscheideranlagen dürfen insbesondere nicht eingeleitet werden:

- Abwasser, das Öle und Fette mineralischen Ursprungs enthält,
- fäkalienhaltiges Schmutzwasser,
- Regenwasser,
- Die Zu- und Ablaufleitungen müssen ein Gefälle von mindestens 2 % (1: 50) haben.
- Fettabscheideranlagen sowie deren Zu- und Ablaufleitungen müssen ausreichend be- und entlüftet werden. Somit ist die Zulaufleitung in gleicher Nennweite als Lüftungsleitung über Dach zu führen. Alle Anschlussleitungen von mehr als 5 m Länge sind gesondert zu entlüften. Ist die Zulaufleitung länger als 10 m und ist keine gesondert entlüftete Anschlussleitung vorhanden, so ist die Zulaufleitung in Abscheiderhöhe mit einer zusätzlichen Lüftungsleitung zu versehen.
- Abscheider, deren Wasserspiegel unter der Rückstauebene liegen, sind über eine nachgeschaltete Hebeanlage zu entwässern.
- Abscheideranlagen dürfen keine Pumpen vorgeschaltet werden.
- Die Temperatur des am Fettabscheider abfließenden Abwassers darf 35 °C nicht übersteigen.
- Fettabscheider sollen möglichst außerhalb von Gebäuden, jedoch so nahe wie möglich an der Ablaufstelle eingebaut werden.
- Gegebenenfalls sind die Zulaufleitungen zu den Fettabscheidern wärmegedämmt bzw. beheizt zu verlegen.
- Der Inhalt von Fettabscheidern soll in möglichst kurzen Zeitintervallen über einen Saugwagen abgepumpt und entsorgt werden.

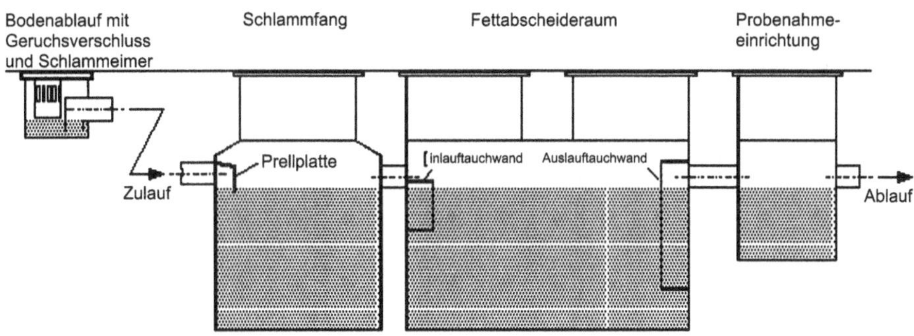

Abb. 2.36: Beispiel einer Fettabscheideranlage.

***Bemessung der Fettabscheider*:**

a) *Bemessung nach Volumenstrom und Art des abzuleitenden Schmutzwassers:*

Ermittlung der Nenngröße *NG* nach Gleichung:

$$NG = Q_S \cdot f_d \cdot f_t \cdot f_r \cdot f_m$$

Q_S = Schmutzwasseranfall in l/s
f_d = Dichtefaktor für die maßgebenden Fettstoffe
f_t = Erschwernisfaktor für erhöhte Temperatur
f_r = Erschwernisfaktor für Einfluss von Spül- und Reinigungsmitteln
f_m = Erschwernisfaktor für außergewöhnliche Masse an Fettstoffen

Schmutzwasseranfall Q_S:

$$Q_S = Q_{S1} + Q_{S2} + Q_{S3} + Q_{S4}$$

Ermittlung des *Schmutzwasserabflusses* Q_{S1} für Zapfstellen

Anzahl der Auslaufventile (Wasserzapfstellen)	**Nennweite der Auslaufventile**		
	DN 15	**DN 20**	**DN 25**
	Schmutzwasserabfluss Q_{S1} *in l/s*		
1	0,5	1	1,7
2	1	2	3,5
3	1,5	3	5
4	2	4	7
7	3	6	10
10	4	8	14
15	5	10	17
20	6	12	20,5

Schmutzwasserabfluss Q_{S2} von Behälterablaufventilen:

Anzahl	**DN**	**Schmutzwasserabfluss**
Stck.	30 à 2 l/s	Q_{S2}
Stck.	40 à 3 l/s	Q_{S2}
Stck.	50 à 5 l/s	Q_{S2}

Für den *Schmutzwasserabfluss* Q_{S3} von Spülmaschinen werden pro angeschlossene Maschine 2 l/s angerechnet.

Für Hochdruckreinigungsgeräte (Q_{S4}) ist für das erste Gerät ein Abfluss von 2 l/s und für jedes weitere Gerät ein Abfluss von je 1 l/s anzusetzen.

Dichtefaktor f_d:

Bei Ölen und Fetten aus Küchen, Gastwirtschaften usw. kann i. d. R. ein Dichtefaktor f_d = 1 angenommen werden. Bei Rizinusöl, Wollfett, Wachs, Harzöl und Rindertalg wird der Dichtefaktor auf 1,5 erhöht.

Temperaturfaktor f_t:

Zulauf zur Abscheideanlage	Temperaturfaktor f_t
≤ 50 °C	1
50 °C–60 °C	1,5
> 60 °C	2

Da die Abwassertemperatur an der Grundstücksgrenze 35 °C nicht überschreiten darf, soll die Einleitungstemperatur in die Abscheideanlage nicht höher als 50 °C sein. Somit wird der Temperaturfaktor $f_t = 1$ gesetzt.

Der *Faktor für Spül- und Reinigungsmittel* f_r wird in der Regel mit 1,3 angenommen.

Bei Küchen, Gastwirtschaften usw. wird der *Faktor für außergewöhnliche Masse an Fettstoffen* $f_m = 1$ gesetzt.

Tab. 2.17: Vereinfachte Bemessung für Gastwirtschaften und Verpflegungsstätten.

Essenportionen je Tag				Nenngröße des Abscheiders NG
		bis	200	2
über	200	bis	400	4
über	400	bis	700	7
über	700	bis	1000	10
über	1000	bis	1500	15
über	1500	bis	2000	20
über	2000	bis	2500	25

Tabelle 2.17 gibt die Nenngröße in Abhängigkeit der Essenportionen. Für die Bemessung der Abscheider über NG 25 können die Nenngrößen wie folgt ermittelt werden:

über 2500 bis 3500 Essen: NG 25 zuzüglich 0,75 je zusätzliche 100 Essenportionen,
über 3500 bis 4500 Essen: NG 32,5 zuzüglich 0,50 je zusätzliche 100 Essenportionen,
über 4500 Essen und mehr: NG 37,5 zuzüglich 0,25 je zusätzliche 100 Essenportionen.

Gegebenenfalls ist auf die nächsthöhere Nenngröße aufzurunden.

Bemessung des Schlammfanges:
Schlammfänge von Fettabscheidern erfordern nach DIN 4040 folgende Mindestabmessungen:

- Verpflegungsstätten
  (Großküchen, Kantinen usw.) 100 l × NG
- Schlachthöfe und ähnliche
  Betriebe 200 l × NG

Stärkeabscheider
Stärkeabscheider sind Einbauteile in Abwasserleitungen, mit denen Sinkstoffe, hauptsächlich Kartoffelstärke, aus der Kartoffelschälmaschine zurückgehalten werden. Die Kartoffelstärke muss abgeschieden werden, da sie sich in Rohrleitungen ablagert und nach kurzer Zeit zu Verstopfungen führen kann. Die Ablagerungen sind nur schwer zu beseitigen, da die Kartoffelstärke sich so fest ansetzt, dass sie mit den üblichen Reinigungsmethoden nicht ohne Weiteres zu entfernen ist. Kommt Stärke mit warmem Wasser in Berührung, bildet sich Stärkekleister. In den Stärkeabscheider darf nur Abwasser mit Stärke und eventuell etwas Sand gelangen. Schalenreste, Schnipsel usw. müssen in geeigneter Weise, z. B. in einem Schalenfänger mit Sieb vorher zurückgehalten werden. Daher ist dem Stärkeabscheider kein Schlammfang vorzuschalten.

Hinweise zur Planung und Ausführung:
- Der sich im Einlauf bildende Stärkeschaum muss mit einer Sprühdüse zerstört werden. Der Zuflussanschluss an die Sprühdüse ist DN 20 bzw. DN 25 auszuführen und mit einem Rohrtrenner der Einbauart 3 abzusichern.
- Besser ist es jedoch Stärkeabscheider zu wählen, die das Abwasser vom Stärkeabscheider mithilfe einer Sprühbrausenpumpe zur Spülbrause zurückführen.
- Es darf keine Pumpenanlage in die Zulaufleitung installiert werden, weil dadurch die Abscheidung ungünstig beeinflusst wird.
- Der Einbau einer Stärkeabscheideranlage soll möglichst nahe an den Ablaufstellen erfolgen, damit eine Verstopfungsgefahr der Rohrleitungen weitgehend ausgeschlossen wird.
- Die Zu- und Ablaufleitungen müssen ein Gefälle von mindesten 2 % (1:50) haben.
- Das abgeschiedene Stärke- und Schaumgut wird direkt aus dem Abscheider über einen Saugwagen abgepumpt und entsorgt.
- Stärkeabscheider, deren Wasserpegel unter der Rückstauebene liegen, sind über eine nachgeschaltete Hebeanlage zu entwässern.

***Bemessung der Stärkeabscheider*:**
Nach Erfahrungswerten kann davon ausgegangen werden, dass bei Verpflegungsstätten mit mehr als 600 Portionen pro Tag (Kartoffelmenü) Stärkeabscheider vorgesehen werden sollten.

Die Größe des Stärkeabscheiders ist am genauesten nach der Schälmenge pro Stunde oder nach den auszugebenden Essensportionen pro Tag zu ermitteln (siehe nachstehende Tabelle).

Zwei Drittel aller Mahlzeiten in Deutschland haben als Beilage Kartoffeln. Die Kartoffelmenge pro Essen beträgt im Durchschnitt 0,325 kg. Daraus ergibt sich für die Kartoffelschälmenge:

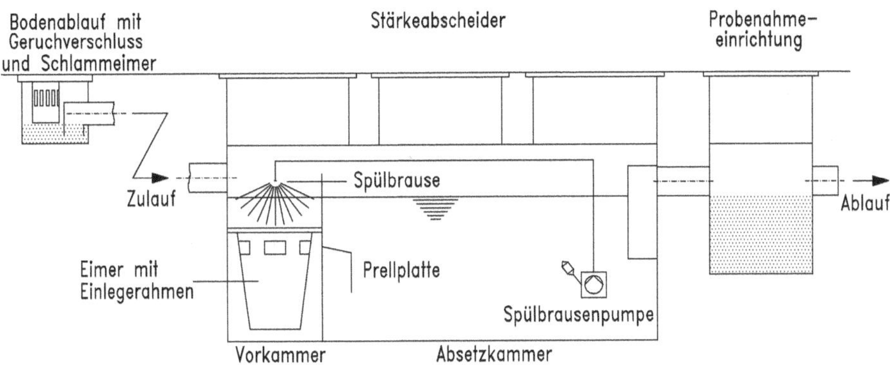

Abb. 2.37: Beispiel eines Stärkeabscheiders.

Tab. 2.18: Bemessung von Stärkeabscheidern nach der Schälmenge.

Essen/d ca.	Kartoffelschälmenge/h ca. kg	Nenngröße des Abscheiders NG ≅ Durchfluss l/s	Inhalt mindestens Liter
900	200	0,5	350
2300	500	1,0	700
4600	1000	2,0	1400
7000	1500	3,0	2100
10000	2000	4,0	2800
14000	3000	6,0	4200

Kartoffelschälmenge = Essen Pro Tag ·2/3 · 0,325 [kg]

Abwasser, das durch Leichtflüssigkeiten wie Benzin, Heizöl oder Schmierstoffe verunreinigt ist, darf nicht ohne Vorbereitung in die Kanalisation eingeleitet werden. Daher ist Regen- und Schmutzwasser, in dem vorgenannte Stoffe enthalten sind, über einen sogenannten Leichtflüssigkeitsabscheider zu leiten. Andernfalls können giftige und explosionsfähige Gasgemische die Kanalisation oder gar Menschenleben gefährden. Außerdem kann der Betrieb von Kläranlagen gestört werden.

Hinweise zur Planung und Ausführung:

- Der Einbau soll möglichst nahe an der Ablaufstelle erfolgen.
- Die Ablaufstelle erhält keinen Geruchverschluss.
- An der Zulauf- und Ablaufseite des Abscheiders muss je ein Geruchverschluss angeordnet werden. Die Geruchverschlusshöhe muss mindestens 100 mm betragen.
- Die Abscheider sind dicht und verkehrssicher abzudecken. Die Abdeckungen dürfen nicht befestigt werden. Häusliches Schmutzwasser sowie Regenwasser, bei dem keine Leichtflüssigkeit anfällt, dürfen nicht in Abscheideranlagen eingeleitet werden.

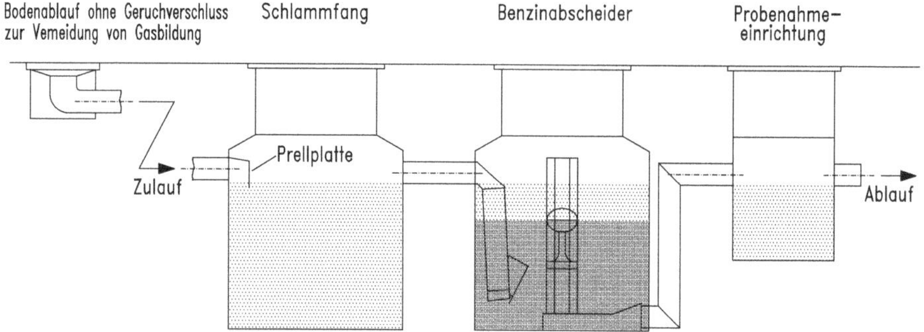

Abb. 2.38: Beispiel eines Benzinabscheiders.

Der oben abgebildete Abscheider, stellt einen Benzinabscheider mit selbsttätigem Abschluss dar (Abb. 2.38). Damit wird sichergestellt, dass der Auslauf geschlossen wird, wenn mehr Leichtflüssigkeit zufließt, als der Abscheider speichern kann. Ablaufseitig sind dazu ein Ventilsitz und ein Ventilteller gelenkig an einem Schwimmer aufgehängt. Dieser Schwimmer wird in Abhängigkeit von der Dichte der Leichtflüssigkeit so tariert, dass er im Wasser schwimmt, in Leichtflüssigkeit jedoch untergeht. Er bewegt sich mit der Trennlinie von Wasser und Leichtflüssigkeit. Je dicker die Schicht der Leichtflüssigkeit wird, umso tiefer sinkt der Schwimmer, bis der Ventilteller auf dem Ventilsitz des Ablaufrohres aufliegt. Grundsätzlich sind nur Leichtflüssigkeitsabscheider mit selbsttätigem Abschluss einzubauen.

Bemessung der Leichtflüssigkeitsabscheider

Bemessung der Nenngröße NG nach der Gleichung:

$$\mathrm{NG} = (Q_r + 2Q_S) \cdot f_d$$

NG = Nenngröße des Abscheiders
Q_r = Regenwasserabfluss in l/s
Q_S = Schmutzwasserabfluss in l/s
f_d = Dichtefaktor für die maßgebende Leichtflüssigkeit (s. Tab. 2.24, Tab. 2.22)

Bemessung des Regenwasserabflusses Q_r:

$$Q_r = A \times r \times \Psi$$

A = Niederschlagsfläche
r = örtliche Regenspende (wenn keine behördlichen Festlegungen vorliegen, nach ATV 118 Tabelle 3)
ψ = Abflussbeiwert (siehe nachfolgende Tabelle) (Abb. 2.19)

Tab. 2.19: Zur Ermittlung des Abflussbeiwertes ψ.

Art der angeschlossenen Fläche	**Abflussbeiwert ψ**
Kfz-Waschplätze, Rampen	1
Pflaster mit Fugenverguss, Schwarzdecken oder Betonflächen	0,9
Fußwege mit Platten oder Schlacke	0,6
ungepflasterte Straßen, Höfe und Promenaden	0,5

Bemessung des Schmutzwasserabflusses Q_S:

$$Q_S = Q_{S1} + Q_{S2} + Q_{S3}$$

Tab. 2.20: Schmutzwasserabfluss Q_{S1} für Zapfstellenanzahl.

Anzahl der Auslaufventile (Wasserzapfstellen)	**Nennweite der Auslaufventile**		
	DN 15	**DN 20**	**DN 25**
	Schmutzwasserabfluss Q_{S1} in l/s		
1	0,5	1	1,7
2	1	2	3,5
3	1,5	3	5
4	2	4	7
7	3	6	10
10	4	8	14
15	5	10	17
20	6	12	20,5

Ermittlung des Schmutzwasserabflusses Q_{S1} für Zapfstellen siehe Tabelle 2.20.

Für den Schmutzwasserabfluss Q_{S2} von PKW-Waschanlagen sind 2 l/s pro PKW anzusetzen.

Bei dem Abfluss von Hochdruckreinigungsgeräten Q_{S3}, ist für das 1. Gerät 2 l/s und für jedes weitere 1 l/s anzusetzen.

Tab. 2.21: Dichte von Leichtflüssigkeit bei 20 °C Dichtefaktor f_d.

Leichtflüssigkeit	**Dichte g/cm^3**
Leichtbenzin	0,68 bis 0,72
Schwerbenzin	0,72 bis 0,78
Benzol	0,88
Dieselöl aus Braunkohle	0,88 bis 0,90
Dieselöl aus Steinkohle	1,02 bis 1,08
Heizöl EL	0,80 bis 0,86
Heizöl S	0,95 bis 0,97
Mineralschmieröle	0,89 bis 0,96

Tab. 2.22: Dichtefaktor f_d für die maßgebende Leichtflüssigkeit.

Leichtflüssigkeit g/cm³	Dichtefaktor f_d gemäß		
	DIN 1999 Teil 2	E DIN 1999 Teil 6	
	B	K	B–K
bis 0,85	1	1	1–1
bis 0,90	2	1	1–1
bis 0,95	3	1	1–1

Bei Tankstellen und Fahrzeugwaschanlagen für PKW und Omnibusse kann im Normalfall $f_d = 1$ angenommen werden.

Bemessung des Schlammfanges:
Leichtflüssigkeitsabscheider bis NG 10:

Nenngröße des Abscheiders	Schlammfang mind.
bis NG 3	650 Liter
über NG 3 bis NG 10	2500 Liter

Tab. 2.23: Leichtflüssigkeitsabscheider über NG 10.

Schlammanfall Einstufung	z. B. bei	Inhalt des Schlammfanges in Liter
gering	– Prozessabwässern mit definiertem geringem Schlamm. – allen Regenauffangflächen, an denen weder Straßenbetrieb noch Schmutz durch Fahrverkehr oder ähnliches anfällt, z. B. den Auffangtassen auf Tankfeldern.	100 × NG
mittel	– Tankstellen, PKW-Wäsche von Hand, Teilwäsche – Omnibuswaschständen – Abwasser aus Reparaturwerkstätten – Betrieben der Energieversorgung	200 × NG
groß	– Waschplätze für Baustellfahrzeuge – LKW-Waschständen – automatische Fahrzeugwaschanlagen	300 × NG

(siehe S. 10).

2.8 Wasseraufbereitungen

Unter dem Begriff Wasseraufbereitung wird hier nicht die Aufbereitung des Trinkwassers nach DIN 2000 [33] verstanden, da diese dem Wasserversorgungsunternehmen unterstellt ist, sondern die Weiterbehandlung des Wassers als Betriebsmittel in Krankenhäuser, an das je nach Verwendungszweck die unterschiedlichsten Anforderungen gestellt wird. Es kann in einfachen Fällen als normales Trinkwasser verwendet werden, vielfach muss es für den vorgesehenen Zweck aufbereitet werden. Ziel der Wasseraufbereitung ist es, den hohen Anforderungen an Reinheit und Qualität zu entsprechen [3]. Weiterhin sollen Ablagerungen oder Korrosionen verhindert werden. Je nach gefordertem Zweck und nach Art des Wassers unterscheidet man verschiedene Aufbereitungsmethoden [18]:

- Enthärtung,
- Entsalzung/Vollentsalzung,
- Schwimmbadewasseraufbereitung.

2.8.1 Enthärtung

Allgemeines

Die Härte des Wassers ist von geringer gesundheitlicher Bedeutung. Hartes Wasser hat jedoch technische Nachteile. Es kann zum Beispiel zu Abscheidungen in den Verteilungsleitungen oder den Warmwasserbereitungsanlagen führen. Bei der Mischung von verschieden harten Wässern in ein und demselben Versorgungsgebiet (Verbundsystem) kann es problematisch sein. Sehr hartes Wasser sollte für die Wasserversorgung nach Möglichkeit nicht verwendet oder zentral enthärtet werden. Die Calcium- und Magnesiumionen im Wasser werden als Härtebildner bezeichnet und in der Summe als Erdalkalien (mol/m^3) oder Gesamthärte (val/m^3 oder °dH) gemessen. Die Gesamthärte setzt sich aus Carbonathärte und Nichtkarbonathärte zusammen. Bei der Carbonathärte handelt es sich um Verbindungen von Calcium und Magnesium mit Carbonat- bzw. Hydrogencarbonationen, die bereits bei geringer Temperaturerhöhung zu Wassersteinbildung führen. Dieser Vorgang ist jedoch bei Siedetemperatur beendet. Die Nichtkarbonathärte ist eine Verbindung von Calcium und Magnesium mit Mineralsäuren, wie Schwefelsäure, Salzsäure und Salpetersäure. Die Nichtkarbonathärte fällt erst beim Erreichen der Siedetemperatur teilweise als Kesselstein aus.

$$\text{Gesamthärte} = \text{Carbonathärte} + \text{Nichtcarbonathärte}$$

Je nach Härtegehalt wurde folgende Unterteilung der Wasserart eingeführt:

0	–	4	°dH	sehr weich	0	–	1,5	mval/*l*
4	–	8	°dH	weich	1,5	–	3,0	mval/*l*
8	–	12	°dH	mittelhart	3,0	–	4,5	mval/*l*
12		18	°dH	ziemlich hart	4,5		6,5	mval/*l*
18		30	°dH	hart	6,5		11	mval/*l*
über		30	°dH	sehr hart	über		11	mval/*l*

Folgende Bereiche im Krankenhaus werden mit verschnittenem Weichwasser von ca. 5°dH, separat absperrbar, über Weichwasserverteiler versorgt:
- Geschirrspülmaschine der Zentralküche,
- Kartoffelkochdruckdämpfer der Zentralküche,
- Waschmaschinen der Wäscherei,
- Dampfkessel,
- Sterilisationsbereich.

Weichwasser mit 0°dH erhält die Osmoseanlage, außerdem besteht die Möglichkeit, dieses Weichwasser vor den Warmwasserbereitern für Brauchwasserversorgung mit Kaltwasser zu verschneiden.

Funktionsprinzipien der Enthärtungsanlage **(siehe auch Kap. 10.8)**
Nach DIN 19636 [34] sind Enthärtungsanlagen Kationenaustauschgeräte, einschließlich Verschneideeinrichtungen, die eine Einstellung eines bestimmten Härtebereiches ermöglichen. Der Kationenaustauscher nimmt die im Wasser vorhandenen Calcium- und Magnesiumionen auf und gibt dafür Natriumionen ab:

$$2\mathrm{K}-\mathrm{SO_3Na}+\mathrm{CaCl_2}\rightarrow(\mathrm{K}-\mathrm{SO_3})_2\mathrm{Ca}+2\mathrm{NaCl}$$

Nach der Filtration über den Kationenaustauscher liegen alle Salze in leicht löslicher Natriumform vor. Eine Salzverminderung ist nicht eingetreten, sondern lediglich ein Austausch. Sobald die austauschaktiven Gruppen des Austauschers erschöpft sind, werden sie mit einer 8–12 %-igen Kochsalzlösung regeneriert:

$$(\mathrm{K}-\mathrm{SO_3})_2\mathrm{Ca}+2\mathrm{NaCl}\rightarrow2\mathrm{K}-\mathrm{SO_3Na}+\mathrm{CaCl_2}$$

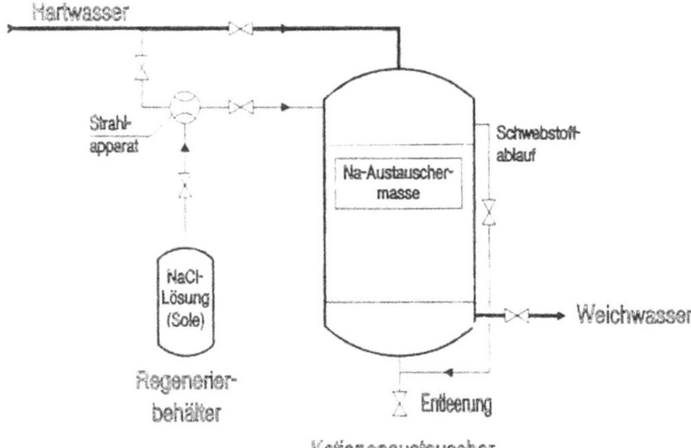

Abb. 2.39: Schema einer Enthärtungsanlage.

Das aufzubereitende Wasser durchströmt den Filter von oben nach unten, wobei das Kationenaustauschermaterial die Calcium- und Magnesiumionen aus dem Wasser zieht und gegen Natriumionen austauscht, sodass enthärtetes Wasser entsteht. Sobald die Resthärte im Weichwasser den vorgegebenen Wert übersteigt, muss der Filter regeneriert werden. Die Regenerationsintervalle sollten aus hygienischen Gründen vier Tage nicht überschreiten. Bei der Regenerierung wird der Filter zuerst rückgespült. Dabei durchströmt das Rohwasser den Filter von oben nach unten. Dadurch dehnt sich das Kationenaustauscherbett aus und Schwebstoffe, so wie Harzabrieb wird ausgetragen. Der Durchsatz wird über eine Drosseleinrichtung reguliert. Anschließend wird durch einen Strahlapparat die Sole angesaugt, verdünnt und von oben nach unten durch den Filter gefördert. Ist die Sole abgesaugt, schließt das Soleventil die Saugseite des Strahlapparates, sodass das Treibwasser die Sole verdrängt und der Filter langsam ausgewaschen wird. Beim Einleiten des Rohwassers wird der Filter von oben nach unten durchströmt, wodurch die letzten Härte- und Salzspuren verdrängt werden. Der Salzlösebehälter füllt sich langsam mit Wasser, zur Erzeugung der Sole, für die nächste Regeneration auf (s. Abb. 2.39).

Planungshinweise

Da in einem Krankenhaus meist eine zentrale Druckluftversorgungsanlage vorhanden ist, ist es sinnvoll bei vollautomatischen Enthärtungsanlagen die Betriebs- und Spülvorgänge über Zentralsteuerventile oder Absperrklappen elektrisch-pneumatisch zu steuern. Sind die Rohwasserhärte und die Weichwasserabnahme konstant, reicht eine einfache zeitabhängige Steuerung der Regeneration aus. Bei dem recht unterschiedlichen Verbrauch in den Krankenhäusern empfiehlt sich eine volumenabhängige Steuerung über Kontaktwasserzähler. Bei der Leistungsbestimmung von Enthärtungsanlagen ist sowohl die maximale, als auch die minimale Belastung zu beachten. Die maximale Belastung ergibt sich aus dem stündlichen Weichwasserverbrauch, wobei durch ein Doppelaggregat eine kontinuierliche Weichwasserversorgung ohne Betriebsunterbrechung während der Regeneration sichergestellt wird. Enthärtungsanlagen sollten nicht Mischbettvollentsalzungsanlagen vorgeschaltet werden, da im enthärteten Wasser ein größerer Natriumanteil vorliegt. Natriumionen haben bei Vollentsalzungsanlagen den größten Durchschlupf und würden somit die gewünschte Restleitfähigkeit nach der Mischbettvollentsalzung erhöhen. Mit einer Direktversorgung der Mischbettvollentsalzungsanlage wird eine bessere Wasserqualität, mit niedrigerer Restleitfähigkeit, erreicht.

2.8.2 Entsalzung/Vollentsalzung

Wässer können je nach Herkunft unterschiedliche Salzgehalte aufweisen. Je nach Verwendungszweck kann es erforderlich werden, den Salzgehalt zu reduzieren bzw. ganz zu entfernen. Im Bereich der Medizin, insbesondere im Laborbereich, stören die im

Wasser enthaltenen Salze beim Ansetzen von Lösungen und bei Analysen. Für die Wasserversorgung des Labor- und Sterilisationsbereiches ist daher eine automatisch arbeitende Entsalzungsanlage notwendig. Zur Entsalzung werden in der Wasseraufbereitungstechnik folgende Verfahren angewendet:
- Ionenaustausch im Mischbettverfahren,
- Umkehrosmose.

Bei einer Entsalzung erfolgt im Gegensatz zur Vollentsalzung keine Eliminierung der im Rohwasser enthaltenen Kieselsäure sowie der vorliegenden und der aus dem Carbonatsalzgehalt freiwerdenden Kohlensäure.

Ionenaustausch im Mischbettverfahren

Allgemeines

Die Bereitung eines salzarmen oder salzfreien Wassers war früher nur auf dem Wege der Destillation möglich. Durch die in den letzten Jahrzehnten erfolgte Weiterentwicklung der Ionenaustauscher sind für die Entsalzung und Vollentsalzung von Wasser neue Wege erschlossen worden, wobei die laufenden Betriebskosten nur einen Bruchteil der bei einer Destillation anfallenden Kosten betragen.

Funktionsprinzip

Die gelösten Salze liegen im Wasser als Ionen mit positiver Ladung (Kationen) oder negativer Ladung (Anionen) vor. Voraussetzung für die Anwendung von „Na^+"- und „Cl^-"-Ionen bei Lösung im Wasser. Als Ionenaustauscher bezeichnet man Stoffe, die bei der Berührung mit flüssigen Medien aus diesen Ionen aufnehmen und Ionen gleicher Ladung abgeben. Bei der Vollentsalzung mittels Mischbettfilter enthält dieser ein Gemisch aus stark saurem Kationen- und stark basischem Anionenaustauschermaterial. Im Kationenaustauschermaterial werden sämtliche Kationen des Wassers gegen Wasserstoffionen („H^+"-Ionen) ausgetauscht. Im Anionenaustauschermaterial werden sämtliche Anionen des Wassers gegen Hydroxylionen („OH^-"-Ionen), die mit den verbleibenden Wasserstoffionen Wasser bilden, ausgetauscht. Das Ionenaustauschermaterial liegt in einem Filterbehälter auf einem Düsenboden und wird während des Betriebes von oben nach unten durchflossen. Während der Nichtentnahmezeit erfolgt mit einer Umwälzpumpe eine Zwangsdurchströmung des Filtermaterials mit entsalztem Wasser, um einen Anstieg der Restleitfähigkeit zu vermeiden. Die Regeneration eines Mischbettfilters beginnt mit der Trennung der beiden Ionenaustauschermaterialien durch einen Aufwärtsstrom von Wasser, wobei sich der leichtere Anionenaustauscher über den schwereren Kationenaustauscher schichtet. Anschließend wird der Kationenaustauscher mit 32 %-iger Salzsäure, der Anionenaustauscher mit 50 %-iger Natronlauge wiederbelebt. Ein in der Trennschicht eingebautes Spezialrohrsystem erlaubt die Abführung der Regenerierabwässer. Nach dem Absenken des Wasserspiegels im Filter bis zur Ionenaustauscherschicht tritt durch eine Lufteinblasung eine Wiedervermischung ein. Nach dem

Auffüllen und Endauswaschen ist der Filter wieder betriebsbereit. Die Reinwasserqualität des aufbereiteten, alkalischen voll entsalzten Wassers wird mit einer Leitfähigkeitsmesseinrichtung überwacht, die bei Funktionsstörungen einen Alarmkontakt an die zentrale Leitwarte gibt. Die anfallenden Abwässer in der Vollentsalzung dürfen, bevor sie in die Kanalisation abgeleitet werden, einen pH-Wert von 6,5 bis 8,5 nicht unter- bzw. überschreiten. Die erforderlichen Regenerationsmittelmengen sind so aufeinander abzustimmen, dass das Abwasser nach Durchfließen eines Neutralisationsbehälters bereits weitgehend neutralisiert ist. Der Vorteil der Entsalzung bzw. Vollentsalzung mittels Ionenaustauscher liegt in der wirtschaftlichen Bereitstellung absolut salzfreien Wassers, wie es mit keinem anderen Verfahren möglich ist. Der Nachteil liegt in der Begrenzung des wirtschaftlich vertretbaren Salzgehaltes des Rohwassers von ca. 2000 mg/*l*. Bei höheren Salzgehalten ist eine Kombination Umkehrosmose-Ionentauscher im Zuge der Entsalzung bzw. Vollentsalzung anzustreben.

Umkehrosmose

Allgemeines

Das Umkehrosmoseverfahren wird im Krankenhaus wegen der besonderen Keim- und Pyrogenfreiheit (Pyrogene = Fieber erzeugende Stoffe) des Reinwassers zur Wasseraufbereitung analytischer Arbeiten, Hämodialyse und Vorschaltung von künstlichen Nieren angewendet. Die Umkehrosmose, ist sogenannt, weil bei der Anwendung, der Vorgang der Osmose umgekehrt wird; sie dient alternativ zum Ionentauschverfahren der Entfernung der Salze, insbesondere der Calciumionen aus dem Wasser. Weiterhin wird die Umkehrosmose wegen des hohen Rückhaltevermögens der Membranen gegenüber Keimen, Bakterien sowie gelösten organischen Stoffen bevorzugt im Krankenhaus eingesetzt. Weitere Vorteile dieses Verfahrens sind die praktisch ununterbrochene Betriebsbereitschaft (keine Regeneration mit Chemikalien wie Säuren oder Laugen), geringer Platzbedarf und verhältnismäßig günstige Betriebskosten, wobei allerdings die Anschaffungskosten gegenüber einer Vollentsalzungsanlage mittels Ionentauscher relativ hoch sind.

Funktionsprinzip

Werden wässerige Lösungen unterschiedlicher Konzentration durch eine halbdurchlässige (semipermeable) Membran getrennt, so versuchen sich die Konzentrationen auszugleichen. Diesen Vorgang nennt man Osmose. Dabei stellt sich auf der Seite der höheren Ausgangskonzentration bei Konzentrationsausgleich ein osmotischer Druck ein. Setzt man diesem osmotischen Druck einen höheren Druck entgegen, so verläuft der Vorgang in umgekehrter Richtung ab. Dieses Verfahren nennt man Umkehrosmose (Abb. 2.40).

Mithilfe einer Hochdruckpumpe wird das aufzubereitende Wasser mit einem Druck bis zu 28 bar (Rohwasser) durch die zu Modulen umgearbeiteten Membranen gepresst, sodass zwei Ströme mit unterschiedlichen Lösungen entstehen, mit einem Druck von ca. 3,5 bar.

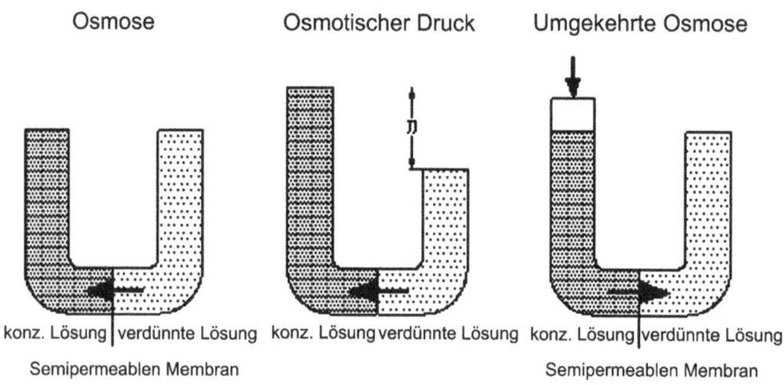

Abb. 2.40: Prinzip der Umkehrosmose.

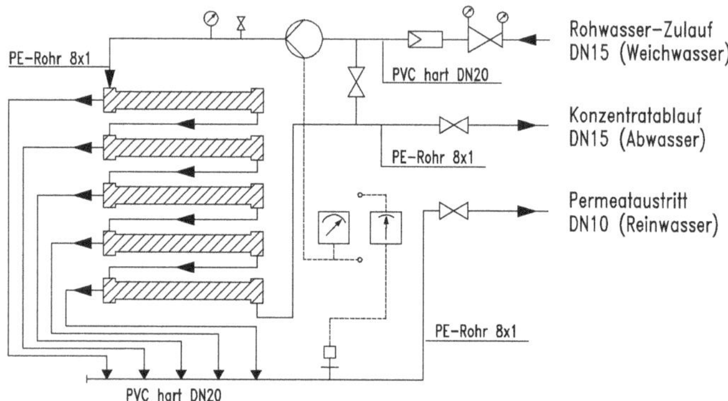

Abb. 2.41: Umkehrosmoseanlage, 5 Druckrohre mit 10 Modulen, Leistung 50 l/h.

Die konzentrierte Lösung (Konzentrat) mit ca. 25 % Rohwasseranteil enthält über 90 % der Inhaltsstoffe des aufzubereitenden Wassers. Bedingt durch die spezifischen Eigenschaften der Membranoberfläche werden die Inhaltsstoffe zurückgehalten und separat abgeleitet.

Das chemisch, physikalisch und bakteriologisch reine Wasser (Permeat) ist mithilfe der Module weitgehend frei von Salzen, organischen Substanzen, Kolloiden und Keimen, wobei das Reinwasservolumen ca. 75 % des Rohwasseranteils entspricht.

Um die Betriebskosten zu senken, besteht die Möglichkeit, das anfallende Konzentrat eventuell für Spül- und Reinigungszwecke zu verwenden, da das Wasser weich ist, jedoch gegenüber dem Einspeisewasser einen ca. vierfach höheren Salzgehalt hat.

Durch eine konzentratseitige Reihenschaltung der Membranmodule lässt sich das Verlustwasservolumen verringern, durch eine permeatseitige Reihenschaltung wird eine Verbesserung der Reinwasserqualität erreicht. Die Leitfähigkeitsmessung erfolgt am Permeataustritt mit einer Leitfähigkeitsmesszelle.

Aus verfahrenstechnischen Gründen sollte ein kontinuierlicher Betrieb angestrebt werden, bei dem das Permeat gespeichert wird. Durch eine entsprechende Speicherkapazität werden ein wirtschaftlicher, ununterbrochener Betrieb der Osmoseanlage sichergestellt, und gleichzeitig durch die Bevorratung vorübergehende relativ hohe Bedarfsspitzen unabhängig von der Anlagenleitung gedeckt. Der Entsalzungsgrad durch Umkehrosmoseanlagen liegt zwischen 90 und 95 %.

2.8.3 Aufbereitung des Kesselspeise- und Kesselwassers zur Dampferzeugung

Allgemeines

Die Aufbereitung von Rohwasser zu Kesselspeisewasser verlangt stets eine individuelle und gewissenhafte Projektierung. Bezüglich der Beschaffenheit von Kesselspeisewassers und Kesselwasser sind bestimmte Richtlinien zu beachten. Diese Richtlinien werden durch die „Vereinigung der Technischen Überwachungsvereine e. V.", Essen, herausgegeben und behandelt:

- die Speise- und Kesselwasserbeschaffenheit bei Dampferzeugern bis 64 bar zulässigen Betriebsdruck,
- die Richtlinien für Kesselspeisewasser, Kesselwässerung und Dampf von Wasserrohrkesseln ab 64 bar zulässigen Betriebsdruck,
- Richtlinie für die Speise- und Kesselwasserbeschaffenheit bei Schnelldampferzeugern,
- die Richtlinien für die Wasserbeschaffenheit bei Heißwassererzeugern in Heizungsanlagen.

Als weitere Richtlinien sind in diesem Zusammenhang zu beachten:

- VDI-Richtlinie 2035 [38]
- Technischen Richtlinien Dampf TRD 602 [39]
- Technischen Richtlinien Dampf TRD 604 BOB [40].

Der Zweck einer Aufbereitung von Speisewasser ist die Vermeidung von Ablagerungen und Korrosion, eine ausreichende Dampfreinheit sowie ein wirtschaftlicher und störungsfreier Kesselbetrieb. Bei der Auslegung der vorzusehenden Wasseraufbereitung sind zu beachten:

- System und Betriebsart des Dampfkessels,
- max. zulässiger Betriebsdruck,
- Kesselleistung,
- Zusammensetzung des Rohwassers,
- Anteil des Kondensates, bezogen auf die Dampfleistung,
- Verwendungszweck des Dampfes.

Die folgenden Tabellen enthalten Richtwerte, die jedoch mit den Angaben des Kesselherstellers verglichen werden müssen, da einige Hersteller strengere Anforderungen stellen.

Tab. 2.24: Salzhaltiges Speisewasser für Umlaufkessel (Wasserrohr- und Großwasserraumkessel) (Auszug).

Zulässiger Betriebsüberdruck	bar	≤ 1	> 1 ≤ 68
Allgemeine Anforderungen	–	farblos, klar, frei von gelösten Stoffen	
pH-Wert[1)] bei 25 °C	–	> 9	> 9[2)]
Leitfähigkeit bei 25 °C	µS/cm	nur Richtwerte für Kesselwasser maßgebend	
Summe Erdalkalien (Ca^{2+} + Mg^{2+})	mmol/l	< 0,015	< 0,010[2)]
Sauerstoff (O_2)	mg/l	<0,1	< 0,02[2)]
Kohlensäure (CO_2) gebunden	mg/l	< 25	< 25
Eisen, gesamt (Fe)	mg/l		< 0,03[3)]
Kupfer, Gesamt (Cu)	mg/l		< 0,05[3)]
Kieselsäure (SiO_2)	mg/l	nur Richtwerte für Kesselwasser maßgebend	
Oxidierbarkeit (Mn VII + Mn II) als $KMnO_4$	mg/l	< 10	< 10
Öl, Fett	mg/l	< 3	< 1

[1)]ggf. über Hilfsgröße Ks 8,2 gemessen.
[2)]Anforderungen gemäß TRD 611.
[3)]für Großwasserraumkessel ≤ 22 bar: Fe < 0,05 mg/l, Cu < 0,01 mg/l.

Tab. 2.25: Kesselwasser aus salzhaltigem Speisewasser (Auszug).

Zulässiger Betriebsüberdruck	**bar**	**≤ 1**	**> 1 ≤ 22[1)]**	**> 22 ≤ 24**	**> 44 ≤ 68**
Allgemeine Anforderungen	–	farblos, klar, frei von ungelösten Stoffen			
pH-Wert bei 25 °C	–	10,5–12	10,5–12 [2)]	10–11,8[2)]	0–11[2)]
Säurekapazität bis pH 8,2 ($K_{S\,8,2}$)	mmol/l	1–12	1–12	0,5–6	10,1–1
Leitfähigkeit bei 25 °C	µS/cm	< 5000	<10000 2)	< 5000[2)]	< 2500[2)]
Kieselsäure (SiO_2)	mg/l	–	druckstufenabhängig		< 10
Phosphate (PO_4)[3)]	mg/l	10–20	10–20	5–15	5–15

[1)]Für Dampferzeuger mit Überhitzer der Druckstufe > 1 ≤ 22 bar sind die Kesselwasserrichtwerte der Druckstufe > 22 ≤ 44 bar anzuwenden.
[2)]Anforderungen gemäß TRD 611 [41].
[3)]Die Phosphatdosierung wird empfohlen, ist aber nicht immer erforderlich.

Um ein Kesselspeisewasser bzw. ein Kesselwasser, wie in obigen Tabellen (2.24 u. 2.25) gefordert, gewährleisten zu können, sind Verfahren wie Enthärtung, Entsalzung, Vollentsalzung, thermische Entgasung von Speisewasser und Kondensat sowie der Zusatz von Korrekturchemikalien anzuwenden. Die Verfahren Enthärtung und Entsalzung wurden bereits in den vorangegangenen Kapiteln erklärt, deshalb wird an dieser Stelle nicht mehr darauf eingegangen.

Entgasung

Die im Wasser gelösten Gase, wie Kohlensäure und Sauerstoff, sind insbesondere beim Kesselspeisewasser ein Korrosionsverursacher. Für die Entfernung dieser gasförmigen Stoffe des Wassers werden überwiegend folgende Verfahren angewandt:
- thermische Entgasung,
- chemische Entgasung.

Thermische Entgasung

Bei der thermischen Entgasung wird das Wasser über eine Verrieselungsanlage verteilt. Im Gegenstrom wird das Wasser mit Dampf aufgeheizt. Der Entgasungseffekt beruht auf der Störung der Löslichkeitsgewichte der im Wasser gelösten Gase bzw. der Aufhebung des Gleichgewichtes zwischen dem zu entgasenden Wasser und dem Entgasungsmittel Dampf. Hierbei tritt bei dem Bestreben, das gestörte Gleichgewicht wiederherzustellen, gelöstes Gas aus dem Wasser in die Dampfphase über und wird mit dem ausströmenden Brüdendampf des Entgasers abgeführt. Der Entgasungseffekt ist von dem angewandten Verfahren und der Bauart des thermischen Entgasers abhängig (Abb. 2.42).

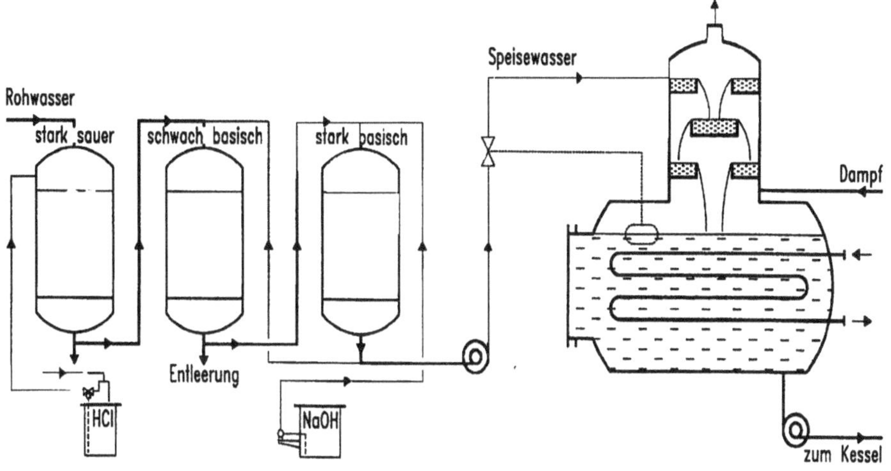

Abb. 2.42: Schema einer thermischen Entgasung.

Die Vorteile der thermischen Entgasung sind:
- geringer Sauerstoff- und Kohlensäuregehalt,
- geringe Betriebskosten.

Die Nachteile sind:
- hoher apparativer Aufwand,
- großer Platzbedarf.

Abb. 2.43 zeigt ein Verfahrensschema zur Niederdruckdampferzeugung und Abb. 2.44 zur Hochdruckdampferzeugung.

Chemische Entgasung

Bei der chemischen Entgasung gelangen überwiegend Natriumsulfit und Hydrazin zum Einsatz. Die Sauerstoffbindung erfolgt nach den Gleichungen:

$$2Na_2SO_3 + O_2 \rightarrow 2Na_2SO_4$$

$$N_2H_4 + O_2 \rightarrow 2N + 2H_2O$$

Bei Natriumsulfit erfolgt die Abbindung des Sauerstoffes unter Bildung von Natriumsulfat, d. h. der Salzgehalt des Wassers wird erhöht. Bei Einsatz von Hydrazin wird der Sauerstoff ohne Salzanreicherung und Bildung von flüchtigem Stickstoff abgebunden. Zur Sauerstoffabbindung werden je g O_2 etwa 15 g Natriumsulfit bzw. 6 g Hydrazin benötigt.

Die Vorteile der chemischen Entgasung sind:
- geringer apparativer Aufwand,
- geringer Energieaufwand,
- Dampfflüchtigkeit (bei Hydrazin), wodurch ein Schutz des Dampf- und Kondensatsystems erreichbar ist.

Die Nachteile bei Natriumsulfit:
- Salzanreicherung,
- kein Schutz nachgeschalteter Systeme.

Die Nachteile bei Hydrazin:
- Sicherheitsmaßnahmen, da Hydrazin sehr stark alkalisch ist,
- ohne Nachbehandlung bei direkter Verwendung des Dampfes für z. B. Luftbefeuchter, Lebensmittel etc. nicht verwendbar.

2.8.4 Schwimmbadewasseraufbereitung

Allgemeines

Bewegungs- und Therapiebecken unterliegen als öffentliche Gemeinschaftsbäder der DIN 19643 „Aufbereitung und Desinfektion von Schwimm- und Badebeckenwasser“ [35] sowie den Richtlinien für den Bäderraum (KOK) [43]. Schwimmbeckenwasser muss grundsätzlich Trinkwasserqualität aufweisen. Das gilt für das Füllwasser, das Reinwasser und das Beckenwasser. Um die hygienischen Anforderungen, besonders im medizinischen Bewegungs- und Therapiebecken, einzuhalten, sind zahlreiche Aufbereitungs- und Desinfektionsmaßnahmen regelmäßig durchzuführen. So müssen vor allem große

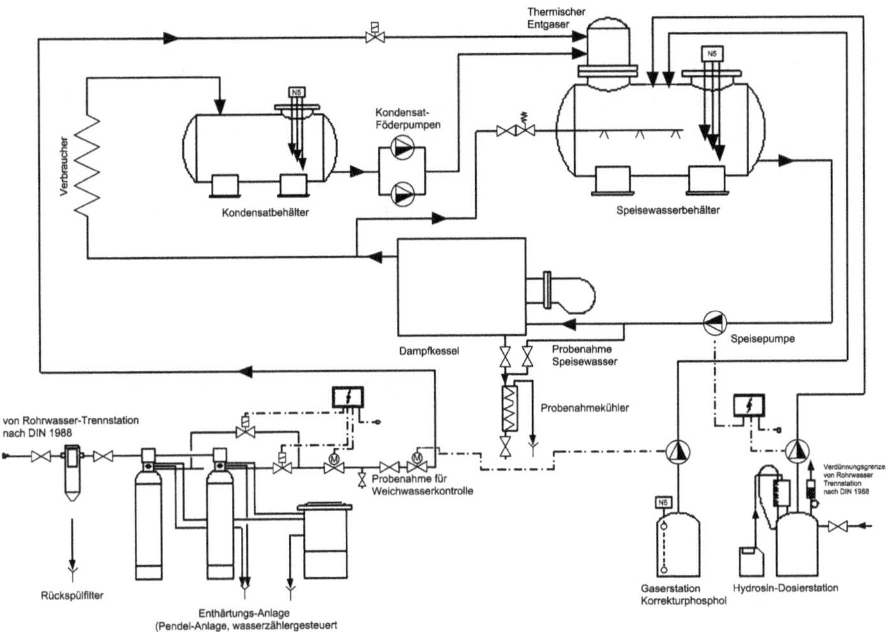

Abb. 2.43: Mögliches Verfahrensschema ND-Dampferzeugung.

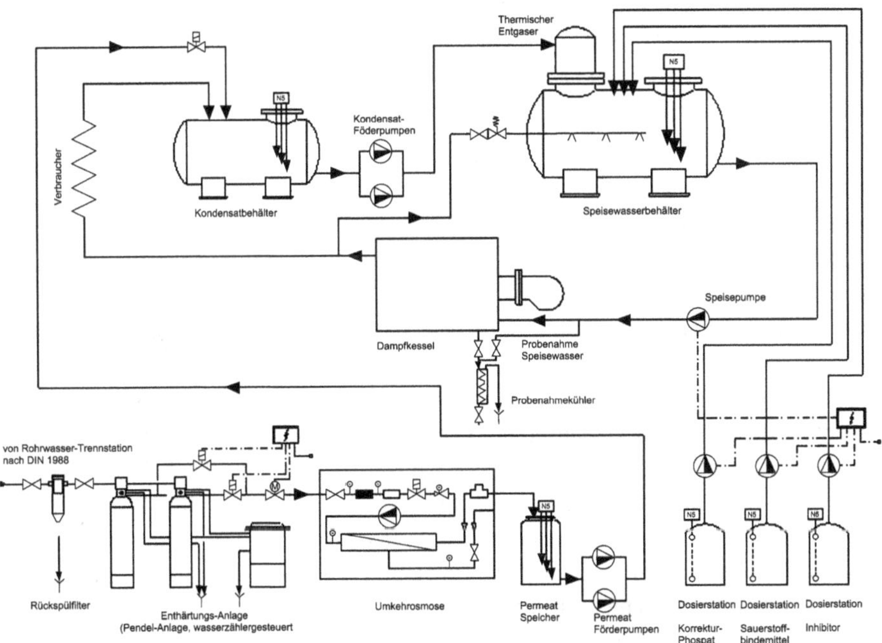

Abb. 2.44: Mögliches Verfahrensschema HD-Dampferzeugung.

Verunreinigungen, Trübstoffe, Kolloide und echt gelöste Stoffe sowie Mikroorganismen und Viren aus dem Becken zurückgehalten werden. Zur Verdeutlichung werden erfahrungsgemäß von einem gesunden Badbenutzer nach gründlicher Körperreinigung noch durchschnittlich 35 Mio. Bakterien, ca. 4 g organische Substanzen wie Haare, Hautpartikel usw. sowie ca. 50 cm^3 Urin in das Wasser abgegeben. Es sind daher Filtrations-, Desinfektions- sowie Neutralisationsmaßnahmen zur Aufrechterhaltung der Beckenwasserqualität notwendig.

Filtrationen
Die am häufigsten angewandten Verfahrenstechniken sind die Mehrschichtfiltration und die Einschichtfiltration. Neben Adsorption, Sedimentation und hydrodynamischen Effekten kommen als Ablagerungsmechanismen van der Vaal'sche und elektrokinetische Kräfte sowie chemische Vorgänge zutragen.

Einschichtfiltration
Das Kreislaufwasser wird über feinkörniges Material gefiltert. Die filtrierbaren Stoffe werden auf der Oberfläche bzw. im oberen Teil der Filterschicht zurückgehalten (Oberflächenfiltration). Der Vorteil bei der Verwendung von feinkörnigen Filtermaterialien besteht darin, dass ein Durchbruch von Feststoffen vor Beendigung der Filterlaufzeit nicht erfolgt. Nachteilig sind die kurzen Filterlaufzeiten bei großen Feststoffbelastungen. Bei gröberen Körnungen bleiben die Feststoffe nicht an der Oberfläche der Filtermaterialschicht, sondern dringen mehr oder weniger tief in das Filterbett ein (Raum- und Tiefenfiltration). Hieraus resultieren lange Filterlaufzeiten und geringer Druckverlustanstieg, jedoch ist die Möglichkeit eines vorzeitigen Durchbruchs von Feststoffen gegeben.

Mehrschichtfiltration
Die Mehrschichtfiltration stellt eine Kombination der Filtrationsformen Raumfiltration und Oberflächenfiltration dar. Durch sie werden die Vorteile beider Verfahren ausgenutzt und deren Nachteile vermieden. Bei der Zweischichtfiltration bestehen beispielsweise die obere Schicht aus einem grobkörnigen Material geringer Dichte und die untere Schicht aus einem feinkörnigen Material mit größerer Dichte. Die obere grobkörnige Schicht wird als Tiefen- oder Raumfilter mit geringem Druckverlustanstieg wirksam, die untere feinkörnige Schicht hat die Aufgabe, feinste Teilchen zurückzuhalten und damit eine gute Filtratqualität sicherzustellen. Die Durchbruchslaufzeit eines Zweischichtfilters ist länger als die Widerstandslaufzeit, d. h. es ist während der gesamten Filterlaufzeit eine einwandfreie Filtratqualität gewährleistet. Die Vorteile der Mehrschichtfiltration gegenüber der Einschichtfiltration sind:
- Belastung mit größeren Feststoffmengen,
- längere Filterlaufzeit,
- höhere Filtergeschwindigkeiten,

- bessere und gleichmäßige Filtratqualität,
- größere Sicherheit des Filterbetriebs,
- geringer Spülwasserverbrauch,
- geringer Raumbedarf.

Der verfahrensgerechte Filterschichtaufbau für Süßwassermehrschichtfilter, bestehend aus Filtersand und Anthrazitkohle hat folgenden, von unten nach oben laufenden, Schichtaufbau:
- 150 mm Stützschicht 8,0–5,0 mm KG (Korngröße)
- 150 mm Stützschicht 6,0–2,0 mm KG
- 700 mm Filtersand 1,2–0.7 mm KG
- 700 mm Anthrazitkohle 2,5–1,4 mm KG

Flockungsfiltration mit Filterspülung

Bei der Flockungsfiltration werden filtrierbar gemachte Verunreinigungen und Mikroorganismen in einem Filterbett, meistens aus Sand bestehend, zurückgehalten und periodisch durch Spülung entfernt.

Zur Entstabilisierung der Kolloide werden Flockungsmittel über ein Dosiergerät zugesetzt, wodurch die Kolloide in eine filtrierbare Form überführt werden. Als Flockungsmittel wird überwiegend Aluminiumsulfat verwendet. Es reagiert mit Wasser unter Bildung von schwer löslichem, voluminösem Aluminiumhydroxid.

Die Flockung mit Aluminiumsulfat ist nur im Bereich von pH 6,9 bis pH 7,2 möglich, da sich sonst lösliches Aluminium bildet. Bei Einsatz von Aluminiumhydroxychlorid kann im pH-Bereich 6,5–7,6 gearbeitet werden.

Bei höheren pH-Werten ist der Einsatz von Eisen(III)-Chlorid zu empfehlen. Die Dosierung von Flockungsmittel sollte auf das jeweilige Beckenwasser abgestimmt und nachträglich optimiert werden. Weiterhin ist zu beachten, dass die Flockungsfiltration eine regelmäßige Filterspülung beinhaltet.

Mithilfe der Filterspülung kommt es zu einer Fluidisierung der zu filternden Schichten, um eine Austragung der im Filter zurückgehaltenen Stoffe und Mikroorganismen zu gewährleisten.

Die weiteren Aufgaben der Spülung sind die Auflockerung des Filtermaterials zur Wiederherstellung einer günstigen Lagerungsdichte und des ursprünglich vorhandenen Filterbettes, die Verhinderung und Beseitigung von Verpackungen und Verklebungen des Filtermaterials sowie die Austragung von Filtermaterialabriebs und Unterkorn.

Voraussetzung einer verfahrensgerechten Filterspülung ist die Bereitstellung der erforderlichen Wassermengen. Eine Spülung mit Wasser aus dem Trinkwassernetz durch eine unmittelbare Verbindung zum Trinkwassernetz ist unzulässig, und der Einbau von Rohrunterbrechern aufgrund der großen Wassertemperaturunterschiede nicht empfehlenswert. Zweckmäßig wird das Spülwasser daher aus dem Kreislauf, d. h. über einen Sammelbehälter, den sogenannten Schwallwasserbehälter, entnommen.

Die Wirksamkeit der Filterrückspülung bestimmt wesentlich die Filtratqualität. So ist mindestens einmal in der Woche eine Rückspülung zur Sicherung hygienisch einwandfreier Verhältnisse im Filter erforderlich. Vor der Filterspülung ist das Wasser bis zum Ablauftrichter abzusenken.

Wird die Spülung durch Lufteintrag (Spülluftgebläse) unterstützt, muss bei Mehrschichtfiltern das Wasser bis zur Materialoberfläche abgesenkt werden, da sonst das leichte Filtermaterial der oberen Filterschicht ausgetragen wird.

Das Spülprogramm hat nach dem Wasserabsenkungsvorgang folgende Phasen:

1. Wasserspülung 6–7 min, bei einer Wassergeschwindigkeit > 50 m/h
2. Erstfiltrat ≈ 3 min
3. Manuelle Ablösung des normalen Filterbetriebes

Je Quadratmeter Wasserfläche werden ca. 6 m^3 Spülwasservolumen benötigt. Aus hygienischen Gründen ist eine direkte Verbindung der Filterverrohrung mit dem Entwässerungssystem nicht erlaubt. Das ablaufende Spülwasser (Schlammwasser) wird daher meist über einen Auffangbehälter bis zum Übergabeschacht der Kanalisation geführt.

Adsorptions- bzw. Anschwemmfiltration

Eine weitere Möglichkeit der Beckenwasserfiltration ist die Adsorptions- oder Anschwemmfiltration. Hierbei benötigt man eine Mischung aus Kieselgur und pulverförmiger Aktivkohle, die an eine Trägerkonstruktion angeschwemmt wird. Nach Abschluss der Anschwemmphase wird der Filter in Arbeitsstellung geschaltet, und unter dem Druck des drängenden Wassers werden Verunreinigungen auf dem angeschwemmten Material zurückgehalten. Es ist eine ständige Zugabe von Kieselgur und Aktivkohlepulver erforderlich. Hat die Verstopfung des Filters ein bestimmtes Ausmaß erreicht, so wird in der Regenerierphase durch Fließrichtungsumkehrung die alte verbrauchte Filterschicht (Filterkuchen) abgeworfen, und eine Neuanschwemmung kann erfolgen. Die Anschwemmfiltration mit Kieselgur und Aktivkohle hat den Vorteil, dass durch Chargierung und ständiger Pulverkohledosierung die Konzentration an Chloraminen im Beckenwasser im Allgemeinen geringer als mit einer Flockungsfiltration ist. Weiterhin sind kleinere Baugrößen bei hohen Durchsatzleistungen nötig. Zur Badewasseraufbereitung sind offene und geschlossene Anschwemmfilter bekannt. Während ein offener Filter im Unterdruck arbeitet, wird für größere Durchlaufleistungen im Allgemeinen ein geschlossener Filter im Drucksystem gewählt.

Bemessung des Filtervolumenstromes

Die Volumenstrombestimmung für therapeutische Bewegungsbecken entspricht der für Nichtschwimmerbecken unter Berücksichtigung der Verfahrenskombination, die sich aus der personenbezogenen Belastung (*b*-Wert) und der personenbezogenen Frequenz „*n*“ herleitet. Bei der Verfahrenskombination Flockung + Filterung + Chlorung, sowie dem Aktivkohle-Anschwemmfilterverfahren ist die personenbezogene Belastung

$b = 0,5\,1/\text{m}^3$ zu setzen. In Verbindung mit einer zusätzlichen Ozonaufbereitungsstufe ist der *b*-Wert 0,6 $1/\text{m}^3$, was gleichzeitig eine Verringerung des Umwälzvolumenstromes bedeutet. Der Filterumwälzvolumenstrom Q errechnet sich aus der Formel:

$$Q = (A \cdot n)/(a \cdot b) \qquad [\text{m}^3/\text{h}]$$

Q: Volumenstrom der Beckenwasseraufbereitung [m^3/h]
A: Beckenwasserfläche [m^2]
a: Wasserfläche je Person [m^2]
n: personenbezogene Frequenz [1/h]
b: personenbezogene Belastung [$1/\text{m}^3$]

Bei Nichtschwimmerbecken, Wassertiefe zwischen 0,6 und 1,35 m, beträgt die Wasserfläche je Person $a = 2{,}7\,\text{m}^2$ und die personenbezogene Frequenz $n = 1\,1/\text{h}$.

Die personenbezogene Frequenz bzw. Nennbelastung N ergibt sich aus:

$$N = Q \cdot b \quad [1/\text{h}]$$

N: personenbezogene Belastung [$1/\text{m}^3$]
Q: Nennbelastung [1/h]
b: Filtervolumenstrom [m^3/h]

Bemessung der Filtergröße

Der Filterdurchmesser richtet sich nach dem Filtersystem in Abhängigkeit zur Filtergeschwindigkeit. Nach der DIN 19643 ergibt sich für Einschicht- und Mehrschichtfilter eine Filtergeschwindigkeit von $w \leq 30$ m/h.

Die Filterfläche A errechnet sich nach folgender Formel:

$$A_F = Q/w \quad [\text{m}^2]$$

A_F: Filterfläche [m^2]
Q: Filtervolumenstrom [m^3/h]
w: Filtergeschwindigkeit [m/h]

Beispiel

Bei einem Bewegungsbecken mit 24 m^2 Wasserfläche und einer Verfahrenskombination Flockung + Filterung + Chlorung sowie Aktivkohle-Anschwemmfilterverfahren ist der Filtervolumenstrom Q, die Nennbelastung N sowie die Filtergröße zu bestimmen.

Filtervolumenstrom Q:

$$Q = (24 \cdot 1)/(2{,}7 \cdot 0{,}5) = 18\,\text{m}^3/\text{h}$$

Nennbelastung N:

$$N = 18 \cdot 0{,}5 = 9\,\mathrm{l/h}$$

Filterfläche:

$$A_F = 18/30 = 0{,}6\,\mathrm{m}^2$$

⇒ daraus ergibt sich ein Filterdurchmesser d von: $d = 0{,}9\,\mathrm{m}$

Desinfektionen

Eine wichtige Rolle im Bereich der Schwimmbadtechnik fällt der Desinfektion des Beckenwassers zu. Die von den Badegästen bzw. aus der Umgebung eingebrachten Mikroorganismen müssen durch ein oxidierend wirkendes Desinfektionsmittel abgetötet werden, sodass die Beckenwasserqualität gewissen Grenzwerten entspricht (Tab. 2.26).

Tab. 2.26: Anforderungen an das Reinwasser und Beckenwasser.

Parameter		Einheit	Reinwasser		Beckenwasser	
			min.	max.	min.	max.
Mikrobiologische Parameter						
Pseudomonas aeruginosa	bei 36±1 °C	1/(100 ml)	–	n. n.	–	n. n.
Kolonie bildende Einheiten (KBE)	bei 20±2 °C	1/ml	–	20	–	100
Kolonie bildende Einheiten (KBE)	bei 36±1 °C	1/ml	–	20	–	100
Coliforme Keime	bei 36±1 °C	1/(100 ml)	–	n. n.	–	n. n.
E. coli	bei 36±1 °C	1/(100 ml)	–	n. n.	–	n. n.
Legionella specialis		1/(10 ml)	–	n. n.	–	n. n.
Wassertemperaturen für						
Bewegungsbecken		°C	–	–	28	32
Therapiebecken		°C	–	–	32	36
Warmsprudelbecken		°C	–	–	–	37
Klarheit		–	–	–	einwandfreie Sicht über den ganzen Beckenboden	
pH-Wert		–	6,5	7,6	6,5	7,6
Süßwasser		–	6,5	7,8	6,5	7,8
Meerwasser		$\mathrm{mmol/m^3}$	–	–	–	322
Nitrat über der Nitratkonzentr. des Füllwassers		mg/*l*	–	–	–	20
Oxidierbarkeit Mn VII→II über dem Wert des Füllwassers*) als O_2		mg/*l*	–	0	–	0,75
$KMnO_4$-Verbrauch über dem Wert des Füllwassers*) als $KMnO_4$		mg/*l*	–	0	–	3
freies Chlor		mg/*l*	0,3	nach	0,3	0,6

Tab. 2.26 (Fortsetzung)

Parameter	Einheit	Reinwasser		Beckenwasser	
		min.	max.	min.	max.
Allgemein	mg/*l*	0,7	Bedarf	0,7	1,0
Warmsprudelbecken gebundenes Chlor	mg/*l*	–	0,2	–	0,2
Trihalogenmethane	mg/*l*	–	0,02	–	0,02
Redox-Spannung gegen Kalomel 3,5 m Kcl für Süßwasser					
6,5 ≤ pH-Wert ≤ 7,3	mV	–	–	700	–
7,3 < pH-Wert ≤ 7,6	mV	–	–	720	–
für Meerwasser					
6,5 ≤ pH-Wert ≤ 7,3	mV	–	–	650	–
7,3 < pH-Wert ≤ 7,8	mV	–	–	670	–
Redox-Spannung gegen Ag/AgCl 3,5 m Kcl für Süßwasser					
6,5 ≤ pH-Wert ≤ 7,3	mV	–	–	750	–
7,3 < pH-Wert ≤ 7,6	mV	–	–	770	–
für Meerwasser					
6,5 ≤ pH-Wert ≤ 7,3	mV	–	–	700	–
7,3 < pH-Wert ≤ 7,8	mV	–	–	720	–
Redox-Spannung für Wasser mit einem Chloridgehalt <5000 mg/l sowie für bromid- oder iodidhaltige Wässer über 0,5 mg/l	mV	–	–	Grenzwert ist experimentell zu bestimmen	

*) Liegt die Oxidierbarkeit des aufbereiteten Wassers bei unbelasteter Anlage unter der des Füllwassers, so ist dieser niedrigere Wert als Bezugswert zu benutzen; liegt jedoch die Oxidierbarkeit des Füllwassers unter 1,0 mg/*l* O_2 bzw. unter 4 mg/*l* $KMnO_4$, gelten 1,0 mg/*l* O_2 bzw. 4 mg/*l* $KMnO_4$ als Bezugswerte.
n. n. = nicht nachweisbar.

Zur Desinfektion dürfen gemäß der DIN 19643 folgende Verfahren angewendet werden:

- Natriumhypochlorit-Verfahren (Chlorbleichlauge),
- Unterchlorigsäure-Verfahren,
- Chlor-Chlordioxid-Verfahren,
- Hypochlorit-Verfahren mit Chlorerzeugung am Zugabeort aus Natriumchlorid durch Elektrolyse (DIN 19608) [36],
- Ozonung.

Chlorung

Die in der Schwimmbadwasseraufbereitung übliche Desinfektionsmethode ist die Chlorung. Man unterscheidet zwischen die chemische Entkeimung mithilfe von Chlorverbindungen und Chlorgas.

Chlorverbindungen

Die Chlorverbindungen, in der Regel Natriumhypochlorit und Calciumhypochlorit, werden üblicherweise in Form von Lösungen mittels einer Dosieranlage oder in fester Form dem zu entkeimenden Wasser zugesetzt. Die Keimtötungsgeschwindigkeit ist abhängig von der Einwirkzeit, der Durchmischung, vom Chlorüberschuss, vom pH-Wert und der Temperatur des Wassers. Der Chlorüberschuss (freies, wirksames Chlor) resultiert aus dem Chlorzusatz und dem Chlorverbrauch (Chlorzehrung), der infolge des Vorhandenseins oxidierbarer Wasserinhaltsstoffe entsteht. Dem Wasser muss daher so viel Chlor zugesetzt werden, dass nach einer bestimmten Einwirkzeit noch die, zur Keimtötung erforderliche, Mindestmenge wirksames Chlor vorhanden ist. Nach der DIN 19643 Teil 2 muss die Mindestkonzentration an freiem Chor 0,3 mg/l betragen, wobei der Maximalwert 0,6 mg/l nicht überschritten werden soll.

Die Vorteile der Entkeimung mit Chlorverbindungen sind:
- gute bakterizide Wirkung,
- einfache Handhabung,
- geringe Betriebskosten,
- geringe Investitionskosten.

Die Nachteile sind:
- instabile Lösungen,
- ständige Überwachung,
- mögliche Bildung chlorierter Kohlenwasserstoffe entsprechender organischer Substanzen.

X Flaschenanschlussgerät mit automatischem Umschalter
D Chlorgasdosiergerät nach DIN 19606 [37] *mit Stellmotor und Massenstrom-Messgerät*
F Feststoffabscheider
A Aktivkohlefilter zur Entchlorung

Chlorgas

In größeren Wasseraufbereitungsanlagen mit einem Beckenwasser-Umwälzvolumen über 100 m^3/h wird in der Regel das Chlorgasverfahren zur Entkeimung verwendet. Die Zugabe des Chlorgases erfolgt aus Stahlflaschen mithilfe einer speziellen Apparatur. Beim Chlorgasverfahren wird als Ausgangsstoff flüssiges bzw. gasförmiges Chlor verwendet, aus dem nach dem indirekten Chlorgasverfahren eine wässerige Chlorlösung hergestellt wird. Neben der desinfizierenden Unterchlorigsäure (HClO) entsteht als Nebenprodukt beim Einleiten von Chlor in das Beckenwasser Salzsäure, die Trübungen verhindert und den pH-Wert senkt Abb. 2.45 u. 2.46).

Die Vorteile des Chlorgasverfahrens sind:
- gute bakterizide Wirkung,
- geringe Betriebskosten.

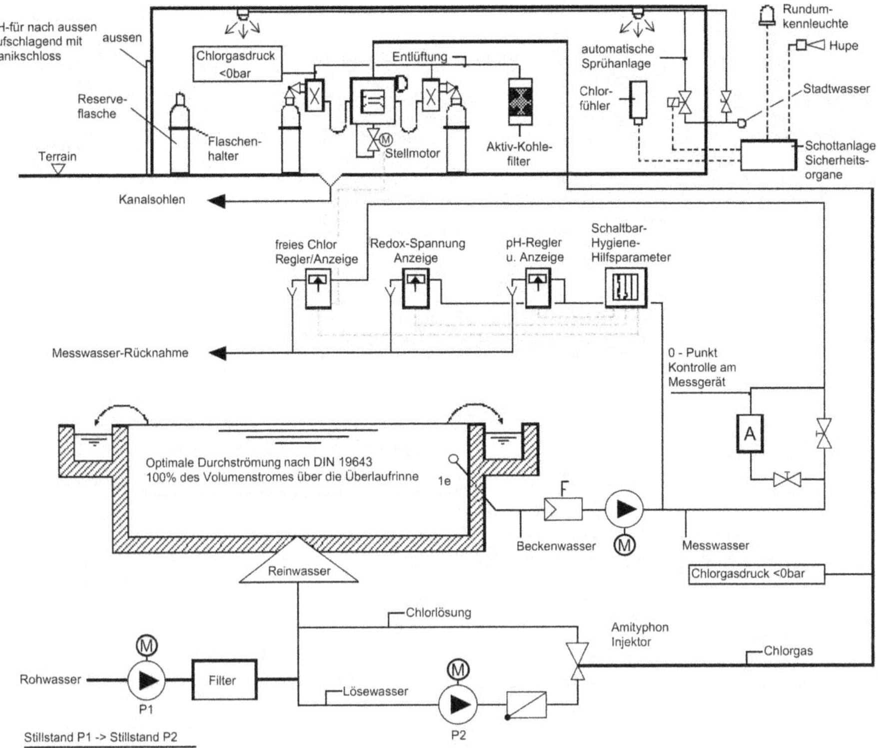

Abb. 2.45: Schema einer Chlordosieranlage mit Regelautomatik.

Die Nachteile sind:
- hohe Investitionskosten durch Anlagetechnik und bauliche Sicherheitsmaßnahmen,
- mögliche Bildung von chlorierten Kohlenwasserstoffen,
- mögliche Bildung von Chlorphenolen.

Im Allgemeinen beruhen die Risiken, die bei einer Schwimmbadwasserdesinfektion mithilfe von Chlor entstehen, auf den unerwünschten Nebenprodukten der Chlorreaktionen und organischen Halogenverbindungen. Zur Herabsetzung des Bildungspotentials dieser Nebenprodukte soll die Chlordosierung auf das unbedingte Minimum beschränkt werden. Infolge seiner toxischen Wirkung sind im Umgang mit Chlor wichtige Sicherheitsmaßnahmen zur Verhütung von Personen- und Materialschäden unbedingt einzuhalten.

Ozonung

Ozon (O_3) ist das derzeit stärkste in der Wasseraufbereitung einsetzbare Desinfektions- und Oxidationsmittel. Es baut nicht nur organische und anorganische Beckenwasser-

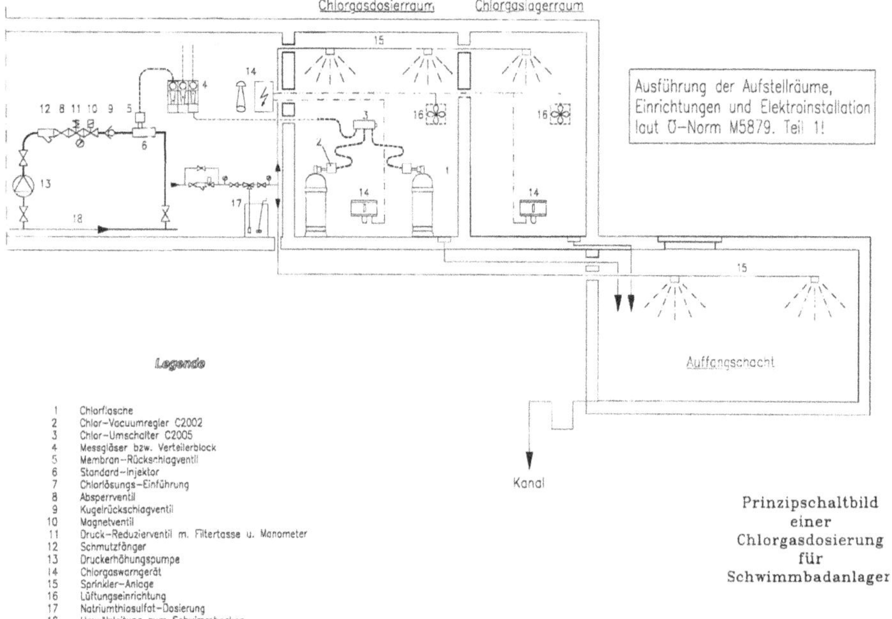

Abb. 2.46: Zeigt das Prinzipschaltbild einer Chlorgasdosierung für eine Schwimmbadanlage.

verunreinigungen im kolloidalen Bereich (< 0,001 mm) ab, sondern teilweise auch Harnstoff ohne Bildung störender Reaktionsprodukte (Chloramin), die für Haut-, Schleimhaut- und Augenreizungen verantwortlich sind.

Die Herstellung des Ozons geschieht durch stille, elektrische Entladung aus der Umgebungsluft. Die Feuchtigkeit der Luft wird in einem Trockner an Kieselgel oder Aluminiumoxidgel entfernt. Zwei Metallelektroden sind durch ein Dielektrikum (spezielles Glas) und einem Luftspalt voneinander getrennt. An den Elektroden liegt ein Wechselstrom von 600 bis 15000 V mit einer Frequenz von 50 bis 1000 Hz vor. Durch den Luftspalt wird die getrocknete Luft geleitet und die anliegende elektrische Energie spaltet einen Teil des Sauerstoffes der Luft und überführt ihn in Ozon.

Das in einem Ozonschrank erzeugte Ozon-Luft-Gemisch wird mit dem Badewasser über einen Injektor vermischt. Nach einer ausreichenden Reaktionszeit, in der das Ozon organische Stoffe koaguliert (Flockung), Haut und sonstige Fette verseift, Krankheitserreger abtötet, störende Stoffe des menschlichen Harns abbaut und ein eventuelles Sauerstoffdefizit ausgleicht, muss das ozonhaltige Wasser zur Entzonung über einen Aktivkohlefilter geführt werden.

Eine Einleitung von ozonisiertem Wasser direkt in das Schwimmbecken ohne Zwischenschaltung eines Aktivkohlefilters ist nach der DIN 19643 unzulässig. Ein Restozongehalt im Badewasser würde zu starken Reizungen der Schleimhäute und Bronchien führen.

Die zur Entkeimung benötigte Ozonmenge ist abhängig von Art und Menge der Wasserinhaltsstoffe und dem pH-Wert des Wassers. Da Ozon sehr toxisch ist, darf der Restozongehalt im Becken 0,05 mg/l nicht überschreiten. Daher ist eine zusätzliche, wenn auch geringe Nachchlorierung erforderlich, um ins Beckenwasser eingetragene Erreger übertragbarer Krankheiten innerhalb der geforderten Zeit von 30 Sekunden direkt im Beckenwasser abzutöten.

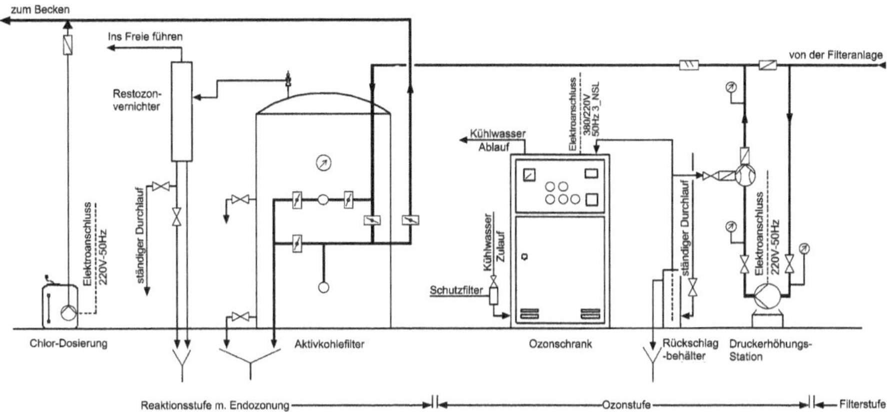

Abb. 2.47: Ozonungsanlage.

Die Vorteile des Ozonverfahrens sind:
- sichere Entkeimungswirkung,
- Geschmacks- und Geruchsverbesserung,
- Abbau organischer Substanzen,
- kein Chemikalienzusatz.

Die Nachteile des Verfahrens sind die, durch die aufwendige Anlagentechnik nötigen, hohen Investitionskosten.

Beispiele zur Schwimmbadewasseraufbereitung

Durch die Wasserverdrängung sowie die Zufuhr von bereits aufbereitetem Wasser wird der Wasserspiegel erhöht und das überlaufende Beckenwasser gelangt in die Überlaufrinne. Von dort wird es über diverse Abläufe in einen Wasserspeicher, den sogenannten Schwallwasserbehälter befördert. Dieser dient zur Aufnahme des in unterschiedlicher Menge anfallenden Wassers und somit zur Sicherung der ständigen Wasserabführung von der Wasseroberfläche sowie zur Bereitstellung der Rückspülwassermenge. Zur Vermeidung von Wasserverlusten durch Überlauf des Speichers in die Kanalisation (Notauslass) muss sein Volumen eine bestimmte Größe aufweisen. In den Schwallwasserbehälter mündet die Füllwasserleitung mit freiem Austritt gemäß DIN 1988. Von dem

Schwallwasserbehälter fließt das Rohwasser über einen Haar- und Faserfang der Umwälzpumpe zu. Diese fördert es über die Filterstrecke und, wenn vorhanden, über eine Ozonverfahrensstrecke als aufbereitetes Reinwasser in das Einströmsystem zum Becken zurück. Die Filterstrecke besteht im Allgemeinen aus einem vorgeschalteten Dosiergerät zur Zugabe von Flockungshilfsmitteln mit mehreren Dosierstationen desinfiziert.

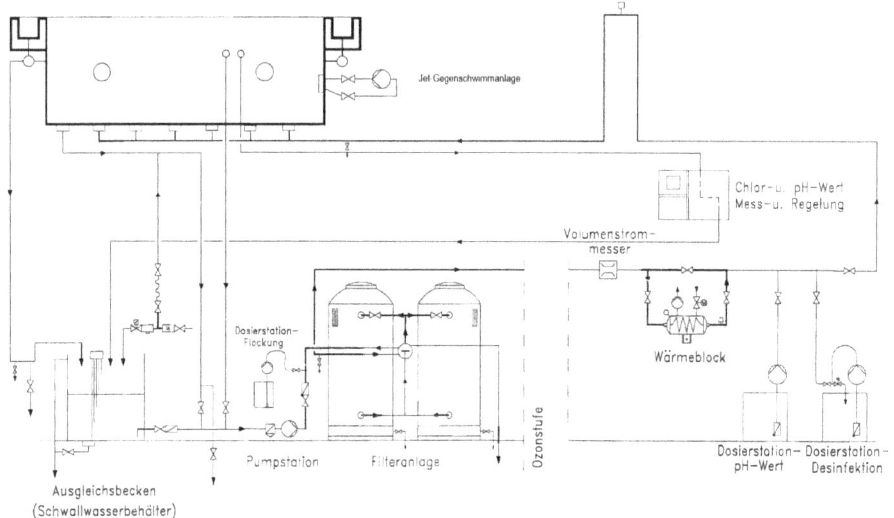

Abb. 2.48: Prinzipschaltbild einer Schwimmbadewasser-Aufbereitungsanlage.

Literatur

[1] Ako GmbH & Co. KG, „Rohre System Technologien“, Produktunterlagen, Köln, Ausgabe Juni 1993.
[2] Fa. D. Bamag GmbH, Dekontaminierungsanlage, 1976 Projektunterlagen der Firma.
[3] Fa. Benckiser, Handbuch für Wasseraufbereitung, März, 1990 Firmenschrift.
[4] Fa. Benckiser, Planungsmappe Schwimmbadtechnik, 1991 Firmenschrift.
[5] Bundesgesundheitsamt, Richtlinien für die Erkennung, Verhütung und Bekämpfung v. Krankenhausinfektionen, Gustav-Fischer-Verlag, Stuttgart, Ausgabe August 1989.
[6] Deutsche Gesellschaft für das Badewesen e. V., „Baurichtlinien für Medizinische Bäder“, Verlag Arno Schrickel, Oberstdorf 2. Aufl. 1990.
[7] Dirschl L.: Maschinen- und Apparatebau GmbH, Produktunterlagen.
[8] Feurich H.: „Sanitärtechnik“, Krammer Verlag, 1993.
[9] Gilbert O.: „Hydrotherapie und Balneotherapie in Theorie und Praxis“, 8. Auflage, 1980, Richard Pflaum Verlag, München.
[10] Grünbauer J.: Beschreibung einer Abteilung für Balneologische Therapie, Diplomarbeit Hochschule, München, 1991.
[11] Fa. Grünbeck, Informationsmaterial zu Trinkwasserschutz von Trinkwasseranlagen. 2022 Firmenschrift.
[12] Fa. Jensen, Heidenheim, Planungsunterlagen über Wäschereisysteme. Firmenschrift 1994.

[13] Knoblauch H.-J.: „Weg und Verfahren der neuzeitlichen Hydro- und Balneotherapie“, ASH-Schriftenreihe, Pester-Selz-Stiftung, Berlin, 1983.
[14] IB Kaufer + Passer, Planungsunterlagen Krankenhaus St. Barbara, Schwandorf. 1983.
[15] IB Kaufer + Passer, Planungsunterlagen Krankenhaus Starnberg. 1991.
[16] Klinikum München Großhadern, Projektunterlagen. 1986.
[17] Liepsch D.: Vorlesungsskriptum: „Krankenhaustechnik I“, FH-München, Ausgabe 1991.
[18] Fa. Omnical, Produktunterlagen, Wasseraufbereitungstechnik. Firmenschrift 1993.
[19] Fa. Passavant, Produktkatalog für Abscheideranlagen. Firmenkatalog.
[20] Fa. Senking, Wäschereimaschinen, Produktunterlagen. Firmenkatalog.
[21] Fa. Wamsler, Planungsunterlagen für Krankenhausküchen. Firmenschrift.
[22] DIN 4109 Schallschutzmaßnahmen, baulicher Schallschutz. Fischer H. M., Schneider M.: Handbuch zur DIN4109 Beuth, Berlin 17.04.2019.
[23] DIN 4102 Brandschutzmaßnahmen 2016-05. Beuth Verlag, Berlin.
[24] DIN 1988 Teil 3: Technische Regeln für Trinkwasserinstallationen. Ermittlung der Rohrdurchmesser. Beuth Verlag, Berlin 1988-12 und Technische Regel des DVGW, Köln 1988-12.
[25] DIN 12056 Dimensionierung von Schmutzwasserleitungen, Mindestnennweiten bzw. Höchstgefälle von Leitungen 2016-12. Beuth Verlag, Berlin.
[26] BSeuchG – Bundes-Seuchengesetz (Infektionsschutzgesetz 2021 neueste Fassung) C. H. Beck, Berlin, 2022.
[27] Arbeitsblatt A115 der ATV das Arbeitsblatt der Abwassertechnischen Vereinigung wurde zurückgezogen, Nachfolge DWA-M115. Bonn.
[28] DIN 1190 Restfeuchte 2015-11. Beuth Verlag, Berlin.
[29] DIN 4810 Druckbehälter, Druckkessel 2015. Beuth Verlag, Berlin.
[30] DIN 19520 Abwasser aus Krankenanstalten. Beuth-Verlag, Berlin. 1964-05.
[31] DIN 1999 Abscheideranlagen (Eliminierung der Schadstoffe mineralischer Leichtflüssigkeiten, organ. Leichtstoffen, Speiseöl, Fette, Heizöl etc.) 2016-12. Berlin.
[32] DIN 4040 Abscheideranlagen (Schlammfänge von Fettabscheidern) 2016-12.
[33] DIN 2000 Aufbereitung des Trinkwassers 2017-06. Berlin.
[34] DIN 19636 Enthärtungsanlagen in der Trinkwasserinstalation 2023-05.
[35] DIN 19643 Aufbereitung und Desinfektion von Schwimm- u. Badebeckenwasser 2012. Berlin.
[36] DIN 19608 Hypochloritverfahren mit Chlorerzeugung am Zugabeort aus Natriumchlorid durch Elektrolyse 1976-06. Berlin.
[37] DIN 19606 Chlordosieranlagen zur Wasseraufbereitung. Beuth Verlag, Berlin 2020-01.
[38] VDI Richtlinie 2035 Vermeidung von Schäden in Warmwasser-Heizungsanlagen 2021-03. Düsselldorf.
[39] Technische Richtlinie Dampf TRD 602 TRBS 2141 Techn. Regeln für Betriebssicherheit. Gefährdung durch Dampf und Druck. 1982-05.
[40] Technische Richtlinie Dampf TRD 604 BOB Betrieb von Dampfkesselanlagen 1986-09.
[41] TRD 611 Speisewasser und Kesselwasser von Dampferzeugern 1996-12 geändert Bund 2001-08.
[42] KOK: Richtlinie für den Bäderraum. Weilandt M.: Deutsche Ges. für das Bäderwesen Koordinierungskreis Bäder 2022-12.
[43] DIN 1986Tell12 Schmutzwasser-Fallleitungen mit Hauptlüftung. Beuth Verlag, Berlin.

3 Raumlufttechnische Anlagen

3.1 Klimatechnik

3.1.1 Das h-x-Diagramm für feuchte Luft

Die Zustände feuchter Luft und deren Änderungen können maßstäblich graphisch dargestellt werden. Von vier Angaben eines Zustandes, t, p, x und h werden zwei als Koordinaten, eine als Parameter und eine als konstanter Wert verwendet.

Die Verwendung des h-x-Diagramms nach Mollier hat sich als praktisch erwiesen. Die Koordinaten h und x bilden dabei einen Winkel, wodurch die Ablesung der Enthalpieanteile $c_{\mathrm{PL}} \cdot t$, $c_{\mathrm{PD}} \cdot t$ und r_0 möglich ist.

Der feste Wert ist p_{Lf} und der Parameter die Temperatur t.

Die Darstellung einer Zustandsänderung im h-x-Diagramm enthält ein jeweiliges Verhältnis Δh/Δx, welches in einem Randmaßstab angegeben ist, welche die Richtung der Zustandsänderung ergibt und bei Berechnungen zur Luftbefeuchtung Verwendung findet.

Beispiel. Enthalpieanteile feuchter Luft im h-x-Diagramm

$$t = 20\,°C; \quad x = 10\,\mathrm{g/kg}$$

(siehe Gl. 3.22 u. 3.23).

Berechnung:

$$H_{(20\,°\mathrm{C},x=10)} = x \cdot r_0 + (c_{\mathrm{PL,tr}} + c_{\mathrm{PD}} \cdot x) \cdot t \qquad \text{Abb. 3.2}$$

$$H_{(20\,°\mathrm{C},x=10)} = 0{,}01\,\frac{\mathrm{kg_{H_2O}}}{\mathrm{kg}_{L,\mathrm{tr}}} \cdot 2501{,}6\,\frac{\mathrm{kJ}}{\mathrm{kg}} + \left(1{,}006\,\frac{\mathrm{kJ}}{\mathrm{kg}_{L,\mathrm{tr}} \cdot \mathrm{K}} + 1{,}86\,\frac{\mathrm{kJ}}{\mathrm{kg_{H_2O}} \cdot \mathrm{K}} \cdot 0{,}01\,\frac{\mathrm{kg_{H_2O}}}{\mathrm{kg}_{L,\mathrm{tr}}}\right) \cdot 20\,\mathrm{K} = 45{,}5\,\frac{\mathrm{kJ}}{\mathrm{kg}} \tag{3.1}$$

Taupunkttemperatur t_T

Der Taupunkt eines Luftzustandes liegt im Schnittpunkt von der Ordinate x mit der Sättigungslinie $\varphi = 100\,\%$. Eine Temperatursenkung unter t_T ergibt Kondensation. (Nebel und Niederschlag an der Kühleroberfläche Abb. 3.3).

Die Feuchtkugeltemperatur t_f

Ein kleiner nasser Körper erhält im Luftstrom nach einiger Zeit eine Abkühlung auf die Temperatur t_f.

Im h-x-Diagramm ist das die Temperatur im Schnittpunkt der Sättigungslinie mit einer verlängerten Nebelisotherme durch den Zustandspunkt der Luft. Mit guter Näherung kann statt der Nebelisotherme die Adiabate h = konstant verwendet werden.

https://doi.org/10.1515/9783110402919-003

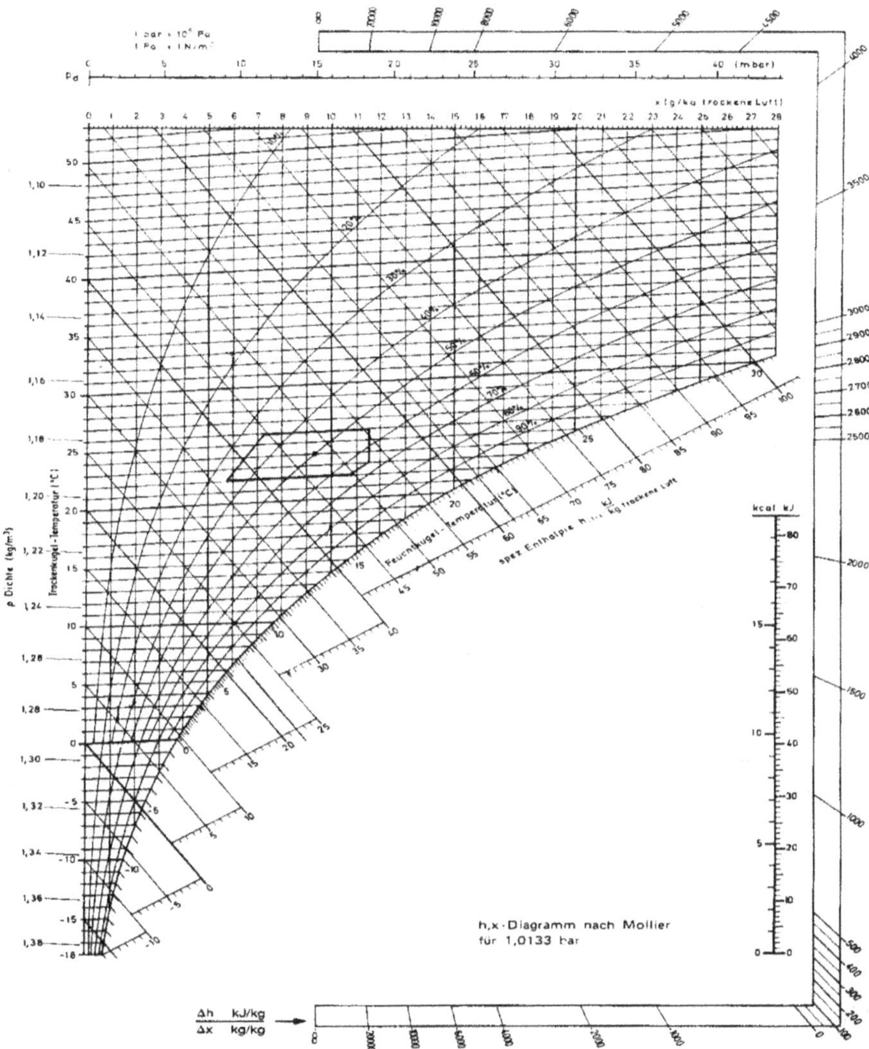

Abb. 3.1: Mollier h-x Diagramm.

(Durch die Oberflächenverdunstung erfolgt eine Abkühlung des Körpers, bis ein thermisches Gleichgewicht zwischen Verdunstungswärme an der Körperoberfläche und Wärmezufuhr aus der Luft vorhanden ist Abb. 3.4).

Psychrometer

Mit der Messung der Lufttemperatur und der Feuchtkugeltemperatur (mit einem Fühler, der eine weiße Hülle hat) kann φ bzw. x des Luftzustandes bestimmt werden. Für eine gute Messung ist eine Luftgeschwindigkeit von 2–4 m/s erforderlich.

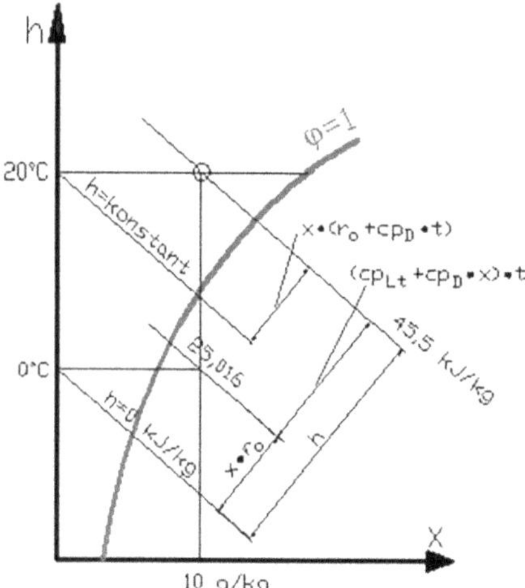

Abb. 3.2: Enthalpie feuchter Luft im h-x Diagramm.

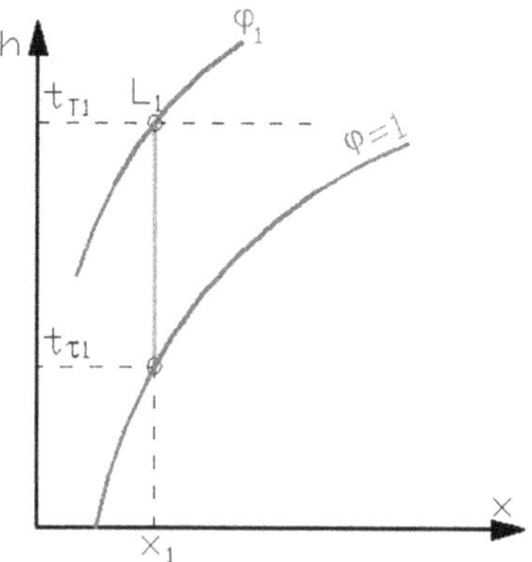

Abb. 3.3: Taupunkttemperatur im h-x Diagramm.

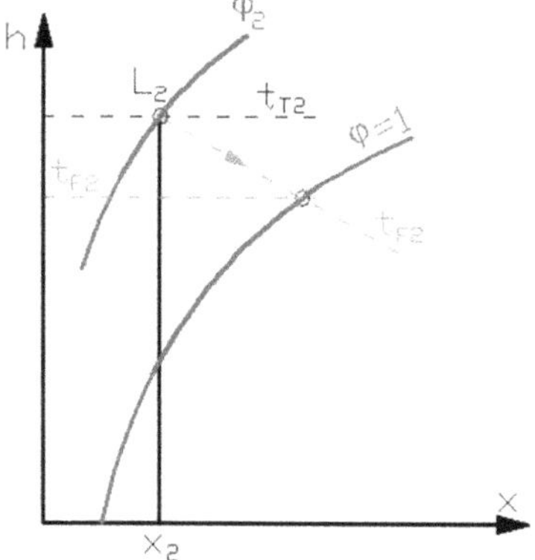

Abb. 3.4: h-x Diagramm Schnittpunkt der Sättigungslinie mit verlängerter Nebelisotherme. Statt Nebelisotherme wird die A diabate h = const. verwendet.

Beispiel.

$$t_L = 20\,°\text{C}; \quad t_f = 12{,}2\,°\text{C}$$
$$\text{aus Diagramm:} \quad \varphi = 40\,\%; \quad x = 4{,}9\,\text{g/kg}$$

Mischung zweier Luftströme

Der Mischzustand $\dot{m}_{LM}$ ist die Summe der zwei Luftströme $\dot{m}_{L1} + \dot{m}_{L2} = \dot{m}_{LM}$ und damit auch $x_M \cdot \dot{m}_{LM} = x_1 \cdot \dot{m}_{L1} + x_2 \cdot \dot{m}_{L2}$ Es ergeben sich die Werte für die Mischung x_M und h_M.

$$x_M = \frac{x_1 \cdot \dot{m}_{L1} + x_2 \cdot \dot{m}_{L2}}{m_{L1} + \dot{m}_{L2}} \tag{3.2}$$

$$h_M = \frac{h_1 \cdot \dot{m}_{L1} + h_2 \cdot \dot{m}_{L2}}{\dot{m}_{L1} + \dot{m}_{L2}} \tag{3.3}$$

Im h-x-Diagramm liegt der Mischpunkt auf der geraden Verbindung zwischen den zwei Luftzuständen, und teilt die Strecke im umgekehrten Verhältnis der Massenströme (Abb. 3.5).

$$\frac{l_A}{l_U} = \frac{\dot{m}_{LU}}{\dot{m}_{LA}} \tag{3.4}$$

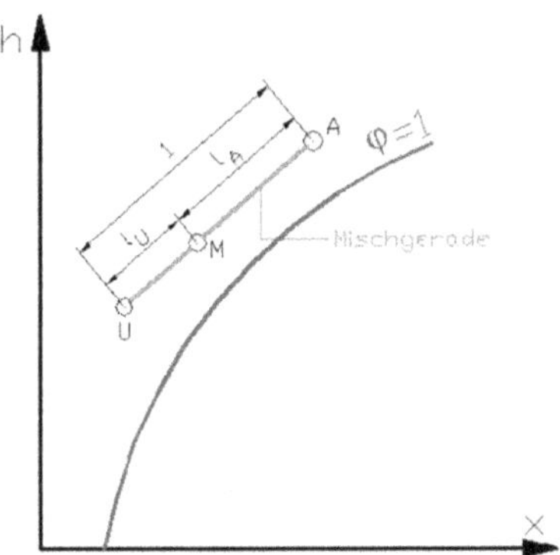

Abb. 3.5: Mischpunkt zweier Luftströme im h-x Diagramm.

Beispiel.

gegeben ist:

$$\text{Kaltluft:} \quad t_1 = -10\,°\text{C}; \quad x_1 = 1\,\frac{\text{g}}{\text{kg}}; \quad h_1 = -7{,}5\,\frac{\text{kJ}}{\text{kg}}; \quad \dot{m}_1 = 5.000\,\frac{\text{kg}}{\text{h}};$$

wird mit

$$\text{Warmluft:} \quad t_2 = 22\,°\text{C}; \quad x_2 = 9\,\frac{\text{g}}{\text{kg}}; \quad h_2 = 45\,\frac{\text{kJ}}{\text{kg}}; \quad \dot{m}_2 = 3.000\,\frac{\text{kg}}{\text{h}}$$

gemischt.

gesucht wird: x und h der Mischung (5 : 3)

Berechnung:

$$x_M = \frac{1\,\frac{g}{kg}\cdot 5000\,\frac{kg}{h} + 9\,\frac{g}{kg}\cdot 3000\,\frac{kg}{h}}{5000\,\frac{kg}{h} + 3000\,\frac{kg}{h}} = 4\,\frac{g}{kg}$$

$$h_M = \frac{-7{,}5\,\frac{kJ}{kg} * 5000\,\frac{kg}{h} + 45\,\frac{kJ}{kg} * 3000\,\frac{kg}{h}}{5000\,\frac{kg}{h} + 3000\,\frac{kg}{h}} = 12{,}2\,\frac{kJ}{kg}$$

3.1.2 Zustandsänderungen im h-x-Diagramm [2]

Erwärmung (x = konstant)

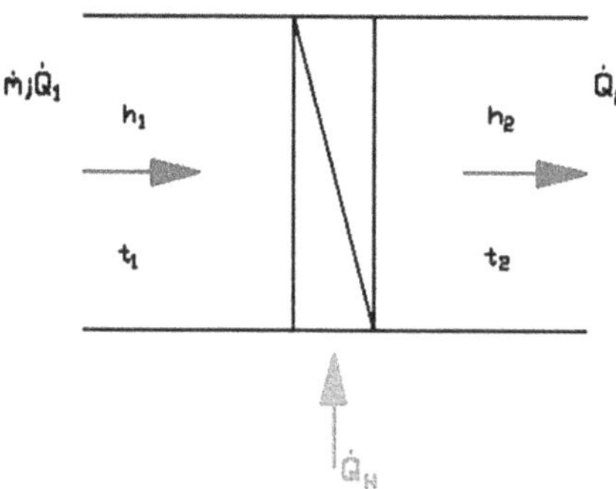

Abb. 3.6: Schema bei Erwärmung x = const.

Heizleistung

$$\dot{Q}_H = \dot{Q}_2 - \dot{Q}_1 = \dot{m}\cdot\Delta h \tag{3.5}$$

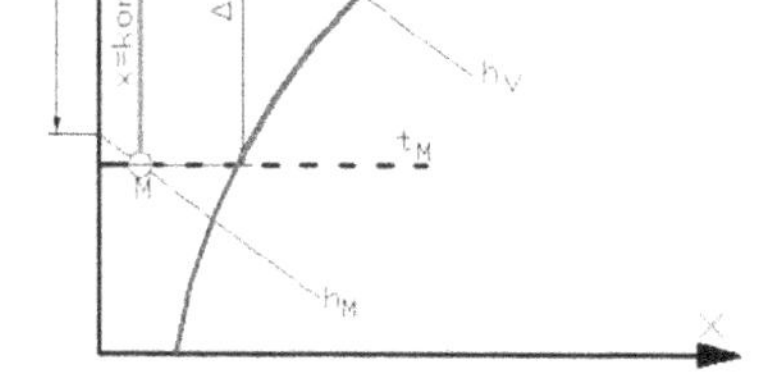

Abb. 3.7: h-x Diagramm beim Heizen. Abb. 3.6 und 3.7 zeigt die Zustandsänderung bei Erwärmung.

Beispiel.
gegeben ist:

$$10.000\,\frac{\text{m}^3}{\text{h}}\ \text{Luft mit}\ x = 4\,\frac{\text{g}}{\text{kg}}\ \text{sollen von}\ t_1 = 10\,°\text{C auf}\ t_2 = 22\,°\text{C aufgeheizt werden.}$$

gesucht wird: Heizleistung Q_H

$$\text{Aus h-x-Diagramm:}\quad \rho_1 = 1{,}22\,\frac{\text{kg}}{\text{m}^3};\quad \Delta h = 32 - 20 = 12\,\frac{\text{kJ}}{\text{kg}}$$

Berechnung:

$$\dot{m} = \rho\dot{V} = 1{,}22\,\frac{\text{kg}}{\text{m}^3}\cdot 10000\,\frac{\text{m}^3}{\text{h}} = 12200\,\frac{\text{kg}}{\text{h}}$$

$$\dot{Q}_H = \dot{m}\cdot\Delta h = 12200\,\frac{\text{kg}}{\text{h}}\cdot 12\,\frac{\text{kJ}}{\text{kg}} = 146400\,\frac{\text{kJ}}{\text{h}} = 40{,}67\,\text{kW}$$

Kühlung

Der Kühlvorgang mit Oberflächentemperaturen $t_0 > t_T$ wird im h-x-Diagramm auf $x =$ konstant, wie die Erwärmung, jedoch mit entgegengesetzter Wärmeflussrichtung dargestellt (Abb. 3.8).

Bei Oberflächentemperaturen $t_0 < t_T$ erfolgt Kondensation an den Kühlerflächen und somit Wasserabscheidung aus dem Luftstrom. Das heißt Kühlung und Trocknung mit Δt, Δh und Δx.

Der Luftzustand nach der Abkühlung von t_1 auf t_2 liegt im h-x-Diagramm zwischen dem Eintrittszustand und einem Punkt auf der Sättigungslinie mit der Oberflächentemperatur des Kühlers t_0.

Die Verbindung der Punkte 1-2-3 wird auch „Kühlergerade“ genannt. Tatsächlich handelt es sich um eine Kurve 1-2′ und die Gerade ist nur eine Näherung an den tatsächlichen Vorgang. Wegen der zahlreichen Einflussgrößen am Kühler sind genauere Werte nur mit Herstellerangaben möglich. Der sensible (Temperatursenkung) und der latente (Kondensation) Anteil von Δh ist ablesbar (Abb. 3.9 und 3.11).

$$\Delta h = \Delta h_{\text{sens.}} + \Delta h_{\text{latent}} \tag{3.6}$$

Eine vorläufige Näherung an den tatsächlichen Kühlvorgang ist mit einem angenommenen Rippenrohrwirkungsgrad η_R möglich

$$\eta_R = \frac{t_L - t_{m,\,\text{Rippen}}}{t_L - t_{m,\,\text{Rohr}}} \approx 0{,}85 \tag{3.7}$$

(t_m Rippen und t_m Rohr sind mittlere Oberflächentemperaturen t_L Lufttemperatur).

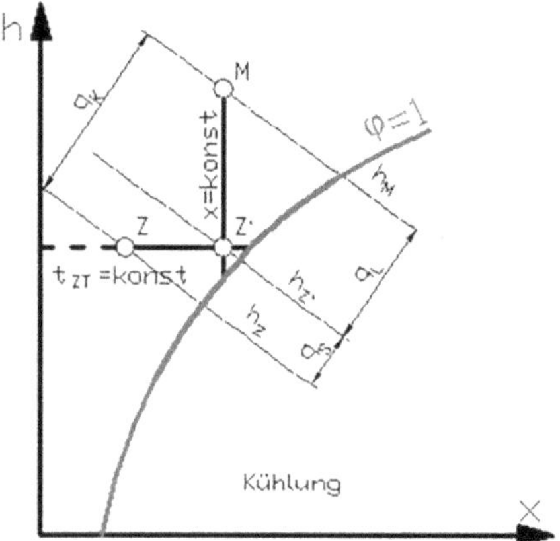

Abb. 3.8: h-x Diagramm (schematisch).

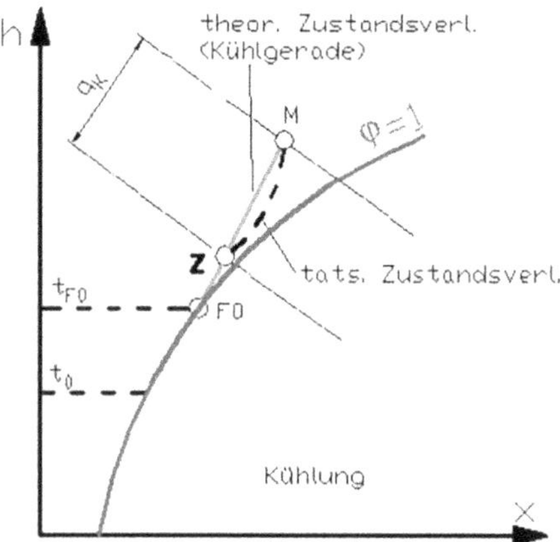

Abb. 3.9: h-x Diagramm (schematisch).

Mit der Temperatur t_0' auf der Sättigungslinie kann dann eine „Kühlergerade“ aufgezeichnet werden, auf welcher der Zustandspunkt nach dem Kühler liegt. Der Vorgang ist im anschließenden Beispiel erläutert.

$$t_0' = t_{\text{Km}} + (1 - \eta_R) \cdot \vartheta \tag{3.8}$$

$\vartheta = t_{L1} - t_{K1}$ $\quad t_{\text{km}}$ mittlere Kühlertemperatur.

Mit den Herstellerdaten für Rippenrohrkühler wird dann die notwendige Anzahl der Rippenrohrreihen bestimmt.

$$\dot{m}_{\text{Kond}} = \dot{m}_{L1} \cdot \Delta x \tag{3.9}$$

Kondensat kann bei der Massenbilanz vernachlässigt werden, da es nur wenige Promille

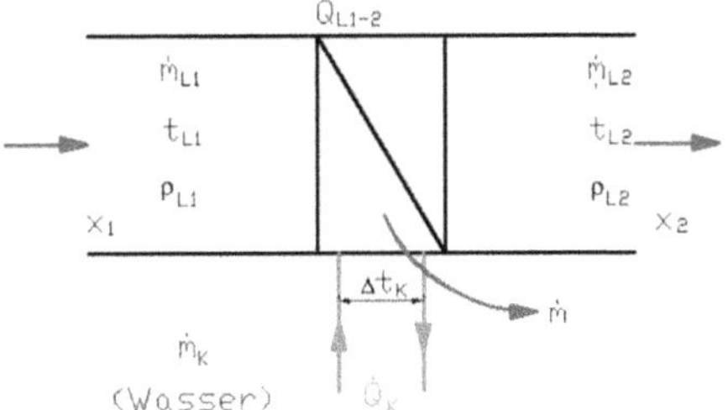

Abb. 3.10: Schematische Darstellung der Kühlung.

sind, nicht jedoch bei der Energiebilanz

$$\dot{Q}_{L1-2} = \dot{m}_{L1} \cdot \Delta h = \dot{Q}_K = \dot{m}_K \cdot c_{PK} \cdot \Delta t_K \tag{3.10}$$

Beispiel.
gegeben ist:

Luft: $t_{L1} = 32\,°\text{C}$; $\varphi = 45\,\%$; soll auf $t_{L2} = 16\,°\text{C}$ gekühlt werden. $\dot{V}_L = 10000 \frac{\text{m}^3}{\text{h}}$

Kühlwasser: $t_{K1} = 6\,°\text{C}$; $t_{K2} = 11\,°\text{C}$; $t_{\text{Km}} = 8{,}5\,°\text{C}$; $\eta_R = 0{,}85$ (Abb. 3.11)

gesucht wird:

spezifische Kühlerleistung $\Delta h \left[\frac{\text{kJ}}{\text{kg}}\right]$

spezifische Trocknung $\Delta x \left[\frac{\text{g}}{\text{kg}}\right]$

Kühlwasserbedarf $\dot{V}_W \left[\frac{\text{m}^3}{\text{h}}\right]$

Kühlerleistung Q_K [kW]

$$t_0' = t_{\text{Km}} + (1 - \eta_R) \cdot \vartheta = 8{,}5\,°\text{C} + (1 - 0{,}85) \cdot (32\,°\text{C} - 6\,°\text{C}) = 12{,}4\,°\text{C}$$

$$\Delta h = 67\,\frac{\text{kJ}}{\text{kg}} - 40{,}9\,\frac{\text{kJ}}{\text{kg}} = 26{,}1\,\frac{\text{kJ}}{\text{kg}}$$

$$\Delta x = 13{,}6\,\frac{\text{g}}{\text{kg}} - 9{,}8\,\frac{\text{g}}{\text{kg}} = 3{,}8\,\frac{\text{g}}{\text{kg}}$$

$$\rho_1 = 1{,}147\,\frac{\text{kg}}{\text{m}^3}$$

$$\rho_2 = 1{,}217\,\frac{\text{kg}}{\text{m}^3}$$

$$\dot{Q}_{L1-2} = \dot{m}_L \cdot \Delta h = \rho_1 \cdot \dot{V}_1 \cdot \Delta h = \dot{Q}_K = 1{,}147\,\frac{\text{kg}}{\text{m}^3} \cdot \frac{10000\,\frac{\text{m}^3}{\text{h}}}{3600\,\frac{\text{s}}{\text{h}}} \cdot 26{,}1\,\frac{\text{kJ}}{\text{kg}} = 83{,}16\text{kW}$$

$$Q_{L1-2} = Q_K = \dot{m}_K \cdot c_p \cdot \Delta t_K$$

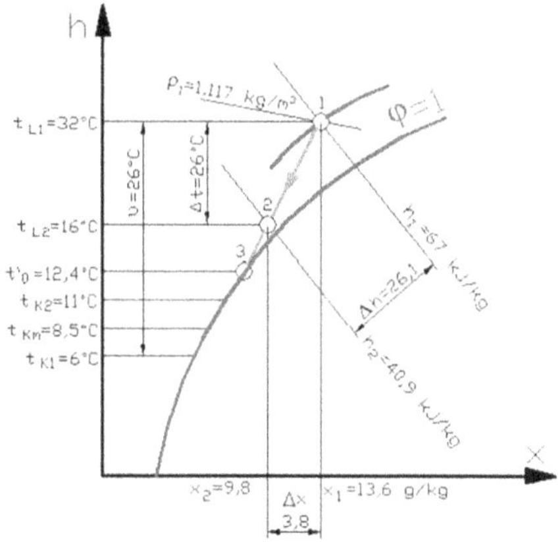

Abb. 3.11: h-x Diagramm für Bsp. S. 147.

$$\dot{m}_K = \frac{\dot{Q}_K}{c_p \cdot \Delta t} = \frac{83{,}16\,\mathrm{kW}}{4{,}19\,\frac{\mathrm{kJ}}{\mathrm{kg \cdot K}} \cdot (11-6)\,\mathrm{K}} = 3{,}97\frac{\mathrm{kg}}{\mathrm{s}}$$

$$\dot{V}_W = \frac{\dot{m}_K}{\rho} \cdot 3600\,\frac{\mathrm{s}}{\mathrm{h}} = \frac{3{,}97\,\frac{\mathrm{kg}}{\mathrm{s}} \cdot 3600\,\frac{\mathrm{s}}{\mathrm{h}}}{1000\,\frac{\mathrm{kg}}{\mathrm{m}^3}} = 14{,}3\,\frac{\mathrm{m}^3}{\mathrm{h}} \quad \text{(Wasser)}$$

Die Bauart und die Anzahl der Rippenrohrreihen können dann mit Herstellerangaben festgestellt werden.

Befeuchtung

Es gibt zwei Verfahren zur Luftbefeuchtung.

1. Einführung von Dampf in den Luftstrom
2. Verdunstung von Wasser im Luftstrom

1. Dampfbefeuchtung

Massenbilanz:

$$\dot{m}_{L1} + \dot{m}_D = \dot{m}_{L2} \tag{3.11}$$

$$\dot{m}_D = \dot{m}_{L1} \cdot \Delta x \tag{3.12}$$

Energiebilanz:

$$\dot{m}_D \cdot h_D = \dot{m}_{L1} \cdot \Delta h \tag{3.13}$$

aus den beiden letzten Gleichungen erhält man:

$$h_D = \frac{\Delta h}{\Delta x} \tag{3.14}$$

Im h-x-Diagramm kann der Vorgang mit dem Randmaßstab erfasst werden [1] (Abb. 3.12).

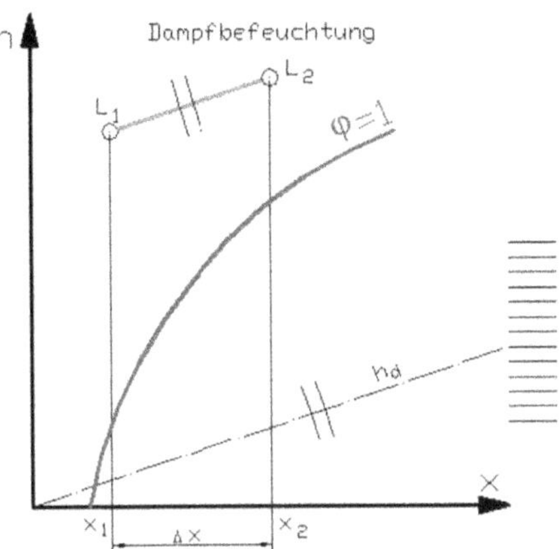

Abb. 3.12: h-x Diagramm für Dampfbefeuchtung.

Beispiel.

Sattdampf von 105 °C mit $h_D = 2684\,\frac{\text{kJ}}{\text{kg}}$ ergibt im Luftstrom

für $\Delta x = 5\,\frac{\text{g}}{\text{kg}}$ ein $\Delta h = h_D \cdot \Delta x = 2684\,\frac{\text{kJ}}{\text{kg}} \cdot 0{,}005\,\frac{\text{kg}_{\text{H}_2\text{O}}}{\text{kg}_{L,\text{tr}}} = 13{,}42\,\frac{\text{kJ}}{\text{kg}}$

2. Verdunstungsbefeuchtung

Wasserflächen im Luftstrom ergeben eine Oberflächenverdunstung und einen Wärmeaustausch. Man verwendet Rieselflächen oder versprühtes Wasser. In der Klimatechnik ist die häufigste Bauweise die „Düsenkammer", auch „Luftwäscher" genannt.

Eine idealisierte Darstellung der Zustandsänderung im h-x-Diagramm zeigt den Punkt nach der Befeuchtung auf der Verbindungsgeraden 1-2′, wobei 2′ der Schnittpunkt der Sättigungskurve mit der Wassertemperatur ist (Abb. 3.13).

Arbeitsbereiche

a. Befeuchtung mit Wärmezufuhr an das Umlaufwasser
b. Befeuchtung mit Umlaufwasser, adiabatisch
c. Befeuchtung oder Trocknung mit Kühlung des Umlaufwassers

$$\dot{Q}_W = \dot{m}_W \cdot c_P \cdot \Delta t_W = \dot{m}_L \cdot \Delta h \tag{3.15}$$

Bereich a) Wärmezufuhr

$$\dot{Q}_W = \dot{Q}_{\text{Heizung}} + \dot{Q}_{\text{Pumpe}} \tag{3.16}$$

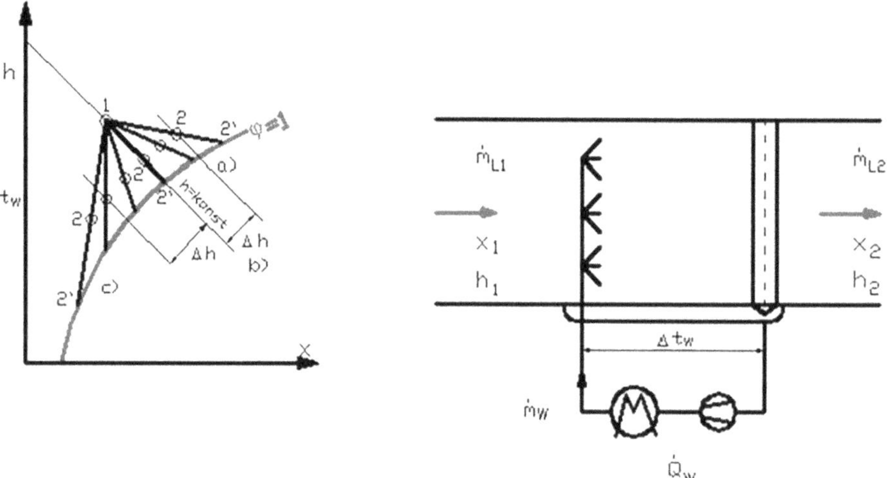

Abb. 3.13: h-x Diagramm Verdunstungsbefeuchtung.

Bereich b) Kühlung

$$-\dot{Q}_W = -\dot{Q}_{\text{Kühlung}} + \dot{Q}_{P_{\text{Pumpe}}} \tag{3.17}$$

Adiabate Befeuchtung

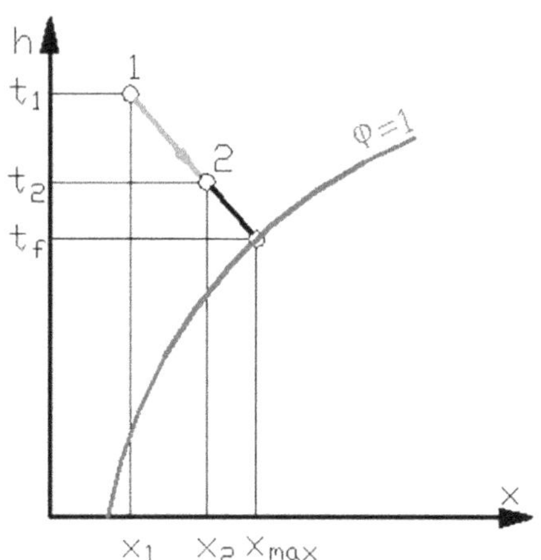

Abb. 3.14: h-x Diagramm adiabate Befeuchtung.

Ohne Wärmetauscher im Wasserumlauf nimmt das Wasser annähernd Feuchtkugeltemperatur an. Der Befeuchtungsgrad oder Wirkungsgrad ist

$$\eta_F = \frac{x_2 - x_1}{x_{max} - x_1} \cong \frac{t_2 - t_1}{t_F - t_1} \tag{3.18}$$

s. Abb. 3.14. Ein wichtiger Faktor ist dabei die „Wasser-Luftzahl" μ:

$$\mu = \frac{\dot{m}_W}{\dot{m}_L} \tag{3.19}$$

die praktischen Werte für η_F und μ liegen meist im Bereich:

$$\eta_F = 0{,}85 - 0{,}95 \quad \mu = 0{,}25 - 0{,}4$$

Wegen der zahlreichen Einflussgrößen bei dem Befeuchtungsvorgang ist man für genaue Werte auf Herstellerangaben angewiesen.

3.1.3 Feuchte Luft

Formelzeichen:

Es gelten die allgemeinen Formelzeichen der Strömungslehre und Thermodynamik.

Indizes:

D Dampf
L Luft
L_{tr} trockene Luft
L_f feuchte Luft
s Sättigung
T Taupunkt
W Wasser

z. B.:

p_D Partialdruck des Dampfes
m_{Ltr} Masse der trockenen Luft
$\dot{m}_W$ Massenstrom des Wassers
x_s Feuchtegehalt bei Sättigung
ρ_{Lf} Dichte feuchter Luft
c_{pD} Spezifische Wärmekapazität des Wasserdampfes bei konstantem Druck
t_T Taupunkttemperatur feuchter Luft

Bezeichnungen ohne Index beziehen sich auf das Luft-Dampf-Gemisch der Atmosphäre oder der Raumluft.

Tab. 3.1: Zusammensetzung trockener Luft.

	Gewichts-%	Volumen-%
Sauerstoff O_2	23,11	20,95
Stickstoff N_2	75,51	78,08
Kohlendioxid CO_2	0,04	0,03
Edelgase	1,29	0,94

Für technische Zwecke wurde die „*Normatmosphäre*“ festgelegt (DIN ISO 2533) [19, 9].

$$\begin{aligned} &\text{Meereshöhe} && H_0 = 0\,\text{m} \\ &\text{Temperatur} && T_0 = 288{,}15\,\text{K} \\ &\text{Druck} && p_0 = 1.013{,}25\,\text{hPa} \\ &\text{Dichte} && \rho_0 = 1{,}225\,\text{kg/m}^3 \end{aligned}$$

Tab. 3.2: Änderungen des Luftdruckes und der Temperatur mit der Höhe.

Meereshöhe m	0	500	1.000	2.000	3.000	4.000
Temperatur °C	15	11,8	8,5	2,0	−4,5	−11,0
Druck bar	1,013	0,955	0,899	0,795	0,701	0,616

Berechnungen des Luftdruckes für andere Höhen von einem bekannten Zustand mit H_0 und p_0:

$$p = p_0 \left[1 - \frac{2{,}256}{100}(H - H_0 t)\right]^{5.2559} \quad (H \text{ in km}) \tag{3.20}$$

Die dazugehörige Temperatur t sinkt pro Kilometer Höhe um 6,5 K (gültig für $H \leq 11$ km).

$$t = t_0 - 6{,}5(H - H_0) \tag{3.21}$$

Physikalische Daten und Zustandswerte trockener Luft, gesättigter feuchter Luft und Wasserdampf

Obwohl die Stoffeigenschaften temperaturabhängig sind, kann man für die Luft, im Bereich der Klimatechnik zwischen −30 °C und +50 °C folgende feste Werte mit guter Genauigkeit ansetzen (Tab. 3.1 u. Tab. 3.2).

Spezifische Wärmekapazität c_p:

$$\text{Trockene Luft} \quad c_{\text{pL,tr}} = 1{,}006\,\frac{\text{kJ}}{\text{kg}\cdot\text{K}} \tag{3.22}$$

$$\text{Wasserdampf} \quad c_{pD} = 1{,}86\,\frac{kJ}{kg \cdot K} \tag{3.23}$$

$$\text{Wasser} \quad c_{pW} = 4{,}19\,\frac{kJ}{kg \cdot K} \tag{3.24}$$

Wasserdampf und Luft können im Klimabereich nach den Gesetzen idealer Gase behandelt werden.

Gaskonstante

$$\text{Trockene Luft:} \quad R_{Ltr.} = 287{,}1\,\frac{J}{kg \cdot K}\left(\triangleq \frac{m^2}{s^2 \cdot K}\right) \tag{3.25}$$

$$\text{Wasserdampf:} \quad R_D = 461{,}5\,\frac{J}{kg \cdot K}\left(\triangleq \frac{m^2}{s^2 \cdot K}\right) \tag{3.26}$$

Gasgleichung

$$p \cdot V = m \cdot R \cdot T \tag{3.27}$$

$$p = \rho \cdot R \cdot T \tag{3.28}$$

Tab. 3.3: Partialdruck von Wasserdampf, trockener Luft u. feuchter gesättigter Luft in Abhängigkeit der Temperatur.

Temp.	Wasserdampf		Trockene Luft		Feuchte gesättigte Luft		
	Partialdruck	Dichte	bei 1 bar; φ = 0 %		bei 1 bar; φ = 100 %		
t	p_{Ds}	ρ_{Ds}	ρ_{Ltr}	h_{Ltr}	ρ_{Ls}	x_S	h_{Ls}
°C	Pa	kg/m³	kg/m³	kJ/kg	kg/m³	g/kg	kJ/kg
−20	103	0,00088	1,377	−20,12	1,38	0,64	18,5
−19	113	0,00097	1,362	−19,11	1,37	0,71	17,4
−18	125	0,00106	1,366	−18,11	1,36	0,78	16,2
−17	137	0,00116	1,351	−17,10	1,36	0,85	15,0
−16	150	0,00127	1,356	−16,10	1,35	0,94	13,8
−15	165	0,00139	1,340	−15,09	1,35	1,03	12,5
−14	181	0,00151	1,345	−14,08	1,34	1,13	11,3
−13	198	0,00165	1,340	−13,07	1,34	1,23	10,0
−12	217	0,00180	1,335	−12,07	1,33	1,35	8,7
−11	237	0,00196	1,330	−11,06	1,33	1,48	7,4
−10	259	0,00214	1,325	−10,06	1,32	1,62	6,0
−9	283	0,00232	1,320	−9,05	1,32	1,77	4,6
−8	309	0,00253	1,315	−8,05	1,31	1,93	3,2
−7	337	0,00275	1,310	−7,04	1,31	2,11	1,8
−6	368	0,00299	1,305	−6,04	1,30	2,30	0,3
−5	401	0,00324	1,300	−5,03	1,30	2,50	1,2
−4	437	0,00352	1,295	−4,02	1,29	2,73	2,8
−3	475	0,00381	1,290	−3,02	1,29	2,97	4,4

Tab. 3.3 (Fortsetzung)

Temp.	**Wasserdampf**		**Trockene Luft**		**Feuchte gesättigte Luft**		
	Partialdruck	**Dichte**	**bei 1 bar; φ = 0 %**		**bei 1 bar; φ = 100 %**		
t	p_{Ds}	ρ_{Ds}	ρ_{Ltr}	h_{Ltr}	ρ_{Ls}	x_S	h_{Ls}
°C	**Pa**	**kg/m³**	**kg/m³**	**kJ/kg**	**kg/m³**	**g/kg**	**kJ/kg**
−2	517	0,00413	1,286	−2,01	1,28	3,23	6,1
−1	562	0,00448	1,281	−1,01	1,28	3,52	7,8
0	611	0,00485	1,276	0,00	1,27	3,82	9,6
1	657	0,00519	1,272	1,01	1,27	4,11	11,3
2	705	0,00556	1,267	2,01	1,26	4,42	13,1
3	758	0,00594	1,262	3,02	1,26	4,75	14,9
4	813	0,00636	1,258	4,02	1,25	5,10	16,8
5	872	0,00679	1,253	5,03	1,25	5,47	18,7
6	935	0,00725	1,249	6,04	1,24	5,87	20,7
7	1001	0,00774	1,244	7,04	1,24	6,29	22,8
8	1072	0,00826	1,240	8,05	1,23	6,74	25,0
9	1147	0,00881	1,236	9,05	1,23	7,22	27,2
10	1227	0,00939	1,231	10,06	1,22	7,73	29,5
11	1312	0,01000	1,227	11,07	1,22	8,27	31,9
12	1401	0,01065	1,223	12,07	1,22	8,84	34,4
13	1497	0,01133	1,218	13,08	1,21	9,45	37,0
14	1597	0,01205	1,214	14,08	1,21	10,10	39,6
15	1704	0,01281	1,210	15,09	1,20	10,78	42,4
16	1817	0,01363	1,206	16,10	1,20	11,51	45,2
17	1936	0,01447	1,201	17,10	1,19	12,28	48,2
18	2062	0,01536	1,197	18,11	1,19	13,10	51,3
19	2196	0,01630	1,193	19,11	1,18	13,97	54,6
20	2337	0,01729	1,189	20,12	1,18	14,88	57,9
21	2485	0,01833	1,185	21,13	1,17	15,85	61,4
22	2642	0,01942	1,181	22,13	1,17	16,88	65,1
23	2808	0,02057	1,177	23,14	1,16	17,97	68,9
24	2982	0,02177	1,173	24,14	1,16	19,12	72,8
25	3167	0,02304	1,169	25,15	1,15	20,34	77,0
26	3360	0,02437	1,165	26,16	1,15	21,63	81,3
27	3564	0,02576	1,161	27,16	1,15	22,99	85,8
28	3778	0,02723	1,158	28,17	1,14	24,42	90,5
29	4004	0,02876	1,154	29,17	1,14	25,94	95,5
30	4241	0,03037	1,150	30,18	1,13	27,55	100,6
31	4491	0,03205	1,146	31,19	1,13	29,25	106,0
32	4753	0,03382	1,142	32,19	1,12	31,04	111,7
33	5029	0,03566	1,139	33,20	1,12	32,94	117,6
34	5318	0,03759	1,135	34,20	1,11	34,94	123,8
35	5622	0,03961	1,131	35,21	1,11	37,05	130,3
36	5940	0,04172	1,128	36,22	1,10	39,28	137,1
37	6274	0,04393	1,124	37,22	1,10	41,64	144,3
38	6624	0,04624	1,120	38,23	1,10	44,12	151,7
39	6991	0,04865	1,117	39,23	1,09	46,75	159,6

Tab. 3.3 (Fortsetzung)

Temp.	Wasserdampf		Trockene Luft		Feuchte gesättigte Luft		
	Partialdruck	Dichte	bei 1 bar; φ = 0 %		bei 1 bar; φ = 100 %		
t	p_{Ds}	ρ_{Ds}	ρ_{Ltr}	h_{Ltr}	ρ_{Ls}	x_S	h_{Ls}
°C	Pa	kg/m³	kg/m³	kJ/kg	kg/m³	g/kg	kJ/kg
40	7375	0,05116	1,113	40,24	1,08	49,52	167,8
41	7777	0,05379	1,110	41,25	1,08	52,45	176,5
42	8198	0,05652	1,106	42,25	1,07	55,55	185,5
43	8639	0,05938	1,103	43,26	1,07	58,82	195,1
44	9100	0,06236	1,099	44,26	1,06	62,27	205,1
45	9582	0,06546	1,096	45,27	1,06	65,92	215,7
46	10005	0,06869	1,092	46,28	1,05	69,80	226,9
47	10612	0,07206	1,089	47,28	1,04	73,83	238,4
48	11162	0,07557	1,085	48,29	1,04	78,14	250,7
49	11736	0,07922	1,082	49,29	1,03	82,74	263,8

Feuchte Luft

Die atmosphärische Luft hat einen unterschiedlichen Anteil von Wasser als Dampf, Wasser und Eis (Nebel, Wolken).

$$m_{L,\text{tr}} + m_W = m_{\text{atm}} \tag{3.29}$$

Für den Bereich der Klimatechnik ist vor allem der Dampfanteil von Bedeutung.

$$m_{L,\text{tr}} + m_D = m_{\text{Raumluft}} \tag{3.30}$$

Für die Mischung trockener Luft mit Wasserdampf gilt das Dalton'sche Gesetz:
„Summe der Partialdrücke = Gesamtdruck“:

$$p_{L,\text{tr}} + p_D = p_{L,f} \tag{3.31}$$

Wassergehalt der Luft

Der Wassergehalt der Luft, auch Luftfeuchte genannt, wird als Verhältnis der Wassermasse zur Masse der trockenen Luft angegeben und als absolute Feuchte x bezeichnet.

$$x = \frac{m_W}{m_{L,\text{tr}}} \quad \left[\frac{\text{kg}}{\text{kg}}\right] \tag{3.32}$$

Dabei ist der Wasseranteil meist in Dampfform vorhanden und wird in der Praxis in Gramm angegeben.

$$x = \frac{m_D}{m_{L,\text{tr}}} \quad \left[\frac{\text{g}}{\text{kg}}\right] \tag{3.33}$$

Eine andere Definition des Dampfanteils der Luft ist die relative Feuchte φ. Sie wird als Verhältnis des Partialdampfdruckes zum Sättigungsdruck angegeben.

$$\varphi = \frac{p_D}{p_s} \tag{3.34}$$

Das Verhältnis wird meist in % genannt.

$$\varphi = \frac{p_D}{p_s} \cdot 100\,\% \tag{3.35}$$

Aus der Gasgleichung ergibt sich auch:

$$\varphi = \frac{\rho_D}{\rho_s} \tag{3.36}$$

und mit praktisch ausreichender Genauigkeit:

$$\rho \approx \frac{x}{x_s} \tag{3.37}$$

Berechnung von x aus φ

$$x = \frac{R_{L,\mathrm{tr}}}{R_D} \cdot \frac{\varphi \cdot p_{Ds}}{p - \varphi \cdot p_{Ds}} = 0{,}622 \cdot \frac{\varphi \cdot p_{Ds}}{p - \varphi \cdot p_{Ds}} \quad \left[\frac{\mathrm{kg}}{\mathrm{kg}}\right] \tag{3.38}$$

$$x_s = 0{,}622 \cdot \frac{p_{Ds}}{p - p_{Ds}} \tag{3.39}$$

(s. Tab. 3.3).

Beispiel.
gegeben ist:

Raumluft, gemessene Werte: $t = 20\,°\mathrm{C}$; $\varphi = 50\,\%$; $p = 1\,\mathrm{bar}$

gesucht wird:

$$m_D; \quad m_{L,\mathrm{tr}}; \quad \rho_{L,f}; \quad x \quad (\text{für } 1\,\mathrm{m}^3 \text{Raumluft})$$

$$m_D = \frac{p_D \cdot V}{R_D \cdot T}; \quad p_D = \varphi \cdot p_{Ds}; \quad p_{Ds} = 2337\,\mathrm{Pa}$$

(Tafel für feuchte Luft)

$$p_D = 0{,}5 \cdot 2337\,\mathrm{Pa} = 1168{,}5\,\mathrm{Pa}$$

$$m_D = \frac{1168{,}5\,\mathrm{Pa} \cdot 1\,\mathrm{m}^3}{461{,}5\,\frac{\mathrm{J}}{\mathrm{kg \cdot K}} \cdot 293{,}15\,\mathrm{K}} = 8{,}637 \cdot 10^{-3}\,\mathrm{kg} \mathrel{\hat{=}} 8{,}64\,\mathrm{g}$$

$$m_{L,\text{tr}} = \frac{p_{L,\text{tr}} \cdot V}{R_{L,\text{tr}} \cdot T}$$

$$p_{L,\text{tr}} = p_{L,f} - p_D = 100000\,\text{Pa} - 1168{,}5\,\text{Pa} = 98832\,\text{Pa}$$

$$m_{L,\text{tr}} = \frac{98832\,\text{Pa} \cdot 1\,\text{m}^3}{287{,}1\,\frac{J}{\text{kg}\cdot\text{K}} \cdot 293{,}15\,\text{K}} = 1{,}17429\,\text{kg}$$

$$\rho_{L,f} = \frac{m_{L,f}}{V}$$

$$m_{L,f} = m_D + m_{L,\text{tr}} = 0{,}00864\,\text{kg} + 1{,}17429\,\text{kg} = 1{,}1829\,\text{kg}$$

$$\rho_{L,f} = \frac{1{,}1829\,\text{kg}}{1\,\text{m}^3} = 1{,}1829\,\frac{\text{kg}}{\text{m}^3}$$

$$x = \frac{m_D}{m_{L,\text{tr}}} = \frac{8{,}637\,\text{g}}{1{,}17429\,\text{kg}} = 7{,}355\frac{\text{g}}{\text{kg}}$$

Spezifische Enthalpie h

Aus praktischen Gründen wurde der Maßstab für die Enthalpie feuchter Luft auf die Masse der trockenen Luft bezogen und der rechnerische Nullpunkt auf 0 °C gesetzt [2].

Damit ist es die Enthalpie von $(1 + x)$ kg feuchter Luft, mit der Bezeichnung $h_{(1+x)}$. In der Praxis wird der Index $_{(1+x)}$ meist weggelassen.

Für klimatechnische Berechnungen gilt konstanter Druck und damit auch c_p, die spezifische Wärme bei p = konstant und die allgemeine Gleichung:
für trockene Luft

$$h = c_p \cdot t \quad \left[\frac{\text{kJ}}{\text{kg}}\right] \tag{3.40}$$

für feuchte Luft:

$$h_{(1+x)} = h_{L,\text{tr}} + x \cdot h_D \triangleq h_L + x \cdot h_D \tag{3.41}$$

Die Dampfenthalpie enthält auch die Verdampfungswärme bei:

$$0\,°\text{C}; \quad r_0 = 2501{,}6\,\frac{\text{kJ}}{\text{kg}} \tag{3.42}$$

Damit erhält man:

$$h_{(1+x)} = h = c_{\text{pL,tr}} \cdot t + x \cdot (r_0 + c_{\text{pD}} \cdot t) \tag{3.43}$$

Mit

$$c_{\text{pL,tr}} = 1{,}006\,\frac{\text{kJ}}{\text{kg}\cdot\text{K}} \quad \text{und} \quad c_{\text{pD}} = 1{,}86\,\frac{\text{kJ}}{\text{kg}\cdot\text{K}}$$

$$h = 1{,}006\,\frac{\text{kJ}}{\text{kg}\cdot\text{K}} \cdot t + x \cdot \left(2501{,}6\,\frac{\text{kJ}}{\text{kg}} + 1{,}86\,\frac{\text{kJ}}{\text{kg}} \cdot t\right)\left[\frac{\text{kJ}}{\text{kg}}\right] \tag{3.44}$$

Beispiel.
gegeben ist:

$$t = 10\,°\mathrm{C}; \quad \varphi = 50\,\%; \quad p = 1\,\mathrm{bar}$$

gesucht wird: h

$$h = 1{,}006\,\frac{\mathrm{kJ}}{\mathrm{kg}\cdot\mathrm{K}}\cdot t + x\cdot\left(2501{,}6\,\frac{\mathrm{kJ}}{\mathrm{kg}} + 1{,}86\,\frac{\mathrm{kJ}}{\mathrm{kg}}\cdot t\right)$$

$$x = 0{,}622\cdot\frac{\varphi\cdot p_{Ds}}{p-\varphi\cdot p_{Ds}} = 0{,}622\cdot\frac{0{,}5\cdot 1227\,\mathrm{Pa}}{100000\,\mathrm{Pa} - 0{,}5\cdot 1227\,\mathrm{Pa}} = 0{,}00384\,\frac{\mathrm{kg}}{\mathrm{kg}}$$

$$h = 1{,}006\,\frac{\mathrm{kJ}}{\mathrm{kg}\cdot\mathrm{K}}\cdot 10\,\mathrm{K} + 0{,}00384\,\frac{\mathrm{kg}}{\mathrm{kg}}\cdot\left(2501{,}6\,\frac{\mathrm{kJ}}{\mathrm{kg}} + 1{,}86\,\frac{\mathrm{kJ}}{\mathrm{kg}\cdot\mathrm{K}}\cdot 10\,\mathrm{K}\right) = 19{,}74\,\frac{\mathrm{kJ}}{\mathrm{kg}}$$

3.2 Allgemeines zu Lüftungsanlagen

Lüftungsanlagen dienen zur Be- oder Entlüftung von Räumen, die durch natürliche Lüftung nicht oder nicht ausreichend belüftet oder klimatisiert werden können. Man unterscheidet zwischen Entlüftungsanlagen und Belüftungsanlagen sowie der Kombination der beiden. Lüftungsanlagen dienen ferner dazu, aus Räumen oder industriellen Anlagen Wärme oder Schadstoffe zu- oder abzuführen [3, 16].

3.2.1 Belüftungsanlagen

Belüftungsanlagen fördern Luft in den zu belüftenden Raum und erzeugen darin einen Überdruck. Sie sind immer dann zu konzipieren, wenn aus benachbarten Räumen keine Luft eindringen soll (z. B. Klimaräume, Reinräume...). Entsprechend der Nutzung solcher Räume ist die zugeführte Luft zu heizen, zu kühlen oder zu filtern. So ist beispielsweise die Zuluft zu Gastronomieräumen im Winter durch geeignete Heizgeräte ca. auf die Raumtemperatur vorzuwärmen. Es ist dafür Sorge zu tragen, dass ausreichend Abluftöffnungen vorhanden sind. Die Anordnung der Luftauslässe ist zu gestalten, dass Zugerscheinungen vermieden werden [6].

3.2.2 Entlüftungsanlagen

Entlüftungsanlagen fördern Luft aus dem zu entlüftenden Raum und erzeugen darin einen Unterdruck. Sie sind immer dann zu konzipieren, wenn keine Luft in benachbarte Räume übertreten soll. Dies ist insbesondere der Fall, wenn die Luft mit Gerüchen oder Schadstoffen belastet ist (z. B. Produktions-, Lackierräume, Laboratorien, Küchen, WC). Es ist dafür Sorge zu tragen, dass genügend Zuluftöffnungen vorhanden sind.

3.2.3 Be- und Entlüftungsanlagen

Be- und Entlüftungsanlagen kombinieren beide Prinzipien miteinander und werden insbesondere in sehr großen Räumen und Sälen eingesetzt, in denen eine genau definierte Luft- und Klimaführung gewünscht wird. Zu- und Abluftführung erfolgen in der Regel über geeignete Kanalsysteme.

3.3 Kennzahlen für Lüftungsanlagen

3.3.1 Luftmengen, Luftwechselzahl

Die einem Raum zu- bzw. abzuführende Luftmenge hängt in starkem Maße von der Nutzung und Schadstoff- bzw. Geruchsbelastung ab. In industriellen und gewerblichen Anlagen kann der Luftmengenbedarf auch durch die anfallende Prozesswärme bestimmt sein.

Eine wichtige Größe zur Ermittlung des Frischluftbedarfs ist die sogenannte Luftwechselzahl LW (Anzahl der erforderlichen Luftwechsel pro Stunde). Luftwechselzahlen typischer Räume können einschlägigen Regelwerken oder der folgenden Tabelle entnommen werden (Tab. 3.4).

Tab. 3.4: Luftwechselzahlen.

Raumart	LW/h	Schall dB(A)	Bemerkung
Toiletten in Wohnungen	4–5	40	Entlüftung
gewerblich/öffentlich	8–15	50	Entlüftung
Akkuräume	5–10	70	Ex erforderlich
Baderäume	5–7	45	Vorwärmung Zuluft
Beizereien	5–15	70	Säureschutz
Bibliotheken	4–5	35–40	
Büroräume	4–8	45	
Duschräume	15–25	65–70	Vorwärmung erforderlich
Färbereien	5–15	70	Ex prüfen Säureschutz
Farbspritzräume	25–50	70	Ex erforderlich
Garagen	ca. 5	70	Entlüftung
Garderoben	4–6	50	
Gaststätten Kasinos	8–12	45–55	Entlüftung
Gießereien	8–15	80	Entlüftung, Wärmebilanz
Härtereien	bis 80	80	Entlüftung, Wärmebilanz
Hörsäle	6–8	35–40	Be- und Entlüftung
Kinos uns Theater	5–8	25–35	Be- und Entlüftung
Klassenräume	5–7	40	
Konferenzräume	6–8	45	

Tab. 3.4 (Fortsetzung)

Raumart	LW/h	Schall dB(A)	Bemerkung
Küchen privat	15–25	45–50	Entlüftung
gewerblich	15–30	50–60	Entlüftung
Laboratorien	8–15	60	
Lackierräume	10–12	70	Ex erforderlich
Lichtpausereien	10–15	60	Entlüftung
Maschinensäle	10–40	60–80	Wärmebilanz erforderlich
Montagehallen	4–8	60–70	
Plättereien	8–12	60	Entlüftung, Wärmebilanz
Schweißereien	20–30	70–80	Arbeitsplatzabsaugung
Schwimmhallen	3–4	50	Vorwärmung Zuluft
Sitzungszimmer	6–8	40	
Tresore	3–6	60	
Umkleideräume	6–8	60	Entlüftung
Turnhallen	4–6	50	
Verkaufsräume	4–8	50–60	
Versammlungsräume	5–10	45	
Wartezimmer	4–6	45	
Wäschereien	10–20	60–70	Wärmebilanz erstellen
Werkstätten			
mit hoher Verschl.	10–20	60–70	
mit gering. Verschl	3–6	60–70	
Wohnräume	3–6	30–40	

Die benötigte Luftmenge errechnet sich nach der Formel:

$$\dot{V} = V \cdot LW \quad \left[\frac{\mathrm{m}^3}{\mathrm{h}}\right] \tag{3.45}$$

V Raumvolumen
LW Luftwechsel

Bei *Abführen von Prozesswärme* errechnet sich der Volumenstrom nach der Formel:

$$V = \frac{Q \cdot 3.600}{\rho \cdot c_p \cdot \Delta T}\left[\frac{\mathrm{m}^3}{\mathrm{h}}\right] \tag{3.46}$$

$\dot{Q}$ abzuführende Wärmeleistung [kW]
c_p spezifische Wärme der Luft $[\frac{\mathrm{kJ}}{\mathrm{kg \cdot K}}]$ 20 °C ≈ 1
ΔT Temperaturdifferenz zw. frischer und erwärmter Luft [K]
ρ Luftdichte $[\frac{\mathrm{kg}}{\mathrm{m}}]$ bei 20 °C, 1013 mbar = 1,2 $\frac{\mathrm{kg}}{\mathrm{m}^3}$

3.3.2 Schallentwicklung

Geräuscheinwirkungen auf die Nachbarschaft dürfen die in der Gewerbeordnung § 16, TA Lärm festgelegten Immissionswerte nicht überschreiten [21] (Tab. 3.5).

Tab. 3.5: Festgelegte Immissionswerte für verschiedene Gebiete.

Gebiet	Immissionswert dB(A)	
Reines Gewerbegebiet	70	70
Vorwiegendes Gewerbegebiet	65	50
Mischgebiet	60	50
Wohngebiet		
Vorwiegendes Wohngebiet	55	40
Reines Wohngebiet	55	30
Kurgebiet, Krankenhäuser	45	35

Geräuschimmissionen
Höchstzulässige Geräusche in zu lüftenden Räumen sollen die Werte in der Tabelle gemäß VDI 2081 [19] nicht überschreiten.

Lärm am Arbeitsplatz
Nach der Arbeitsstättenverordnung § 15 [22] sollen als dauernder Geräuschpegel die nachstehenden Werte nicht überschritten werden (Tab. 3.6):

Tab. 3.6: Zulässige Geräuschpegel.

Tätigkeit	dB(A)
überwiegend geistige Tätigkeit	55
mechanisierte Bürotätigkeit	70
alle Sonstigen	85
(max. zulässige Überschreitung 5dB(A))	
Pausen-, Sanitäts-, Bereitschafts- und Liegeräume	55

3.3.3 Druckverluste in der Lüftungsanlage

Lüftungsanlagen bestehen außer einem Ventilator auch aus Rohren, Kanälen, Umlenkungen, Gittern, Wärmetauschern, Filtern, usw.

Alle diese Bauteile verursachen Druckverluste, deren Kenntnis für die Auswahl des passenden Ventilators von entscheidender Bedeutung ist. Der Druckverlust Δp_{gesN} der gesamten Anlage errechnet sich durch die Addition aller Einzeldruckverluste, die entsprechenden Diagrammen und Tabellen aus Herstellerangaben zu entnehmen sind. Dem so ermittelten Gesamtdruckverlust ist gegebenenfalls noch ein Sicherheitszuschlag hinzuzurechnen.

Druckverluste in geraden Rohrleitungen

Die Ermittlung des Druckverlustes in geraden Rohr- oder Kanalstrecken kann mithilfe des folgenden Diagramms durchgeführt werden. Für Rechteckkanäle ist zuvor der äquivalente Durchmesser d_h zu bestimmen.

$$d_h = \frac{2 \cdot b \cdot h}{b + h} \text{ mm} \tag{3.47}$$

b Kanalbreite [mm]

h Kanalhöhe [mm]

Das Diagramm liefert für einen gegebenen Durchmesser d bzw. d_h und Volumenstrom $\dot{V}$ den Druckverlust pro Meter Kanallänge $\frac{\Delta p}{L}$ $[\frac{\text{Pa}}{\text{m}}]$ für glatte Rohre bzw. Kanäle (z. B. Blech). Der Druckverlust ergibt sich damit zu:

$$\Delta p = L \cdot \frac{\Delta p}{L} \quad [\text{Pa}] \tag{3.48}$$

L Kanallänge [m]

Die Strömungsgeschwindigkeit kann dem obigen Diagramm entnommen werden oder wie folgt berechnet werden

$$v = \frac{\dot{V}}{A \cdot 3600} \quad \left[\frac{\text{m}}{\text{s}}\right] \tag{3.49}$$

A Strömungsquerschnitt [m^2]

$\dot{V}$ Volumenstrom m^3/h

(Abb. 3.15).

Druckverluste in den Formstücken

Die Druckverluste von Umlenkungen und Verzweigungen können auf Basis der Druckverlustbeiwerte ξ bestimmt werden:

$$\Delta p = \xi \cdot \frac{\rho}{2} \cdot v^2 \quad [\text{Pa}] \tag{3.50}$$

v Strömungsgeschwindigkeit im Anströmquerschnitt des Elements $[\frac{\text{m}}{\text{s}}]$

Druckverlustbeiwerte verschiedener Formstücke wie z. B. Bögen und Abzweigungen können der einschlägigen Fachliteratur entnommen werden.

Druckverluste

Pa/m Rohrleitungen (Rohrrauigkeit ε=0)

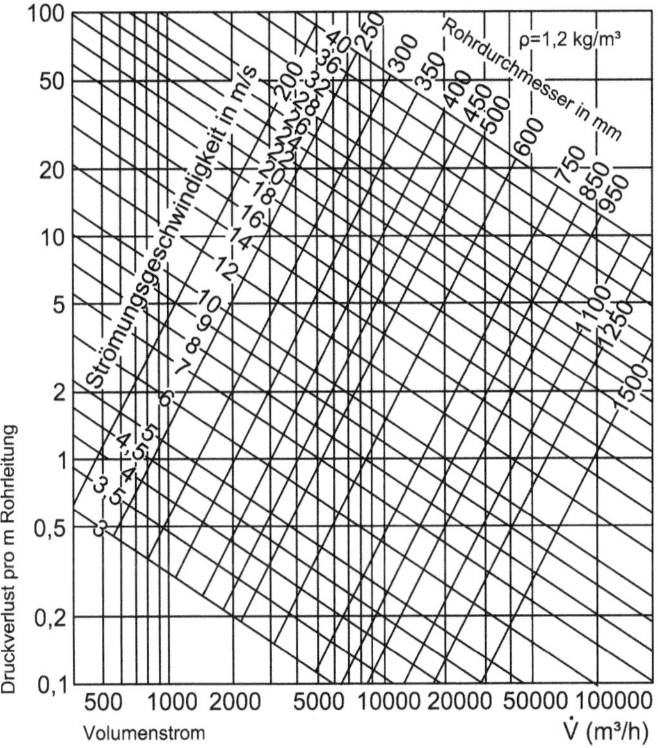

Abb. 3.15: Druckverlust über Volumenstrom für laufenden Meter Rohelänge.

Der Druckverlust von Ausströmöffnungen beträgt:

$$\Delta p = \frac{\rho}{2} \cdot v^2 \quad [\mathrm{Pa}] \tag{3.51}$$

3.4 Ventilatoren

3.4.1 Kenngrößen

Die Leistung eines Ventilators wird durch folgende Kenngrößen beschrieben:

Volumenstrom	$\dot{V}$	[m³/h; m³/s]
Totaldruckerhöhung	$\Delta p_t = \Delta p + p_d$	[Pa]
statische Druckerhöhung	Δp	[Pa]
dynamischer Druck	$p_d = \frac{\rho}{2} \cdot v^2$	[Pa]
Wellenleistung	P_W	[W, kW]

elektr. aufg. Leistung	P [W, kW]	
Schallleistungs-/Druckpegel	$L_{\mathrm{WA}}, L_{\mathrm{pA}}$	dB(A)

Die Werte werden auf einem saugseitigen Kammerprüfstand nach DIN EN ISO 5801[12] ermittelt. Die Geräuschmessungen erfolgen im Hallraum bzw. im Freifeld entsprechend DIN EN ISO 3745 [11].

3.4.2 Kennlinien

Die Betriebscharakteristik eines Ventilators wird in Form einer Kennlinie dargestellt. Der Betriebspunkt BP ist der Punkt, in dem sie von der Anlagenkennlinie geschnitten wird. Der Volumenstrom, der sich in der Anlage einstellt, kann auf der waagrechten Achse abgelesen werden. Die Anlagenkennlinie ist in den meisten Fällen eine Parabel, die durch den Berechnungspunkt N der Anlage verläuft. Diese Parabel lässt sich wie folgt berechnen:

$$\Delta p = K_N \cdot \dot{V}^2 \quad \text{mit } K_N = \frac{\Delta p_{\mathrm{ges}.N}}{\dot{V}_N^2} \text{ mit} \tag{3.52}$$

$\dot{V}_N$ Nennvolumenstrom
K_N Verlustfaktor

Ventilatoren dürfen nur in dem von der Kennlinie abgedeckten Bereich eingesetzt werden. Axialventilatoren besitzen einen instabilen Bereich (dargestellt durch abgebrochene oder gestrichelte Kennlinie). Radialventilatoren können bei hoher Volumenleistung den Motor überlasten (gestrichelte Kennlinie). In diesen Bereichen dürfen Ventilatoren nicht betrieben werden.

3.4.3 Auswahl des Ventilators

Sind Nennvolumenstrom $\dot{V}_N$ und Gesamtdruckverlust Δp_{gesN} einer Anlage bekannt, so ist mithilfe der Kennliniendiagramme ein Ventilator auszuwählen, dessen Δp_t-Kurve durch oder über den Punkt N verläuft. Verläuft die Δp_t-Kurve nicht genau durch den Punkt N, so kann durch Eintragen der Anlagenparabel der Betriebspunkt BP als Schnittpunkt zwischen der Anlagenparabel und der Kennlinie ermittelt werden. In der Anlage stellt sich dann der Volumenstrom $\dot{V}_A$ ein. Für das im Abschnitt Druckverluste demonstrierte Beispiel wird ein Ventilator des Typs H...40/4 ausgewählt. In der Anlage stellt sich damit der Nennvolumenstrom $\dot{V}_A = 3400\,\frac{\mathrm{m}^3}{\mathrm{h}}$ ein. Zur Einregulierung des Nennvolumenstromes $\dot{V}_N$ kann z. B. ein Drehzahlsteller eingesetzt werden (Abb. 3.18).

3.5 Filter

3.5.1 Allgemeines

Die exakte Berechnung einer Filterfunktion ist praktisch nicht möglich. Man ist grundsätzlich auf Versuchsergebnisse der Hersteller angewiesen, mit deren Daten die Anlagenberechnung und die Planung erfolgen können.

Wegen der großen Bandbreite der Anwendung wird eine Aufteilung in drei Hauptgruppen verwendet.

1. *Grobstaubfilter* als Vorfilter und Filter in der Verfahrenstechnik. Der Wirkungsgrad wird auf das Massenverhältnis des Staubes vor und nach dem Filter bezogen.
2. *Feinstaubfilter* in der Klimatechnik mit Wirkungsgradbezug auf den atmosphärischen Staub.
3. *Schwebstofffilter* für Reinräume und OP-Räume. Der Wirkungsgrad wird auf die Partikelzahl vor und nach dem Filter bezogen und auf deren Größe beim Prüfstaub.

Ausführliche Angaben enthalten DIN EN 1822 [14] und DIN ISO 29463 [10].

Begriffe und Formelzeichen

	Symbol	Einheit
Wirkungsgrad oder Abscheidegrad	η	%
Mittelwert	η_m	%
Partikelkonzentration vor und nach dem Filter	$C_1; C_2$	1/m³
Durchlassgrad (1 – η)	D	%
Staubgehalt der Luft vor und nach dem Filter	$m_1; m_2$	g/m³
Speicherfähigkeit der Abscheidung auf der Filterfläche	m_{Sp}	g/m²
Filteransichtsfläche in Strömungsrichtung der Luft im Gerät	A	m²
Tatsächliche Oberfläche der Filterschicht	A_F	m²
Filterbelastung, Luftstrom pro Ansichtsfläche oder Filterfläche A_F	$\dot{V}/A = v$	$\frac{m^3/s}{m^2}$
Standzeit, bis die praktische Speicherfähigkeit erreicht ist	Z_{Sp}	h
Anteilige Jahreskosten des Filters	K_F	EUR/a

Abscheidegrad

$$\eta = \frac{m_1 - m_2}{m_1} \cdot 100\,\% \tag{3.53}$$

m Schadstoffanteil im Fluid in g/m³

Durchlassgrad

$$D_g = 100 - \eta\,\% \tag{3.54}$$

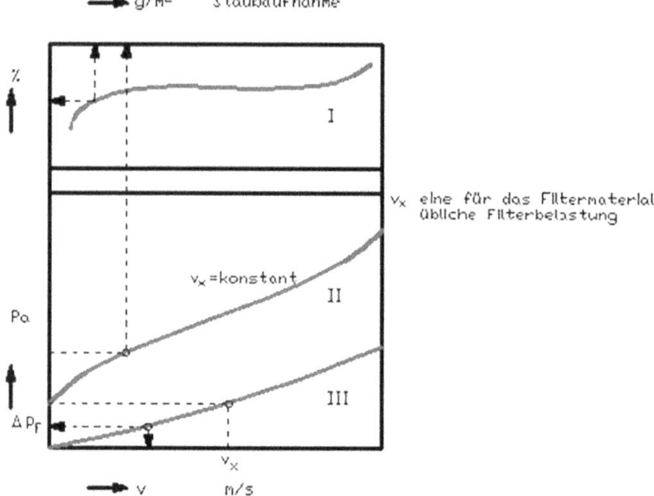

Abb. 3.16: Hersteller Angaben für Filtermatten mit Prüfstaub Etta pf. I. Filter Wirkungsgrad als Funktion des gespeicherten Staubes; II. Luftwiderstand als Funktion der bei einer Geschwindigkeit v_x; III Luftwiderstand ohne Staub, also Funktion der Filterbelastung v.

Filterbelastung

$$v = \frac{\dot{V}}{A_F} \quad \left[\frac{\mathrm{m^3/s}}{\mathrm{m^2}} \text{ oder } \frac{\mathrm{m}}{\mathrm{s}}\right] \tag{3.55}$$

Filterwiderstand

$$\Delta p_F = \xi \cdot v^n \quad [\mathrm{Pa}] \tag{3.56}$$

Eine variable Funktion ist vom Schadstoffbelag und der Geschwindigkeit v (Filterbelastung) abhängig. Es sind Messwerte des Herstellers für die Planung erforderlich.

Standzeit mit Speicherfähigkeit

$$Z_{\mathrm{Sp}} = \frac{m_{\mathrm{Sp}} \cdot A_F}{(m_1 - m_2) \cdot \dot{V}} \quad [\mathrm{h}] \tag{3.57}$$

m_{Sp} [g/m^2] aus Herstellerunterlagen (Abb. 3.16)

Beispiel.
gegeben ist:

$$\text{Zuluftanlage, } 4000\,\frac{\mathrm{m^3}}{\mathrm{h}}; \quad \text{Betriebszeit } 8\,\frac{\mathrm{h}}{\mathrm{Tag}};$$

Taschenfilter $A_F = 4\,\mathrm{m}^2$; Speicherfähigkeit $m_{Sp} = 1200\,\frac{\mathrm{g}}{\mathrm{m}^2}$;

Staubabscheidung $m_1 - m_2 = 5\,\mathrm{mg/m^3}$

gesucht wird: Standzeit, bis die Speicherfähigkeit erreicht ist.

Berechnung:

$$Z_{Sp} = \frac{1200\,\frac{\mathrm{g}}{\mathrm{m}^2} \cdot 4\,\mathrm{m}^2}{0{,}005\,\frac{\mathrm{mg}}{\mathrm{m}^3} \cdot 4000\,\frac{\mathrm{m}^3}{\mathrm{h}}} = 240\,\mathrm{h}$$

Nach $\frac{240\,\mathrm{h}}{8\,\frac{\mathrm{h}}{\mathrm{Tag}}} = 30$ Betriebstagen, den Filtereinsatz erneuern.

Alternative: einen kontinuierlich arbeitenden Filter einplanen.

Betriebskosten *K* [€/a]

$$K_{\mathrm{Filter}} = K_{\mathrm{Amortisation}} + K_{\mathrm{Wartung}} + K_{\mathrm{Energie}} \quad \left[\frac{€}{\mathrm{a}}\right] \tag{3.58}$$

$$K_{\mathrm{Energie}} = \frac{P_F}{\eta_g} \cdot \frac{\mathrm{h}}{\mathrm{a}} \cdot \frac{€}{\mathrm{kWh}} \quad \left[\frac{€}{\mathrm{a}}\right] \tag{3.59}$$

Für die Kostenoptimierung ist die Wahl der Filterbelastung maßgeblich. Energie- und Amortisationskosten ändern sich gegenläufig mit v (Abb. 3.17).

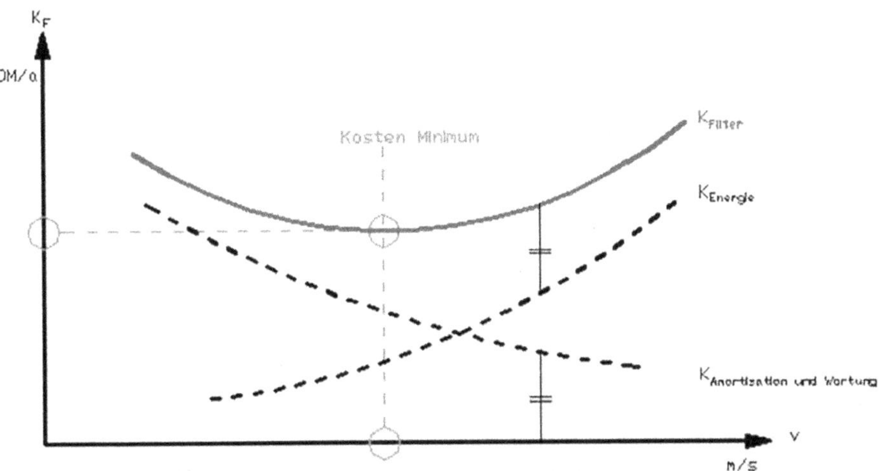

Abb. 3.17: Kosten über Strömungsgeschwindigkeit. Diagramm für Minimalkosten in Abhängigkeit der Energie- u. Amortisationskosten, Wartung.

Beispiel.
gegeben ist:

$$\dot{V} = 20000\,\frac{\text{m}^3}{\text{h}};\quad \Delta p_F = 220\,\text{Pa};\quad 0{,}13\,\frac{€}{\text{kWh}};\quad \eta_g = 0{,}65 \quad \text{für Ventilator mit Motor;}$$

$$\text{Betriebszeit } 2400\,\frac{\text{h}}{\text{a}}$$

gesucht wird: Energiekostenanteil K_E

$$K_E = \frac{P_F}{\eta_g} \cdot \frac{\text{h}}{\text{a}} \cdot \frac{€}{\text{kWh}}$$

$$K_E = \frac{20000\,\frac{\text{m}^3}{\text{h}} \cdot 220\,\text{Pa}}{3600\,\frac{\text{s}}{\text{h}} \cdot 1000\,\frac{\text{W}}{\text{kW}} \cdot 0{,}65} \cdot 2400\,\frac{\text{h}}{\text{a}} \cdot 0{,}13\,\frac{€}{\text{kWh}} = 587\,\frac{€}{\text{a}}$$

Beispiel. Schadstoffminderung auf zulässige Werte an der Fortluftanlage einer Fabrikationseinrichtung.
gegeben ist:

$$\dot{\text{V}} = 4000\,\frac{\text{m}^3}{\text{h}};\quad \text{Schadstoffanteil } m_1 = 0{,}1\,\frac{\text{g}}{\text{m}^3};$$

nach behördlicher Vorschrift

$$m_2 = 0{,}004\,\frac{\text{g}}{\text{m}^3} \quad \text{zulässig;}$$

gesucht wird: Abscheidegrad η und anfallender Schadstoff $\frac{\text{g}}{\text{h}}$

$$\eta = \frac{m_1 - m_2}{m_1} \cdot 100\,\% = \frac{0{,}1 - 0{,}004}{0{,}1} \cdot 100 = \underline{\underline{96\,\%}}$$

anfallender Schadstoff $m_1 \cdot \eta \cdot \dot{V} = 0{,}1\,\frac{\text{g}}{\text{m}^3} \cdot 0{,}96 \cdot 4000\,\frac{\text{m}^3}{\text{h}} = 348\,\frac{\text{g}}{\text{h}}$

Auf jeden Fall ist eine kontunierlich arbeitende Filteranlage einzuplanen. Je nach Schadstoffart, falls möglich, Vorabscheidung durch einen Zyklon.

Beispiel von Herstellerangaben für Filtermatten

1. Filterwirkungsgrad als Funktion des gespeicherten Staubes
2. Luftwiderstand als Funktion der Staubaufnahme bei einer bestimmten Geschwindigkeit v_x
3. Luftwiderstand ohne Staub, als Funktion der Filterbelastung v

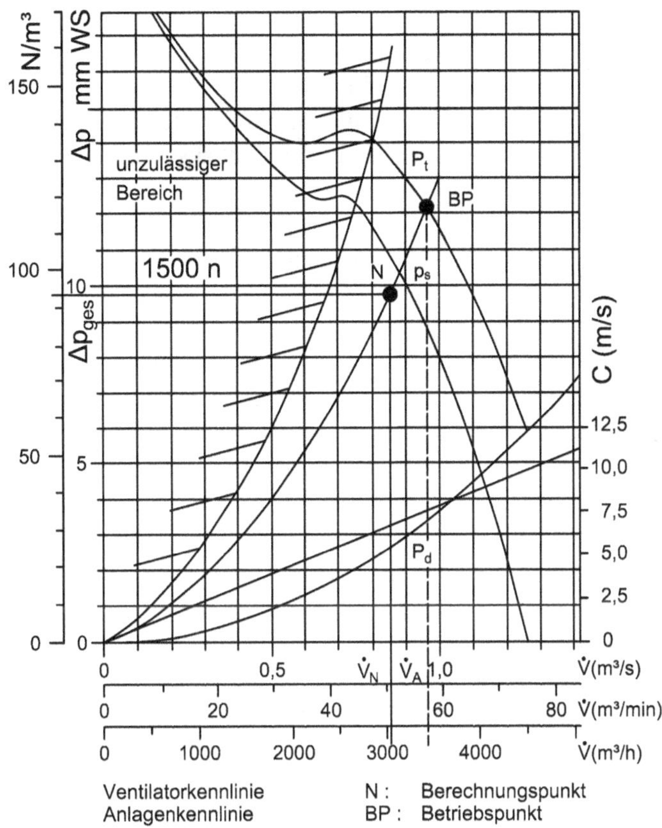

Abb. 3.18: Ventilator Kennlinien.

3.5.2 Staub

Staub in Räumen entsteht durch Abrieb von Textilien, Zigarettenrauch und durch Verarbeitungsprozesse. Unter Staub versteht man diverse Feststoffe beliebiger Form und Struktur. Staub wird bei trockener Raumluft als besonders unangenehm empfunden. Gesundheitsschädlich ist Staub mit einer Teilchengröße von ~0,5 µm, da dieser mit der Atemluft in die Lunge gelangt. Die chemische Zusammensetzung des Staubs und die Struktur der Staubteilchen sind für die gesundheitsschädigende Wirkung entscheidend. (z. B. faserförmiger Asbeststaub). Besonders die Luft in Großstädten und Industriebetrieben enthält krankheitserregende Stoffe wie Asche, Kohle, Sand, Rußteilchen, Blei und organische Bestandteile wie Bakterien, Viren, Samen, Pollen, Sporen. Die MAK-Werte geben die maximal zulässige Arbeitsplatzkonzentration gesundheitsschädlicher Stoffe an. Dabei handelt es sich um dampf-, gas- oder staubförmige Schadstoffe (s. Tab. 3.7, 3.8, 3.9).

Daneben gibt es die Technischen Richtkonzentrationen (TRK) gefährlicher Arbeitsstoffe, worunter man die Konzentration als Dampf, Gas oder Schwebestoff in der Luft von Arbeitsräumen versteht, die nach dem Stand der Technik erreicht werden können. Auch bei der Einhaltung der TRK ist allerdings eine Gesundheitsgefährdung nicht ausgeschlossen. Es sind deshalb Schadstoffkonzentrationen weit außerhalb der TRK anzustreben.

Die zulässigen Werte für die Schadstoffkonzentrationen sind in der TA Luft dargestellt und die zulässige Konzentration luftfremder Stoffe in Bodennähe sind in den MIK-Werten (Maximale-Immission-Konzentration) festgelegt.

Durch Schadstoffemissionen neuartiger Werkstoffe, Reinigungsmittel, etc. laufen derzeit umfangreiche Forschungsarbeiten, um die Wirkung von Luftschadstoffen auf die Raumluftqualität zu untersuchen. Daneben spielen aber die in der Luft enthaltenen Keime, wie Bakterien, Pilze, Viren, eine große Rolle. Der Keim- und Staubgehalt in der Raumluft hängt von der Anzahl der Personen im Raum und ihrer Tätigkeit ab. Müdigkeit, Hustenreiz, Atemnot, Fieber, etc. sind meist allergische Reaktionen auf mikrobielle, antigene Bakterien im Befeuchtungswasser von Sprüh- und Rieselbefeuchtern. Besonders in Kühltürmen bei Temperaturen von 25 °C bis 40 °C bestehen Bedingungen zum Wachstum von Legionellen.

Deshalb ist es erforderlich, den Anforderungen entsprechende RLT-Anlagen zu konzipieren. Diese müssen die Abführung von Luftverunreinigungen aus den Räumen sowie die Reinheit der Raumluft gewährleisten. Heute erfolgt dies durch Lüftungsanlagen zur Lufterneuerung und durch Filterung der Zuluft [4].

3.5.3 Partikel in der Luft

Wie sauber ist die Luft?

Tab. 3.7: Partikel pro Liter.

Reiner Raum	1 Partikel/Liter
Arktis	10.000 Partikel/Liter
Ozean	100.000 Partikel/Liter
Ländliches Gebiet	1 Million Partikel/Liter
Stadt	100 Million Partikel/Liter
Autobahn	1 Milliarde Partikel/Liter
Tabakrauch	100 Milliarden Partikel/Liter

Tab. 3.8: Mittlerer Staubgehalt der Luft nach VDI-Handbuch: Reinhaltung der Luft.

Gebiet	Mittlere Konzentration mg/m3	Maximale Kornhäufigkeit µm	Größtes Korn etwa in µm
Landgegend			
- bei Regen	0,05	0,8	4
- bei Trockenheit	0,10	2,0	25
Großstadtgebiet	0,10	7,0	60
Wohngegend	0,30. . . 0,50	20,0	100
Industriegegend			
Industriegebiete	1,00. . . 3,00	60,0	1.000

Größenverteilung der Partikel

Tab. 3.9: Mittlere Korngrößenverteilung von Staub in Großstadtluft bei einer Menge von 0,75 mg/m^3.

Größenbereich µm	Mittlere Größe µm	Teilchenzahl je m^3 in 1000	Volumen –% = Gewichts-%≈
10. . . 30	20,00	50	28
5. . . 10	7,50	1.750	52
3. . . 5	4,00	2.500	11
1. . . 3	2,00	10.700	6
0,5. . . 1	0,75	67.000	2
0. . . 0,5	0,25	910.000	1
			100

Welche Partikel sind kleiner als 1 µm:
- Ölrauch,
- Tabakrauch,
- Metallurgischer Rauch,
- Ruß,
- Bakterien,
- Viren.

3.5.4 Filtertechnik

Die Verunreinigungen der Außenluft schwanken stark nach Standort und Wetterlage. Deshalb wird anforderungsbedingt der Einsatz von Filterklassen vorgeschrieben (DIN EN 16798-3 [15] und DIN 1946 Teil 4 [17]).

Man unterscheidet heute allgemein zwischen mechanischer Abscheidung geladener Teilchen an Elektroden eines elektrischen Feldes und Adsorption von Gasen in porösen Stoffen [7]. Tab. 3.10 zeigt die Krankenhausinfektionen obwohl auf die Filtertechnik geachtet wurde.

Tab. 3.10: Krankenhausinfektionen auf Intensivstationen nach DASCHNER.

Intensivpflegestation	Patienten n	Krankenhausinfektionen
Herzchirurgie	671	3,5
Chirurgie	1.200	26,8
Innere Medizin	2.256	3,3
Kinderklinik	672	23,9
Neurochirurgie	1.039	13,6

Für die Einteilung von Filtern gibt es eine Reihe von Kategorien, wie Material, Einbauart, Benutzung, Filterklasse, Betriebsart und Bauart, in die man Filter für raumlufttechnische Anlagen zuordnen kann.

Bei Filtern, die zur Bakterien- und Virenfiltration eingesetzt werden, eignet sich am besten die Einteilung nach Filterklassen.

Hierzu unterscheidet man:
- Grobfilter (Grobstaubfilter),
- Feinfilter (Feinstaubfilter),
- Feinst- bzw. Schwebstofffilter.

Diese Filter werden nach dem Material zu den Faserfiltern und nach der Bauart zu den Taschenfiltern gezählt.

Die Fähigkeit eines Filters, Partikel auszuscheiden, beruht in der Hauptsache auf verschiedenen physikalischen und mechanischen Erscheinungen.

Man unterscheidet:
- Diffusionseffekt,
- Trägheitseffekt,
- Sperreffekt,
- Absetz- und Siebeffekt,
- elektronischer Effekt.

(s. Abb. 3.23 und Tab. 3.11).

Für das Haften der Teilchen auf der Faseroberfläche sind die elektrostatischen Kräfte, die Van-der-Waals-Kräfte, verantwortlich.

Ein nicht zu unterschätzender Punkt für den wirksamen Abscheidemechanismus ist die Strömungsart. Sie ist oftmals ausschlaggebend für eine gute Filterwirkung. Es sollte immer versucht werden, eine laminare Strömung zu erreichen, da diese die beste Filterwirkung erzielt. Um eine laminare Strömung zu erzielen, vergrößert man die Anströmfläche des Filters um den Faktor 25 bis 70, indem man gefaltetes Glasfaserpapier verwendet. Die Luftgeschwindigkeit durch das Filtermaterial ist sehr gering, gewöhnlich nicht mehr als etwa 0,025 m/s. Um die verschiedenen Filterwirkungen zu veranschaulichen, wird eine Einzelfaser angenommen. Die Partikel sind kugelförmig.

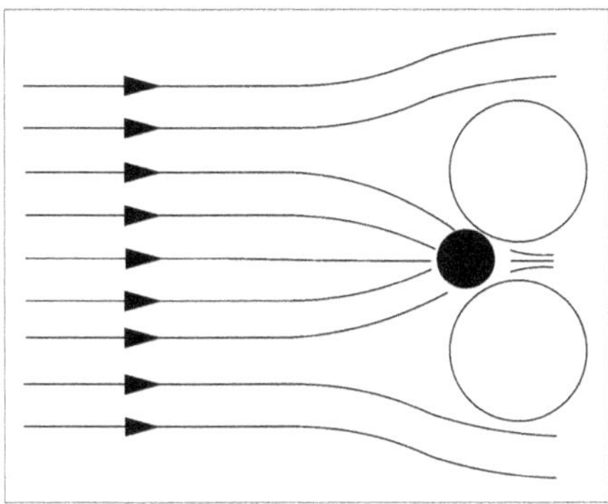

Abb. 3.19: Siebeffekt.

Der Siebeffekt tritt nur für Partikel ein, deren Durchmesser größer sind als der freie Querschnitt zwischen den Fasern, der sogenannten Porenweite (Abb. 3.19).

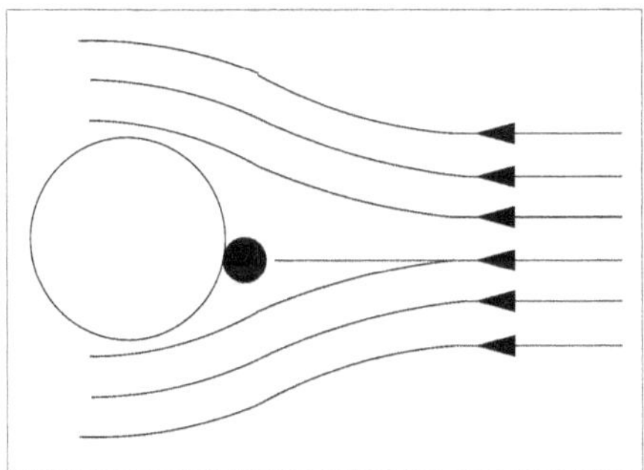

Abb. 3.20: Trägheitseffekt.

Der Trägheitseffekt bewirkt eine Abscheidung an der Faser, wenn zum einen das Teilchen eine bestimmte Größe aufweist und somit dem Verlauf der Stromlinie nicht folgen kann, und wenn es zum anderen innerhalb eines kritischen Abstandes von der Mittellinie liegt (Abb. 3.20).

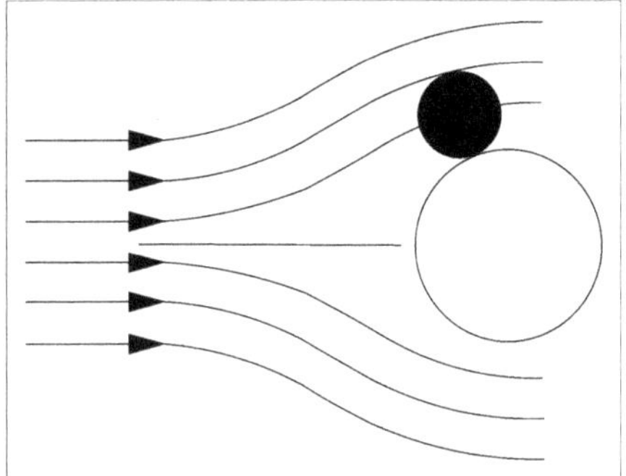

Abb. 3.21: Sperreffekt.

Kleine, leichte Partikel folgen dem Luftstrom um die Filterfaser. Wenn der Mittelpunkt des Partikels einer Strömung folgt, die näher an die Faser kommt als der Durchmesser r des Partikels, so wird dieser aufgefangen und bleibt haften.

Ein Filtermaterial mit gutem Sperreffekt muss also so beschaffen sein, dass es eine große Anzahl feiner Fasern enthält, die (Abb. 3.21) gewöhnlich den gleichen Durchmesser haben wie die abzuscheidenden Partikel.

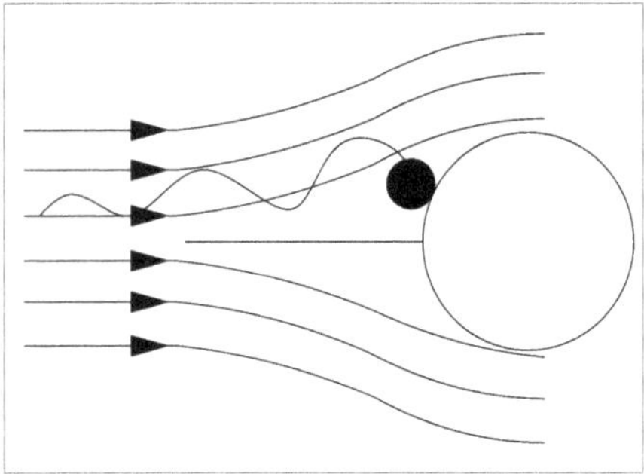

Abb. 3.22: Diffusionseffekt.

Der Diffusionseffekt ist eine Folge der brownschen Molekularbewegung, und er ist nur für sehr kleine Teilchen, die < 1 µm sind, wirksam. Die brownsche Molekularbewegung bewirkt eine diffuse Bewegung des Teilchens um eine gedachte Stromlinie. Abgeschieden wird das Teilchen, wenn es genügend nah und lange in der Nähe der Faser verweilt (Abb. 3.22).

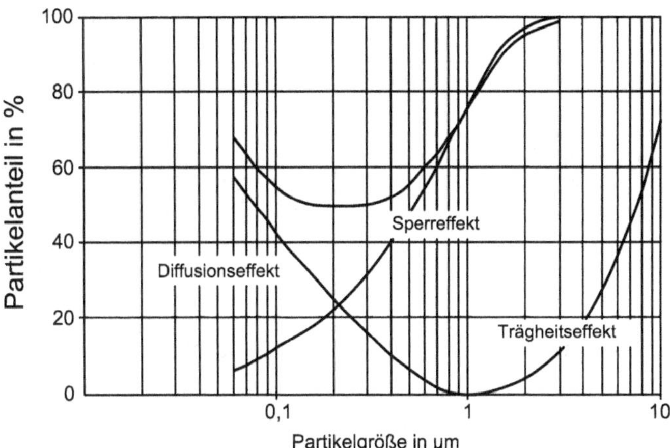

Abb. 3.23: Filtereffekf: Partikel Anteil versus Partikelgröße.

Tab. 3.11: Kühlgerade im h-x-Diagramm.

Filterwirkung	Geschwindigkeit	Partikelgröße	Faserdurchm.	Faserdichte
Diffusionseffekt	–	–	–	+
Trägheitseffekt	+	+		+
Sperreffekt	•	+	–	+
Siebeffekt	•	+	+	+

• Die Filterwirkung nimmt bei steigender Geschwindigkeit, Partikelgröße usw. zu.
• Die Filterwirkung nimmt bei steigender Geschwindigkeit, Partikelgröße usw. ab.
• Die Filterwirkung bleibt bei steigender Geschwindigkeit, Partikelgröße usw. unberührt.

3.5.5 Grob- und Feinstaubfilter

Tab. 3.12: Durchmesserbereiche optischer Partikel zur Definition des Abscheidegrades ePM_x nach DIN EN ISO 16890 [13].

Abscheidegrad	Größenbereich, µm
ePM_{10}	$0{,}3 \leq x \leq 10$
$ePM_{2{,}5}$	$0{,}3 \leq x \leq 2{,}5$
ePM_1	$0{,}3 \leq x \leq 1$

Mit der DIN EN ISO 16890 [13] wurde die alte EN 779 abgelöst und damit auch die Einteilung in die Klassen G1 bis F9. Die Filter werden nun nach dem Wirkungsgrad der verschiedenen Partikelspektren PM_x unterschieden. Diese Spektren beinhalten jeweils alle gemessenen Partikel, deren Größe kleiner oder gleich mit 1 oder 2,5 oder 10 µm sind. Die kleinste gemessene Fraktionsgröße ist hierbei 0,3 µm.

Tab. 3.13: Luftfiltergruppen nach DIN EN ISO 16890.

Filtergruppe	Klassifizierung	Anfangsabscheidegrad A_i [%]	Mittlerer Fraktionsabscheidegrad ePM_x [%]
Grobstaubfilter	ISO Coarse *Ai* [%]	$5 < A_i \leq 100\,\%$	$ePM_{10} > 20\,\%$
Mediumfilter ePM_{10}	ISO ePM_{10} (e) [%]		ePM_{10} 50 %... ≥ 95 %
Feinstaubfilter $ePM_{2,5}$	ISO $ePM_{2,5}$ (e) [%]		$ePM_{2.5}$ 50 %... ≥ 95 %
Feinstaubfilter ePM_1	ISO ePM_1 (e) [%]		ePM_1 50 %... ≥ 95 %

Zusätzlich gilt noch für ePM_1 und $ePM_{2,5}$ ein minimaler Abscheidegrad von 50 % ($ePM_{x,\,min}$).

Ein Filter der früheren Klasse F7 kann beispielsweise einen Abscheidegrad von ePM_1 von 73 % haben und von $ePM_{2,5}$ von 78 %. Die Klassifizierung sieht nun ein Abstufen auf das nächste Vielfache von 5 % vor, dies bedeutet der Filter kann mit der Klasse ePM_1 70 % oder mit $ePM_{2,5}$ 75 % beschrieben werden. Nach der Norm darf ein Filter aber nur in einer Gruppe gelistet werden, und auf dem Etikett muss dies versehen sein. Dies bedeutet, dass ein Hersteller frei entscheiden kann, er muss aber in einem umfassenden Bericht alle ePM_x-Abscheidegrade angeben (Tab. 3.13).

Ein Vergleich der Abscheidegrade verschiedener Filter darf nur innerhalb derselben ISO-Gruppe erfolgen, d. h. der Vergleich von ePM_1 des Filters A mit ePM_1 des Filters B.

Es werden die Luftfilter nach DIN EN 779 u. DIN EN 1822 eingeteilt (Abb. 3.24).

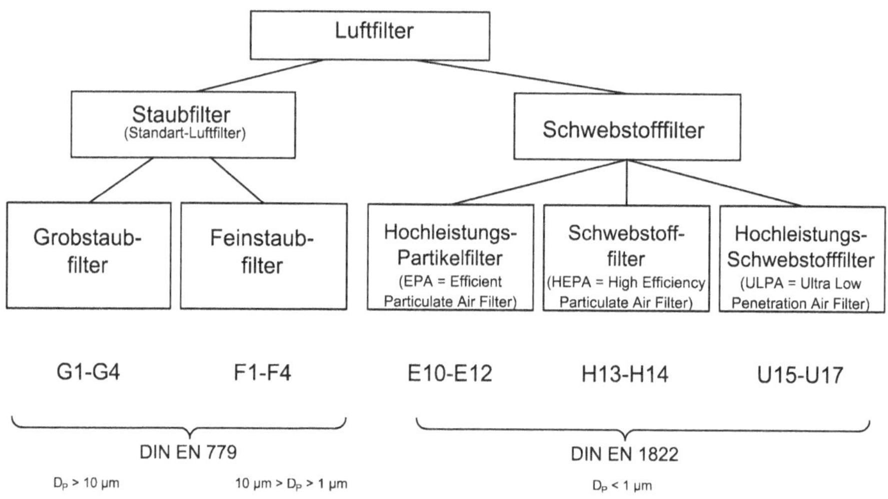

Abb. 3.24: Einteilung der Luftfilter.

3.5.6 Taschenfilter: Standzeit – Filterfläche

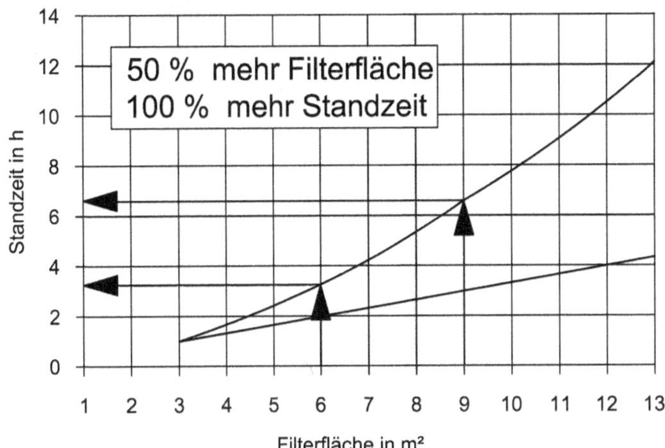

Abb. 3.25: Standzeit über Filterfläche um 50 % erhöht sich die Standzeit um 100 % (Abb. 3.25).

3.5.7 Schwebstofffilter

- Standzeiten von Schwebstofffiltern: 10–14 Jahre
- Filterung erfolgt durch Van-der-Waals-Kräfte
- Schwebstofffilter müssen immer durchströmt sein
- Work-Modus: 0,25–0,40 m/s
- Sleep-Modus: 0,10 m/s

Tab. 3.14: Luftfilter-Klasseneinteilung nach DIN EN 1822 Teil 1.

Filtergruppe Filterklasse	Integralwert		Lokalwert	
	Abscheidegrad (%)	Durchlassgrad (%)	Abscheidegrad (%)	Durchlassgrad (%)
E10	≥ 85	≤ 15	-	-
E11	≥ 95	≤ 5	-	-
E12	≥ 99,5	≤ 0,5	-	-
H13	≥ 99,95	≤ 0,05	≥ 99,75	≤ 0,25
H14	≥ 99,995	≤ 0,005	≥ 99,975	≤ 0,025
U15	≥ 99,999 5	≤ 0,000 5	≥ 99,997 5	≤ 0,002 5
U16	≥ 99,999 95	≤ 0,000 05	≥ 99,999 75	≤ 0,000 25
U17	≥ 99,999 995	≤ 0,000 005	≥ 99,999 9	≤ 0,000 1

Tab. 3.14 zeigt den Abscheide- und Durchlaßgrad der Filterklassen.

Für die Reinräume beispielsweise in Krankenhäusern sind nach der DIN 1946-4 mindestens zwei Filterstufen im Gerät vorzusehen, für Räume der Raumklasse 1 noch eine dritte, endständig installierte Filterstufe mit mindestens Filterklasse H13 [17].

3.5.8 Folgen hoher Staubbelastung

Eine hohe Staubbelastung kann viele verschiedene Probleme mit sich bringen:
- Staubablagerungen, Agglomerate (~Anhäufungen, Zusammenballungen), Bakterienherde,
- erhöhtes Korrosionsrisiko,
- Wirkungsgrad der Wärmetauscher sinkt,
- Wirkungsgrad der Ventilatoren sinkt,
- Regler und Stellaggregate funktionieren ungenau,
- Volumenstrom sinkt auf ca. 70 % ab,
- kurze Standzeit der Nachfilter,
- hohe Entsorgungsmengen und Entsorgungskosten,
- hohe Ersatz-, Reinigungs- und Energiekosten,
- hohe Austauschkosten: Erhitzer, Laufräder, Lager.

Durch das Zusetzen des Filters mit Partikeln wird seine Einsatzdauer beschränkt. Man spricht hier von der Standzeit oder der Betriebszeit des Filters. Ein wichtiges Kriterium zur Ermittlung der Standzeit ist der ansteigende Druckverlust durch den Filter. Beim Erreichen des zugelassenen Enddruckverlustes muss der Filter erneuert werden. Der Enddruckverlust ist wiederum abhängig von der Filterart, vom Volumenstrom durch den Filter und von der Auslegung der raumlufttechnischen Anlage. Hier spielt die Wirtschaftlichkeit eine große Rolle, da bei einem hohen Druckverlust wesentlich mehr Leistung benötigt wird, um denselben Volumenstrom durch den Filter zu schicken. In der Praxis liegen die verwendeten Enddruckdifferenzen bei:
- Grobfilter im Bereich von 200 bis 300 Pa
- Feinstaubfilter im Bereich von 300 bis 500 Pa
- Schwebstofffilter im Bereich von 1.000 bis 1.500 Pa.

Dadurch ergeben sich bei einer Beaufschlagung der Luftfilter mit Nennvolumenstrom und einer normalen atmosphärischen Staubkonzentration bei achtstündiger Betriebsweise etwa folgende Betriebszeiten bis zur Erreichung der zulässigen Enddruckdifferenz:
- Grobstaubfilter 1/4 bis 1/2 Jahr
- Feinstaubfilter 1/2 bis 3/4 Jahr
- Schwebstofffilter 1 bis 4 Jahre (Vorfiltration).

Wie zu erkennen ist, „verstopfen“ Grob- und Feinstaubfilter wesentlich schneller als Schwebstofffilter. Das liegt daran, dass beispielsweise an der Luftansaugung eine stärkere Verschmutzung der Luft gefiltert werden muss, wohingegen der Schwebstofffilter in der letzten Filterstufe sitzt und für die Schwebstoffe zuständig ist. Weiterhin werden für die Schwebstofffilter wesentlich größere Enddruckdifferenzen zugelassen (Abb. 3.26, 3.27, 3.28).

Beispiel.

Einsatzgebiet: *Großstadt* (*Frankfurt/Main*)
Luftmenge: 100.000 m^3/h
Betriebszeit: 1 Jahr (8.736 h)

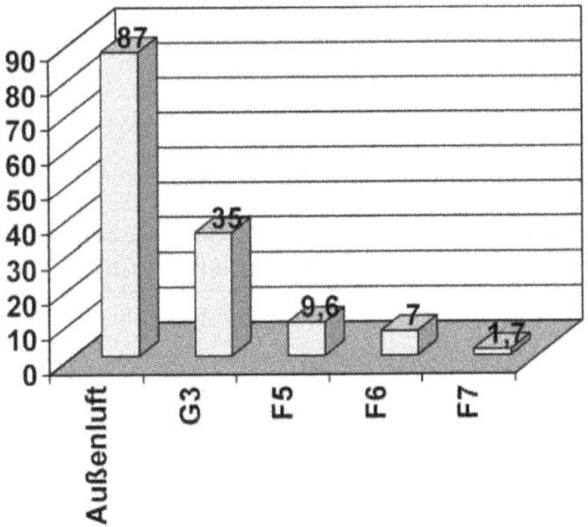

Abb. 3.26: Staubdurchgang [kg] bei 0,1 mg/m^3.

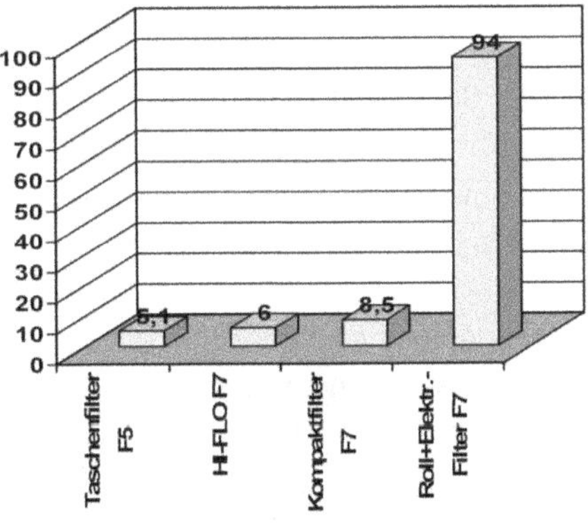

Abb. 3.27: Anschaffungskosten [Cent] pro m^3 Nennluftmenge.

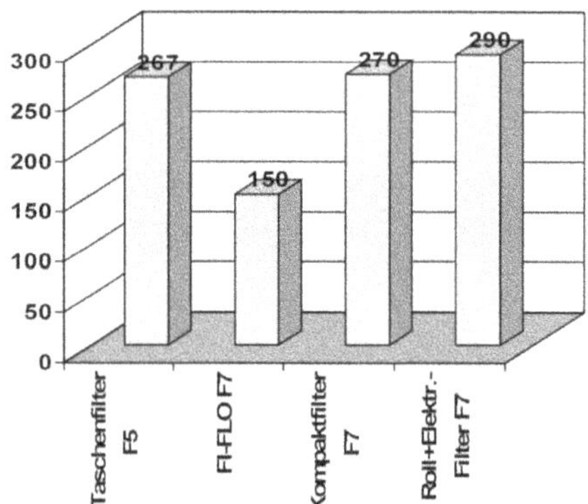

Abb. 3.28: Betriebskosten [Euro] pro kg abgeschiedenen Staub.

3.5.9 Vergleich verschiedener Messverfahren

Tab. 3.15: Vergleich verschiedener Messverfahren zur Staubflächendichte nach VDI 6022 Blatt 1 [20].

Verfahren	Bemerkung	Abheberate	Staubkonzentration in g/m^2	
			oberer Beurteilungswert Reinigung erforderlich!	Beurteilungswert für Reinigungserfolg
Vliesrotationsverfahren	mit Lösungsmittel	1,00	5,0	2,5
Wischverfahren	mit Lösungsmittel	0,80	4,0	2,0
Saugverfahren	mit Spachtel	0,90	4,5	2,3
Saugverfahren	nach DIN EN 15780	0,25	1,3	0,7

3.5.10 Trockene Filter

Neueste Untersuchungen an der Freien Universität Berlin von Prof. Dr. H. Rüden, Dr. M. Möritz haben zu alarmierenden Erkenntnissen für die Lüftungsbranche geführt. Es wurde eindeutig gezeigt, dass sich auf Vorfiltern in RLT-Anlagen, die längere Zeit relativ hoher Feuchtigkeit ausgesetzt sind, Mikroorganismen (insb. Bakterien) vermehren und an die Luft abgegeben werden können.

Sterben die Bakterien wieder ab, können u. a. Endotoxine an die Zuluft abgegeben werden. Ein Zusammenhang zwischen Bakterienwachstum und gesundheitlichen Beschwerden in künstlich belüfteten Gebäuden wurde bereits in einigen holländischen Untersuchungen über das Sick-Building-Syndrom aufgezeigt.

Lebensfähige und abgestorbene Pilzsporen stellen außerdem ein großes Reservoir an Allergenen dar, welche durch die Lüftungsanlage ebenfalls in den Raum gelangen können. Mit großer Wahrscheinlichkeit entstehen auch dadurch gesundheitliche Probleme.

Um ein verstärktes Wachstum von Mikroorganismen zu verhindern, muss die Feuchtigkeit der Außenluft in Filtern auf maximal 90 % r. F. begrenzt werden. Die Forscher empfehlen deshalb, die Außenluft in Filtern in der kalten Jahreszeit zu erwärmen und damit die relative Luftfeuchtigkeit zu reduzieren.

Eine Möglichkeit dies zu verhindern, wäre ein Elektrolufterhitzer als Vorwärmer.

Nachteile:

- Durch die AUL-Erwärmung wird die Effizienz der WRG beträchtlich reduziert und die Wirtschaftlichkeit ist wegen der großen Betriebszeiten fraglich.
- Es entstehen hohe Betriebskosten der raumlufttechnischen Anlage.
- Elektrische Energie sollte nicht für Direktheizungen verwendet werden (hohe Exergie!).

Die bessere Variante, dieses Problem anzugehen, ist eine intelligente KVS-WRG mit geteiltem WRG-Lufterhitzer:

Der WRG-Vorwärmer (vor dem Filter) erwärmt die Luft um 2-3 K und reduziert dadurch die relative Feuchtigkeit der gesättigten Luft auf unter 90 % (Abb. 3.29).

Dieser Wärmeaustauscher muss mit einem geringen Aufwand periodisch gereinigt werden können.

Daher sind folgende Forderungen zu erfüllen:

- maximal 3–4 Rohrreihen,
- große Lamellenteilung von 4 mm,
- robuste Lamellen, für Hochdruckreinigung geeignet,
- fluchtende Rohre.

Die restliche Übertragungsfläche des WRG-Lufterhitzers wird nach dem Filter mit einer kleineren Lamellenteilung angeordnet (2,5 mm).

- optimaler jährlicher Netto-Energierückgewinn der WRG,
- minimale Jahreskosten der raumlufttechnischen Anlage (s. Kap. 3.6).

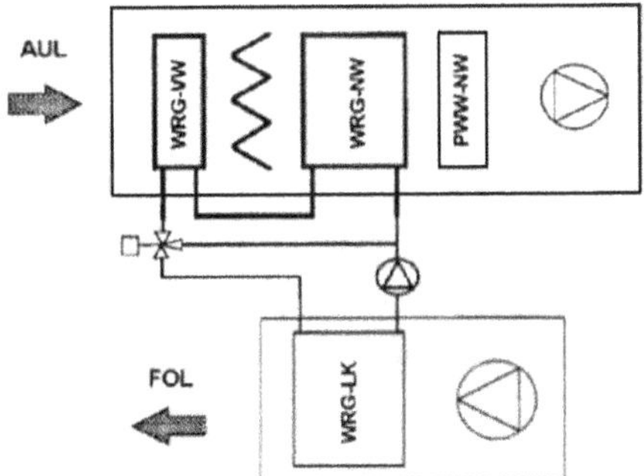

Abb. 3.29: Schema WRG mit Lufterhitzer.

Dieses vom Ingenieurbüro Meierhans+Partner (Zürich, Mainz, Berlin) bereits seit vielen Jahren propagierte Verfahren wird von namhaften Schweizer HLK-Partnern im Krankenhausbau und in der chemischen Industrie als Schutz vor Filtervereisung angewandt und hat sich bestens bewährt.

3.5.11 Bakterien- und Virenabtötung

Neben der Filtration besteht natürlich noch die Möglichkeit, Keime abzutöten. Hier sollen die gängigen Verfahren kurz dargestellt und Ausblicke auf die Anwendung in raumlufttechnischen Anlagen gegeben werden. Die Verfahren zur Abtötung von Bakterien und Viren können in drei Hauptgruppen eingeteilt werden (siehe auch Kap. 5.4 und 5.7):
- thermische Sterilisation,
- chemische Sterilisation,
- physikalische Sterilisation.

Thermische Sterilisation
Bei der thermischen Sterilisation handelt es sich um die wirksamste und sicherste Art der Keimabtötung. Es kann mit Nassdampf bei einer Temperatur von ca. 134 °C sterilisiert werden, wobei aber eine lange Sterilisationszeit zu einem guten Ergebnis führt. Deshalb ist diese Möglichkeit für eine Abtötung der Keime in der Luft unrealistisch. Bei einer Erwärmung muss die Temperatur bei ca. 180 °C liegen. Es ist aber schwer, Luft erst kontinuierlich steril zu erhitzen und dann wieder steril abzukühlen. Beide thermischen Verfahren stellen einen erheblichen Aufwand sowohl technisch als auch finanziell dar und können deshalb zur „Luftreinigung“ nicht eingesetzt werden. Die dargestellten Verfahren finden bei der Sterilisation von medizinischen Werkzeugen Anwendung.

Chemische Sterilisation
Die chemische Sterilisation ist eine häufig angewandte Methode, die allerdings nur dann eingesetzt wird, wenn die Anwendung der herkömmlichen thermischen Methoden nicht möglich ist. Chemische Verfahren haben immer mit dem Problem der Giftigkeit oder mit allergischen Reaktionen zu kämpfen.

Physikalische Sterilisation
Eine physikalische Sterilisationsmöglichkeit ist zum Beispiel der Einsatz von ultraviolettem Licht. Diese Methode tötet Keime an der Oberfläche ab und sie wäre zunächst für den Einsatz in Luftkanälen theoretisch gut geeignet. Denn bei einer Wellenlänge von 254 nm werden die Eiweißstrukturen der Keime angegriffen und ihre DNA (Desoxyribonucleic acid) bzw. RNA (Ribonucleic acid) zerstört, was zum Zelltod führt. Um

aber hartnäckige Viren, wie z. B. das Hepatitisvirus abzutöten, wird eine Leistung von 34 Watt pro cm^3/s benötigt, welches einen sehr großen Energieaufwand darstellt.

Weiterhin können auch nur Keime abgetötet werden, die direkt „bestrahlt" und nicht durch Partikel verdeckt werden, was eine Abhängigkeit zum Staubgehalt darstellt. Dies stellt wiederum einen gewissen Widerspruch dar. Denn um wirkungsvoll „bestrahlen" zu können, müsste erst der Staub gefiltert werden. Auch dann ist lediglich eine Reduzierung der Viren gegeben.

Eine weitere physikalische Möglichkeit ist die Ionisationsstrahlung, die zwar Keime abtötet, aber wegen der radioaktiven Belastung sehr bedenklich ist. Sie stellt eine enorme finanzielle Investition dar.

Zusammenfassend kann man sagen, dass ein Filter für raumlufttechnische Anlagen sowohl technisch als auch wirtschaftlich enorme Vorteile gegenüber den dargestellten Verfahren hat.

Deshalb werden fast nur Filter für das Erreichen der hohen Reinraumqualität eingesetzt. Zudem sind diese genormt und ihre Abscheidegrade sind festgelegt, wohingegen die Menge der abgetöteten Keime der genannten Verfahren durch viele Abhängigkeiten mehr oder weniger stark schwanken kann [5].

3.6 Wärmerückgewinnung

3.6.1 Grundsätze

- Nicht nur wirtschaftliche, sondern auch ökologische Kriterien beeinflussen die Systemwahl und Optimierung einer Wärmerückgewinnungsanlage.
- Ihr Einsatz soll erst nach der Minimalisierung des Gesamtenergieverbrauches geplant und realisiert werden.
- Die Kosten im Lebenszyklus eines Gebäudes für die Installation der Gebäudetechnik und deren Unterhalt sind erheblich.
- Der Vergleich der einzelnen Variantenkonzepte soll quantitativ und qualitativ erfassbar und nachvollziehbar sein.

3.6.2 Definition

- Die Wärmerückgewinnung ist die Nutzung der Enthalpie (kJ/kg)/h eines Fortluftvolumenstromes in Verbindung mit einem WRG-System.
- Die Wärme setzt sich aus einem sensiblen und gegebenenfalls latenten Anteil zusammen.
- Die Wärmeleistung eines Wärmerückgewinners erfolgt grundsätzlich auf der Grundlage des Luftvolumenstroms und der Enthalpiedifferenz.

Einteilung von WRG-Systemen:
1. Platten-, Rohr-, Wabenaustauscher (Rekuperator),
2. Kreislaufverbundenes WRG-System (Regenerator),
3. Wärmerohr (Regenerator),
4. Rotierender Wärmetauscher mit nicht hygroskopischer Speichermasse (Regenerator),
5. Rotierender Wärmetauscher mit hygroskopischer Speichermasse (Regenerator).

Rekuperator: Wärmetauscher, bei dem der Wärmeaustausch direkt über die Trennflächen erfolgt.

Regenerator: Wärmetauscher, bei dem die Wärme während des Austauschvorganges in einem Medium zwischengespeichert wird. Abb. 3.30 gibt einen Überblick der verschiedene Wärme = Rückgewinnungsverfahren.

3.6.3 Auswahlkriterien

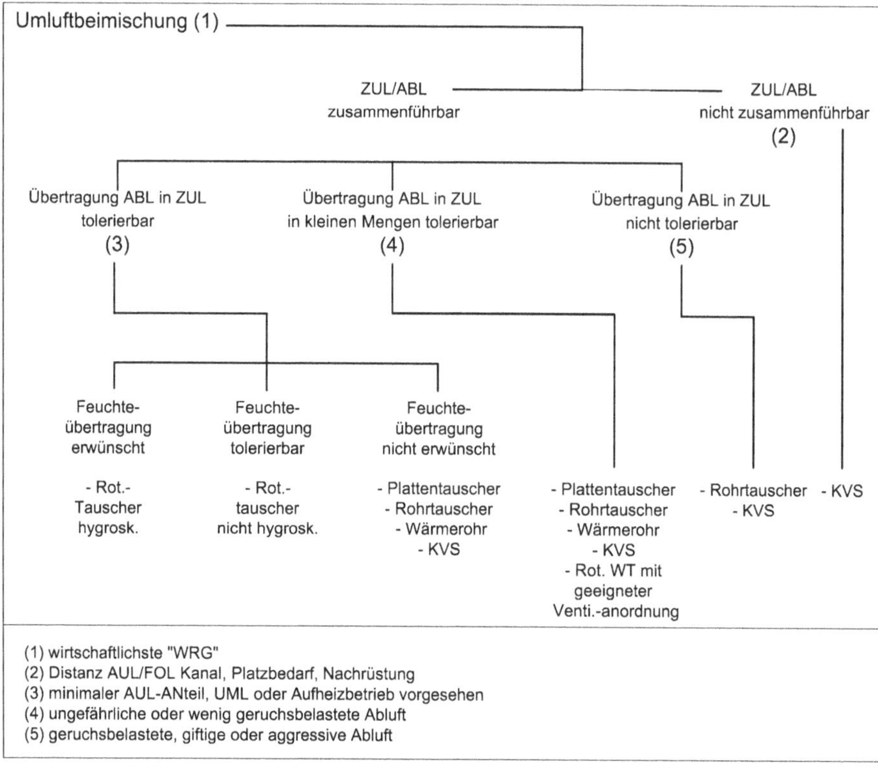

Abb. 3.30: Auswahlverfahren für Wärmerückgewinnung.

3.6.4 Platten- oder Rohrbündelwärmetauscher

Wirkungsgrad 50–75 %

Vorteile:
- keine beweglichen Teile,
- geringe Störanfälligkeit,
- hohe Lebensdauer,
- verschiedene Materialien möglich,
- konstanter (trockener) Wirkungsgrad bei allen Zuständen,
- geeignet für adiabatische FOL-Kühlung mit allen Befeuchtungssystemen (Abb. 3.31).

Nachteile:
- Standortgebunden (ZUL/FOL) zusammenführen bei großen Volumenströmen,
- großer Platzbedarf,
- kein Feuchteaustausch möglich,
- für Regelung und Einfrierschutz ist ein Bypass notwendig.

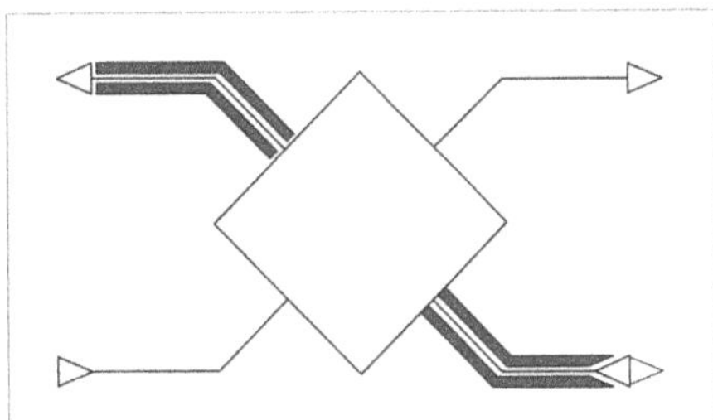

Abb. 3.31: Schema eines Platten-bzw. Röhrenbundelwärmetausche.

3.6.5 Rotierender Wärmetauscher

Wirkungsgrad 70–85 %

Vorteile:
- hohe Wirkungsgrade,
- Feuchteaustausch möglich,
- kleine Einbaulänge,
- gute Regelbarkeit (Abb. 3.32).

Nachteile:
- Standortgebunden AUL/FOL,
- je nach Ventilatoranordnung Leckluftströme oder Umluftbeimischung,

- Geruchs- und Feuchteübertragung durch Mitrotation,
- auch bei nichthygroskopischer Speichermasse ist die Feuchteübertragung möglich (Taupunktunterschreitung).

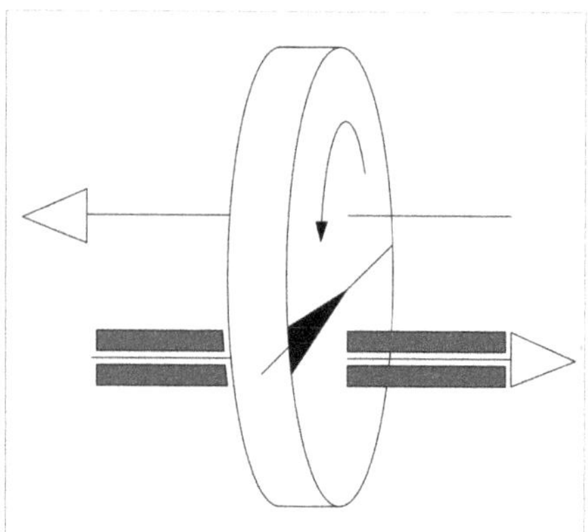

Abb. 3.32: Rotierender Wärmetauscher.

3.6.6 KVS (Kreislaufverbundsystem)

Wirkungsgrad 50–75 %

Vorteile:
- ZUL- und FOL-Geräte können dezentral sein,
- mehrere Anlagen können zusammengeführt werden,
- andere Wärmequellen können genutzt werden,
- vollkommene Trennung der Luftströme,
- kleine Einbaulänge,
- gute Regelbarkeit.

Nachteile:
- hoher Installationsaufwand (Pumpe, Leitungen usw.),
- Glykol ist giftig (Leckagen, Entsorgung),
- optimaler Wirkungsgrad nur bei Auslegungskondition – bei anderen Zuständen nimmt der Wirkungsgrad ab,
- kein Feuchteaustausch,
- Einfriergefahr bei sehr kalten Außentemperaturen.

Abb. 3.32 zeigt das Funktionsprinzip des KVS-Systems.

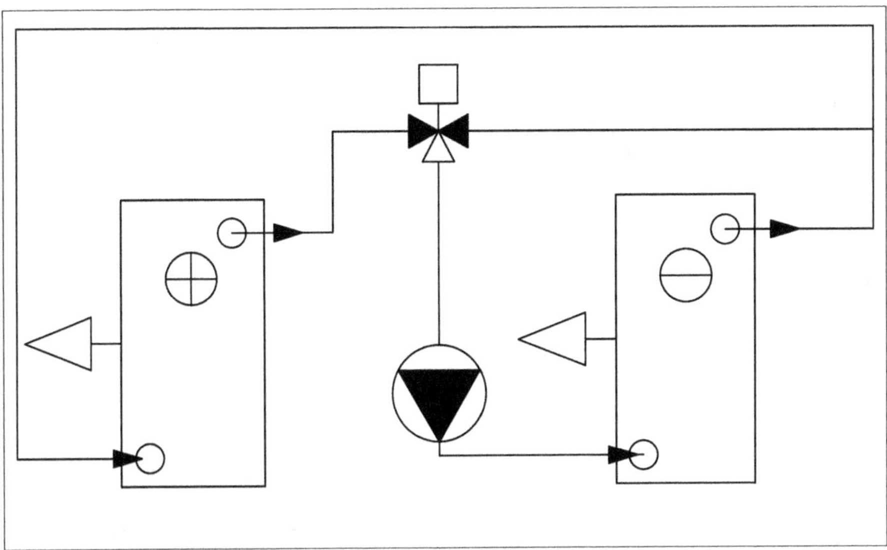

Abb. 3.33: Funktionsprinzip KVS-System.

3.6.7 Wärmerohr

Wirkungsgrad 40–60 %

Vorteile:
- kleine Einbautiefe,
- keine beweglichen Teile (Abb. 3.34).

Nachteile:
- standortgebunden,
- nur Gegenstrombetrieb,
- Kältemittel als Wärmeträger,
- eingeschränkte Regelung (Bypass oder Kippschalter),
- keine Sommerkühlung möglich.

3.6.8 Leistungsdefinition

- Jährlicher gibt es einen Netto-Energierückgewinn.
- Der Energieverbrauch der gesamten Anlage soll ganzjährig bei allen vorkommenden Betriebsbedingungen minimal sein, und zwar der Verbrauch an Wärme und elektrischer Energie.

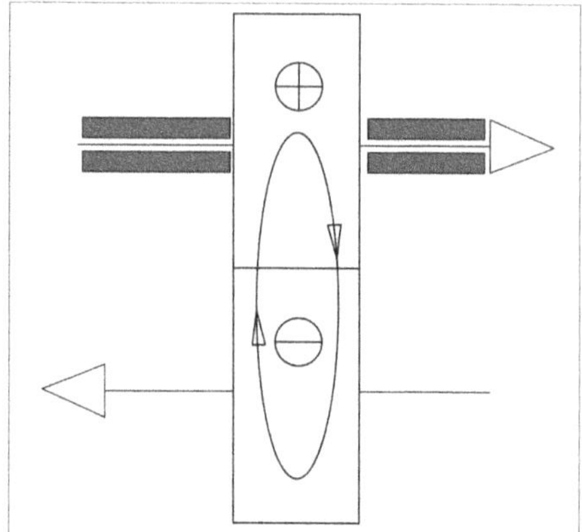

Abb. 3.34: Wärmerohr.

- Leider ist aber jede Form der Wärmerückgewinnung mit einem Mehrverbrauch an elektrischer Energie verbunden (Luftwiderstand der WRG-Tauscher-Ventilatorenergie, evtl. Pumpenenergie, Hilfsantriebe). Deshalb ist es unbedingt erforderlich, die WRG-Anlage so zu optimieren, dass bei möglichst kleinem Mehrstromverbrauch ein Maximum an Wärme eingespart werden kann.
- Minimaler Nutzungsgrad: Jede WRG-Anlage sollte einen Nutzungsgrad von minimal 65 % erzielen. Bei Mitberücksichtigung der – meistens variablen – internen Wärmelasten würde dies Nutzungsgrade von 75–90 % ergeben, je nach Höhe der anfallenden Wärmelasten.

$$\eta = \frac{\text{jährlicher Netto – Energierückgewinn}}{\text{Energiebedarf der Anlage ohne WRG}}$$

Verzicht auf eine WRG-Anlage:
- bei sehr kleinen Betriebszeiten < 500 h/Jahr,
- bei kleinen Luftmengen < 1.000 m^3/h,
- bei einem relativ kleinen jährlichen Wärmebedarf,
- wenn auch eine Optimierung nach finanziellen Kriterien Amortisationszeiten von mehr als 15 Jahren ergibt,
- Provisorien mit kurzer Einsatzzeit.

3.6.9 Planung

Es ist die Aufgabe und die Pflicht des Planers, dafür zu sorgen, dass lüftungstechnische Anlagen nach dem heutigen Stand der Technik geplant werden.

Der Planer hat in der Ausschreibung klar zu definieren, nach welchen Kriterien die WRG-Anlage optimiert werden soll und welche minimalen Werte erzielt werden müssen: minimaler jährlicher Netto-Energierückgewinn oder minimaler Nutzungsgrad.

Er hat vom Hersteller der WRG-Anlage den Nachweis der zu erwartenden Leistungen bei mehreren Betriebszuständen zu verlangen. Diese Werte sind gleichzeitig Garantiewerte und dienen zur Überprüfung der Leistung. Damit der Hersteller Garantiewerte abgeben und seine WRG auf die vom Planer gewünschte Leistung optimieren kann, sind folgende Daten notwendig, die leicht in Tabellenform dargestellt werden können.

- Welche Regelungsart kommt zur Anwendung?
- Einstufige Anlagen?
- Mehrstufige Anlagen? D. h. WRG-Daten für jede Stufe verlangen.
- Variable Anlagen? D. h. WRG-Daten für Min.- und Max.-Volumenstrom wenn sinnvoll auch für Zwischenwerte
- Die Betriebszeiten sind für die Anlage (jede Stufe) ebenfalls vom Planer festzulegen. Grundlage ist die DIN 4710 (Wetterdaten) [18], sowie die Forderungen vom Bauherrn.
- Ventilatormehrverbrauch über die gesamte Betriebszeit (Winter + Sommer) rechnen.

Zusammenfassung

Um Wärmerückgewinnungsanlagen entsprechend den Anforderungen bestmöglich auszulegen bzw. richtig auszuschreiben, bedarf es einiger grundlegender Kenntnisse:

- Ein besserer Wirkungsgrad muss nicht einen höheren Energierückgewinn bedeuten.
- KVS – WRG-Anlage nie auf den tiefsten AUL-Temperaturen auslegen.
- Der Planer muss die Raumnutzung genau ermitteln, um die richtige WRG-Anlage festzulegen.
- Ein Leistungsvergleich von Fabrikaten ist nicht durch 1–2 Kennzahlen möglich. Es ist nicht nur die WRG zu betrachten, sondern auch die restlichen Gerätekenndaten müssen berücksichtigt werden. Die wichtigsten sind die Schallleistung an den Gerätestutzen und die Ventilatoraufnahmeleistung.

3.7 Wirtschaftlichkeit

3.7.1 Allgemeines

Bei der großen Zahl der erläuterten Ausführungsmöglichkeiten von RLT-Anlagen für OP-Trakte ist es außerordentlich schwer, annähernd zutreffende Angaben über die Beschaffungs- und Betriebskosten einer Anlage zu machen.

Deshalb sollen in diesem Kapitel nur die zu berücksichtigenden Kostenarten dargestellt, und Anhaltspunkte für deren Berechnung gegeben werden. Ferner wird bei der wirtschaftlichen Betrachtung nur auf die Energieeinsparungsmöglichkeiten bezüglich der Wärme- bzw. Kälterückgewinnung eingegangen, da sich bei anderen Einsparungsmaßnahmen meist die Raumluftqualität verschlechtert und dies bei OP-Räumen nicht wünschenswert ist. (Näheres s. Kapitel 7.) Tab. 3.16 gibt eine Information über die Nutzungsdauer technischer Anlagen.

Nutzungsdauer

Tab. 3.16: Nutzungsdauer von technischen Anlagen.

Klimazentralen	10–20 Jahre
Kältemaschinen	15 Jahre
Kühltürme	10–15 Jahre
Kanäle, Gitter u.ä.	30–40 Jahre
Regelanlagen	12 Jahre

3.7.2 Übersicht der Kostenarten

Die vier wichtigsten Kostenarten sind:

1. *Kapitalgebundene Kosten*:
   - Herstellungskosten sind Kosten aus Lieferung, betriebsfertiger Montage und Inbetriebnahme der Anlage,
   - Baukosten, anteilig,
   - Instandhaltungskosten,
   - Zinsen aus Herstellungskosten, Baukosten und Instandhaltungskosten.
2. *Verbrauchsgebundene Kosten*:
   - Heiz- bzw. Kühlenergiekosten: das sind Kosten für Einkauf von Brennstoffen oder den Bezug leitungsgebundener Energieträger (z. B. Gas, Fernwärme),
   - Hilfsenergiekosten, z. B. Strom für Ventilator,
   - Betriebsmittelkosten, z. B. Verbrauch der Filter, Kühlwasser,
   - Kosten für Anfuhr und Lagerung von Brennstoffen,
   - Vorauszinsen, z. B. für bezahlte Brennstoffe,
   - Entsorgungskosten, z. B. Filter, Kühlwasser.
3. *Betriebsgebundene Kosten*:
   - Bedienung und Betriebsführung,
   - Wartung und Kundendienst,
   - Prüfdienst: dazu gehören vorgeschriebene Prüfungen,
   - Reinigung.

4. *Sonstige Kosten*:
   - Steuern und Abgaben,
   - Verwaltung und Abrechnung,
   - Versicherungen.

Die Kosten der Kostengruppen 1, 3 und 4 sind nahezu unabhängig vom Heizwärme- bzw. Kälteverbrauch. Sie können deshalb als Festkosten (Fixkosten) bezeichnet werden. Die Kosten der Kostengruppe 2 sind dagegen abhängig vom Heizwärme- bzw. Kälteverbrauch und werden daher in die Kategorie der beweglichen Kosten (variable Kosten) eingereiht, welche in erster Linie verbrauchsproportional sind. Diese aufgezeigte Einteilung der Kosten benutzt man bei überschlägigen Kosten- und Wirtschaftlichkeitsrechnungen.

Investitionskosten

Die Summe der Kosten aus der Kostengruppe 1 bilden die Investitionskosten. Diese gehen in die Betriebskostenrechnung für eine Periode nicht unmittelbar ein, sondern werden unter der Berücksichtigung der Nutzungsdauer und der Zinsen auf die Periode umgelegt. Dabei entspricht die Nutzungsdauer ungefähr der durchschnittlichen Lebensdauer der Anlage bzw. ihrer Komponenten. Die Nutzungsdauer beginnt mit der erstmaligen Inbetriebnahme und endet, wenn die Reparatur- und Instandhaltungskosten aufgrund der alterungsbedingten Abnutzung unangemessen hoch sind, sodass sie zu den Kosten einer Erneuerung in keinem vertretbaren Verhältnis stehen. Ein häufiges Problem bei raumlufttechnischen Anlagen für Operationstrakte besteht darin, dass die Nutzungsdauer herabgesetzt werden muss, weil sie nicht mehr dem Stand der Technik oder den geltenden Vorschriften entsprechen.

Instandhaltungskosten

Instandhaltungskosten umfassen während der Nutzungsdauer den Aufwand an Geld zur Erhaltung der Gebrauchsfähigkeit, damit die durch alterungsbedingte Abnutzung entstehenden Mängel beseitigt werden können. Sie umfassen also hauptsächlich die Kosten für Ersatzteile und Reparaturen. Man setzt sie in die Betriebskostenrechnung mit erfahrungsmäßigen Prozentsätzen der Investitionskosten ein. Die Instandhaltungskosten betragen jährlich im Durchschnitt bei komplizierten RLT-Anlagen 2–3 %. Sie steigen je nach Qualität des Materials im Laufe der Nutzungsdauer.

3.7.3 Verbrauchsgebundene Kosten

Eine genaue Berechnung der verbrauchsgebundenen Kosten einer raumlufttechnischen Anlage für Operationstrakte ist sehr umfangreich, da für jeden Einzelfall eine große

Anzahl von Daten bekannt sein muss, z. B. Klimasystem, Klimadaten, Betriebszeit, eventuelle Betriebspausen, Lichtschaltung, Wärmequellen, u. a. Hier werden nur die wichtigsten verbrauchsgebundenen Kosten dargelegt.

Der Energieverbrauch einer raumlufttechnischen Anlage setzt sich aus zwei Komponenten zusammen:

1. Luftaufbereitungsenergie:
   Sie fällt an, um die Außenluft vom jeweiligen Zustand auf den gewünschten Zuluftzustand zu bringen.
2. Thermische Raumlasten:
   Sie fallen durch Transmission, Strahlung und innere Lasten an, wobei die inneren Lasten wegen der hoch entwickelten medizinischen Geräte den größten Anteil einnehmen.

Die beiden Komponenten des Energieverbrauchs beinhalten somit:

- elektrische Energie,
- Kälteenergie,
- Befeuchtungsenergie,
- Wärmeenergie.

Dabei nehmen die elektrische Energie für den Betrieb der Ventilatoren und die Kälteenergie zur Abführung der hohen Raumlasten durch medizinische Geräte den größten Anteil der verbrauchsgebundenen Kosten ein.

3.7.4 Wirtschaftlichkeit der Wärmerückgewinnung

Es ist sehr schwer, bei einer raumlufttechnischen Anlage für OP-Trakte über die Wirtschaftlichkeit zu sprechen, da es sich bei dieser Einrichtung nicht um einen Komfortgegenstand, sondern um eine technisch notwendige Einrichtung handelt. Trotzdem darf man auch bei einer „lebensrettenden Einrichtung“, wie es die RLT-Anlage darstellt, wirtschaftliche Betrachtungen durchführen. Dabei darf jedoch die Raumluftqualität im OP-Raum nicht durch Einsparungsmaßnahmen verschlechtert werden.

Jede Wärmerückgewinnungsanlage, die für RLT-Anlagen eingesetzt wird, bewirkt eine Energieeinsparung und damit eine Verkleinerung der zu installierenden Heiz- und Kühlanlage. Wird eine Vergleichskosten- oder Ersparnisrechnung aufgestellt, an der die zu erwartenden Kosten mit und ohne Wärmerückgewinnung ersichtlich sind, so kann man bei RLT-Anlagen in medizinischen Bereichen häufig feststellen, dass sich die Wärmerückgewinnungsanlage schnell amortisiert. Dies liegt hauptsächlich an den hohen Betriebsstunden der Anlage und an den hohen anfallenden Wärmelasten der modernen Geräte im OP-Raum.

Zu beachten ist, dass der größte Wärmetauschergrad nicht immer der günstigste ist. Je höher der Austauschgrad ist, desto größer sind auch die Kapitalkosten und die Betriebskosten. Für große Anlagen ist es daher zweckmäßig, durch eine Optimierungsrechnung festzustellen, bei welchem Rückgewinnungsgrad die geringsten Betriebskosten entstehen [8].

Ein weiterer entscheidender Faktor für das gewählte Wärmerückgewinnungssystem ist, dass die Anforderungen der Norm DIN 1946 Teil 4 [17] bezüglich der hygienischen Gesichtspunkte erfüllt werden (Tab. 3.17).

Tab. 3.17: Eigenschaften und Voraussetzungen für Wärmerückgewinnungssysteme.

Eigenschaft	Zu- und Abluft müssen zusammengeführt sein	Stoffaustausch ist möglich	Bewegte mech. Teile sind vorhanden	Rückwärmezahl (ohne Kondensation)
Plattenwärmetauscher	ja	nein	nein	50–60 %
Kreislauf-Verbund-System	nein	nein	ja	40–50 %
Wärmerohr	ja	nein	nein	50–60 %
Rotationswärmetauscher (ohne hygrosk. Beschichtung)	ja	ja (gering)	ja	65–85 %

3.8 Wirtschaftliche Lösungen

3.8.1 Aseptische Operationsabteilung

In Kapitel 7 wird ausführlich gezeigt, welche Möglichkeiten bestehen, um Operationsräume mit Lüftungssystemen auszustatten. Die meisten Krankenhäuser sind Erstversorgungskrankenhäuser, in denen „normale" Operationen im aseptischen OP bzw. septischen OP durchgeführt werden.

Beim Bau eines OP-Bereichs ist das gesamte Umfeld zu bewerten und zu berücksichtigen. Dies ist in der DIN 1946 T4 beschrieben. Im Grundriss wird der Bereich Einleitung und Ausleitung für den Patienten gezeigt. In dieser einfachen schematischen Darstellung fehlen Geräteraum, Gipsraum, Umbettanlage, Umkleide für Damen und Herren mit WC-Bereich sowie evtl. Waschraum und Aufenthaltsbereich für das OP-Personal. Dieser gesamte Komplex ist als Reinraumbereich anzusehen.

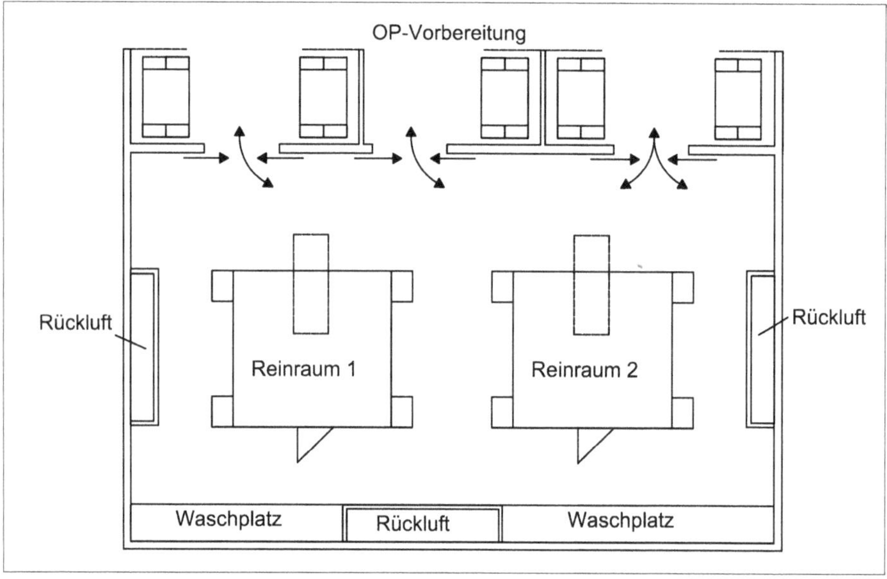

Abb. 3.35: Schema eines OP-Bereiches.

Der OP erhält beispielsweise ein eigenes Luftgerät mit einer Luftmenge von 2.400 m^3/h, während die Nebenräume mit einem gemeinsamen Luftgerät ausgestattet werden können (siehe auch Kap. 7).

3.8.2 Zusammenfassung

Es ist sicherzustellen, dass die Lüftungsanlagen im OP durchgehend in Betrieb sind (24 × 7). Außerhalb der Operationszeiten müssen die Anlagen nicht mit voller Betriebsleistung laufen.

Aufgrund der verschiedenen Über- und Unterdruckbereiche sind die Strömungsrichtungen zu beachten.

Die Lüftungsanlagen befinden sich außerhalb der Operationszeiten in einem „sleep-Modus“ bzw. „stand-by-Modus“ bzw. in einem „work-Modus“ während des Operationsbetriebes. Durch den „sleep-Modus“ ergeben sich für den Betreiber Einsparungen von Energiekosten wie z. B. Strom- und Heizkosten.

Durchgesetzt hat sich die Zuluftdecke in den Erstversorgungskrankenhäusern als gesamtflächige Decke mit einer Größe von ca. 1,4 × 2,4 m. Für die meisten Krankenhäuser, welche nicht spezielle Operationen wie z. B. Transplantationen durchführen, ist die Zuluftdecke die günstigste Lösung, eine OP-Lüftung zu errichten.

Die Versorgung dieser Zuluftdecke übernimmt dabei ein Lüftungsgerät, das gemäß der DIN 1946 T4 bzw. der VDI 6022 hygienisch leicht zu reinigen sein muss.

Wichtige Eigenschaften eines Lüftungsgerätes:
- Luftaufbereitung bzw. -erwärmung,
- Kühlung im Sommer,
- Befeuchtung im Winter,
- leichte Reinigung und Desinfizierung,
- leichte Erreichbarkeit aller wichtigen Teile,
- luftdichte Beschaffenheit.

Aufgrund der hohen Laufzeiten im Jahr sind die Möglichkeiten der Wärmerückgewinnung unter wirtschaftlichen Gesichtspunkten besonders zu prüfen.

Als wichtigste Komponenten eines solchen Lüftungsgerätes sind zu nennen:
- Lüftungsgerät mit Heiz- und Kühlregister und Dampfbefeuchtung (elektrisch betrieben),
- Schaltschrank,
- Zuluftdecke gemäß DIN 1946 T4, inkl. Schwebstofffilter – Abscheidegrad mind. 99,95 % nach DIN EN 1822 [14].

Zusätzlich sind noch die Montage des Lüftungsgerätes, die Inbetriebnahme sowie die Luftkanalreinigung zu kalkulieren.

Eine Luftkanalmontage kann in verzinktem Stahlblech erfolgen.

Für die OP-Nebenräume ist eine eigene Lüftungsanlage vorzusehen. Die zugehörigen Luftauslässe sind ebenfalls mit Schwebstofffiltern auszurüsten.

Diese Variante ist in den meisten Fällen günstiger als die Erhöhung der Luftleistung des OP-Lüftungsgerätes mit zusätzlichen VVS-Reglern für die Regelung der einzelnen Zonen.

Bei der Wahl der Luftführungssysteme der Wärmerückgewinnung ist unter Berücksichtigung der Betriebskosten die Keimproblematik und das Infektionsrisiko inkl. Folgeerscheinungen zu bedenken.

Im Falle einer ausbrechenden Infektion müsste ein erneuter chirurgischer Eingriff erfolgen. Dies könnte mit Kosten verbunden sein, die je nach medizinischem Eingriff bzw. Zweiteingriff mit Rehabilitation mehrere Tausend Euro betragen.

Die ggf. notwendige Bekämpfung von Raumkeimen in der Operationswunde kann in gut durchbluteten Geweben durch die körpereigene Abwehr durch den Patienten selbst erfolgen.

Im Gegenteil dazu können Raumkeime bei Operationen an kapillarfreiem Gewebe mit einem verlangsamten Stoffwechsel zu Komplikationen führen („Bradytrophie").

Für Laminar-Flow-Einheiten, die nach *Lidwell* das Infektionsrisiko auf ca. 1 % begrenzen, fallen Investitionskosten pro Einheit zwischen 500 und 600 TEUR an. Für Zuluftdecken liegen die Investitionskosten bei ca. 100 TEUR netto. Aus diesem Grund sollte bei Modernisierungsmaßnahmen als Erstes der OP-Bereich auf den „neuesten“ bzw. „reinen“ Standard gebracht werden, um hohe Folgekosten durch Zweiteingriffe und Kuren zu vermeiden. Diese Maßnahme entlastet sehr schnell jedes Gesundheitssystem von unnötigen Kosten.

Dabei bleiben die psychischen Folgeschäden, von denen ein Patient betroffen sein kann, unberücksichtigt.

Abgesehen von einer gut funktionierenden Technik bleibt eine regelmäßige und sorgfältige Flächendesinfektion aller Teile des OP-Saales sowie korrektes Reinraumverhalten des OP-Personals unabdingbar.

Literatur

[1] Schlappmann D.: Heizung, Luft- u. Klimatechnik. Genter Taschen-Fachbuch. Genter Verlag, Stuttgart, 2000.

[2] Liepsch D., Bajic F., Steger Ch.: Energie-, Gebäude-, Versorgungstechnik. De Gruyter, Oldenbourg, 2014.

[3] Informationsbroschüre der Arbeitsgruppe „Betrieb, Wartung und Entsorgung raumlufttechnischer Einrichtungen“. Herausgeber Fachinstitut Gebäude-Klima e. V. 1992.

[4] Deutsche Ges. für Krankenhaushygiene e. V. Sektion „Klima- u. Raumlufttechnik“. Krankenhaushygienische Leitlinie für die Planung, Ausführung und den Betrieb von raumlufttechnischen Anlagen in Räumen des Gesundheitswesens. Hyg. Med. 2015.

[5] Raumklima in der Wende. Symposium Hochschule München 03.12.1999.

[6] VDI 6022 Blatt 3: Raumlufttechnik, Raumluftqualität, Beurteilung der Raumluftqualität 2011.

[7] Wende in der Raumklimahygiene. Symposium an der Hochschule München. Institut für Biotechnik e. V. 1995.

[8] Pfenniger H.: Optimale Wärmerückgewinnung in Krankenhäusern. Symp. Raumklima in der Wende – Qualität und Behaglichkeit im Krankenhaus u. Laborbau. Fachhochschule München 22.04.2005.

[9] DIN ISO 2533 Festlegung „Normatmosphäre“ 1979-12, Beuth Verlag, Berlin.

[10] DIN ISO 29463 Hepafilterteststandard 2022-02, Beuth Verlag, Berlin.

[11] DIN EN ISO Akustik-Bestimmung der Schallleistung- u. Schallenergiepegel von Geräuschquellen aus Schalldruckmessungen (Ventilator Geräuschmessungen im Hallraum), Beuth, 2017-10.

[12] DIN EN ISO 5801 Ventilatoren – Leistungsmessung auf genormten Prüfständen. Beuth, 2018-04.

[13] DIN EN ISO 16890 Prüfausrüstung u. Prüfverfahren zur Ermittlung des gravimetrischen Abscheidegrades u. Strömungswiderstandes von Luftfiltern. Beuth, 2017-08.

[14] DIN EN 1822 Schebstofffilter (EPA, Hepa u. Ulpa) Klassifikation, Leistungsprüfung, Kennzeichnung. Beuth, 2019-10.

[15] DIN EN 16798-3 Bewertung von Gebäuden Teil 3. 2016-12 Entwurf neu 2022, Beuth Verlag, Berlin.

[16] DIN EN 15780 Lüftung von Gebäuden – Luftleitungen. 2021-07, Beuth Verlag, Berlin.

[17] DIN 1946 Teil 4: Raumlufttechnische Anlagen in Gebäuden und Räumen des Gesundheitswesens. Berlin Beuth, 2018-06.

[18] DIN 4710: Statistiken metriologischer Daten zur Berechnung des Energiebedarfs von heizungs- u. raumlufttechn. Anlagen. 2003-01, Beuth Verlag, Berlin.

[19] VDI 2081 Raumlufttechnik – Geräuscherzeugung u. Lärmminderung. 2022-04, Beuth Verlag.

[20] VDI 6022: Richtlinienreihe zu den Themen Raumluftqualität, Raumlufttechnik und Hygiene. 2018-01, Beuth Verlag.

[21] Gewerbeordnung, TA Lärm (Technische Anleitung), Verwaltungsvorschrift zum Bundesimmissionsschutzgesetzes. 1998-08 Beck Texte im dtv 2022.
[22] Arbeitsstättenverordnung: Arbeitssicherheit (Lärm am Arbeitsplatz) Vorschriften 2020 BGB.

4 Kältetechnik

Das Gebiet enthält eine große Zahl von Systemarten, von der Klimaanlage bis zur Tiefkühllagerung.

Die Grundlage für die Berechnung und die Planung kältetechnischer Anlagen ist die Thermodynamik und Fluidmechanik [1, 2, 3].

4.1 Definitionen und Systeme

4.1.1 Direkte Kühlung

Es erfolgt der Wärmetausch zwischen dem Kältemittel und dem zu kühlenden Material mit z. B. kleine Truhen oder Kastenklimageräte mit direkter Luftkühlung.

4.1.2 Indirekte Kühlung

Es erfolgt ein zweimaliger Wärmetausch.
1. Kältemittel mit sekundärem Kühlmittel, Wasser, Sole oder Öl
2. Wärmetausch bzw. Kühlung, z. B. Zentrale Kälteanlage mit dezentralen Kühlern und Kaltwasser oder Solebetrieb.

Elementare Formel für direkte Kühlung:

$$\dot{Q} = \dot{m} \cdot c \cdot \Delta t \cdot \eta = \dot{m} \cdot \Delta h \cdot \eta \tag{4.1}$$

4.2 Kältemaschinen

Thermodynamische Einrichtung zur Kühlung von Fluiden. Die gebräuchlichsten Systeme sind die Kaltdampfanlagen, mit einem Kältemittelkreislauf. Dabei verdampft das Kältemittel bei tiefen Temperaturen und Drücken (Kühler) und kondensiert bei höheren Temperaturen und Drücken *Kompressor*- und *Absorberanlagen*: Die Funktion dieser zwei Systeme erkennt man in der schematischen Darstellung.

4.2.1 Kompressor-Kälteanlagen

Schema Kompressor-Kälteanlage

https://doi.org/10.1515/9783110402919-004

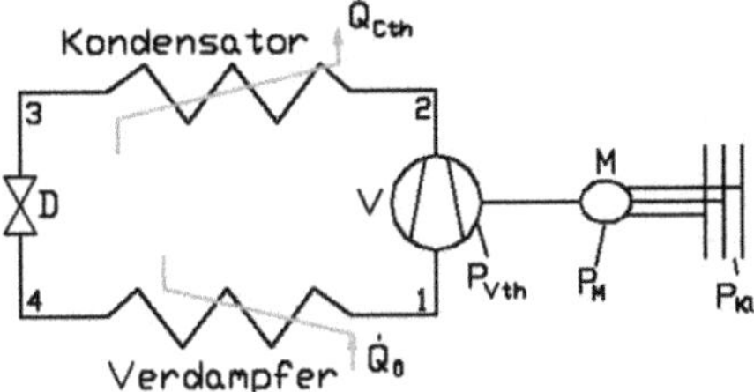

Abb. 4.1: Schema einer Kompressor-Kälteanlage.

Leistungsformeln

$$\begin{aligned}\dot{Q}_{\text{cth}} &= \dot{Q}_0 + P_{\text{Vth}}\\ \dot{Q}_0 &= \dot{m}_R(h_1 - h_4)\\ \dot{Q}_{\text{cth}} &= \dot{m}_R(h_2 - h_3)\\ P_{\text{Vth}} &= \dot{m}_R(h_2 - h_1)\\ P_{\text{Kl}} &= P_{\text{Vth}}\frac{1}{\eta_V \cdot \eta_M}\end{aligned} \tag{4.2}$$

Bei der Kompressoranlage erfolgt der Kältemittelkreislauf zwischen dem Hochdruckbereich mit p_C, und dem Niederdruckbereich p_0 durch den Verdichter V mit einer Drosselstelle D.

4.2.2 Absorberanlage

Bei der Absorberanlage wird der Kreislauf durch eine Umwälzpumpe betrieben, wobei das Kältemittel in einer Hilfsflüssigkeit nach dem Verdampfer absorbiert wird und dann im Hochdruckteil, im Austreiber, durch die Heizung wieder ausdampft und in den Kondensator strömt (Abb. 4.2).

Schema Absorberanlage

Leistungsbilanz:

$$\dot{Q}_0 = \dot{Q}_C + \dot{Q}_A - \dot{Q}_H - P_P \tag{4.3}$$

$\dot{Q}_C$ Wärmestrom Kondensator
$\dot{Q}_A$ Wärmstrom Absorber
$\dot{Q}_H$ Wärmestrom in Austreiber
P_p Pumpenleistung

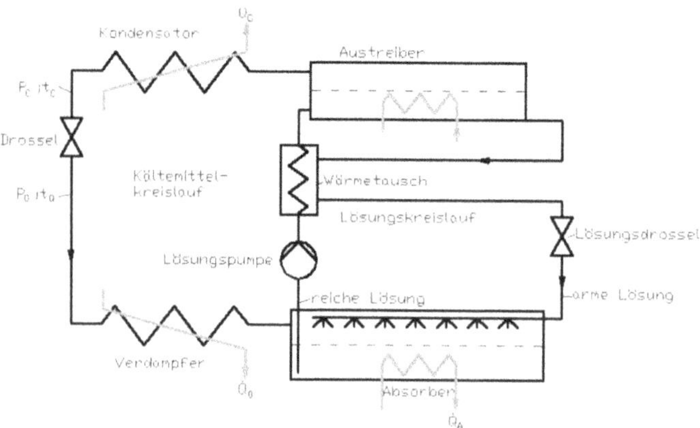

Abb. 4.2: Schema Absorberanlage.

4.3 Kältemittel

4.3.1 Bezeichnung, Voraussetzung

Bezeichnung **R** (Refrigerant) Eigenschaften DIN 9860-62 Kältemittel siehe auch DIN Taschenbuch 156 [4]. Die Benennung kann jedoch auch nach Hersteller sein.

Grundsätzliche Forderung $p_0 > p_{\text{atm}}$. An keiner Stelle des Kreislaufes darf ein Vakuum auftreten.

Chemische Verbindungen sind die Gruppe der Fluor-Chlor-Kohlenwasserstoffe (FCKW), Ammoniak seltener und nur indirekt, da giftig. Mit Eiswasser laufen derzeit viele Experimente erfolgreich.

4.3.2 h-p-Diagramm für Kältemittel

Das h-p-Diagramm für Kältemittel, mit logarithmischen Maßstab für den Druck p, enthält die physikalischen Daten für die Berechnungen. Die ablesbaren Enthalpiedifferenzen sind eine bequeme Kalkulationshilfe (Abb. 4.3).

Idealisierte Darstellung des Kältemittelkreislaufes in einer Kompressoranlage. (Tatsächlich etwas abweichend, meist mit internem Wärmetausch zwischen 1–2, damit der Kompressor mit Sicherheit trockenen Dampf ansaugt) (Abb. 4.4).

Spezifische Enthalpien q kJ/kg

$$q_0 = \Delta h_0; \quad q_C = \Delta h_C; \quad q_V = \Delta h_V \tag{4.4}$$

Leistungen $\dot{Q}$ kW

$$\dot{Q}_{\text{0th}} = \dot{m}_R \cdot q_0; \quad \dot{Q}_{\text{Cth}} = \dot{m}_R \cdot q_C; \quad P_{\text{Vth}} = \dot{m}_R \cdot q_V \tag{4.5}$$

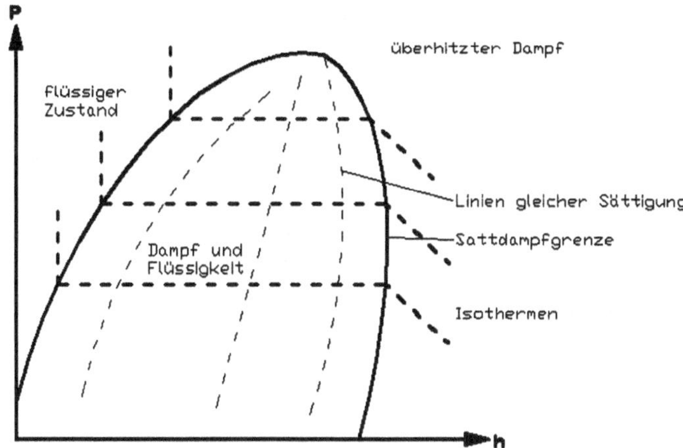

Abb. 4.3: h-p Diagramm für Kältemittel.

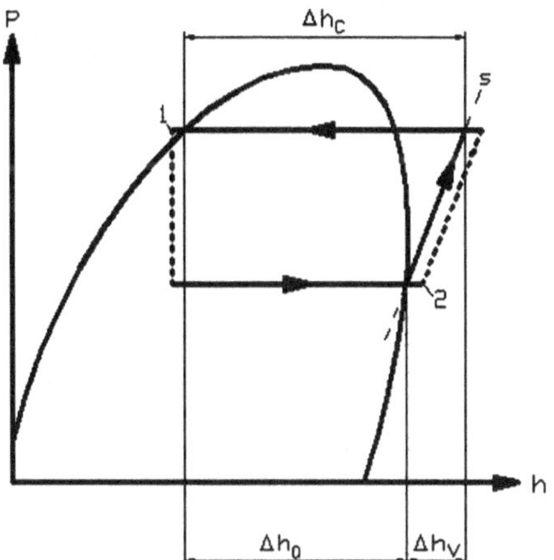

Abb. 4.4: Kältekreislauf einer Kompressoranlage (idealisiert).

Die Enthalpien h sind keine Absolutwerte. Sie wurden aus praktischen Gründen auf die gewählte Basis $h' = 200\,\mathrm{kJ/kg}$, bei 0 °C bezogen.

4.3.3 Leistungsziffer ε

Die Leistungsziffer Epsilon ε für Kompressoranlagen und das *Wärmeverhältnis Zeta* ξ bei den Absorberanlagen, ist ein Maßstab für die Wirtschaftlichkeit der Anlagen bzw. das Verhältnis der Nutzleistung $\dot{Q}_0$ zum Verdichterantrieb P_V oder zum Heizung+Pumpenantrieb der Absorberanlage. Dabei handelt es sich vor allem um den Einfluss der Temperaturdifferenz $T_C - T_0$.

Für den idealen Carnotprozess gilt:

$$\varepsilon_C = \frac{T_o}{T_C - T_o} \tag{4.6}$$

Dabei ergibt sich für $\dot{Q}_0$ der Carnot-Wirkungsgrad η_C

$$\eta_C = \frac{\varepsilon_{th}}{\varepsilon_C} \quad \varepsilon_{th} = \frac{\dot{Q}_0}{P_{Vth}} \tag{4.7}$$

Für die praktischen Werte müssen die thermischen, elektrischen und mechanischen Wirkungsgrade bzw. Verluste berücksichtigt werden. z. B.:

$$Pv = \eta_{mech.} \cdot \eta_{therm.} \cdot \eta_{elektr.} \cdot P_{Vth} = \eta_{ges.} \cdot P_{Vth} \tag{4.8}$$

Beispiel. Für eine Klimaanlage wurden zur Luftkühlung 8 kW ermittelt.
(DIN 4710 [5] u. a.) Verdampfer, $t_0 = 4\,°C$

Gesucht: Epsilon-Werte, Kompressorantrieb und Eta-Carnot für den Betrieb mit wahlweise 45 °C (Luftkühlung) und 25 °C (Wasserkühlung) der Kondensatortemperatur (s. Abb. 4.5).

$$\dot{Q}_0 = \dot{m}_R \cdot \Delta h = 8\,\text{kW} \tag{4.9}$$

$$\varepsilon_C = \frac{277}{318 - 277} = 6{,}67 \quad (45\,°C) \tag{4.10}$$

$$\varepsilon_C = \frac{277}{298 - 277} = 13{,}19 \quad (25\,°C) \tag{4.11}$$

$$\dot{m}_R = \frac{8}{111} = 0{,}072\,\text{kg/s} \quad (45\,°C) \tag{4.12}$$

$$\dot{m}_R = \frac{8}{131} = 0{,}061\,\text{kg/s} \quad (25\,°C) \tag{4.13}$$

$$P_{Vth} = \dot{m}_R \cdot \Delta h_V \tag{4.14}$$

Die theoretische Kompressorleistung für $t_C = 25\,°C$ und 45 °C ist damit:

$$\Delta h_V = 10{,}4\,\text{kJ/kg}; \quad P_V = 0{,}061 \cdot 10{,}4 = 0{,}63\,\text{kW} \quad (25\,°C) \tag{4.15}$$

$$\Delta h_V = 21{,}0\,\text{kJ/kg}; \quad P_V = 0{,}072 \cdot 21{,}0 = 1{,}49\,\text{kW} \quad (45\,°C) \tag{4.16}$$

Mit einem geschätzten Gesamtwirkungsgrad von $\eta_{ges.} = 0{,}75$ erhält man dann die Klemmenspannung P_{VKl} für den Kompressor:

$$P_{VKL} = 0{,}63/0{,}75 = 0{,}83\,\text{kW} \quad (25\,°C) \tag{4.17}$$

$$P_{VKL} = 1{,}49/0{,}75 = 1{,}99\,\text{kW} \quad (45\,°C) \tag{4.18}$$

Die Stromeinsparung durch niedere Kondensatortemperaturen ist offensichtlich. Zur Wirtschaftlichkeit sind jedoch weitere Preisfaktoren zu prüfen wie, Kühlwasser-, Abwasser-, Rückkühler- und Amortisationskosten.

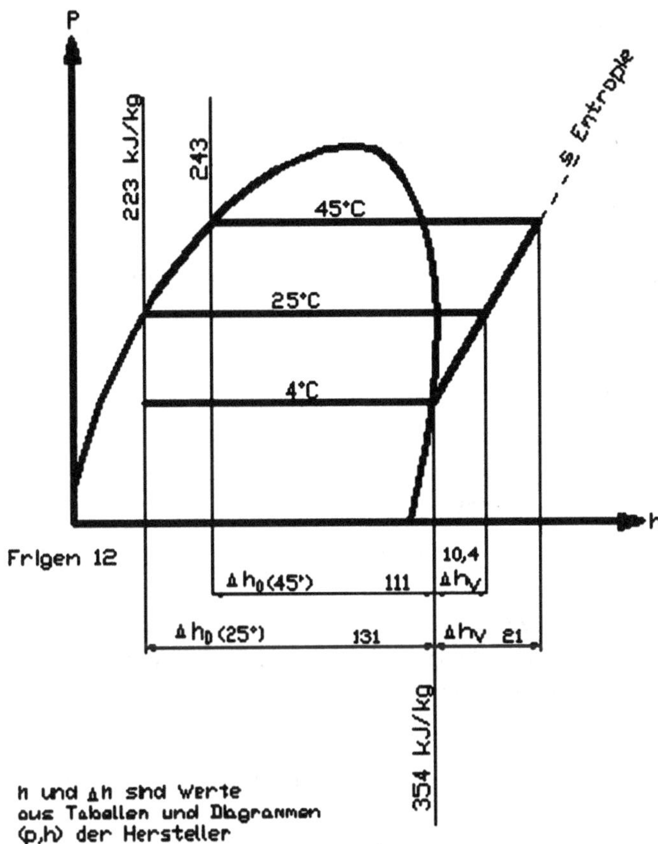

Abb. 4.5: h-p Diagramm für obiges Beispiel.

Zweistufige Kompressoranlagen werden bei großer Temperaturdifferenz $T_C - T_0$ verwendet. Der Mitteldruck p_m ist dann:

$$p_m = \sqrt{p_0 \cdot p_C} \tag{4.19}$$

Für extrem tiefe Verdampfungstemperaturen werden auch zweistufige Anlagen mit zwei unterschiedlichen Kältemitteln und getrennten Kreisläufen eingesetzt.

4.4 Kältespeicher

Kältespeicher werden vor allem zur Deckung von Lastspitzen eingesetzt. Die Nutzung von günstigem Nachtstrom ist damit auch möglich. Die Bauweise enthält entweder direkte Verdampfung mit Rohrbündeln im Speicherfluid oder indirektem Wärmetausch mit Sole-Kreislauf.

Der Begriff *Speicherdichte* q_{Sp} ist ein spezifisches Maß für die räumliche Größe der Anlage und der Kühlleistung.

$$q_{\text{Sp}} = \frac{\rho \cdot c \cdot \Delta t}{3600}\ \text{kWh/m}^3 \tag{4.20}$$

Beispiel, Speicherinhalt Wasser:

$$c = 4{,}18\,\text{kJ/kg K};\quad \Delta t = 1\,\text{K};\quad \rho = 1000\,\text{kg/m}^3;\quad 3600\,\text{s/h}$$

$$q_{\text{Sp,H}_2\text{O}} = \frac{1000 \cdot 4{,}18 \cdot 1}{3600} = 1{,}16\,\text{kWh/m}^3 \tag{4.21}$$

(bei einem Δt von 6 K; 6,96 kWh/m^3)

Beispiel, Speicherinhalt Eis und Nutzung der Schmelzwärme:

$$Q_{\text{SchmEis}} = 332\,\text{kJ/kg},\quad \rho_{\text{Eis}} = 9{,}16\,\text{kg/m}^3$$

$$q_{\text{Sp.Eis}} = \frac{916 \cdot 332}{3600} = 84\,\text{kWh/m}^3 \tag{4.22}$$

Eisspeicher haben entweder Rohrbündel, an denen sich im Betrieb ein Eismantel bildet, oder es werden wassergefüllte Plastikkugeln als Speichermasse verwendet. Da der Speicherraum auch den Durchfluss zur Umwälzung und Rohre enthält, ist der praktische Wert für $q_{\text{Sp.Eis}} = 40–60\,\text{kWh/m}^3$.

Beispiel. Für einen „Abkühltunnel" in einem Nahrungsmittelbetrieb wird ein Eisspeicher geplant. Leistung $Q = 2\,000\,000$ kJ in 4 Stunden.

Gesucht wird die Größe des Eisspeicherbehälters V_{Sp}.

$$Q_{\text{Sp}} = \frac{2.000.000}{4} = 500000\,\text{kJ/h};\quad \dot{Q} = \frac{500000\,\text{kJ/h}}{3600\,\text{s/h}} = 138{,}9\,\text{kW}$$

in 4 Stunden $4 \cdot 138{,}9 = 555{,}6$ kWh; für $q_{\text{Sp}} \approx 50\,\text{kWh/m}^3$

$$V_{\text{Sp}} = 555{,}6/50 = 11{,}11\,\text{m}^3 \tag{4.23}$$

Größe des Eisspeicherbehälters:

Bei einer Wärmepumpe mit Kaltdampfmaschinen gelten die gleichen Gesetzmäßigkeiten wie bei der Kühlanlage, jedoch ist dann die Nutzleistung, die Wärmeabgabe am Kondensator. Für den Carnot-Prozess gelten dann die entsprechenden Formeln.

$$\varepsilon_{\text{WPC}} = \frac{T_C}{T_C - T_0};\quad \varepsilon_{\text{WPth}} = \frac{Q_C}{P_V} \tag{4.24}$$

Eine ideale Wirtschaftlichkeit ergibt der gleichzeitige Kühl- und Heizbetrieb, mit maximaler Leistungszahl.

$$\varepsilon_{\max} = \frac{Q_C + Q_0}{P_V} \tag{4.25}$$

Literatur

[1] Truckenbrodt E.: Fluidmechanik Band 1: Grundlagen und elementare Strömungsvorgänge dichtebeständiger Fluide. Springer, Berlin, 1980.
[2] Oertel H.: Prandtl – Führer durch die Strömungslehre. Vieweg Teubner, Wiesbaden, 2008.
[3] Liepsch D., Bajic F., Steger Ch.: Energie-, Gebäude-, Versorgungstechnik. De Gruyter, Oldenbourg, 2014.
[4] DIN 9860-62: Kältemittel, DIN Taschenbuch 156, Kältetechnik. Beuth 2022-10.
[5] DIN 4710 Statistiken meteriologischer Daten zur Berechnung des Energiebedarfs von heiz- u. raumlufttechnischen Anlagen. (Luftkühlung). 2003-01.

5 Hygiene im Krankenhaus und grundlegende mikrobiologische Betrachtungen

In diesem Kapitel wird ein kurzer Überblick über die hygienischen Vorschriften und Anforderungen im Krankenhaus durch verschiedene mikrobiologische Krankheitserreger, Bakterien, Viren, Pilze, Parasiten sowie Fliegen und Mücken in Zusammenhang mit Hygiene gegeben.

Es werden die Risikofaktoren für nosokomiale Infektionen (Krankenhausinfektion) und deren Häufigkeit sowie multiresistente Bakterien angesprochen, die ein besonderes Problem darstellen.

Es kann zu lebensbedrohlichen Erkrankungen kommen. Das Immunsystem der Patienten ist geschwächt und deshalb besteht die Gefahr, dass es durch diese Krankenhauserreger z. B. zu Lungenentzündung, Wundinfektionen, Blutvergiftung oder anderen Infektionen kommen kann. Die Behandlung dieser Patienten erfolgt mit verschiedenen Antibiotika, die aber heute vereinzelt keine Wirkung mehr zeigen. So gibt es Keime, für die es derzeit kein wirksames Antibiotika gibt, sogenannte MRSA-Keime, z. B. *Acinotobacter baumannli* (ein multiresistenter Keim, der in der Universitätsklinik Kiel vorkam). Bis zu 30.000 Patienten in Deutschland sterben jährlich an Krankenhauskeimen, weil die verabreichten Antibiotika nicht mehr wirken.

Es sollte deshalb maßvoll mit Antibiotika umgegangen werden, damit diese bei lebensbedrohlichen Erkrankungen noch wirksam sind. Die Bakterien passen sich durch Mutation an und werden resistent. Die neuen Forschungsaktivitäten richten sich auf die Entwicklung neuer Antibiotika, die Bakterien unwirksam machen. Neue vielversprechende Mittel sind u U. Teixobutin. Roche Diagnostics entwickelte einen quantitativen CRP-Test, der den Ärzten innerhalb weniger Minuten die Information gibt, ob es sich um eine bakterielle oder um eine virale Infektion handelt. Dadurch werden unnötige Behandlungen mit Antibiotika vermieden.

Derzeit laufen auch viele Verfahren mit Viren, sogenannte Bakteriophagen, die gegen die multiresistenten Keime als Alternative zu Antibiotika eingesetzt werden können [34].

Notwendige Maßnahmen werden aufgezeigt, um das Infektionsrisiko im Krankenhaus für Patienten, Personal und Besucher so gering wie möglich zu halten. Dies umfasst die Gebäudeplanung sowie Maßnahmen während des Betriebes. Es wird weiter auf die Desinfektion und Reinigung in den verschiedenen Krankenhausbereichen und die Sterilisationsverfahren eingegangen.

5.1 Vorschriften und Empfehlungen

Ziel der Krankenhaushygiene ist es, das Infektionsrisiko für die Patienten und für die im Krankenhaus Beschäftigten, so klein wie möglich zu halten.

https://doi.org/10.1515/9783110402919-005

Es gelten die weiter unten aufgeführten Vorschriften:

- Die vom Bundesgesundheitsamt herausgegebene Richtlinie für die Erkennung, Verhütung und Bekämpfung von Krankenhausinfektionen [23];
- Die Krankenhaus-Betriebsverordnung [24];
- Das Infektionsschutzgesetz [25];
- Die Verordnungen der einzelnen Bundesländer, die im folgenden Absatz aufgelistet sind [26].

Baden-Württemberg: Verordnung des Sozialministeriums über die Hygiene und Infektionsprävention in medizinischen Einrichtungen (MedHygVO)

Bayern: Verordnung zur Hygiene und Infektionsprävention in medizinischen Einrichtungen (MedHygV)

Berlin: Verordnung zur Regelung der Hygiene in medizinischen Einrichtungen (Hygieneverordnung)

Brandenburg: Verordnung über Hygiene und Infektionsprävention in medizinischen Einrichtungen (HygInFVO)

Bremen: Verordnung über die Hygiene und Infektionsprävention in medizinischen Einrichtungen (HygInfVO)

Hamburg: Hamburgische Verordnung über die Hygiene und Infektionsprävention in medizinischen Einrichtungen (HmbMedHygVO)

Hessen: Hessische Hygieneverordnung (HHygVO)

Mecklenburg-Vorpommern: Verordnung zur Hygiene und Infektionsprävention in medizinischen Einrichtungen (MedHygVO M-V)

Niedersachsen: Niedersächsische Verordnung über Hygiene und Infektionsprävention in medizinischen Einrichtungen (NMedHygVO)

Nordrhein-Westfalen: Verordnung über die Hygiene und Infektionsprävention in medizinischen Einrichtungen (HygMedVO)

Rheinland-Pfalz: Landesverordnung über die Hygiene und Infektionsprävention in medizinischen Einrichtungen (MedHygVO)

Saarland: Verordnung über die Hygiene und Infektionsprävention in medizinischen Einrichtungen

Sachsen: Verordnung der Sächsischen Staatsregierung über die Hygiene und Infektionsprävention in medizinischen Einrichtungen (SächsMedHygVO)

Sachsen-Anhalt: Verordnung über die Hygiene und Infektionsprävention in medizinischen Einrichtungen (MedHygVO LSA)

Schleswig Holstein: Landesverordnung über die Infektionsprävention in medizinischen Einrichtungen (Medizinische Infektionspräventionsverordnung – MedIpVO)

Thüringen: Thüringer Verordnung über die Hygiene und Infektionsprävention in medizinischen Einrichtungen und zur Übertragung einer Ermächtigung nach dem Infektionsschutzgesetz (Thüringer medizinische Hygieneverordnung – ThürmedHyg-VO).

Und die Unfallverhütungsvorschriften der Berufsgenossenschaft für Gesundheitsdienst und Wohlfahrtspflege.

Personelle Strukturen

Die Krankenhausbetriebsverordnung regelt in den Paragraphen von 21 bis 24 die notwendigen personellen Strukturen, um ein Einhalten der Hygienemaßnahmen zu gewährleisten.

Verantwortlichkeiten bei der Krankenhaushygiene:

„Die Ärztliche Leitung des Krankenhauses ist für die Sicherstellung der krankenhaushygienischen Erfordernisse verantwortlich und organisiert und koordiniert die erforderlichen Maßnahmen, die über den Bereich einer einzelnen Fachabteilung hinausgehen." Krankenhausbetriebsverordnung § 21 [24].

Die Ärztliche Leitung eines Krankenhauses trägt die oberste Verantwortung. Dies bedeutet, dass die Ärztliche Leitung geeignete Mitarbeiter für Aufgaben bestimmt, welche dann nach eigenem Ermessen weitere Aufgaben verteilen. Kontrollen zum Beispiel des Hygieneplans durch die ärztliche Leitung sind sinnvoll [9].

Ebenso sind Weiterbildungen und ein aktives Verfolgen der neuesten Erkenntnisse, Empfehlungen und Vorschriften ein gutes Mittel, um die Hygiene im Krankenhaus zu optimieren. Es empfiehlt sich, die Leiter der einzelnen Fachbereiche auszuwählen.

5.2 Desinfektion und Reinigung

Die Reinigung ist eine der wenigen Bereiche, die direkt vom Patienten beobachtet und bewertet werden können. Eine ausreichende Reinigung verhindert einen Imageschaden und eventuelle Infektionen durch unzureichende Reinigung sowie Klagen aufgrund dieser Infektionen. Reinigungen ohne Desinfektionsmittel reduzieren die Anzahl der Erreger nur gering und können zu deren Verbreitung beitragen.

Derzeit fehlen Vorgaben für ein hygienegerechtes Design von Produktoberflächen. Diese hygienisch relevanten Flächen werden in der VDI 5706 Blatt 1 u. Blatt 2 in Risikostufen und Hygieneklassen eingeteilt [22], wobei der Einsatzbereich, die Berührungshäufigkeit und das Risiko einer Infektion oder Kolonisation bewertet wird. Aus der Klassifizierung lassen sich Maßnahmen zur Reinigung u. Desinfektion ableiten. Im Teil 2 werden Designempfehlungen gegeben. Diese Flächen werden meist mittels Wischreinigung oder Wischdesinfektion gereinigt. Hier besteht bei unzureichender Reinigung das Risiko, dass gefährliche Mikroorganismen auf Patienten oder auf das Personal übertragen werden und es so zu Infektionen kommen kann. Diese VDI-Richtlinie gibt Hinweise, um die erwähnten Probleme zu vermeiden.

Hauseigenes Personal bedarf einer Grundschulung sowie Unterweisungen. Eine Beaufsichtigung und Kontrolle in regelmäßigen Abständen wird empfohlen.

Werden Reinigungs- und Desinfektionsaufgaben an Fremdfirmen vergeben, so ist auf den Nachweis einer ausreichenden Schulung zu achten.

Bei einer personellen Umstrukturierung oder Neuvergabe der Hausreinigung sowie bei auftretenden Problemen muss das Hygienefachpersonal eines Krankenhauses die Reinigung aus hygienischer Sicht beurteilen. Dies beinhaltet die Organisation und die Personalstruktur, weiterhin müssen alle nötigen Materialien sowie Pläne und Anweisungen vorhanden sein. Hierzu hat die Deutsche Gesellschaft für Krankenhaushygiene eine Empfehlung verfasst: „Hygienische Qualitätskriterien für den Reinigungsdienst" [10, 11].

Flächenreinigung und Desinfektion

Die Flächenreinigung und Desinfektion ist ein wichtiger Bestandteil der Infektionsprävention. Sie verhindert Schmierinfektionen und auch dass Keime von den Flächen der Krankenhausräume an die Luft übertragen werden. Die Reinigung kann durch eigenes Personal oder durch Fremdfirmen erfolgen.

Man sollte allerdings Bereiche mit besonderen Anforderungen, wie OP-Abteilungen, Intensivstationen oder Frühgeborenenstationen für Fremdfirmen ausschließen, da hier spezielle Kenntnisse notwendig sind.

Zur Sicherstellung der erforderlichen Sterilisationen und Desinfektionen sind für die einzelnen Aufgaben Anwendungsvorschriften, die in den jeweiligen Diensträumen zur Einsicht bereitgehalten werden müssen, zu erlassen.

Es sollten ausschließlich wirksame Desinfektionsmittel benutzt werden. Die Desinfektionsmittel-Kommission der Deutschen Gesellschaft für Hygiene und Mikrobiologie gibt Listen heraus, auf denen sich, nach den Richtlinien der Deutschen Gesellschaft für Hygiene und Mikrobiologie geprüfte und bewertete und als wirksam befundene chemische Desinfektionsverfahren befinden [28]. Die Deutsche Vereinigung zur Bekämpfung der Viruskrankheiten e. V. DVV zertifiziert viruswirksame Desinfektionsmittel.

Im Küchenbereich gelten besondere Anforderungen, hierfür wird von der Deutschen Veterinärmedizinischen Gesellschaft eine Liste mit geeigneten Desinfektionsverfahren herausgegeben. Die entsprechenden Konzentrationen und die Einwirkzeiten sind einzuhalten. Bei Flächen, die nur mit kurzen Pausen benutzt werden, ist es notwendig, schnell wirkende Desinfektionsverfahren einzusetzen.

Auftretende meldepflichtige Infektionskrankheiten fallen unter das Bundes-Seuchen-Gesetz [30]. Zur Reinigung und Desinfektion dürfen hier nur Mittel und Methoden der Liste des Bundesgesundheitsamtes verwendet werden [27].

Auf keinen Fall darf eine Ein- oder Zwei-Eimer-Methode zur Raumreinigung gewählt werden, außer in patientenfernen Bereichen, wie zum Beispiel in Büros. In diesen

Bereichen ist eine Zwei-Eimer-Methode zulänglich. Es ist darauf zu achten, für jeden Raum eine reine, nicht kontaminierte Desinfektionsmittellösung und reine Tücher zum Ausbringen der Lösung und zum Aufwischen zu verwenden.

Durch die Patienten wird eine hohe pathogene Keimverbreitung verursacht. Eine Keimfreiheit ist im Krankenhaus nicht zu erreichen. Es ist darauf zu achten, pathogene Keime nicht durch die Reinigungslösung weiter zu verbreiten. Es sollten bei der Reinigung Desinfektionsmittel zugefügt werden.

Bei korrekter Handhabung des Desinfektionsmittels können Formaldehydgefahren ausgeschlossen werden. Wichtig ist eine Überwachung durch den Betriebsarzt. Die Reinigung der Oberflächen sollte, wenn möglich durch Scheuern, statt durch Sprühen des Desinfektionsmittels erfolgen.

Die zu desinfizierende Oberfläche muss mit einer ausreichenden Menge des Mittels unter leichtem Druck abgerieben werden. Bei der Zugabe des Desinfektionsmittels in das Waschwasser ist auf die richtige Konzentration zu achten. Die Verdünnung zur Gebrauchskonzentration darf nicht mittels heißen Wassers erfolgen, da dadurch gesundheitsschädliche Dämpfe freigesetzt werden können. Das Bundesgesundheitsblatt 28 (1985) gibt zur Verdünnung klare Hinweise [27].

Eine spezielle Schulung und Einweisung des mit der Reinigung beauftragten Personals ist notwendig. Die Aufbereitung der Waschmittellösung mit Desinfektionsmittel sollte zentral in einem eigenen Raum erfolgen. Dadurch wird das Einhalten der Anforderungen besser gewährleistet.

Neben der routinemäßigen Reinigung sind bei Eiter, Blut, Speichel, Urin oder Fäzes zusätzliche Desinfektionsmaßnahmen einzuhalten.

Ist eine Scheuerdesinfektion nicht möglich, wird auf eine Sprühdesinfektion zurückgegriffen. Die Sicherheitsvorschriften von Brand- und Explosionsgefahren sind bei der Verwendung alkoholischer Desinfektionsmittel einzuhalten.

5.3 Reinigung und Desinfektion von OPs, Kreißsälen, Intensivstationen und Infektionseinheiten

Für die Reinigung und Desinfektion von OPs, Kreißsälen, Intensivstationen und Infektionseinheiten sind folgende Maßnahmen zu beachten:

- Nach Betriebsende hat in OPs eine Reinigung bis zu einer Höhe von mindestens 2 m zu erfolgen. Zwischen zwei Operationen sind mindestens die Arbeitsflächen um den OP-Tisch und die Verkehrswege zu desinfizieren. Nach einer septischen Operation sind erhöhte Desinfektionsmaßnahmen erforderlich.
- Kreißsäle sind zusätzlich zur täglichen Desinfektion, nach einer Benutzung, mindestens im Bereich um das Entbindungsbett zu reinigen und zu desinfizieren.
- Intensivstationen werden mindestens einmal täglich gereinigt und desinfiziert. Abhängig von der Art der Patientenbelegung sind weitere Maßnahmen von der Hygienekommission festgelegt.

- Bei Infektionen ist die routinemäßige Desinfektion in der DGHM festgelegt [27] und von der Art der Erkrankung des Patienten abhängig.
- In den Bereichen: Betten- und Geräteaufbereitung, Bäderabteilung, diagnostische Einheiten mit operativen Eingriffen, Diagnostik- und Behandlungsräume, Dialyse, Zentralsterilisation sowie der unreinen Seite der Wäscherei hat täglich eine Desinfektion und Reinigung zu erfolgen.
- Krankenhausküchen sind täglich zu reinigen und zu desinfizieren. Um eine Beeinflussung von Lebensmitteln zu verhindern, sind eventuelle Restmengen an Desinfektions- und Reinigungsmittel von Arbeits- und Lagerflächen zu entfernen.
- In Bereichen mit geringer Infektionsgefahr, wie Verwaltungs- und Büroräumen, Personalaufenthalts- und Speiseräumen, Fluren kann auf Desinfektionsmittel verzichtet werden.
- Die Verfahren zur Aufbereitung der Reinigungsgeräte und den dazugehörigen Utensilien als auch die Reinigungs- und Desinfektionsverfahren sind hygienischen Kontrollen zu unterziehen.

Bei der desinfizierenden Reinigung in Krankenhäusern sollte man nicht nur auf die Wirtschaftlichkeit achten, sondern insbesondere auf die Reduzierung der Gesamtkeimzahl und die Eliminierung pathogener Keime. Ferner ist es notwendig, einfache Arbeitsabläufe vorzugeben und keine hohen Anforderungen an das Reinigungspersonal zu stellen [10, 13].

Händehygiene

Die Hände des Personals stellen einen hohen Risikofaktor bei der Übertragung von Krankheitserregern dar. Die Händedesinfektion stellt deshalb eine wichtige Maßnahme bei der Verhinderung nosokomialer Infektionen dar. Die Händehygiene ist gleichermaßen eine logistische Aufgabe sowie die Verantwortung des Personals.

Es müssen leicht erreichbare Waschgelegenheiten für jedes Patientenzimmer verfügbar sein. Zudem müssen Räume mit Waschgelegenheiten ausgestattet sein, in denen invasive oder diagnostische oder andere Arbeiten durchgeführt werden, die Maßnahmen der Händehygiene erfordern. In der Nähe unreiner Arbeitsplätze sollten Waschgelegenheiten vorhanden sein. Waschbecken sind mit fließendem warmen und kalten Wasser und Mischbatterie auszustatten. Waschbecken, die vom Personal benutzt werden, sind mit Spendern für ein Händedesinfektionsmittel, für eine Waschlotion und ein Hautpflegemittel auszustatten. Das Hautpflegemittel kann ebenfalls in Tuben vorhanden sein. Handtuchspender sind ebenfalls notwendig, da eine gründliche Trocknung das Übertragungsrisiko von Infektionen verhindert. Bei direktem Patientenkontakt oder direktem Umgang mit Körperflüssigkeiten oder infektiösem Material müssen Wasserhähne ohne Handkontakt benutzbar sein, z. B. durch Ellenbogenbedienung. Ebenso sollten Spender für Waschlotion und Händedesinfektionsmittel per Ellenbogen bedienbar sein.

Für Waschlotionen und Händedesinfektionsmittel empfiehlt sich die Verwendung von Einmal-Flaschen, da sie frei von pathogenen Keimen sein müssen.

Ein einfaches Händewaschen ist nicht ausreichend, um eine Verbreitung von Keimen zu verhindern. Es ist notwendig, das Personal zum Händedesinfizieren zu ermutigen – geschehen kann dies durch die Platzierung der Spender. Sind die Spender in direkter Sicht der Patienten, wird eine Händedesinfektion wesentlich häufiger durchgeführt.

Auch hat sich gezeigt, dass eine Händedesinfektion häufiger stattfindet, wenn sich die erste Person, die den Raum betritt, die Hände desinfiziert [12, 13].

5.4 Sterilisationsverfahren

5.4.1 Allgemeines

Unter Sterilisation versteht man Verfahren, die Materialien und Gegenstände von lebenden Mikroorganismen einschließlich ihrer Ruhestadien, wie z. B. Sporen befreien. Dies geschieht meist durch Hitze (thermische Verfahren) oder Chemikalien (chemische Verfahren).

Das Robert Koch Institut unterteilt die Wirkungsbereiche der Desinfektionsmittel und -verfahren in vier Kategorien:
Definition der Wirkungsbereiche von Desinfektionsmitteln (Robert Koch-Institut [8]):

A. zur Abtötung von vegetativen Bakterien einschließlich Mykobakterien sowie von Pilzen einschließlich Pilzsporen geeignet,
B. zur Inaktivierung von Viren geeignet,
C. zur Abtötung von Sporen des Erregers des Milzbrandes geeignet,
D. zur Abtötung von Sporen der Erreger von Gasödem und Wundstarrkrampf geeignet; (zur Abtötung dieser Sporen müssen Sterilisationsverfahren unter Berücksichtigung der einschlägigen Normen angewendet werden) („Liste der vom Robert Koch Institut geprüften und anerkannten Desinfektionsmittel und -verfahren Vorbemerkung").

Thermische Verfahren

Thermische Verfahren beinhalten Verbrennung, Kochen und Dampfdesinfektionsverfahren.

Die Verbrennung beinhaltet sämtliche Wirkungsbereiche.

Beim Kochen mit 100 °C heißem Wasser entscheidet die Dauer der Anwendung über die Wirksamkeit. Bei einer Einwirkzeit von mindestens 3 Minuten werden die Wirkungsbereiche A und B erzielt. Ist die Einwirkzeit mindestens 15 Minuten, so wird zusätzlich der Wirkungsbereich C erreicht.

Es gibt verschiedene Dampfdesinfektionsverfahren. Bei Dampfdesinfektionsverfahren ist zu beachten, dass die Luft aus dem Gut verdrängt werden muss. Die Einwirkzeit bezieht sich auf den Zeitpunkt, ab dem sämtliche Teile des zu desinfizierenden Gutes dem gesättigten Dampf ausgesetzt sind und die Desinfektionstemperatur angenommen haben. Durch die Verfahren anfallende Abluft und Abwasser sind nachzubehandeln, falls von ihnen Gefahren ausgehen können. Es gilt die DIN 58949 Teil 2 zu beachten [19].

Es gibt diverse Dampfdruckverfahren:

Das Dampfströmungsverfahren desinfiziert mittels gesättigten Wasserdampfs von mindestens 100 °C. Die Wirkungsbereiche A und B werden nach mindestens 5 Minuten erzielt. Nach mindestens 15 Minuten sind die Wirkungsbereiche A, B und C erreicht.

Wegen der Gefahr von Restluft im Sterilgut bei der Dampfsterilisation hat man die Vakuumsterilisation entwickelt.

Fraktionierte Vakuumsverfahren (VDV-Verfahren) beinhalten grundsätzlich drei Phasen:

- Evakuieren im Wechsel mit einströmendem Sattdampf. Durch diesen Wechsel wird eine größtmögliche Verdrängung der Luft aus der Kammer erzielt.
- Füllung der Kammer mit Sattdampf. In dieser Phase findet die Desinfektion statt.
- Evakuieren des Dampfes. Hierdurch wird das Desinfektionsgut getrocknet.

Zu beachten ist, dass die Desinfektionskammer vakuumdicht sein muss. Es ist notwendig, Dampf zu verwenden, der möglichst frei von Fremdgasen und Luftanteilen ist. Ebenso ist es erforderlich, genannte Drücke mit geringer Abweichung einzuhalten. Die meisten Dampfdruckverfahren erzielen eine Desinfektion in den Wirkungsbereichen A und B, sowie abhängig von der Einwirkzeit auch C.

Chemische Verfahren

Bei den chemischen Verfahren erfolgt eine Verdünnung der anzuwendenden Mittel mit reinem Wasser. Zusätze wie Reinigungsmittel können die Wirksamkeit beeinflussen und sind deswegen unzulässig. Desinfektionsmitteldosiergeräte müssen „gemäß den von der Bundesanstalt für Materialforschung und -prüfung (BAM) und dem Bundesgesundheitsamt herausgegebenen Richtlinien [Bundesgesundheitsblatt 21 (1978):115–119 und 29 (1986):167–168] bzw. seit 2004 gemäß der gemeinsamen Empfehlung von BAM, RKI und Kommission für Krankenhaushygiene und Infektionsprävention Anforderungen an Gestaltung, Eigenschaften und Betrieb von dezentralen Desinfektionsmitteldosiergeräten“ [Bundesgesundheitsblatt 47 (2004):67–72] geprüft worden sein und die jeweiligen Anforderungen erfüllen.

Zum Desinfizieren von Medizinprodukten werden häufig Formaldehyde oder andere Aldehyde und Derivate verwendet; ebenso Perverbindungen und Phenole, selten andere Wirkstoffe.

Zur Händedesinfektion werden meist Alkohole als Wirkstoff verwendet, zudem Halogene und selten auch andere Wirkstoffe.

Wäschedesinfektion, Flächendesinfektion und Desinfektion von Ausscheidungen können mittels vieler Wirkstoffe stattfinden. Am häufigsten werden Aldehyde und Derivate, Perverbindungen sowie Phenol oder Phenolderivate eingesetzt.

Die Deutsche Gesellschaft für Hygiene und Mikrobiologie [28] hat Richtlinien für die Prüfung chemischer Desinfektionsmittel erarbeitet und publiziert. Die vom Verbund für angewandte Hygiene e. V. (VAH) erarbeitete Desinfektionsmittelliste listet Desinfektionsmittel auf, die nach diesen Methoden geprüft sind. Es ist notwendig, Sterilisations- und Desinfektionsanlagen regelmäßig technischen und hygienischen Überprüfungen zu unterziehen. Die Ergebnisse dieser Untersuchungen müssen dokumentiert werden [8, 9].

Alle bei medizinischen Eingriffen verwendeten Instrumente und Geräte müssen steril sein. Es gibt hierfür verschiedene Verfahren.

Die Wirksamkeit und die keimabtötende Wirkung hängen von dem Sterilisationsverfahren und den abzutötenden Keimen ab.

Die Abtötungszeit hängt von der Ausgangskeimzahl ab und entspricht einer logarithmischen Kurve. Um eine Reduzierung der Keimzahl um eine Zehnerpotenz zu erhalten, führte man die dezimale Reduktionszeit (D-Wert) ein. Üblicherweise wird bei der Sterilisation eine Reduzierung auf ein Millionstel, also (10^{-6}), gefordert. Das bedeutet, dass die Dauer der Sterilisation mindestens das Sechsfache der dezimalen Reduktionszeit betragen muss.

Die dezimale Reduktionszeit erhält man, indem man 2,303 durch die Abtötungskonstante K teilt: $D = 2{,}303/K$.

$$K = \frac{1}{t} \times \log N_0/N_t \tag{5.1}$$

Die Abtötungskonstante ergibt sich aus der Formel $K = 1/t \times \log N_0/N_t$, wobei hier t die Einwirkzeit in Minuten darstellt. N_0 entspricht der Ausgangskeimzahl und N_t ist die Zahl der überlebenden Keime nach der Zeit t.

Sterilisationsverfahren müssen die Keimtötung gewährleisten und dürfen das zu sterilisierende Gut nicht schädigen. Sterilisierte Gegenstände sind entsprechend zu verpacken, um eine Rekontamination zu verhindern.

Die verschiedenen Sterilisationsverfahren werden nach deren Wirksamkeit aufgeführt (siehe auch Kap. 3.5.9):

Physikalische Verfahren:
- Dampf-, Heißluftsterilisation und Sterilisation mit ionisierenden Strahlen (UV-Strahlen)

Chemisch-physikalische Verfahren:
- Ethylenoxid- und Formaldehydsterilisation

Chemische Verfahren:
- Gassterilisation bei Raumtemperatur, Tauch- oder Spülverfahren mit mikrobioziden Lösungen [9, 11].

5.5 Hygienische Anforderungen an Betten und Krankenhauswäsche

Das Bett ist eine direkte Kontaktfläche der Patienten. Es wird mit Keimen, Schmutz und Ausscheidungen kontaminiert. Das Bett ist eine große Übertragungsmöglichkeit pathogener Keime auf Patienten und auf das Personal. Die hygienische Aufbereitung der Betten ist eine notwendige und grundlegende Maßnahme zur Reduzierung von nosokomialen Infektionen.

Grundkonzepte der Bettenaufbereitung

Die maschinelle Bettenaufbereitung hat einige Vorteile gegenüber der manuellen Bettenaufbereitung. Sie ist validierbar, benötigt weniger zeitlichen Aufwand, erspart Arbeitszeit und stellt eine geringere Belastung für das Personal dar. Zudem ist die Wirksamkeit einer manuellen Aufbereitung stark abhängig von der Gründlichkeit der Mitarbeiter.

Alle Maßnahmen der Bettenhygiene sind im Hygieneplan zu dokumentieren. Für die Aufbereitung gebrauchter Betten ist Schutzkleidung notwendig. Sämtliche Mitarbeiter, die zur Aufbereitung beitragen, sind einzuweisen und in regelmäßigen Abständen zu belehren.

Aufbereitete Betten sollen abgedeckt gelagert und transportiert werden, um eine Rekontamination zu vermeiden. Ebenso sind benutzte Betten während des Transports und der Lagerung abzudecken, um eine Keimverbreitung zu vermeiden. Zur Abdeckung empfehlen sich saubere Textilien oder Folien [14].

Desinfektion der Betten

Die Bettendesinfektion beinhaltet die Desinfektion von Bettgestellen mit Zusatzteilen, Matratzen, Bettwäsche sowie Kopfkissen und Decken. Zusatzteile sind hier zum Beispiel Aufrichter und Steckgitter.

Bettgestelle

Die Desinfektion der Bettgestelle und der Zusatzteile erfolgt in zwei Behandlungsstationen.

- *Dampfdesinfektion:* Im Dampfdesinfektionsapparat wird vorzugsweise mit 105 °C (0,5 bar Heißdampf) und mindestens einer Minute Einwirkzeit gearbeitet.
- *Betten- und Wagendekontamination (BWA):* Die Bettgestelle werden in einer Dekontaminierungsanlage gereinigt und desinfiziert. Dies erfolgt maschinell im Hochdruckverfahren mit enthärtetem Wasser bei 35–50 bar zum Reinigen und Spülen. Danach wird das Desinfektionsmittel über ein getrenntes Düsensystem aufgebracht. Das eingespritzte Wasser fließt in einem Kanal ab. Die Trocknung erfolgt anschließend mit unbeheizter Frischluft (Eigenwärme). Die Richtlinien für die

Prüfung, Testkeime und die Auswertung sind vom Arbeitskreis Bettgestell- und Wagendekontaminationsanlage (AK-BWA) in der Broschüre: „Maschinelle Reinigung und Desinfektion von Bettgestellen" zusammengefasst. Zusatzteile wie Aufrichter, Steckgitter etc. werden auf die gleiche Weise aufbereitet [10].

Matratze

Es wird empfohlen, Matratzen mit einem entsprechenden Überzug zu versehen. Dieser Überzug sollte glatt, desinfizierbar, flüssigkeits- und keimdicht sein und mindestens die Liege- und Seitenflächen umfassen. Ein solcher Bezug muss einer Wischdesinfektion oder einem desinfizierenden Waschverfahren unterzogen werden. Auf Dampfdurchlässigkeit und Passform sind zu achten. Matratzen ohne solche Überzüge können nicht manuell desinfiziert werden und sind einem VDV-Verfahren zu unterziehen.

Bettwäsche

Nach jedem Wechsel ist die Bettwäsche einem desinfizierenden Waschverfahren zu unterziehen. Bei längerer Liegedauer empfiehlt sich ein wöchentlicher Wechsel der Bettwäsche. Sollte die Bettwäsche sichtbar verschmutzt sein, empfiehlt sich ebenfalls ein Wechsel.

Kopfkissen und Decken

Kopfkissen und Decken sind einem desinfizierenden Waschverfahren oder einem Desinfektionsverfahren zu unterziehen. Eine Aufbereitung mittels Waschverfahren ist je nach Verschmutzung und Kontaminationsexposition festzulegen [14].

Desinfektion der Krankenhauswäsche

Der Fachausschuss „Wäscherei der Fachvereinigung der Verwaltungsleiter deutscher Krankenanstalten e. V." [29] hat eine technische Beschreibung (kurz TB) herausgegeben, die als Unterlage für die Beschaffung von Krankenhaustextilien dient. Einziehdecken aus Polyestervliesen sind heute für Bett- und Kissenbezüge üblich. Für die Füllung kommen Polster oder Polyurethanstäbchen zum Einsatz. Diese sind desinfizierend waschbar.

Das Waschen von Seuchenwäsche regelt das Bundesseuchengesetz [30]. Dies betrifft in der Regel weniger als 2 % der gesamten Wäsche. Für die Übrigen 98 % der Wäsche gilt die Unfallverhütungsvorschrift „Wäscherei (VBG7)"[31]. Ebenfalls gilt die Fassung der Gemeindeunfallsicherungsverbände für alle Mitarbeiter öffentlich rechtlicher Wäschereien (GUV6.13) [32]. Krankenhauswäsche umfasst die beim Pflegen, Untersuchen, Behandeln und Versorgen von Kranken in Krankenhäusern oder Pflege- und Krankenstationen von Heimen getragene Wäsche.

Die Liste der vom Bundesgesundheitsamt geprüften und anerkannten Desinfektionsmittel und -verfahren regelt den Einsatz des jeweiligen Desinfektionsmittels für infektiöse Wäsche. Man unterscheidet zwischen thermischen und chemo-thermischen Desinfektionswaschverfahren. Bei thermischen Desinfektionswaschverfahren wird zum Waschen Wasser bei 90 °C und Waschmittel verwendet; im Unterschied zu dem chemo-thermischen Desinfektionswaschverfahren, bei denen als Wirkstoff Chlor, Formaldehyd, Persäuren oder Phenolderivate eingesetzt werden.

Die Wäsche darf nur in widerstandsfähigen, dichten und verschlossenen Behältern angenommen, transportiert und gelagert werden. Als Transportmittel eignen sich Aluminium oder Stahlrohr-Rollcontainer für die schmutzige bzw. saubere Wäsche. Die Container müssen vor jeden Transport der sauberen Wäsche desinfiziert werden.

Die Kontrolle der Wäschereien und des Ablaufes ist in der UVV-Richtlinie des Bundesgesundheitsamtes zur Erkennung, Verhütung und Bekämpfung von Krankenhausinfektionen und der „Prüfliste für Betriebsbegehungen“ nach RAL-RG 992/1 geregelt [33]. Neben der regelmäßigen Überwachung und Begehung sind zusätzliche hygienisch bakteriologische Untersuchungen erforderlich. Krankenhauswäsche ist als mikrobiell kontaminiert anzusehen und unterliegt regelmäßigen Kontrolluntersuchungen.

Es sollte Folgendes kontrolliert werden:

- die angewandte Einwirkzeit, Temperatur, Wirkstoffe und Konzentration für das desinfizierende Waschverfahren;
- baulich funktionelle Gegebenheiten der Wäscherei;
- der Wäschetransport;
- das Personalverhalten;
- mikrobiologische Kontrollen mittels Bioindikatoren;
- stichprobenartige Kontrolle der Frischwäsche mittels Abklatschkulturen;
- zu empfehlen ist auch eine Luftkeimmessung z. B. durch Aufstellen einer Agarplatte für eine Stunde oder besser, mittels Luftkeimmessgeräten [9].

5.6 Hygienische Anforderungen in Krankenhausküchen

Krankenhausküchen können ein Infektionsrisiko für Patienten darstellen. Da bei einem Teil der Patienten im Krankenhaus das Immunsystem geschwächt sein kann, sind diese empfänglicher für Infektionen. Es muss in Krankenhausküchen Hygiene als äußerst wichtig erachtet werden. Hierfür sind ausreichend Platz, eine gute persönliche Hygiene der Mitarbeiter sowie Einweisungen und Belehrungen notwendig. Ein Überblick wird über die häufigsten Keime, die bei der Krankenhausernährung eine Rolle spielen, gegeben.

Lebensmittelvergiftungen durch Salmonellen, Staphylokokken sowie die Sporenbildner Bacillus cereus und Clostridium perfringens sind ein Risiko für Patienten. Salmonellen kommen vor allem in Fleisch, Geflügel, Eiern und Eiprodukten vor. Erwachsene können eine Vielzahl von Erregern aufnehmen, bevor es zu einer Erkrankung kommt. Bei Kindern, älteren Menschen und Personen mit geringer Abwehrkraft dagegen, besteht ein hohes Infektionsrisiko.

Die hauptsächliche Keimquelle für Staphylokokken ist der Mensch. Es kommt zu Brechdurchfallerkrankungen durch Entertoxine. Diese Toxine können durch Erhitzen, wie Kochen oder Braten, nicht inaktiviert werden, sodass es zu Vergiftungen kommt.

Die Sporenbildner Bacillus cereus und Clostridium perfringens kommen in Schmutz, Staub, auf dem Erdboden sowie im Darm von Mensch und Tier vor. Es sind ca. 100.000 Bakterienzellen im Lebensmittel pro Gramm erforderlich, bis es zu einer Erkrankung kommt. Neben der Kontamination erfolgt insofern eine Vermehrung der Mikroorganismen im Lebensmittel.

Für die Kontamination mit pathogenen Keimen kommen als Quelle infrage:
- das Lebensmittel
- das Küchenpersonal
- die Küchenumgebung.

Das Küchenpersonal hat auf die persönliche Hygiene zu achten. Hierbei sind kurze, naturbelassene Fingernägel erforderlich. Ebenso ist Schmuck an Händen und Unterarmen untersagt. Täglicher Wechsel einer geeigneten, sauberen Arbeitskleidung ist nach DIN 10524 notwendig [20]. Eine saubere Vorbindeschürze ist ebenso erforderlich. Die Aufbereitung erfolgt mittels desinfizierendem Waschverfahren. Nach § 43 Infektionsschutzgesetz sind eine Erstbelehrung sowie weitere jährliche Belehrungen notwendig.

Es ist unbedingt erforderlich, eine Trennung zwischen reinen und unreinen Arbeitsvorgängen innerhalb der Küche einzuhalten, um keine Krankheitserreger zu verschleppen. Dazu ist ein ausreichender Raumbedarf vorzusehen:
- getrennte und überdachte Anlieferungs- und Entsorgungsstellen,
- kühl, trocken, belüfteter Lagerraum für Kartoffeln und Gemüse,
- kühl, trocken, belüfteter Lagerraum für Konserven und Trockenprodukte,
- getrennte Kühlräume und Tiefkühlräume für Milch und Milcherzeugnisse, Fleisch, Gemüse,
- Raum für die Speisenzubereitung mit einem abgetrennnten Bereich für die kalte Küche (Hauptküche),
- Konditoreiraum,
- Raum für das Geschirrspülen, getrennt in unreine und reine Seite,
- Bereich zur Reinigung der Transportwagen und Behälter,
- Personal- und Sanitärräume.

Der Fußbodenbelag muss rutschfest und leicht zu reinigen sein.

Bei der Entlüftung hat sich die Flächenentlüftung bewährt.

Die Reinigung und Desinfektion hat regelmäßig zu erfolgen. Dazu sollte ein Hygieneplan mit den Verantwortlichen für die verschiedenen Bereiche aufgestellt werden.

Bei der Lagerung von Menübestandteilen etc. hat diese unter 5 °C zu erfolgen. Die Mikroorganismen wachsen in einem Temperaturbereich von 5 °C bis 60 °C besonders gut. Deshalb sollten Speisen heiß abgefüllt werden und in isolierten oder sogar beheizbaren Behältern transportiert werden, wenn Speisen außer Haus gebracht werden, z. B. wenn das Essen auf Rädern oder anderen Einrichtungen transportiert wird.

Heute wird im Krankenhaus die Speisenverteilung mittels Einzeltablett vielfach ausgeführt. Die Speisen werden für den einzelnen Patienten in der Hauptküche portioniert und mit einem Transportwagen auf die verschiedenen Stationen transportiert.

Die Kontrolle der Reinigung und Desinfektion erfolgt mittels Abklatschuntersuchung. Nicht nur die Flächen, sondern auch das gereinigte Geschirr, sowie Hände und Arbeitskleidung sollten kontrolliert werden [10, 15].

Die Lufthygiene beinhaltet die chemische Zusammensetzung der Luft, hier sei der MAK-Wert (Maximale Arbeitsplatzkonzentration) genannt, der die maximal zulässige Konzentration eines Stoffes in der Luft am Arbeitsplatz angibt. Ebenso zählt man dazu physikalische Eigenschaften der Luft, wie die Luftbewegung. Ist diese zu hoch, kann es zu Zugerscheinungen kommen. Ebenso darf die Luftfeuchte nicht zu einer Austrocknung der Schleimhäute führen. Die Lufttemperatur ist ebenfalls relevant, da eine zu hohe oder zu niedrige Lufttemperatur Schäden an bestimmten Materialien erzeugen kann und die Behaglichkeit des Personals und der Patienten maßgeblich beeinflusst. Im Krankenhaus ist besonders darauf zu achten, dass eine Verbreitung der Keime nicht unnötig mittels der Lüftung erfolgt. So sind z. B. in OPs spezielle Be- und Entlüftungen nötig.

In der Luft von Krankenhäusern und von Wohn- und Arbeitsräumen finden sich häufig Mikroorganismen. Diese stammen von Mensch oder Tier und werden durch die Atmung oder durch die Haut an die Luft abgegeben. Somit bergen Umluftanlagen und die Leitung von Luft durch mehrere Räume teils große Risiken, Infektionen zu fördern. Nicht nur Bakterien sondern auch Viren und Pilzsporen können so durch die Luft über weite Strecken übertragen werden.

In der Mehrzahl der Fälle werden die aerogenen Infektionen durch keimbeladene Tröpfchen von Mensch zu Mensch übertragen. Diese Tröpfchen stammen aus Mund, Rachen, Nase, Kehlkopf und dem Bronchialsystem (Angina, Diphterie, Masern Scharlach, Pocken). Als „Unterhaltungsdistanz“ werden 1 bis 2 m genannt. Die Entstehung keimbeladener Tröpfchen ist abhängig von der Stärke der Sprache, von der Geschwindigkeit des Sprechens, von möglichen Anomalien der Mundhöhle, von Arten der Lautbildung (z. B. Aussprache der Konsonanten, bis 16 m/sec = Windstärke 8). Hustenstöße bei Rauchern und Tuberkuloseerkrankungen führen zur Schleuderinfektion pathogener Keime [2].

5.7 Hygiene raumlufttechnischer Anlagen

Neben der Planung und Ausführung von RLT-Anlagen spielt die Überwachung und Wartung eine wichtige Rolle.

Ursachen für die von der RLT-Anlage verursachten Gesundheitsstörungen bei Patienten aber auch des Personals sind:

- falsche Raumtemperatur,
- zu niedrige oder zu hohe Luftfeuchte,
- zu hohe Luftgeschwindigkeiten mit Zugerscheinungen,
- ein zu hohes Temperaturgefälle zwischen eingeblasener Luft und Raumluft.

Die Luftkeimzahl im Krankenhaus ist äußerst wichtig, damit keine pathogene Keime übertragen werden. Die RLT-Anlagen haben die Aufgabe:
- keimarme Luft einzubringen,
- eingebrachte Luftkeime und Gase rasch zu entfernen,
- Temperatur und Luftfeuchte zu regeln,
- den Zustrom keimhaltiger Luft aus benachbarten Räumen via Überdruck zu vermeiden. Weiterverbreitung keimhaltiger Luft aus septischen OPs oder Infektionsstationen in andere Räume via Unterdruck zu verhindern.

In der DIN 1986, Teil 4 [21] sind die technischen Regeln für RLT-Anlagen festgehalten.

So ist die Ansaugstelle 3 m über Niveau anzubringen in einem Bereich, in dem keine bakteriell verunreinigte bzw. staub- oder gasbelastete Luft vorhanden ist.

Die Luftbefeuchtung sollte nach Möglichkeit mit hydrozinfreien Dampf erfolgen, nicht wie es heute meist der Fall ist, mit einem Sprühbefeuchter. Dabei vermehren sich die Bakterien im Wasser stark. Es bilden sich Nasskeime die für viele Infektionen im Krankenhaus ursächlich sind. Zusätzlich muss mit Legionellen gerechnet werden.

Eine Reinigung bzw. Desinfektion der Kanäle ist nach DIN 1946, Teil 4 [18] nicht erforderlich.

An kritischen Arbeitsplätzen, wie OP-Räumen, müssen Luftwalzenbildungen und Induktionsströmungen verhindert werden. Bewährt hat sich eine Luftschleierdecke oder ultrasterile Reinraumzone. Die Filter unterliegen einem regelmäßigen Austausch. Bei Hochleistungsfiltern ist auf die Dichtung beim Einbau zu achten, da hier häufig Lecks entstehen, außerdem muss eine Beschädigung der Filter vermieden werden. Keime von Personal oder Patienten bzw. von Geräten können mittels RLT-Anlagen bei entsprechendem Luftwechsel und gerichteter Luftströmung aus dem Arbeitsbereich schnell entfernt werden, z. B. OP-Räumen. Die DIN 1946-4 klassifiziert OP-Räume als Raumklasse I. Das bedeutet eine erste Filterstufe mit einer Filterklasse von mindestens F5, eine zweite Filterstufe mit einer Filterklasse von mindestens F9 und eine dritte Filterstufe mit mindestens der Klasse H13 sind notwendig.

Die Kontrolle und Wartung von RLT-Anlagen im Krankenhaus, speziell im Bereich für OP-Räume und Intensivstationen, sind aufwendiger als bei anderen Gebäuden. An OPs sind die höchsten Anforderungen hinsichtlich der Keimarmut zu stellen, besonders bei Organtransplantationen und Operationen an offenen Gelenken. Hierzu werden heute Hochleistungsschwebstofffilter eingesetzt und eine turbulenzarme parallele Verdrängungsströmung in der Reinraumzone erreicht. Die Strömungsgeschwindigkeit sollte größer als 0,35 m/s sein, damit die Auftriebsströmung unterdrückt wird und keine Schmutzteilchen oder Keime von Boden an den OP-Tisch gelangen.

Die Kontrolle der Luftverunreinigung wird mit Partikelzählern gemessen und die Messung der Luftgeschwindigkeit mittels Anemometern. Die DIN 1946, Teil 4 schreibt die hygienische Untersuchung von RLT-Anlagen vor. Neben der Partikelzählung ist eine Luftkeimkonzentrationsmessung erforderlich, die mittels eines geeigneten Nährbodens erfolgt. Der Nachweis der Durchströmung des Raumes und die Keimuntersuchung des Umlaufsprühbefeuchters sind ebenfalls vor der Inbetriebnahme des OPs auszuführen. [16, 17].

5.8 Hygienische Gesichtspunkte bei der Abfallbeseitigung im Krankenhaus

Zur Desinfektion von Abfällen werden thermische Verfahren angewandt. Krankenhausabfälle sind nach der Infektionsgefahr und anderen erforderlichen sowie kostensparenden Gesichtspunkten zu unterteilen. Nach der Vollzugshilfe zur Entsorgung von Abfällen aus Einrichtungen des Gesundheitsdienstes unterscheidet man:

1. Abfälle, die keiner besonderen Maßnahme zur Infektionsverhütung bedürfen, hausmüllähnliche Abfälle.
2. Abfälle, die innerhalb des Krankenhauses beim Sammeln, Transportieren, Lagern eine Infektionsverhütung erfordern, wie z. B. Stuhlwindeln, Wundverbände, Einmal-Spritzen, Kanülen.
3. Abfälle die außer beim Sammeln, Transportieren und Lagern innerhalb des Krankenhauses auch beim Beseitigen besondere Maßnahmen zur Infektionsverhütung bedürfen, sogenannten Infektionsmüll. Das sind z. B. Abfälle aus Blutbanken, Dialysestationen, Infektionsstationen, medizinischen Laboratorien, Prosekturen oder Versuchstiere: Die Beseitigung ist durch das Tierkörperbeseitigungsgesetz geregelt, sowie Exkremente und Streu von Versuchstieranlagen, bei denen eine Verbreitung von Krankheitserregern besteht.
4. Außerdem unterliegen Abfälle, wie radioaktive Substanzen, besonderen gesetzlichen Vorschriften.
5. Ferner Abfälle, die besondere Maßnahmen erfordern, aber nicht infektiös sind, wie Körperteile, Arzneimittel, Speise und Küchenabfälle, brennbare Flüssigkeiten.

Hausmüll ähnlicher Abfall, wie Blumen, Papier etc. muss in geschlossener Form abtransportiert werden und hygienisch einwandfrei gelagert werden. Die Müllabfuhr muss von der Anlieferung räumlich getrennt sein.

Abfälle, die unter Punkt 2 und 3 fallen, können gemeinsam, aber voneinander getrennt in einem Abfallbereich gelagert werden, wobei aber die Behältnisse der unter Punkt 3 fallenden Abfälle inhaltlich gekennzeichnet sein müssen, da sie außerhalb des Krankenhauses einer besonderen Entsorgung unterliegen.

Eine Keimverschleppung muss verhindert werden. Die Sammelbehälter für den Transport müssen gut verschließbar sein. Man unterscheidet Einwegbehälter und

Rücklaufbehälter. Die Rücklaufbehälter müssen gut zu reinigen und desinfizieren sein.

Automatische Wagen und Transportanlagen müssen nach jedem Transport desinfiziert werden.

Für die Zwischenlagerung von Abfällen in den Abteilungen ist ein gesonderter, gut belüfteter Entsorgungsraum erforderlich. Der Abtransport sollte täglich erfolgen.

Die Abfälle unter Punkt 1 und 2 werden durch die Müllabfuhr ohne weitere Behandlung entsorgt.

Die Abfälle unter Punkt 3 sollten bis zur endgültigen Entsorgung getrennt gelagert werden, besonders wenn diese thermisch desinfiziert werden. Es darf von diesen Abfällen keine Infektionsgefahr ausgehen. Diese Abfälle dürfen das Krankenhaus nicht unbehandelt verlassen. Dazu gibt es folgende Verfahren:
- Thermische Desinfektion,
- Chemische Desinfektion,
- Verbrennung,
- Pyrolyse.

Körperteile sollten aus ethischen Gründen auf Friedhöfen bestattet werden.

Zytostatika verbrennt man bei 100 °C. Umweltschädliche Chemikalien, ätzende Flüssigkeiten etc. werden in entsprechenden Behältern an eine Sonderdeponie gebracht. Speise- und Küchenabfälle werden auf 90–100 °C erhitzt und können an landwirtschaftliche Betriebe abgegeben werden [11].

5.9 Keime, Bakterien, Viren, Pilze, Parasiten, Nasokomiale Infektionen

5.9.1 Bakterien

Zu allen Eigenschaften der Bakterien gehört die Nomenklatur, Gestalt, Größe, Struktur und die Beweglichkeit der Bakterien. Weiter werden die Besonderheiten, wie die Kernequivalente der Bakterien, ihre S- und R-Formen, die Bedeutung von Enzymen und Toxinen sowie der Sauerstoffbedarf von Bakterien, deren Wachstumsbedingungen und bakterielle Sporen besprochen.

Nomenklatur: Es besteht ein besonderer bakteriologischer Nomenklaturkodex. Denn schon vor der Entdeckung der Erreger, waren die Krankheiten bekannt und mit einem bestimmten Namen belegt. Daher basieren die Bezeichnung der Bakterien unter anderem auf morphologischen, chemischen, pathogenetischen Eigenschaften. Die Bezeichnung der Bakterien richten sich nach der Bezeichnung der Krankheit, nach Autor und Ort der Entdeckung. Pathogene Bakterien, das heißt potenziell krankheitserregende Bakterien können, aus den genannten Gründen, nicht in ein starres botanisches Schema eingereiht werden.

Größe: Die Größe von Bakterien variiert sehr stark. Die Länge liegt zwischen 0,6 und 700 µm bei Einzelzellen. Hyphen, also mehrzellige Bakterien, hingegen können noch länger sein. Bakterien weisen jedoch meist eine Länge von 1 bis zu 5 µm auf. Der Durchmesser kann von etwa 0,1 bis 700 µm reichen, meistens liegt er aber zwischen ca. 0,6 µm und 1 µm.

Gestalt: Bakterien kommen in verschiedenen äußeren Formen vor: kugelförmig, als sogenannte Kokken, zylinderförmig, als sogenannte Stäbchen mit mehr oder weniger abgerundeten Enden. Auch kommen Bakterien wendelförmig, mit Stielen, mit Anhängen oder mehrzellige Trichome bildend vor. Auch bilden manche Bakterien lange, verzweigte Fäden, sogenannte Hyphen, die sich wiederum verzweigen und eine Fadenmasse, ein sogenanntes Myzel bilden. Oft kommen sie auch in Verbindungen mehrerer Bakterien vor, sogenannte Aggregate, wie zum Beispiel: Kugelketten, flächige Anordnung kugelförmiger Zellen, regelmäßige dreidimensionale Anordnung von Kugeln, Stäbchenketten, in Röhren eingeschlossene Stäbchenketten.

Struktur: Nachfolgend sei eine Abbildung zur Struktur eines Bakteriums mit allen wichtigen Teilen gezeigt (Abb. 5.1).

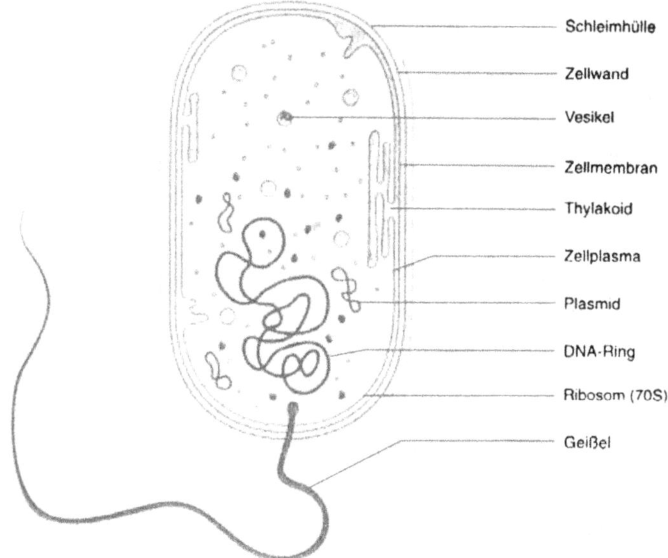

Abb. 5.1: Aufbau eines Bakteriums [1].

Geißeln und Beweglichkeit: Ein Teil der Bakterien zeigt eine aktive, durch Geißeln bewirkte Eigenbewegung. Geißeln entspringen im Zellinneren. Sie bestehen aus Flagellin, einem Protein, das dem Myosin der Muskelzellen ähnlich ist.

S- und R-Formen: Von vielen Bakterienarten existieren S-Formen und R-Formen. Durch Mutation können aus S-Formen die R-Formen entstehen. Diese unterschiedlichen Formen desselben Bakteriums weisen oft stark unterschiedliche Eigenschaften auf. So ist zum Beispiel die R-Form des Streptococcus pneumoniae für Mäuse nicht gefährlich, jedoch Mäuse, die mit der S-Form injiziert wurden, erkranken an Lungenentzündungen.

Kernäquivalente: Im Gegensatz zu den Viren enthalten alle Bakterien und bakterienähnlichen Mikroorganismen meist einsträngige Ribonukleinsäure und die doppelsträngige Desoxyribonukleinsäure. Ein eigentlicher Zellkern fehlt. Elektronenoptisch sind kernähnliche Strukturen (Nucleoide) nachweisbar.

Enzyme: Die Entwicklung und Vermehrung der Bakterien geht einher mit biochemischen Leistungen (Stoffwechsel). So bilden manche Bakterien Säuren aus Kohlehydraten oder Alkali aus Eiweißkörpern. Auch werden chemische Verbindungen abgebaut (katabole Reaktion) oder oxidiert (anabole Reaktion).

Toxine: Bakterielle Toxine (Gifte) schädigen oder vergiften infizierte Lebewesen, Nahrungsmittel oder künstliche Substrate (Nährböden). Toxine sind ein charakteristisches Merkmal pathogener Erreger (Krankheitserreger).

Einige Beispiele: Leukozidine zerstören Leukozyten, Nekrotoxine zerstören Gewebszellen (Gasödem-Erreger), Hämolysine greifen Erythrozyten an (Hämolyse).

Man unterscheidet grundsätzlich zwischen Endotoxinen und Ektotoxinen. Endotoxine sind an die Zellwand vieler Arten von gramnegativen Bakterien gebunden, Ektotoxine werden von lebenden Bakterien in die Umgebung ausgeschieden. Ektotoxine sind meist Proteine, diese thermolabilen Giftstoffe stammen z. B. aus Diphterie-, Tetanus- oder Botulinus-Bakterien.

Sauerstoffbedarf: Bakterien vermögen teils mit O_2 (aerob) oder ohne O_2 bzw. atmosphärischer Luft (anaerob) zu wachsen. Man unterscheidet hierbei Bakterien, welche ausschließlich im sauerstofffreien Lebensraum wachsen können, sogenannte „fakultative Anaerobier“ und „obligate Anaerobier“, die sowohl in Gegenwart von Sauerstoff als auch in dessen Abwesenheit wachsen können. Die als mikroaerophil bezeichneten Bakterien zeigen bei reduzierter O_2-Atmosphäre oder Zusatz von 3 bis 10 % CO_2 ihr maximales Wachstum.

Wachstumsbedingungen: Bakterien wachsen erst ab 20 % Wassergehalt. Pilze, beispielsweise wachsen bereits ab 12 % Wassergehalt. Neben Spurenelementen werden C, O, H, N, S, P, K, Ca, MG und Fe für das Wachstum der Bakterien benötigt. Anspruchsvolle Mikroorganismen und bestimmte Defektmutanten benötigen Ergänzungsstoffe (z. B. Aminosäuren, Vitamine, Purine). Selbst wenn alle Nährstoffansprüche erfüllt sind, ist das Wachstum an die Erhaltung eines bestimmten pH-Wertes und an eine bestimmte

Temperatur (thermophile, thermotolerante Bakterien) gebunden. Für Krankheitserreger liegt das Temperaturoptimum in der Regel bei der normalen Körperwärme (37 °C).

Sporenbildung: Gewisse Bakterienarten (Familie Bacillaceae) bilden Dauerformen, sogenannte Endosporen. In diesem Stadium kommt der Stoffwechsel komplett zum Erliegen und die Bakterien können extreme, für sie ungünstige Umweltbedingungen überstehen, sowie mehrere tausend Jahre überdauern. Die kostenaufwendige Steriltechnik ist auf die Abtötung von Endosporen abgestellt. Die Sporenbildung, wird durch Umweltbedingungen ausgelöst und ist genetisch fixiert. Im Mikroskop fallen die Sporen durch ihren hohen Lichtbrechungsindex auf [2].

Menschenpathogene Bakterien

Die erfolgreiche Bekämpfung menschenpathogener Bakterien und anderer Krankheitserreger (Viren, Protozoen, Parasiten tierischer und pflanzlicher) Art ist mit der wissenschaftlichen Erkundung verschiedenster Teilfragen verknüpft. In der Regel erfolgt die Beschreibung menschenpathogener Bakterien nach folgenden Gesichtspunkten:

- Morphologie: Diese beinhaltet die Größe, Gestalt und Struktur eines Erregers,
- Isolierung: Hierfür wird ein Erreger auf einem Nährmedium kultiviert und isoliert,
- Identifizierung: Hierzu zählen die Optik sowie die Wachstumsprüfungen,
- Diagnose: Dies umfasst physikalische, biochemische-und serologische Testverfahren,
- Pathogenese: Darunter versteht man das Krankheitsbild und die Infektionsart,
- Therapie: Die Therapie erfolgt mittels Antibiotika; und Chemotherapeutika. Ebenfalls zählt hierzu die Bestimmung des erfolgreichsten Mittels zur Therapie,
- Epidemiologie: Hier wird die Ursache und Verbreitung des Erregers beschrieben,
- Prophylaxe: Die Prophylaxe ist die Verhinderung der Krankheit und der Infektion [1].

Untersuchungsmethoden

Es gibt eine große Anzahl an Laboratoriumsmethoden zur Bestimmung eines Erregers. Hier werden nur einige Verfahren in Stichworten genannt.

Bakterienfiltration: Der Wirkungsmechanismus beruht auf der Porengröße und der elektrostatischen Adsorption. Filtertypen: Porzellanfilter, Kieselgurfilter, Glasfilter (Glasfritten), Membranfilter, Asbestfilter.

Mikroskopie: Hell- bzw. Dunkelfeldmikroskopie, Phasenkontrastverfahren, Elektronenmikroskop, Ultradünnschnitte von Bakterien, Metallbedampfung.

Präparate: Gefärbte Präparate (zahlreiche Färbeverfahren), Tuschpräparat, Abklatschpräparat, Tupfpräparat, Untersuchung am „hängenden Tropfen".

Kulturverfahren: Aerobe Kulturen werden in flüssigen und auf festen Substraten, als Reinkulturen gezüchtet. Somit werden Einzelkolonien auf der Agarplatte gezüchtet. Anaerobier werden in Flüssigkulturen gezüchtet. Untersucht werden unter anderem die Wuchsformen, die Bakteriengröße und die Beweglichkeit. Dies erfolgt meist mittels Direktmikroskopie der Kulturplatte.

Weitere wichtige Untersuchungsmethoden sind die Prüfungen bakterieller Stoffwechselleistungen sowie die Wirksamkeit von Antibiotika, Sulfonamiden und anderen Chemotherapeutika sowie die Serologie und die Sterilitätsteste [2].

Bakteriophagen

Bakteriophagen sind Viren, welche fähig sind, in Bakterien einzudringen und deren Lyse(Auflösung) zu bewirken. „Temperierte Phagen" leben in den befallenen Bakterien in latenter Form und werden bei der Vermehrung an die nachfolgende Bakteriengeneration weitergereicht. Meist wirken Phagen hochspezifisch gegenüber bestimmten Bakterienarten. Sie können daher zur Identifizierung und Typisierung von Erregern verwendet werden. Dieses Verfahren bezeichnet man als Lysotypie. Derzeit wird intensiv an der Anwendung von Bakteriophagen als Antibiotikaersatz geforscht. Somit könnte man die immer häufiger auftretenden multiplen Antibiotikaresistenzen umgehen. Jedoch werden Phagen im menschlichen Körper als Fremdkörper erkannt und nach recht kurzer Zeit von Fresszellen beseitigt.

5.9.2 Viren

Die einzelne Viruseinheit besteht aus einem zentralen Kern von infektiöser Nukleinsäure (RNS bzw. DNS) und einer Proteinhülle, dem Capsid. Die Wirtsspezifität des Virus wird vom Capsid bestimmt.

Die wesentlichen Kennzeichen der Viren sind:

Kein eigener Stoffwechsel: Viren besitzen keinen eigenen Stoffwechsel. Sie können also keine eigenen Proteine herstellen, keine Energie umwandeln und sich nicht selbst replizieren. Viren besitzen kein Wachstum und keine Beweglichkeit. Im Allgemeinen werden Viren nicht als Lebewesen eingestuft. Ob Viren tatsächlich keine Lebewesen sind, ist noch nicht vollständig klar. Ein Virus ist im Grunde also eine Nukleinsäure, welche Informationen zur Steuerung des Stoffwechsels einer Wirtszelle enthält. Die Replikation eines Virus erfolgt also nur innerhalb einer Wirtszelle.

Virus und Virion: Viren kommen in zwei Formen vor. Die erste Form ist das Virion, dies ist ein einzelner Viruspartikel, der sich im Gegensatz zu einem Virus außerhalb einer Zelle befindet. Der Durchmesser von Virionen liegt etwa bei 15 nm bis 440 nm. Die zweite Form, das Virus, ist die Nukleinsäure (DNA oder RNA) in den Zellen des Wirts. Die Nukleinsäure enthält die Informationen zu ihrer Replikation sowie zur Reproduktion der ersten Virusform.

Replikationszyklus eines Virus: Im Allgemeinen beginnt der Replikationszyklus, wenn sich ein Virion an eine Wirtszelle anheftet (Adsorption) und die Nukleinsäure ins Zellinnere bringt (Injektion). Anschließend wird das Virion vollständig von der Zelle aufgenommen. Dafür muss es vor der Replikation von seinen Hüllen befreit werden (uncoating). In der Wirtszelle wird im Anschluss die Nukleinsäure des Virus vervielfältigt, die Hüllenproteine sowie eventuelle weitere Bestandteile der Virionen (abhängig von der Virusart) werden ebenfalls von der Wirtszelle synthetisiert. Die daraus neu gebildeten Viren werden als Virion freigesetzt. Dies geschieht auf zwei Arten:

Das Virion wird aus der Zelle ausgeschleust und Teile der Zellmembran werden als Bestandteil der Virushülle mitgenommen.

Die Zellmembran der Wirtszelle wird aufgelöst.

Die Verbreitung eines Virus: Eine Virusverbreitung kann auf unterschiedliche Arten erfolgen. Humanpathogene Viren können, wie zum Beispiel Grippeviren über die Luft, durch Tröpfcheninfektion übertragen werden. Auch eine Übertragung über kontaminierte Oberflächen, durch Schmierinfektion, wie zum Beispiel bei Herpesviren ist möglich. Manche Viren werden nur durch den Austausch von Körperflüssigkeiten übertragen, wie zum Beispiel HIV. Die Infektion über blutsaugende Insekten wird der Einfachheit halber nicht zur Infektion durch Austausch von Körperflüssigkeiten gezählt.

Aufbau der Viren: Der Aufbau eines Virus kann helical, kubisch oder komplex gestaltet sein.

Isolierung und Kultur: Einer virusbedingten Erkrankung geht stets eine Vermehrung des Virus in den Zellen des Wirtsorganismus (Pflanze, Tier, Mensch) voraus. In der Regel führt die Infektion zur Bildung von Antikörpern, die durch Neutralisierung des Virus dessen direkten Nachweis erschweren. Untersuchungsmaterial beim Menschen sind: Sputum, Gurgelwasser, Rachen- und Nasenabstrich, Stuhl, Blut, Liquor, Eiter, Urin, Biopsie- und Sektionsmaterial.

Klassifikation der Viren: Da es keine eigentlichen Lebewesen sind, bereitet das binominale Nomenklatursystem von Linne Schwierigkeiten. Die Taxonomie ist relativ willkürlich und richtet sich nach klinischen Merkmalen, nach dem geographischen Vorkommen, nach morphologischen und biologischen Eigenschaften, teils richtet sich die Taxonomie nach künstlichen geschaffenen Wortbildern, nach der chemischen Natur der Nukleinsäure (RNS oder DNS), nach dem Fehlen oder Vorhandensein einer Hülle, nach dem Ort der Virusreplikation (Kern oder Plasma) oder nach immunologischer Differenzierung. Meist werden die Viren in RNS- und DNS-Viren grob unterteilt [2].

5.9.3 Pilze

Allgemeines

Pilze lassen sich in zwei Gruppen unterteilen; diese sind abhängig von ihren Wachstumsformen: Hyphenpilze und Myzelpilze. Hyphenpilze sind Einzeller, Myzelpilze bestehen aus mehreren Hyphen.

Die Pilze, Mycophyta oder Fungi, sind im Allgemeinen farblos, also ohne Chlorophyll und somit zur Photosynthese nicht fähig. Nur die Fruchtkörper führen mancherlei Farbstoffe, meist stickstofffreie zyklische Verbindungen. Ohne Chlorophyll leben die Pilze somit kohlenstoffheterotroph, also nicht wie die grünen Pflanzen autotroph. Pilze sind heterotroph lebende Thallophyten. Thallophyten sind Pflanzen mit einem vielzelligen Vegetationskörper, der nicht wie bei Pflanzen in Sprossachse, Wurzel und Blatt unterteilt ist, dem Thallus.

Ihre Energie gewinnen sie aus dem Ab- und Umbau organischer Verbindungen. Sie leben saprophytisch, das heißt von toter organischer Substanz, oder parasitisch. Pilze kommen im Süßwasser, auf dem Land, selten im Meer oder auf Pflanzen vor. Sie sind tier- und menschenpathogen. Pilze sind stärker an das Pflanzen- als an das Tierreich adaptiert. Zusammen mit den Bakterien sind die Pilze in der Natur als Fäulniserreger weit verbreitet. Durch Abscheidung von Enzymen überführen die Bakterien und Pilze das organische Material (Teile toter Tiere und Pflanzen) in einfachere, kleinere Moleküle, die resorbierbar sind. Es gibt kaum eine organische Kohlenstoffverbindung, die dem Angriff spezialisierter Bakterien oder Pilze zu widerstehen vermag.

Der Thallus der einfachsten Pilze (Myxomycetes, Schleimpilze, ca. 500 Arten) ist nackt und amöboid (vielkernige Protoplasmamassen, sog. Plasmodien). Beispiel: „Lohblüte" auf Gerberlohe.

Der Thallus der niederen Pilze (Phycomycetes) ist mikroskopisch klein und einkernig, bei etwas höher entwickelten Pilzen verzweigt und vielkernig, die am höchsten entwickelten Formen sind querwandlos (unseptiert), also schlauchförmig (siphonal).

Der Thallus der höheren Pilze ist an terrestrische Lebensräume angepasst. Das Myzel besteht aus reich verzweigten, septierten Hyphen (Pilzzellen), die Zellwände sind aus Chitin.

Die Hyphen vermehren sich hauptsächlich durch Knospung und Querwandbildung. Die Knospung und die Querwandbildung bzw. Spaltung sind beides Formen der Zellteilung. Der Unterschied besteht darin, dass sich bei der Knospung eine neue Zelle bildet, welche von der ursprünglichen Zelle ausgelöst wird. Bei der Spaltung wird die Zelle tatsächlich geteilt [2].

Pathogene Pilze

Pathogene und vor allem humanpathogene Pilze, Spross- oder Hefepilze, Schimmelpilze und Dermatophyten sind Spross oder Hefepilze, Schimmelpilze u. Dermotolyte.

Für den klinischen Gebrauch werden Pilze nach dem DHS-Schema (nach Rieth) [3] eingeteilt:

Spross- oder Hefepilze: Die Sprosspilze treten weltweit auf, vermehrt an Standorten mit reichem Zuckerangebot, wie reifen Früchten oder in Milch. Hierzu zählen: Candida, Cryptococcus, Saccharomyces, Geotrichum, Rhodotorula, Sporobolomyces und Trichosporon.

Schimmelpilze: Die Schimmelpilze sind meist stark verbreitet und teilweise nahezu nicht zu beseitigen. Schimmelpilze mit besonderem toxischen Potential sind: Aspergillus fumigatus, Aspergillus niger, Stachybotrys atra.

Dermatophyten: Die Dermatophyten sind eine Gruppe verwandter Pilze, die fähig sind, Keratin anzugreifen, das heißt sie können Haut, Haare und Nägel befallen. Dermatophyten sind meist obligate Parasiten, sie sind also meist auf einen Wirt angewiesen, um sich zu entwickeln. Eine Übertragung kann von Tier zu Mensch und von Mensch zu Mensch stattfinden.

5.9.4 Parasiten

Die tierischen Parasiten, Endoparasiten oder temporäre Ektoparasiten (Blutsauger), verursachen beim Menschen vielfach schwere, teils übertragbare Krankheiten, die Parasitosen. Krankheitserreger (bzw. Überträger) sind Protozoen (Urtierchen), Arthropoda (Gliederfüssler) und Helminthen (Würmer).

Menschenpathogene Protozoen

Protozoen werden auch als eukaryotische Einzeller bezeichnet. Es wird angenommen, Protozoen sind der „Ausgangspunkt“ aller vielzelligen Tiere und Pflanzen. Gewisse Teile der Zellen von Protozoen können funktionelle Differenzierungen aufweisen (Fortbewegung, Schutz, Stoffwechsel). Derartig funktionell bestimmte Teile einer Zelle bezeichnet man als Zellorganellen. Beispiele sind Geißeln (Flagellen) und Wimpern (Cilien).

Protozoen können gewöhnlich in zwei verschiedenen Zustandsformen auftreten, als ein meist bewegliches Stadium (Trophozoit) oder als Dauerform (Zyste). Die Vermehrung kann durch Zweiteilung, also asexuell, oder auch durch sexuelle Fortpflanzung erfolgen. Der Entwicklungszyklus der Protozoen ist gegenüber den Bakterien wesentlich vielgestaltiger und komplizierter. Die Pathogenität der Protozoen beruht auf ihrer Fähigkeit, sich im Wirtsorganismus (z. B. Mensch) zu vermehren (Wirtszellen werden zerstört) sowie der Synthese bestimmter Toxine und Enzyme. Hier seien nur einige der menschenpathogenen Protozoen erwähnt.

Die Protozoen werden in vier Gruppen unterteilt, Rhizopoden, Sporozoen, Flagellaten und Ciliaten, welche im Folgenden mit Beispielen aufgeführt werden.

Rhizopoden

Rhizopoden, auch Wurzelfüßer genannt, bewegen sich mit Pseudopodien (Scheinfüßchen). Diese entstehen durch eine Veränderung der Form des Zellkörpers durch eine Ausstülpung von Plasma. Die Nahrungsaufnahme erfolgt durch Phagozytose. Als Phagozytose bezeichnet man die Aufnahme von Partikeln in einer eukaryotischen Zelle, dies passiert durch ein Umschließen und anschließendes Zersetzen. Ein Beispiel eines Rhizopoden ist Entamoeba histolytica.

Entamoeba histolytica: diese Amöbe ist die Ursache der Amöbenruhr. Entamoeba histolytica ist meist in verunreinigtem Wasser zu finden. Die Übertragung kann auch durch andere Lebensmittel stattfinden. Die Amöbenruhr ist in endemisch tropischen und subtropischen Regionen besonders stark verbreitet, aber weltweit anzutreffen. Klinisch ist sie oft schwer von der bakteriellen Ruhr (Shigellen) zu unterscheiden.

Sporozoen

Sporozoen, auch Sporentierchen genannt, sind parasitische Protozoen, die sich gleitend oder schlängelnd fortbewegen. Ein Generationswechsel ist an den Wirtswechsel gekoppelt. Allen Sporozoen ist die Entwicklung von Sporen gemein. Es folgen einige Beispiele für Sporozoen:

Cryptosporaidium parvum: befällt den Dünndarm und verursacht Zoonose und Kryptosporidiose.

Toxoplasma gondii: ist ein bogenförmiges Protozoon, dessen Endwirt Katzen sind. Als Zwischenwirt dienen ihm andere Wirbeltiere. Die Infektion verläuft meist ohne Symptome, sie kann jedoch eine Toxoplasmose hervorrufen.

Plasmodium sp.: ist eine Gattung mit vier als Erreger der Malaria bekannten Arten. Als Endwirt dienen Mücken, insbesondere der Gattung Anopheles, der Mensch dient nur als Zwischenwirt.

Flagellaten

Flagellaten, auch Geißeltierchen genannt, bewegen sich mittels Geißeln (Flagellen). Die Bewegungsorganellen können in Ein- oder Mehrzahl ausgebildet sein. Auch können die Geißeln am Vorder- oder Hinterende (Zug- oder Schleppgeißel) inseriert sein. Zahlreiche Gruppen oder Flagellaten sind zur parasitären Lebensweise übergegangen. Es folgen einige Beispiele für Flagellaten:

Trypanosoma gambiense: ist ein Beispiel für die Gattung der Trypanosomen. Dies ist der Erreger der Afrikanischen Schlafkrankheit. Es ist ein Hämoflagellat mit Wirtswechsel zwischen einigen wenigen Wirbeltieren und Insekten (Stechfliegen der Gattung Glossina). Es erkrankt meist nur der Mensch daran, obwohl der Erreger auch in anderen Wirbeltieren nachgewiesen wurde.

Leishmania tropica: ist ein Beispiel für die Gattung der Leishmania. Es ist der Erreger der Orientbeule, ein obligater Parasit. Die Übertragung erfolgt durch die Stechmückengattung Phlebetonus.

Trichomonas vaginalis: lebt im Urogenitaltrakt und verursacht meist nur bei Frauen nach einiger Zeit Symptome.

Giardia lamblia: Dieser Parasit verursacht Giardiasis, eine Krankheit, die die Funktion des Darms einschränkt und zu Entzündungen führt.

Ciliaten

Ciliaten, auch Wimpertierchen genannt, bewegen sich mittels Wimpern fort. Die Ciliaten gelten als die am höchsten entwickelten und an zytoplasmatischen Differenzierungen reichsten Protozoen. Dass (apathogene) Wimperntierchen Paramecium caudatum is bekannt. Im Ökosystem der Meere und Süßgewässer spielen die Ciliaten als Bakterien-Algen-Flagellaten- und Detritus-Fresser eine wichtige Rolle (Abbau organischer Verbindungen). Es gibt nur einen bekannten menschenpathogenen Vertreter der Ciliaten:

Balantidium coli: ist weltweit verbreitet und der Befall reicht von Hohltieren und Krebsen, bis hin zu einigen Säugetieren. Die von ihm verursachte Balantidienruhr führt zu Dickdarmgeschwüren. Der Mensch wird jedoch nur selten befallen [2].

Die Arthropoden, auch Gliederfüßer genannt, sind vielfach Überträger (Vektoren) von Erregern (Viren, Bakterien, Protozoen, Würmer) gefährlicher Krankheiten. Einige Arthropoden (z. B. Milben) sind selbst Erreger von Krankheiten. Nachfolgend kann nur eine kurze Aufzählung gegeben werden:

Acari (Milben) sind Hautschmarotzer. Zu ihnen gehören die Haarbalgmilbe, Krätzmilbe, tierische Räudemilbe (Acarus canis, menschenpathogene Formen). Verursacher von beruflich bedingten Ekzemen sind unter anderem Nahrungsmittelmilben (Mehl, Käse, Früchte).

Ixodida (Zecken) besitzen eine schildkrötenähnliche Gestalt, ledrige Chitinhaut sowie Stechrüssel mit Widerhaken. Sie übertragen aufgrund ihrer Lebensweise oft Krankheitserreger zwischen Wirten.

Siphonaptera (Flöhe) leben nur an Säugetieren oder Vögeln. Von den etwa 2400 bekannten Arten sind nur ca. 70 in Mitteleuropa nachgewiesen. Ihre Entwicklung (Ei, Larve, Puppe, Floh) wird durch Luftfeuchtigkeit begünstigt. Beispiele sind: der Menschenfloh (Pulex irritans L.), der Pestfloh, Nagetierflöhe, Hunde- und Katzenflöhe sowie der Sandfloh (Saropsylla penetrans). Dieser erzeugt Fußgeschwüre.

Heteroptera (Wanzen) sind weltweit verbreitet. Die Bettwanze (Cimex lectularius), auch Hauswanze, gehört zur Familie der Plattwanzen (Cimicidae). Durch den Biss der Wanze kann Hepatitis B übertragen werden. Jedoch kann sich das Virus nicht in der Wanze vermehren. Es wurden bereits 28 verschiedene Krankheitserreger in Bettwanzen nachgewiesen.

Pediculidae (Menschenläuse) sind eine Familie innerhalb der Tierläuse. Zu ihnen zählen, die Filzlaus (Schamlaus), die Kopflaus (Pediculus capitis) sowie die Kleiderlaus (Pediculus copriris) [2].

Helminthen

Humanmedizinisch bedeutsame parasitische Würmer leben im Intestinal- und Urogenitaltrakt. Es sind Nematoden (Fadenwürmer), Cestoden (Bandwürmer) oder Trematoden (Saugwürmer). Eine Labordiagnose erfolgt z. B. durch Untersuchung der Fäzes auf Wurmeier. Außer den genannten Gruppen von Würmern existieren auch blutparasitische Formen (blutparasitische Nematoden, Helminthеln) [4].

Nematoden

Nematoden besitzen eine typisch wurmförmige Gestalt. Sie sind lang und rund im Querschnitt. Sie bewegen sich schlängelnd fort. Die Epidermis (Haut) besteht nicht wie bei anderen Tieren aus einzelnen Zellen, sondern aus einer Masse zellulären Materials, die mehrere Zellkerne besitzt und nicht durch Membranen in einzelne Zellen unterteilt ist. Man bezeichnet eine solche Bindung als Synzitium. Nematoden kommen fast überall vor. Sie sind im Meer und Süßwasser und auch in terrestrischen Lebensräumen vorhanden.

Enterobius vermicularis (Madenwurm): Der Madenbandwurm ist weltweit, hauptsächlich jedoch in den gemäßigten Klimazonen verbreitet. Diese Art befällt Menschen und selten Affen. Die Symptome beinhalten einen starken Juckreiz im Analbereich, welche Schlafstörungen verursachen kann. Ein massiver Befall kann zu Bauchschmerzen und Gewichtsverlust führen. Übelkeit und die Symptome einer chronischen Blinddarmreizung sind ebenfalls möglich. Selten wird bei Mädchen oder Frauen der Genitaltrakt befallen.

Trichinella: Die Trichinella sind eine Gattung der Nematoden, welche meldepflichtige Krankheiten verursachen. Zur Infektion kommt es durch den Verzehr vom Fleisch nicht ordnungsgemäß untersuchter Schlachttiere. Seit die Trichinenschau, eine Untersuchung geschlachteter Tiere auf Trichinella in Deutschland eingeführt wurde, ist die Zahl der Infektionen auf nahezu null gesunken. Die Symptome umfassen allgemeine Schwäche, Bauchschmerzen, Übelkeit, Erbrechen und Durchfall. Nach ein bis drei Wochen im Krankheitsstadium folgen Fieber, Muskelschmerzen und Ödeme im Augenbereich. In manchen Fällen wird auch der Herzmuskel befallen und die Krankheit kann zum Tod führen.

Cestoden

Cestoden, oder auch Bandwürmer, leben im Darm von verschiedenen Wirbeltieren. Cestoden halten sich mit einem Hakenkranz oder mit Saugnäpfen an der Darmwand fest. Dies ist normalerweise am Vorderende, nur bei der Ordnung der Gyrocotylidea am Hinterende lokalisiert. Über ihre Haut, die sogenannte Neodermis, nehmen Bandwürmer ihre Nahrung auf. Die Haut der Bandwürmer ist besonders dick und schützt sie auch davor, verdaut zu werden.

Echinococcus multilocularis (Fuchsbandwurm): Der Fuchsbandwurm parasitiert bevorzugt im Rotfuchs, Polarfuchs und Marderhund, selten auch im Haushund oder in der Hauskatze. Kleine Säugetiere wie Mäuse dienen ihm als Zwischenwirt. Verbreitet ist der Fuchsbandwurm vor allem in den gemäßigten bis kalt-gemäßigten Klimazonen Mitteleuropas und Nordamerikas. Der Fuchsbandwurm verursacht alveoläre Echinokokkose. Befallene Organe werden weitestgehend zerstört. Am stärksten ist die Leber befallen, jedoch sind auch die Lunge und das Gehirn betroffen.

Trematoden

Trematoden, oder Saugwürmer, sind meist blattförmig manchmal aber auch walzenförmig. Auf der Bauchseite der Trematoden befinden sich Saugnäpfe. Trematoden sind Endoparasiten, sie leben also im Inneren ihres Wirtes. Die meisten Arten sind Zwitter und können sich gegenseitig und auch selbst befruchten, falls kein Geschlechtspartner zur Verfügung steht.

Fasciola hepatica: Dieser Saugwurm kommt weltweit vor und kann bis zu 3 cm lang werden. Seine Form ähnelt der eines Lorbeerblattes. Die Infektion wird in zwei Phasen unterteilt, die akute Phase und die chronische Phase. Die akute Phase löst meist Fieber aus. Die Symptome der chronischen Phase beinhalten Leberschwellung, Bauchschmerzen und Entzündungen.

Dicrocoelium dendriticum: Dieser Parasit kommt weltweit vor. Wenn der Parasit als Larve in einer Schnecke lebt, scheidet diese kleine Schleimbällchen aus. Diese Bällchen werden von Ameisen gefressen. In den Ameisen bildet sich ein Wurm, der manche Ameisen dazu zwingt, bei Einbruch der Dämmerung auf einen Grashalm zu klettern und sich daran festzubeißen. Wird die Ameise von einem Pflanzenfresser mit dem Grashalm gefressen, ist der Parasit wieder in einem Endwirt. Menschen infizieren sich durch die zufällige Aufnahme einer infizierten Ameise; es geschieht aber eher selten. Die Krankheitszeichen der Dicrocoeliose sind Bauch- und Leberbeschwerden sowie eine Gallenstauung [2].

5.9.5 Mücken und Fliegen

Diese Insekten sind kein Teil der Mikrobiologie, jedoch ein relevanter Faktor in der Übertragung von Keimen. Deswegen seien sie der Vollständigkeit halber beschrieben.

Mücken besitzen fadenförmige Kopffühler und lange, dünne Beine. Es gibt etwa 45 Mückenarten in Deutschland.

Eine Mücke kann sich bei der Nahrungsaufnahme mit Krankheitserregern kontaminieren. Erreger, beziehungsweise deren Zwischenstadien, die in der Lage sind Mücken zu infizieren, vermehren sich in der Regel in der Mücke und können in deren Speicheldrüse gelangen. Beim Stich einer Stechmücke kann deshalb mit ihrem Speichel auch eine Übertragung von Krankheitserregern stattfinden. Da nicht jeder Erreger jede Mücke infizieren kann, übertragen bestimmte Mückenarten nur bestimmte Krankheitserreger.

Stechmücken können eine Vielzahl von Krankheitserregern übertragen, wie zum Beispiel Plasmoide, wie Malaria und Viren wie Gelbfieber.

Fliegen besitzen kurze, dreigliedrige Fühler. Ihre Entwicklung erfolgt vom abgelegten Ei, über eine wurmähnliche Larve, anschließend zu einer tönnchenförmigen Puppe bis hin zum Volltier. Die Volltiere können Seuchen übertragen. Zudem ist eine Übertragung von Erregern von Typhus, Ruhr und Kinderlähmung möglich. Diese Übertragung findet mechanisch, durch außen an der Fliege haftenden Erreger statt. Stechfliegen können ebenfalls Krankheiten übertragen. In wärmeren Ländern übertragen Bremsen zum Beispiel den Milzbranderreger [2].

5.9.6 Nosokomiale Infektionen

Als nosokomiale Infektionen, oder Krankenhausinfektion, bezeichnet man eine Infektion, die im Zuge eines Aufenthalts oder einer Behandlung in einem Krankenhaus oder einer Pflegeeinrichtung auftritt [5].

Risikofaktoren für nosokomiale Infektionen

Die Höhe des Risikos auf eine nosokomiale Infektion hängt laut der Deutschen Gesellschaft für Krankenhaushygiene von folgenden Faktoren ab.

Risikofaktoren für nosokomiale Infektionen (Peter Walger, Walter Popp, Martin Exner [6]):

- „die Invasivität der medizinischen Eingriffe,
- das Ausmaß und die Dauer eines operativen Eingriffes,
- die Anzahl und die Dauer physiologische Barrieren überschreitender Zugänge wie:
- zu Gefäßen (Katheter), zur Lunge (Trachealtubus bzw. Trachealkanüle),
- zu den Harnwegen (Harnableitungskatheter),
- zum Magen (Ernährungssonden), zu diversen Körperhöhlen (Pleura-, dem adäquaten Einsatz von Antiinfektiva zeigt. Perikard-, Liquor- oder Bauchhöhlen-Drainagen),
- die Morbidität des Patienten,
- das Ausmaß seiner Immundefizienz,
- sein Alter und
- die Qualität der Versorgung, der Einhaltung von Standards der Hygiene, der medizinischen Diagnostik und Therapie.

Weiter gehören dazu:

- Ausbildungsstand und ausreichende Anzahl von qualifiziertem medizinischen Personal,
- betrieblich-organisatorische Kriterien unter Berücksichtigung von Standardarbeitsanweisungen,
- baulich-funktionelle Kriterien,
- regelmäßige Kontrollen (z. B. Auditierungen, Kommunikation, Begehungen etc.),
- zeitnahe Weitergabe von medizinisch-mikrobiologischen und hygienisch-mikrobiologischen Befunden und deren zeitnahe Analyse und Einleitung adäquater Maßnahmen,

- effizientes Ausbruchsmanagement und die Erkennung von Infektionsreservoiren und Übertragungswegen.

Einige der Risikofaktoren sind durchaus beeinflussbar, und durch geeignete Maßnahmen kann das Risiko insgesamt reduziert werden.

Häufigkeit von nosokomialen Infektionen

Die Angaben über die Häufigkeit von Krankenhausinfektionen sind nicht eindeutig. Verschiedene Studien kommen hierbei auf unterschiedliche Ergebnisse. Prof. Dr. Petra Gastmeyer, Hygieneexpertin der Charité spricht von ca. 400.000 bis 600.000 Krankenhausinfektionen in Deutschland. 600.000 nosokomiale Infektionen sind eine häufig übernommene Einschätzung. Die Deutsche Gesellschaft für Krankenhaushygiene (DKG) hält diese Zahl für beschönigend. Begründet wird diese Aussage unter anderem mit der Auswahl der Krankenhäuser für die Studie. So hatten laut DGK die Krankenhäuser unterdurchschnittlich viele Schwerkranke und intensiv Beatmete. Hier geht man von 1.000.000 nosokomialen Infektionen aus. Jedoch ist dies eine Schätzung, die auf der Auswertung verschiedener Studien beruht [6].

Multiresistente Bakterien

Eine Behandlung mit Antibiotika ist eine sehr effektive Methode, um eine bakterielle Infektion einzudämmen und zu heilen. Einige Bakterien jedoch sind resistent gegen bestimmte Antibiotika. Es gibt primäre und sekundäre Resistenzen.

Eine sekundäre oder erworbene Resistenz bezeichnet den Verlust der Wirksamkeit eines Antibiotikums bei einem nicht primär resistenten Bakterium. Sekundäre Resistenzen kommen aus zwei Arten zustande.

Sie kann durch spontane Mutation der chromosomalen DNA zustande kommen. Wesentlich häufiger ist jedoch die zweite Art der Entstehung sekundärer Resistenzen. Sie entsteht durch die Aufnahme neuer auf Plasmiden lokalisierter DANN-Abschnitte. Plasmide sind autonom replizierende DNA-Moleküle. So können bestimmte Informationen vom Bakterium (Donor) an ein Empfängerbakterium (Rezipient) vermittelt werden [2].

Während die primäre Resistenz nur auf Tochterzellen übertragen werden kann, erfolgt die Weitergabe der sekundären Resistenz noch in der gleichen Generation.

Als Multiresistenz bezeichnet man eine Form der Antibiotikaresistenz, bei der Bakterien gegen mehrere verschiedene Antibiotika unempfindlich sind.

Multiresistente Keime sind eine besondere Gefahr, da Patienten nach der Behandlung teilweise unter einem geschwächten Immunsystem leiden und somit eine Infektion teilweise nicht selbstständig auskurieren können. Eine Infektion mit einem multiresistenten Erreger zu einem solchen Zeitpunkt ist eine zusätzliche Belastung für den Patienten und kann neben dem Krankheitsverlauf auch die Regeneration von seiner Behandlung verzögern. Multiresistente Keime sind derzeit ein zentrales Thema in der medizinischen Forschung, da ein deutlicher Anstieg in der Häufigkeit des Auftretens feststeht [7].

5.10 Zusammenfassung

Hygiene in Krankenhäusern ist ein sehr wichtiges Thema und sollte nicht wegen finanzieller Gründe in den Hintergrund treten. Gerade mit dem vermehrten Auftreten multiresistenter Bakterien ist eine sorgfältige Hygiene extrem wichtig. Eine gute Organisation und ein Hygieneplan sind Grundvoraussetzungen, um eine ausreichende Hygiene zu ermöglichen. Es ist wichtig, dass alle Mitarbeiter auf die Einhaltung der Hygienevorschriften achten und das Führungspersonal sollte mit gutem Beispiel vorangehen. Regelmäßige Kontrollen und Belehrungen sind in vielen Bereichen notwendig. Alle Bereiche der Krankenhaushygiene sind wichtig, eine gute Flächendesinfektion kann durch mangelnde Bettenhygiene nahezu nutzlos gemacht werden und umgekehrt. Auch die Verwendung der richtigen Desinfektionsverfahren für verschiedene Aufgaben spielt eine entscheidende Rolle. Bereits bei der Konstruktion des Gebäudes ist auf die Hygiene zu achten. Die Raumgestaltung und raumlufttechnische Anlage sind zwei der wesentlichen Punkte. Eine regelmäßige Wartung aller zur Hygiene beitragender Geräte ist unumgänglich. Von den vermutlich ca. eine Million nosokomialen Infektionen in Deutschland, die jährlich auftreten, ist ein großer Teil durch bessere Hygiene in Krankenhäusern verhinderbar. Weiterbildungen und ein aktives Verfolgen neuer Empfehlungen und Vorschriften sind notwendig, um die Hygiene im Krankenhaus auch in Zukunft auf einem möglichst hohen Niveau zu halten. Die Hygiene im Krankenhaus ist ein sehr umfangreiches Thema, und eine Verbesserung der Krankenhaushygiene in Deutschland ist gut möglich. Auch wenn weiter an neuen Antibiotika oder Bakteriophagen als mögliche Mittel gegen Infektionen multiresistenter und einfach resistenter Bakterien geforscht wird, wird die Hygiene immer wichtig bleiben.

5.11 Einige Begriffe

Bakteriostatisch: Als „statisch“ charakterisiert man die wachstumshemmende Wirkung einer Substanz. Unter dem Einfluss des Mittels wird das Wachstum der Bakterien sistiert, nach dessen Entfernung jedoch wieder aufgenommen.

Bakterizid: Als „-izid“ charakterisiert man die abtötende Eigenschaft einer Wirkung. „Bakteriostatisch“ und „bakterizid“ sind konzentrationsabhängig.

Desinfektion: Die Desinfektion bezeichnet die Ausschaltung der Erreger von übertragbaren Krankheiten. Die Desinfektion ist also nicht mit der Sterilisation, also mit der Abtötung sämtlichen Lebens, zu verwechseln. Ein desinfiziertes Milieu ist somit nicht steril. Ein steriles Milieu ist jedoch stets desinfiziert.

Ektoparasit: Ein Ektoparasit dringt nur teilweise zur Nahrungsaufnahme in den Wirt ein. Beispiele sind Stechmücken oder Flöhe.

Endoparasit: Ein Endoparasit lebt im inneren des Wirts. Beispiele sind Bandwürmer oder einige Pilzarten. Endoparasiten kann man in fakultative und obligate Parasiten unterteilen.

Fakultative Parasiten: Fakultative Parasiten sind Endoparasiten, welche zur Entwicklung nicht auf einen Wirt angewiesen sind.

***Gramnegative Bakterien*:** Die Gramfärbung ist eine Methode zur differenzierten Färbung von Bakterien zur mikroskopischen Untersuchung. Man unterscheidet zwei große Gruppen von Bakterien, die sich im Aufbau ihrer Zellwände unterscheiden, sog. grampositive u. gramnegative Bakterien. Es gibt außerdem gramvariable u. gramunbestimmte Arten. Wichtig ist die Gramfärbung bei der Diagnostik von Infektionskrankheiten.

Obligate Parasiten: Obligate Parasiten können sich nur innerhalb eines Wirtes weiterentwickeln.

Pathogenität, Virulenz: Pathogenität beschreibt die Fähigkeit und das Ausmaß der Mikroorganismen und Toxine, Krankheitserscheinungen auszulösen. Eine hohe Virulenz kann letal sein. Ein Maß für die Virulenz ist die Anzahl der Erreger, die im Tierversuch (Applikation) letal verläuft. In der Praxis wird meist die mittlere letale Dosis LD50 angegeben. Dies ist die Dosis, deren letaler Effekt sich auf 50 % der beobachteten Population der Versuchstiere bezieht. [siehe 1, S. 14]

Resistenz: Resistenz beschreibt bei Bakterien einer Immunität gegenüber einem Wirkstoff, der zur Abtötung von Bakterien dient. Resistenz wird auf zwei Arten weitergegeben: primäre Resistenz und sekundäre Resistenz. Primäre Resistenz wird mit dem Generationenwechsel weiter vererbt. Sekundäre Resistenz jedoch wird durch Teilübertragung der DNA auch in einer Generation weiter gegeben. Resistenzen entstehen durch Mutation.

Sterilisation: Unter dem Begriff: „steril" versteht man einen Zustand frei von Leben jeglicher Art. Sterilisation bedeutet also die Abtötung aller Viren, Bakterien, Bakteriensporen, Pilze, Pilzsporen, Protozoen und deren mögliche Sporen, Abtötung aller vielzelligen Krankheitserreger [1].

Literatur

[1] Homepage Chemie macht Spass, http://www.chemie-macht-spass.de/2003-konservierungsstoffe.

[2] Selmeier A.: Mikrobiologie und Hygiene. Fachhochschule München. Versorgungstechnik, Physikalische Technik, 1977.

[3] Rieth H.: D-H-S Diagnostik. Fortschr Med Vol. 85:594–595. 1967.

[4] Homepage Medizinische Mikrobiologie: Helminthen, http://de.wikibooks.org/wiki/Medizinische_Mikrobiologie:_Helminthen.

[5] Homepage Definitionen nosokomialer Infektionen. http://www.rki.de/. Aguferufen am 17.05.2024.
[6] Walger P., Popp W., Exner M.: Stellungnahme der DGKH zu Prävalenz, Letalität und Präventionspotenzial nosokomialer Infektionen in Deutschland 2013. mhp Verlag GmbH, Wiesbaden, 2013.
[7] Medienmanufaktur Wortlaut & Söhne, Berlin, Dr. Bernd Pfeil, Melba Lucia Munoz Roldan, Marcus Pfeil. Krank im Krankenhaus Berlin: Print & Medien Berlin, 2007.
[8] Robert Koch-Institut. Liste der vom Robert Koch-Institut geprüften und anerkannten Desinfektionsmittel und -verfahren. Springer-Verlag, Berlin, 2013.
[9] Krankenhausbetriebsverordnung (KhBetrVO) vom 10.07.1995.
[10] Liepsch D.: Krankenhaustechnik II. Hochschule München, Fakultät 05, 2014.
[11] Deutsche Gesellschaft für Krankenhaushygiene. Hygienekriterien für den Reinigungsdienst. Berlin, 2008.
[12] Robert Koch-Institut. Liste der vom Robert Koch-Institut geprüften und anerkannten Desinfektionsmittel und -verfahren. Springer-Verlag, Berlin, 2013.
[13] Homepage Händehygiene Mitteilung der Kommission für Krankenhaushygiene und Infektionsprävention am Robert Koch-Institut, http://www.rki.de/DE/Content/Infekt/Krankenhaushygiene/Kommission/Downloads/Haendehyg_Rili.
[14] Homepage Mitteilung der DGKH-Leitlinie: Anforderung an die Bettenhygiene http://www.krankenhaushygiene.de/pdfdata/leitlinien/bettenhygiene_weiss.pdf.
[15] Blatt Hygieneanforderungen beim Umgang mit Lebensmitteln in Krankenhäusern, Pflege- und Rehabilitationseinrichtungen Deutsche Gesellschaft für Krankenhaushygiene, 2008.
[16] Homepage Deutsche Gesellschaft für Krankenhaushygiene e. V. Bereich Leitlinien, http://www.krankenhaushygiene.de/informationen/fachinformationen/leitlinien/12.
[17] DIN 1946, Teil 4 Raumlufttechnische Anlagen in Gebäuden und Räumen des Gesundheitswesens. Berlin Beuth Verlag, Dezember: 2008.
[18] DIN 58949 Teil 2: Desinfektion – Dampf – Desinfektionsapparate. Teil 2 Anforderungen. Beuth 2014-06.
[19] DIN 10524 Lebensmittelhygiene – Arbeitskleidung in Lebensmittelbetrieben. Beuth 2019-03.
[20] DIN 1986 Gebäude- u. Grundstücksentwässerung. Beuth 2008-05.
[21] Richtlinie VDI 5706 Blatt 1 E und Blatt 2E. vdi.de/richtlinien. Infektionen im Krankenhaus verhindern. VDI Nachrichten Nr. 2, 27.01.2023.
[22] Richtlinien für die Erkennung, Verhütung u. Bekämpfung von Krankenhausinfektionen. Bundesgesundheitsblatt 19 Nr. 1, 09.01.1976.
[23] Krankenhausbetriebsverordnung Verordnung über die Errichtung u. Betrieb von Krankenhäusern, Berufsgenossenschaft KhsVO 30.08.2006, Gesetze, Verordnungen u. Regelungen 2021-05.
[24] Infektionsschutzgesetz: Recht, G.: Infektionsschutzgesetz. Die Gesetze der Bundesrepublik Deutschland. 9. Auflage, 2023.
[25] Krankenhaushygieneverordnungen der Bundesländer. Deutsche Gesellschaft für Krankenhaushygiene 04.04.2013.
[26] Bundesgesundheitsblatt: Zeitschrift: erscheinungsweise monatlich, 75. Jahrgang, Springer Verlag, 2023.
[27] DGHM Deutsche Gesellschaft für Hygiene und Mikrobiologie. Zeitschrift Arbeitsschutz und Hygiene im Gesundheitswesen, 2021.
[28] TB (Technische Beschreibung): Fachausschuss „Wäscherei der Fachvereinigung der Verwaltungsleiter deutscher Krankenanstalten e. V.“ 1964 gegründet für Fragen der Krankenhauswäsche, Management u. Krankenhaus, 40. Jahre Hygienekontrolle für Krankenhauswäsche 17.03.2017.
[29] Bundesseuchengesetz: Gesetz zur Verhütung und Bekämpfung übertragbarer Krankheiten beim Menschen 18.07.1961, Bundesgesetzblatt, 1979.
[30] Unfallverhütungsvorschrift „Wäscherei (VBG7)“ Betreiben von Wäschereien GUV-V7y DGUV – Publik.

[31] Gemeindeunfallsicherungsverbände für alle Mitarbeiter öffentlich rechtlicher Wäschereien (GUV613). Betreiben von Wäschereien neu GUV-V7y.
[32] RAL-RG992/1. Objektwäsche und Haushaltswäsche steht für Prozessbeherrschung für Vergabe des Gütezeichens RAL-GZ992/2.
[33] Ell, Renate: Mit Viren gegen Krankenhauskeime. VDI-Nachrichten Nr. 17, 25.08.2023.
[34] Unfallverhütungsvorschriften der Berufsgenossenschaft für Gesundheitsdienst und Wohlfahrtspflege. DGUV-Vorschrift: Grundsätze der Prävention. 01.10.2014.

6 Legionellen in Krankenhäusern

In Trinkwassererwärmungs- und leitungsanlagen besteht die Notwendigkeit der Legionellenbekämpfung. Legionellen sind stäbchenförmige Bakterien im Süßwasser, die sich bei Temperaturen von 30 °C bis 50 °C besonders vermehren (Abb. 6.1).

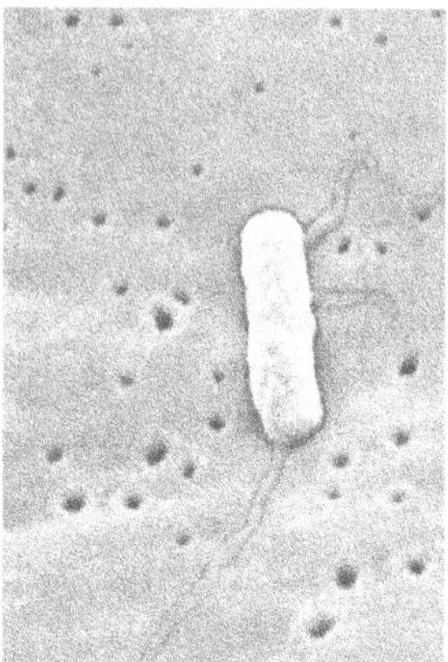

Abb. 6.1: Legionellen vermehren sich am meisten im warmen Wasser. Partikelgröße < 5 μm. (Foto DPA Südd. Zeitung Nr. 12, 16.01.2015).

6.1 Allgemeines

Die Öffentlichkeit wurde im Jahr 1976 erstmals mit diesem Erreger konfrontiert, als sich 4400 Kriegsveteranen in einem Hotel in Philadelphia trafen und 221 davon an einer rätselhaften Lungenentzündung erkrankten. 34 der 221 Erkrankten starben an dieser Infektion, und man benannte den Erreger nach dieser ersten Patientengruppe „Legionella Pneumophila".

Legionellen sind stäbchenförmige Bakterien, von denen 35 verschiedene Arten bekannt sind. Die Art „Legionella Pneumophila" besitzt als Krankheitsursache die größte Bedeutung. Vermutlich gingen in der Vergangenheit ebenfalls zahlreiche Lungenentzündungen, mit oder ohne Todesfolge und das sogenannte Pontiac-Fieber auf diesen Erreger zurück. Nur wurde er nicht als solcher erkannt. Ohne gezielte, frühzeitig einsetzende, antibiotische Therapie mit Erythromyzin führt die Legionellose innerhalb von 5–6 Tagen zum Tod. Da die Differenzierung zur typischen Pneumokokken-Pneumonie oft nicht eindeutig ist, wird sie fälschlicherweise mit Penicillin behandelt. Legionellen hingegen sind penicillinase-bildende Bakterien, welche die Wirkung des Penicillins aufheben.

Wenn bei Fortbestehen der Symptomatik der Verdacht auf Legionellen fällt, kommt der Einsatz des Erythromyzins meist zu spät.

https://doi.org/10.1515/9783110402919-006

Das Erkrankungsrisiko ist vor allem bei immungeschwächten Patienten mit Tumorleiden, chronischer Bronchitis, Diabetes mellitus, etc., und mit Immunsuppressiva behandelten Patienten (z. B. nach Transplantation) erhöht.

Darüber hinaus erkranken mehr Männer als Frauen. Die Sterberate (Letalität), bei Manifestation der Erkrankung, liegt bei Frauen etwa bei 15 %, bei Männern dagegen bei etwa 20 %. Mit einem Durchmesser zwischen 0,3 und 0,8 µm und einer Länge von 0,3 bis 3 µm kommen sie fast überall in der Natur vor. Sie gedeihen am besten im Temperaturbereich von ca. 25 °C bis 45 °C. Oberhalb von 50 °C vermehren sie sich nicht mehr und ab einer Temperatur von 60 °C sind sie nicht mehr lebensfähig [1].

Bei Wassertemperaturen oberhalb von 43 °C setzt der Absterbeprozess ein. Die Absterbegeschwindigkeit wird mit steigender Temperatur beschleunigt. Sie wird als „dezimale Reduktionszeit“ oder „D-Wert“ berechnet. Dies ist die Zeit, in der die koloniebildenden Zellen einer Bakterienpopulation um eine Zehnerpotenz reduziert werden.

Nach Untersuchungen von Olbrich gilt dies allerdings nur für ausgewachsene Bakterien. Im Entwicklungsstadium erwiesen sich die kleinen Legionellen gegen hochtemperiertes wie auch gegen gefrorenes Wasser als resistent. Sie igelten sich ein und verharrten in Warteposition, um bei einer Temperaturänderung in dem Vermehrungsbereich eine neue Kultur zu begründen.

Die Übertragung der Erkrankung geschieht durch Inhalation von infizierten Aerosolen. Die Erreger gelangen über die Atemwege in den menschlichen Organismus. Über die Höhe der Keimzahl, die zur Infektion führt, liegen momentan noch keine ausreichenden Hinweise vor. Im Bereich der Versorgungstechnik existieren im Krankenhaus folgende mögliche Infektionsherde:

- Duschen und Armaturen,
- Whirlpools,
- Luftbefeuchter und Luftwäscher in Klimaanlagen.

Die Keime siedeln sich bevorzugt in den Rohr- und Ventilinkrustationen an, wo sie kaum von chemischen Desinfektionsmitteln erreicht werden. Optimale Wachstumsbedingungen finden sie in stagnierendem und warmem Wasser. Grundsätzlich bilden sich Biofilme in jeder Hauswasserinstallation. Diese gelten als Nährboden für die Bildung von Legionellenkolonien. In kaltem Leitungswasser ist die Konzentration insgesamt gering. Die Bakterien sind sehr empfindlich und können in trockener Luft nur kurze Zeit überleben.

Dem Grundlagenforscher Kurt Olbrich ist es erstmals gelungen, die gefährlichen Erreger lebend und in verschiedenen Entwicklungsstufen zu beobachten:

Aus vier Schichten besteht der rund 45 µm hohe Film, in dem die Legionellen heranreifen.

In der untersten Ebene haben die Keimlinge noch eine Kugelform. Ihr Durchmesser beträgt 0,3 µm.

In den zwei folgenden Schichten bildet der dicht an dicht gereihte Nachwuchs der Legionellen seine Ellipsenform aus und wächst auf eine Größe von 0,35 auf 0,8 bis 1,0 µm heran. Für das Wachstum ist es erforderlich, dass sich die Legionellen in ständiger Bewegung befinden. Die Oberfläche des Biofilms besteht aus 14 bis 18 µm hohen Hügeln. Auf diesen ragen die Adoleszenten, auf eine Lage von 1 bis 1,5 µm gewachsenen Bakterien heraus, die durch einen dünnen Faden zu Gruppen verbunden sind.

Durch ruckartige Bewegungen nabeln sie sich von ihrer Kinderstube ab. Um die nötige Bewegungsgeschwindigkeit zu erreichen, ist eine Wassertemperatur von etwa 25 °C erforderlich. Bei Temperaturen unter 20 °C kann es passieren, dass längere Ketten mit mehreren Legionellen abreißen, die auch nach der „Abnabelung“ von dem Biofilm miteinander verbunden bleiben.

Acht Reifungsphasen durchlaufen die Legionellen, bis sie als ausgewachsen und vermehrungsfähig gelten können:

Nach dem Verlassen des Biofilms (Phase 1–4) „erlernen sie das Schwimmen“ (Phase 5). Ein nochmaliger Wachstumsschub und die Fähigkeit, auch gegen den Strom schwimmen zu können, markieren weitere Reifungsschritte (Phase 6+7). Die ausgewachsene Legionella (Phase 8) misst schließlich 0,45 µm und ist damit fast doppelt so groß, wie nach dem Verlassen des Biofilms.

Legionellen sind typische Feucht- und Wasserkeime, die sich zumeist als natürlicher Bestandteil im Süßwasser aufhalten. Allerdings wurden auch schon Legionellenarten entdeckt, die ihren natürlichen Standort im Erdboden haben. Im Salz- und Seewasser wurden bis jetzt keine Arten festgestellt.

Hauptsächlich befinden sich Legionellen in Oberflächengewässern wie Seen, Teichen, Flüssen und werden wohl von dort in das Grundwasser verfrachtet, wo sie bis zu einigen Jahren bestehen können, ohne sich zu vermehren.

In Warmwassersystemen, Trinkwasserleitungen und Versorgungsanlagen sind Legionellen sehr viel häufiger anzutreffen, ebenso in Klimaanlagen, Kühltürmen, Warmsprudelbecken und auch Dentaleinheiten.

Im Kaltwasserbereich sind die Legionellen offensichtlich nur sehr selten nachzuweisen. Aufgrund mehrerer Untersuchungen könnte eine Legionelle in Hunderten von Litern vorkommen, und entzieht sich damit technisch dem Nachweis. Eine Legionelle in mehreren m^3 Trinkwasser würde aber bereits zu einer Reinfektion eines Warmwasserboilers ausreichen.

Die folgenden Tabellen 6.1 u. 6.2 zeigen unterschiedliche Untersuchungsergebnisse in verschiedenen Gebäudekomplexen auf.

Legionellen können in sehr differenzierten Temperaturbereichen existieren. So konnten sie sowohl unter vereisten Seegewässern, als auch bei 63 °C heißen Quellen nachgewiesen werden.

Die Vermehrung kann bereits ab +5 °C beginnen, das Wachstumsoptimum jedoch liegt bei Temperaturen zwischen +35 °C und +42 °C. Temperaturen bis +50 °C können sehr lange überdauert werden.

Erst ab Temperaturen über +50 °C verringert sich ihre Zahl, um dann bei Temperaturen über +60 °C in ein Absterben überzugehen. Allerdings ist die Absterbekinetik als eine Zeit-Temperatur-Funktion zu beschreiben.

Tab. 6.1: Untersuchungsergebnisse v. Legionellen in verschiedenen Gebäuden.

Gebäudekomplex	Nummer (Graphik)	Zahl der Untersuchten Proben	Zahl der positiven Proben	Prozentwerte positiver Befund
Altersheime	1	79	16	20 %
Bürogebäude	2	57	17	30 %
Hallenbäder	3	84	30	36 %
	4	9	5	56 %
Hotels	5	62	11	18 %
	6	52	17	33 %
	7	104	55	53 %
Krankenhäuser (Gebäudeteile)	8	72	45	63 %
	9	40	28	70 %
	19			
Schulen	11	11	4	36 %
Krankenhäuser	12	95	30	32 %
	13	10	9	90 %

Für die Praxis lässt sich feststellen, dass Legionellen zwischen +50 °C und +60 °C innerhalb einiger Stunden, ab +70 °C innerhalb von Minuten selbst bei sehr hohen Konzentrationen abgetötet werden.

Sauerstoff ist für das Legionellenwachstum sehr wichtig. Obwohl Legionellen auch in Wasserproben mit Konzentrationen gelösten Sauerstoffes von 0,3 bis 9,2 mg/l entdeckt wurden, liegt für sie die wichtige Wachstumsgrenze bei 2,2 mg O_2 mg/l. Dies ist auch der Sauerstoffwert, unter dem eiserne Rohre durch Eisenauflösung angegriffen werden.

Der optimale pH-Wert für Legionellen befindet sich zwischen pH 5,5 und 9,2. Allerdings wird, wie neueste Untersuchungen bestätigen, ein saures Milieu (pH-Wert zwischen 5,5 und 7,0) gegenüber einem alkalischen (pH-Wert zwischen 7,0 und 9,2) bevorzugt (Tab. 6.2).

Tab. 6.2: Häufigkeit von Legionellen in erwärmten Leitungswasser in Abhängigkeit vom pH-Wert.

pH-Wert	Zahl der untersuchten Proben	Zahl der Legionellen – Positive Proben	In%
6,0–7,0	25	15	60 %
7,0–8,0	658	248	38 %
8,0–9,0	87	27	31 %

Vorkommen und Häufigkeit von Legionellen in erwärmtes Leitungswasser in Abhängigkeit vom pH-Wert:

Metallionen, die im Wasser vorkommen, wirken sehr unterschiedlich auf Legionellen. So wird auch bei erhöhten Calcium-, Kalium- und Magnesiumwerten das Wachstum gefördert. Eisen und Zink hingegen hemmen ab einer gewissen Konzentration das Wachstum, ebenso Aluminium, Blei, Cadmium, Kupfer und Mangan ab einem Wert über 10 mg/l.

Für die Materialauswahl des Trinkwasserrohres dürfte von Interesse sein, dass zwar jüngere Kupferrohre (≤ 5 Jahre) das Legionellenwachstum deutlich einschränken. Ältere, durch eine Kalkschicht bedeckte Rohre dagegen nicht mehr.

6.2 Legionärskrankheit

Die Aufnahme der Erreger geschieht durch Einatmen von Aerosoltröpfchen oder Staubpartikeln. In entsprechenden Laboruntersuchungen wurde festgestellt, dass Legionellen nur bei hoher Ausgangskeimzahl im Duschwasser in einer solchen Menge in das Aerosol übertreten, dass eine tatsächliche Infektionsgefahr zu erwarten ist. Erst ab 100 Keimen/ml inhaliert ein Duschender innerhalb von 20 Minuten statistisch eine Legionelle.

Daraufhin vergeht eine Zeit von 2 bis 10 Tagen, bis die ersten Krankheitssymptome auftreten:

Appetitlosigkeit, Übelkeit, Ansteigen der Körpertemperatur bis zu 41 °C, Kopfweh, Gliederschmerzen, Schüttelfrost. Symptome also, die auch andere Infektionskrankheiten begleiten. Verstärkt werden die Anzeichen der Legionärskrankheit durch Schmerzen im Brust- und Lungenbereich und durch trockenen Husten.

Werden anfänglich auch Schädigungen des zentralen Nervensystems sichtbar, wie Konfusionen und Verwirrtheitszustände, so setzen sich doch nach einigen Tagen die typischen Zeichen einer Lungenentzündung durch:

Flüssigkeit sammelt sich zwischen Lunge und Brustkorb an, es kommt zu Luftnot, was schließlich zu einem Schock und Kreislaufversagen führen kann.

Die Krankheit kann letztendlich ohne Behandlung zum Tode führen (in 15–20 % aller Fälle), bei abwehrgeschwächten Personen sogar mit einer Sterberate zwischen 25–80 %.

Grundsätzlich können alle Menschen an einer Legionelleninfektion erkranken. Häufiger sind jedoch, nach statistischen Untersuchungen zufolge, folgende Personengruppen betroffen:

Männer (dreimal höhere Krankheitsrate als Frauen), ältere Menschen (ab etwa dem 50. Lebensjahr deutlich erhöhte Rate), Raucher, Alkoholiker, Menschen, die entzündungshemmende Medikamente (z. B. Cortison) einnehmen, oder an Diabetes, Karzinom, Leukämie (Blutkrebs) und Immunschwächen (z. B. Aids) leiden. Aber auch Kranke mit Abwehrschwächen, bedingt durch schwere Grunderkrankungen, wie Nieren-, Herz- und Lungenerkrankungen oder Transplantationsempfänger sind gefährdet. So ist es nicht verwunderlich, dass Infektionen dieser Art häufig in Krankenhäusern auftreten.

Nach statistischen Untersuchungen wurde festgestellt, dass ca. 5 % aller in Krankenhäusern behandelten Patienten eine Infektion während ihres Aufenthaltes bekommen.

Am häufigsten ist dabei nach Harnwegs- und Wundinfektionen die Lungenentzündung. Der Prozentsatz von Lungenentzündungen, der als Legionella-Pneumonien gewertet wird, wird auf ca. 13–15 % geschätzt. Die Todesrate der infizierten Patienten ist dabei mit bis zu 40 % sehr hoch.

Wie häufig die Legionärskrankheit vorkommt, ist sehr schwer zu sagen. Da keine Meldepflicht besteht, geht man von geschätzten Zahlen aus, die mit Werten in den USA vergleichbar sind. So wird angenommen, dass jährlich in der gesamten Bundesrepublik ca. 8.000 bis 10.000 Personen an einer schweren Legionellose erkranken, davon sterben ca. 1.200 bis 1.500.

Die Dunkelziffer ist auch deshalb so hoch, weil die Legionärskrankheit nicht sicher erkannt wird. Viele Hausärzte missdeuten die harmlosen Initialsymptome der Krankheit als einen grippalen Infekt. Auch im akuten Stadium diagnostizieren viele Mediziner eher eine „einfache" Lungenentzündung, als die todbringende Krankheit.

Um allmählich gesicherte Zahlen zu bekommen, werden bereits in verschiedenen Krankenhäusern und Kliniken bei auftretenden, unklaren Lungenentzündungen Antikörper der betroffenen Personen bestimmt und untersucht.

Es gibt zwar wirksame Medikamente gegen die Legionellose, doch müssen diese rechtzeitig eingenommen werden. Das setzt voraus, dass der behandelnde Arzt tatsächlich die Krankheit erkennt. Diagnostiziert er dagegen eine normale Lungenentzündung und behandelt sie mit Penicillin, bringt dies keine Verbesserung des Gesundheitszustandes. Denn die Legionellen bauen die heilsamen Enzyme dieses Medikamentes ab.

Ein rechtzeitig eingenommenes Gegenmittel wirkt nach drei Tagen. Wenn also der Arzt fälschlicherweise auf Pneumokokken tippt und am vierten Tag keine Besserung feststellt, ist es für die richtige Behandlung mit dem Antibiotika Erythromyzin und Rifampicin zu spät.

6.3 Pontiac-Fieber

Wie bereits erwähnt, trat 1968 die erste Epidemie in der Stadt Pontiac (Michigan/USA) auf, woher der Name der Krankheit herrührt.

Nach einer Inkubationszeit von ca. 1–2 Tagen äußert sich die Krankheit mit Schüttelfrost, Gliederschmerzen, Kopf- und Halsschmerzen, Erbrechen und trockenem Husten. Nach einigen Tagen erholen sich die Patienten wieder, Todesfälle oder längerfristige Komplikationen wurden nicht festgestellt. Die Häufigkeit dieser Erkrankung wird, ebenfalls auf Schätzungen gestützt, auf ca. 800.000 bis 1,5 Millionen in der gesamten Bundesrepublik veranschlagt.

Die Frage, warum in dem einen Fall nach aerogener Aufnahme der Erreger eine schwere, unter Umständen tödliche Legionärskrankheit entsteht, in dem anderen Fall jedoch nur ein harmloses Pontiac-Fieber, lässt sich mit der Fähigkeit bzw. Unfähigkeit der Legionellen zur intrazellulären Vermehrung im menschlichen Makrophagen beantworten.

Es sind nicht nur Warmwasserleitungen, Warmwasserspeicher und Whirlpools für das Legionellenwachstum begünstigend.

So wurden Fälle bekannt, wo Infektionen durch Spritzwasser aus Oberflächengewässern wie Flüssen oder Teichen entstanden, oder gar durch einen Zierspringbrunnen, wie 1988 in einem Hotel in der Nähe von San Francisco (Kalifornien).

Vorwiegend ist das Augenmerk auf technisch erwärmtes Trinkwasser zu richten, da Legionellen für ihre Vermehrung bestimmte Grundbedingungen vorfinden müssen, die hier fast ideal auftreten: Temperatur, Stagnation, Nährstoffe und Eisen.

6.4 Infektion durch Warmwassersysteme

Das technisch erwärmte Trinkwasser ist die häufigste Infektionsquelle für Legionellose.

Zuerst in Krankenhäusern entdeckt, aber es besteht praktisch in allen Warmwassersystemen die Gefahr von Legionellen-Verseuchung [2].

In einer Untersuchung des Hygiene-Instituts des Ruhrgebietes Gelsenkirchen, unter der Leitung von Prof. Dr. Althaus war im Warmwasserbereich jede vierte bis fünfte Entnahme bei 326 gemachten Proben positiv, d. h. in 19,4 % der Warmwasserzapfstellen und sogar 40,5 % der Duschwässer. Des Weiteren wurden Legionellen in jedem dritten Abstrich aus Duschköpfen entdeckt. Dabei ist zu beachten, dass in Kliniken und Krankenhäusern neben dem Duschaerosol noch andere Übertragungsquellen vorkommen:

Von großer Bedeutung sind die Übertragungen bei Verrichtungen an Patienten, beispielsweise bei der Benutzung von Absaugschläuchen für die Bronchialtoilette, die mit Leitungswasser gespült werden, von Inhalationsgeräten und bei Durchführung der Mundtoilette.

Wasser wird in der Medizin häufig als Therapeutikum (z. B. Inhalationskabinen in Kurkliniken) oder als Vehikel für Heilmittel verwendet. Es nimmt dabei selbst den Charakter eines Heilmittels an, wenn es in primär keimfreie Bereiche gelangt. Das verwendete Wasser muss steril sein. Trinkwasser erfüllt diese Bedingungen nicht.

Dass dabei das Duschaerosol nicht als alleinige Übertragungsquelle gilt, kann man aus Folgendem schließen:

Bei den im Krankenhaus auftretenden an Legionellosen erkrankten Patienten handelt es sich überwiegend um Intensivtherapiepatienten. Es ist daher unwahrscheinlich, dass diese stundenlang duschen. Hingegen wird an ihnen eine große Zahl von Verrichtungen im Bronchialbereich vorgenommen, die den direkten Eintrag von Keimen in die Lunge erleichtert.

Da sich die Mediziner über den Transportweg Lunge, sowie über den kritischen und unkritischen Bereich einig sind, herrscht automatisch Übereinstimmung bei den möglichen Infektionsherden. Überall da, wo warmes Wasser längere Zeit gestanden ist und anschließend mehr oder weniger zerstäubt wird:

Dies sind Boiler, Warmwasserspeicher und -leitungen, speziell die Endstränge, die durch Dusche und Wasserhähnen, aber auch, wie bereits erwähnt, durch Luftbefeuchter, Mundduschе, Beatmungs- und Inhalationsgeräte das kontaminierte Wasser aerosolisiert freigeben.

So wurden unter den Besuchern von spanischen Hotels eine Anzahl von Legionellen-Pneumonien bei denjenigen Personen beobachtet, die morgens als erste duschen, also nach einer längeren Periode der Wasserstagnation im Leitungsnetz.

Entscheidend ist ebenso der Grad der Wasserzerstäubung. So sind z. B. Wasserhähne, die mit Perlatoren ausgerüstet sind, problematischer zu bewerten als solche, die wenig Aerosol bilden.

Als Kontaminationsquelle innerhalb des Wasserversorgungssystems erwiesen sich auch Dichtungsmaterialien, die ebenso wie Perlatoren und Duschköpfe ohne nachweisbare Mitbeteiligung des übrigen Leitungssystems isoliert kontaminiert sein können. Dabei ist offensichtlich eine Abhängigkeit von Material, Stagnation und Todraumbildung vorhanden. Entsprechende Untersuchungen weisen auf besonders intensive Belagsbildung auf bestimmten Materialien hin.

Die Legionellen-Besiedlung ist insbesondere ein Problem von Großgebäuden, da hier die Konstruktion und der Betrieb des Warmwassersystems Legionellen gute Vermehrungsmöglichkeiten bieten, z. B. dort, wo große Warmwassertanks und zentrale Warmwasseraufbereitung vorhanden sind, mit langen Leitungsstrecken bei unkontrollierter Durchströmung.

Man unterscheidet zwischen der systemischen Legionellen-Kontamination und der nicht systemischen oder lokalen Kontamination eines Hausinstallationssystems. Eine systemische Kontamination besteht, wenn an zentralen Punkten eines Hausinstallationsnetzes Vermehrungsorte für Legionellen vorhanden sind. Selbst wenn man unter diesen Bedingungen eine Dusche lange laufen lässt, vermindern sich die zum Teil hohen Legionellen-Konzentrationen nicht, weil sie aus der Tiefe des Systems ständig nachgeliefert werden.

Die nichtsystemische oder lokale Kontamination ist dann gegeben, wenn z. B. nur eine einzige Dusche oder eine einzige Gummidichtung in einer Armatur besiedelt ist. Dies kann durchaus infektiologische Probleme bedingen.

Aber in einem solchen Fall genügt es, um eine starke Verminderung der Legionellen-Konzentrationen zu erreichen, das Wasser intensiv und längere Zeit laufen zu lassen bzw. die entsprechende Dusche oder Dichtung auszutauschen. Hierdurch können möglicherweise kostenintensive Maßnahmen vermieden werden.

6.5 Infektionen durch Whirlpools

Gerade in Whirlpools und Warmsprudelbecken begünstigen Temperatur, Betriebsabläufe und die heutige übliche Konstruktion ein hohes Infektionsrisiko. Zuzüglich der großen Infektionsgefahr gegenüber anderer Erreger können sich Legionellen in Whirlpools sehr gut vermehren und hohe Konzentrationen erreichen. Die sprudelnden, warmen Wassermassen treiben die kontaminierten Dampfschwaden geradezu in die Lunge der Personen, deren Kopf sich nur wenige Zentimeter über der Wasseroberfläche befindet.

Neben der für Legionellen sehr günstigen Temperatur ist die Anreicherung von vielen organischen Substanzen im Badewasser ein Wachstum begünstigender Faktor. Gefördert durch die ständige Belüftung können sich die Legionellen durch abgestorbene Bakterien oder in zahlreich vorhandenen Amöben vermehren.

Massiv besiedelt sind z. B. die Filter, die das Wachstum durch abgelagerte Bakterien intensiv fördern. So ist es nicht verwunderlich, dass zwischen 20 und 40 % aller Anlagen mit Legionellen verseucht sind.

Zu erwähnen ist, dass neben der Aufenthaltszeit im Whirlpool vor allem der Wasseraustausch bezogen auf die Badefrequenz von ausschlaggebender Bedeutung ist.

6.6 Infektionen durch RLT-Anlagen

Nach Entdeckung der Legionellose wurden anfangs Klimaanlagen zum Hauptentstehungsherd der Infektion verantwortlich gemacht. Dies stellte sich jedoch mit einem geschätzten Wert von 10 aller Infektionen als übertrieben dar.

Quellen, die das Legionellen-Wachstum begünstigen, sind bei RLT-Anlagen Rückkühlwerke und Umlaufsprühbefeuchter infolge von ständiger Wasserzufuhr.

Nach Ermittlung der ersten Infektionsquellen in Kühltürmen (Rückkühlwerke) und Verdunstungskondensatoren und ihrer Stilllegung, kam es zum Abklingen der Epidemien.

Die Keimzahl (KBE/ml) sollte im umlaufenden Kühl- bzw. Klimawasser kleiner als 100 KBE/ml betragen.

Beide Systeme dienen der Abkühlung von Kühlkreisläufen, sei es durch direktes Verrieseln von Kühlwasser in einem Luftstrom oder auf indirektem Wege durch Verrieseln von Wasser über Kühlschlangen mit Kondensatorflüssigkeit eines zweiten Kühlkreislaufes.

Entscheidend für die Übertragung der Legionellen-Infektion bei RLT-Anlagen sind:
- Entfernung der Infektionsquelle,
- Geschwindigkeit und Richtung der Luftbewegung,
- Lufttemperatur/-feuchte und Konsistenz des legionellenhaltigen Wassers (z. B. Salzgehalt, organische Substanzen, etc.),
- aerosol-abhaltende Einrichtungen, wie z. B. Luftfilter oder Tropfenabscheider in RLT-Anlagen,
- Konzentration der Legionellen im versprühten Wasser (entscheidend sind nur lungengängige Tröpfchen von der Größe $< 5\,\mu m$).

Mittels teilweise sehr großen Luftströmen gelangen Staub und organische Substanzen in die Kühltürme, in denen bei warmer Witterung, noch dazu bei schlechter Wartung, das

Wachstum für die Legionellen und für andere Bakterien, Algen und Amöben gefördert sind.

Bei Untersuchungen in den Niederlanden und Großbritannien waren ca. 50 % aller Wasserproben aus Kühltürmen mit Legionellen kontaminiert.

Nach dem Passieren von Tröpfchenabscheidern entweicht der Luftstrom zusammen mit Wasserdampf und verbleibenden Aerosolen. Bis zu 75 % der auf diese Weise emittierten aerosolosierten Partikel besitzen einen Durchmesser von 1 bis 5 µm und sind somit lungengängig. Mit diesen Aerosolen können auch Bakterien nach außen gelangen. Bei einem 18 m hohen Kühlturm konnten sie noch in einer Entfernung von 1600 m nachgewiesen werden.

Verstärkt wird das Problem noch dadurch, dass die Aerosoltröpfchen in Schwaden ziehen und sich somit der Verdünnungsvorgang verzögert.

Die größte Gefahr besteht dann, wenn die Außenluftansaugstelle in der Nähe des Rückkühlwerkes liegt. So kann sich durch die zwangsläufige Entstehung eines Zuluft-Abluft-Kurzschlusses und eines ungenügenden Filtergrades eine enorme Legionellen-Einspeisung in der RLT-Anlage ergeben. Über Belüftungsschächte gelangen die Legionellen dann in klimatisierte Räume und werden zum Gesundheitsrisiko.

In der Bundesrepublik Deutschland existiert eine Vielzahl derartiger Anlagen, die das unmittelbare Arbeitsumfeld von etwa drei Millionen Menschen betreffen.

Bei Umlaufsprühbefeuchtern besteht ebenso die Gefahr von gesteigerten Bakterien- und Algenwachstum, was wiederum ein günstiges Milieu für Legionellen-Anreicherung darstellt. Wegen der niedrigeren Temperaturen, die hier vorherrschen, dürfte die Ausbreitungsgefahr jedoch etwas geringer sein.

Mit Klimaanlagen nach DIN 1946 / Teil 4 [8], wie sie in der Bundesrepublik z. B. in Krankenhäusern installiert werden, sind wegen der Luftfiltration mit C- und S-Filtern kaum Infektionen möglich. Deshalb sind bei der Planung von RLT-Anlagen grundsätzlich die Festlegungen der DIN 1946 einzuhalten. Ungefilterte, befeuchtete Luft aus Klimaanlagen, z. B. in Büroräumen, muss dagegen grundsätzlich als potentielle Infektionsquelle angesehen werden.

Zu beachten sind neben den erwähnten Anlagenteilen bei RLT-Anlagen aber auch alle anderen Stellen, an denen sich Kondenswasser ansammelt. Durch Nährstoffe und günstiger Temperatur wird das Legionellen-Wachstum begünstigt, z. B. Luftkühler, Wärmerückgewinnung.

6.7 Maßnahmen und Strategien zur Legionellenbekämpfung

6.7.1 Empfehlungen und Richtlinien

In der Bundesrepublik sind einige Empfehlungen und Richtlinien bezüglich des Legionellen-Risikos herausgegeben worden:

- Empfehlungen des Bundesgesundheitsamtes zur Verminderung eines Legionella-Infektionsrisikos, Bundesgesundheitsblatt 30 / Nr. 7 – Juli 1987 [19];
- Stellungnahme des DVGW-Hauptausschusses „Wasserverwendung“ zu den Empfehlungen des Bundesgesundheitsamtes zur Verminderung eines Legionella-Infektionsrisikos, Februar 1988;
- BGA-Richtlinie für die Erkrankung, Verhütung und Bekämpfung von Krankenhausinfektionen: Anforderungen der Hygiene an die Wasserversorgung, Bundesgesundheitsblatt 31 / Nr. 7 – Juli 1988 [20];
- DVGW-Arbeitsblatt W 551, Trinkwassererwärmungs- und Leitungsanlagen; Technische Maßnahmen zur Verminderung des Legionellen-Wachstums (März 1993) [6].

Das neu veröffentlichte DVGW-Arbeitsblatt W 551 behandelt die Planung, Einrichtung und den Betrieb von Neuanlagen in Trinkwasseranlagen. Dabei wird zwischen Kleinanlagen (z. B. Ein- und Zweifamilienhäuser) mit reduzierten Anforderungen ($t \leq 60$ °C möglich) und Großanlagen, wie Wohngebäude, Altenheime, Krankenhäuser, Bäder, Sport- und Industrieanlagen unterschieden.

6.7.2 Werkstoffe

Das „Verpackungsmaterial“ für das Lebensmittel Trinkwasser sind die Rohrleitungswerkstoffe. Deswegen ist aus gesundheitlicher, hygienischer und korrosionstechnischer Sicht die Werkstoffwahl für die Trinkwasserrohre der Hausinstallation von entscheidender Bedeutung.

Da die im Bereich der Hausinstallation eingesetzte Werkstoffe sehr unterschiedlich sind, weist der DVGW-Hauptausschuss in seiner Stellungnahme bezüglich Legionellen-Gefahr darauf hin, dass für die Installation nur Materialien verwendet werden dürfen, die eine mikrobielle Beeinträchtigung der Wasserqualität nicht erwarten lassen (KTW-Empfehlungen, DVGW-Arbeitsblatt W 270) [5].

Ebenso müssen die verwendeten Materialien Temperaturen von etwa 70 °C widerstehen können und einen ausreichenden Schutz vor Korrosion bieten (siehe auch DIN 1988/Teil 7) [9].

Aus einer englischen Forschungsarbeit ist z. B. bekannt, dass ein bestimmtes Dichtungsmaterial in Armaturen immer wieder zu Problemen mit Legionellen im Warmwasserversorgungssystem eines Krankenhauses führte. Mit dem Austausch der Dichtungen konnte die Legionellen-Vermehrung erfolgreich bekämpft werden. Dies ist ein Beispiel dafür, welche Bedeutung Werkstoffe unter Umständen haben können. Metallische Werkstoffe hemmen das bakterielle Wachstum oder fördern es zumindest nicht stark. Kupfer ist für eine eher geringe Besiedlungsneigung bekannt. Es gibt Arbeiten, die besagen, dass Legionellen keine Neigung zeigen, sich auf Kupfer anzusiedeln.

Nachteilig wirkt sich bei sehr sauren und sehr weichen Wässern die Abgabe von Schwermetallionen aus.

Die heute noch vorherrschenden Metallrohre werden bezüglich Bakterienwachstum annähernd gleich beurteilt.

Das staatliche Medizinaluntersuchungsamt in Braunschweig hatte unter anderem auf die Werkstoffkombination einen Untersuchungsschwerpunkt gesetzt. Die Arbeitsmediziner unterscheiden in ihren Analysen nach:

- Kupferinstallation,
- Mischinstallation aus Kupfer und Stahl,
- Installation ohne Kupfer.

Des Weiteren teilten sie die Anlagen in jüngere (bis fünf Jahre) und ältere (ab fünf Jahren) ein. Das Ergebnis der Untersuchung lautet:

Der Werkstoff hat nur geringen Einfluss auf die Keimvermehrung bei unterschiedlichen Metallrohren.

Kupfer verhielt sich am Anfang etwas gesundheitsdienlicher, glich sich allerdings je nach Wasserbeschaffenheit, spätestens nach fünf Jahren den anderen Werkstoffen an. Jedenfalls registrierte das Untersuchungsamt in älteren Anlagen keine signifikanten Unterschiede mehr.

Das Institut für Wasser-, Boden-, Lufthygiene des Bundesgesundheitsamtes bestätigte diese Erkenntnis. Alle Metallwerkstoffe scheinen vergleichbare Nährböden anzubieten.

Für die Hausinstallation wurden zulässige Richtwerte für den Kupfergehalt (3 mg/l) und den Zinkgehalt (5 mg/l) im Trinkwasser festgelegt. Diese Richtwerte gelten nach Stagnation von zwölf Stunden. Als Einschränkung gilt, dass es technisch bedingt in den ersten zwei Jahren nach der Installation von Rohren aus Kupfer oder verzinktem Stahl zu erhöhten Kupfer- bzw. Zinkwerten kommen kann, wenn das Wasser längere Zeit in der Leitung gestanden hat.

Auch in der TrinkwV. [23] wurde für die Verwendung von Kupfer und verzinktem Stahl eine Fußnote aufgenommen: „Die Werkstoffe Kupfer und verzinkter Stahl sind in Abhängigkeit von der Wasserqualität nur entsprechend dem Stand der Technik zu verwenden oder einzusetzen."

Bevor man eine Entscheidung für diese Werkstoffe fällt, müssen die Werkstoffeigenschaften mit der jeweiligen Wasserbeschaffenheit, der Installationsausführung und den Betriebsbedingungen überprüft und abgestimmt werden.

Verzinktes Stahlrohr

Beim Einsatz dieses Materials ist zu berücksichtigen, dass es insbesondere in höher nitrathaltigen Wässern und bei nicht normgerechter Verzinkung zur Zinkgrieselbildung neigt. Dies kann zu sandartigen Ausspülungen und in der Folge zu starken Rostwasserausspülungen führen.

Ebenso tritt das Problem der Korrosion im System Zink/Wasser-Sauerstoffverarmung auf und als Folge durch die Reduktion von Nitrat eine Nitritbildung.

Das Nitrit behindert im Blut die Sauerstoffaufnahme und kann bei Babys zu einer Sauerstoffunterversorgung führen. Bei Erwachsenen kann sich Nitrit im Darm mit anderen Stoffen zu potenziell krebserregenden Nitrosaminen verbinden.

Diese Auswirkungen werden besonders bei Stagnationswasser, nicht jedoch merklich bei Fließwässern festgestellt. Bei Temperaturen oberhalb von 60 °C sollten keine verzinkten Stahlrohre eingesetzt werden.

Kupferrohr

Ähnlich verhält sich der Werkstoff Kupfer. Bei Korrosionsbelastung von Kupferrohren findet zwangsläufig Korrosion statt. Sie ist stets mit der Abgabe von Kupferionen an das Wasser verbunden. Wenn diese über den Richtwerten der TrinkwV. liegen, können gesundheitliche Beeinträchtigungen entstehen.

In einem Interview äußerte sich Prof. Hässelbarth vom Bundesgesundheitsamt in Berlin dazu:

> „Nach allen Normen dürfen bei einem pH-Wert unter 7 verzinkter Stahl und Kupfer nicht verwendet werden. Kunststoffe und Edelstahl halten diese Verhältnisse aus und sie beeinflussen auch die Wasserbeschaffenheit nicht nachteilig."

Kunststoffrohr

Kunststoffe erfreuen sich wegen ihrer günstigen technologischen Eigenschaften immer größerer Beliebtheit. Jedoch sind viele Wassermikroben in der Lage, organische Verbindungen negativ zu verändern. Vor allem aber führen Weichmacher, Kleber oder Lösungsmittel in Berührung mit Kunststoffen zu erhöhter Verkeimung und Ausbildung eines Biofilms. Die Folge daraus ist: Gummi und Kunststoffe als Materialien für Dichtungen, Flansche, Ventile u. ä. sollten nur dann eingesetzt werden, wenn eine Wassertemperatur von 60 °C gewährleistet ist.

Gummi ist beispielsweise für eine schnelle und dichte Besiedlung mit allgemeinen Bakterien, auch mit Legionellen, bekannt.

Sehr schlecht schnitten bei Untersuchungen auch Kunststoffe auf Butyl-, Brombutyl-, Chlorbutyl-, Weich-PVC-, Polyethylen- und Silikonbasis ab, die durch einen hohen Anteil mikrobiell verwertbarer Zuschlagstoffe gekennzeichnet sind; ebenso Schmiermittel wie Mineralöl, Fett, Paraffinwachs oder Stearinsäure. Diese Werkstoffe werden jedoch in der Hausinstallation mit einigen Ausnahmen als Rohrmaterial nicht eingesetzt. Die in diesem Bereich verwendeten Materialien, wie z. B. Hart-PVC oder hoch vernetztes Polyethylen, weisen der bisherigen Kenntnis nach üblicherweise in der Praxis kein auffälliges Bakterienwachstum auf.

In England hingegen wurden jedoch bei Laborversuchen auf einigen, auch für die Hauswasserinstallation verwendete Kunststoffe, mehr Bakterienwachstum nachgewiesen als z. B. auf Kupfer. Inwieweit die eingesetzten Kunststoffe unter Praxisbedingungen das Legionellen-Wachstum fördern bzw. sich inert verhalten, bedarf auf jeden Fall noch weiterer Untersuchungen.

Ein Problem hingegen sind die Verbindungen bei Kunststoffrohren. In nächster Zukunft sollte geprüft werden, welche Möglichkeit besteht, diese Rohre so miteinander zu verbinden, dass es nicht zu einer nachteiligen Vermehrung der Mikroorganismen in der Hausinstallation kommt.

Wenn Kunststoffrohre gewählt werden, sollten zumindest nur Rohre berücksichtigt werden, die das DVGW-Prüfzeichen besitzen. Diese Güte-gekennzeichneten Rohre nach DIN/DVGW haben sich in der Praxis bisher als nicht negativ herausgestellt. Überhaupt bietet sich an, z. B. Ventilsitze grundsätzlich aus Metall zu fertigen bzw. Ventildichtungen aus Teflonmaterial zu verwenden.

Nicht rostendes Stahlrohr

Nicht rostender Stahl wird in der Trinkwasserhausinstallation immer häufiger eingesetzt. Von besonderem hygienischem Interesse ist die außerordentlich große Beständigkeit gegen abtragende Korrosion, sodass keine Veränderungen der Wasserparameter durch Korrosion zu erwarten sind.

Allenfalls können sehr geringe Werte einer Nickelabgabe erörtert werden. Hierzu haben Messungen gezeigt, dass vor allem von neuen Rohren sehr kleine Mengen an Nickel abgegeben werden können, die jedoch schwer nachweisbar und hygienisch völlig unbedenklich sind.

Mit dem Installationsalter nehmen diese Werte noch weiter ab. Aus diesem Grunde gibt es für Trinkwasserinstallationen keine Anwendungsgrenzen für nicht rostenden Stahl.

Mit Berücksichtigung der DIN 1988, Teil 2 [9], in der die Betriebsbedingungen für Rohre und Rohrverbindungen in Abhängigkeit von den jährlichen Betriebsstunden festgelegt ist, kann man hinsichtlich der Werkstoffwahl zu folgendem Ergebnis kommen:

Bei Betriebsdrücken von 0 bis 10 bar können Kaltwasserleitungen mit 25 °C über 8760 Betriebsstunden/Jahr betrieben werden. Bei Warmwasserleitungen können bei Drücken von 0 bis 10 bar und Temperaturen bis 60 °C jährlich 8710 Betriebsstunden anfallen und weitere 50 Betriebsstunden/Jahr mit Wassertemperaturen bis 85 °C.

Für den Krankenhausbetrieb gelten diese Vorschriften der DIN 1988 nicht, sondern hier sind die Krankenhaus-Richtlinien des BGA zu berücksichtigen. In dieser Richtlinie werden auch generell 70 °C Betriebstemperatur für die warmgehenden Rohrleitungen vorgeschrieben.

Nach DIN 1988, Teil 2, sind bei den vorgenannten Betriebstemperaturen für kalt- und warmgehende Trinkwasserrohrnetze folgende oben beschriebenen Rohrwerkstoffe zugelassen.

- verzinkter Stahl (mit DVGW-Prüfzeichen),
- nicht rostender Stahl (mit DVGW-Prüfzeichen),
- Kupfer (mit DVGW-Prüfzeichen),

- PE-X (mit DVGW-Prüfzeichen),
- Für Kaltwasserrohrleitungen ist der Werkstoff PVC-U (mit DVGW-Prüfzeichen) zugelassen.

Die geforderten höheren Temperaturen in Warmwasseranlagen (70 °C) lassen jedoch nach DIN 50930, Teil 3 [14], den Einsatz von verzinkten Stahlrohren aus korrosionstechnischer Sicht nicht zu (Potentialumkehr).

PE-X-Rohre bzw. andere Kunststoffrohre scheiden in Bezug auf die Legionellen-Gefahr bis heute wegen der oben genannten Punkte aus; ebenso Kupfer, wegen seiner Neigung zur Lochkorrosion und Abscheidung von Schwermetallionen bei stagnierendem Wasser.

So sind aus hygienischer und korrosionstechnischer Sicht bei den angestrebten Warmwasser-Betriebstemperaturen Edelstahlrohre nach DIN 17440, X10 CrBiMoTi 1810, Werkstoffnummer 1.4571 einzusetzen [13].

Da man davon ausgehen muss, dass Schweißungen an der Baustelle im Allgemeinen nicht die Anforderungen der DIN 50930, Teil 4 [14], erfüllen können, kommen als Rohrverbindungen mit Flanschen, Pressfittings oder Klemmfittings infrage.

Lötverbindungen sind wegen der auftretenden Messerschnittkorrosionen ebenfalls abzulehnen.

Da die molybdänhaltigen Edelstahlrohre auch eine erhöhte Beständigkeit gegen örtliche Korrosion durch Ablagerungen von Fremdstoffen haben, ist die nach DIN 1988, Teil 2, aus hygienischen Gründen geforderte, intensive Spülung [3].

6.7.3 Geräte der Hauswasserinstallation

Filter

Aufgabe von Filtern ist die Entfernung von Schmutzpartikeln aus dem Trinkwasser. Sehr wichtig ist dies vor allem bei neuen Leitungen, die innerhalb noch keine Schutzschicht gebildet haben.

Sinnvoll für die herkömmliche Trinkwasserinstallation sind Filter mit Durchlassweiten von 0,1 mm (DIN 16632) [15]. Allgemein sind Durchlassweiten darunter (manche Filter scheiden noch Partikel von 0,005 mm ab), außer in Ausnahmefällen, unnütz und bewirken eine hohe Gefahr von Verkeimung aufgrund sehr leichter Verstopfung und des sehr selten eingehaltenen großen Wartungsaufwands.

Ionenaustauscher

Sehr kritisch sind Ionenaustauscher zu beurteilen. Da in der Praxis meist Calcium- gegen Natriumionen ausgetauscht werden, benötigt man große Mengen an Kochsalz zur Regenerierung. Das Harzmaterial darf laut DIN 19636 [16] nur wenig organische Verbindungen abgeben und nicht zur Verkeimung neigen. Dies ist jedoch in der Praxis kaum möglich, sodass ein im Dauerbetrieb verwendeter Ionenaustauscher schwer verkeimtes Wasser abgibt.

Ziel sollte es sein, nur dann einen Ionenaustauscher einzubauen bzw. Trinkwasser über ihn laufen zu lassen, wo er wirklich gebraucht wird (z. B. Geschirr- und Spülmaschine).

Perlator
Perlatoren, die unbestritten Vorteile bringen, wie einen gerichteten Wasserstrahl auch bei geringem Auslauf, Verhinderung einer Spritzneigung oder einer angenehmen Aufperlung des Wassers bei Ausfluss, sind für mögliche Keime ein guter Nährboden. So siedeln sich vor allem bei Warmwasserhähnen auch pathogene Keime, Bakterien und Legionellen an, die bei nicht regelmäßiger Reinigung ein großes Wachstum erreichen.

In einen solchen Fall können Strahlregler z. B. als Alternative für Perlatoren angesehen werden, speziell in Bereichen von infektionsgefährdeten Personen.

6.7.4 Minimierung des Legionellen-Risikos

Um das Gefährdungspotential durch Legionellen zu vermindern, sollte bei der Planung eines neuen Trinkwassernetzes grundsätzlich auch während der Kosten-Nutzen-Bilanzierung die Infektionsgefahr eine größere Beachtung finden. Die primäre Frage liegt vor allem im Umfang und in der Größe der neu zu installierenden Anlage. Da sich kleine und periphere Versorgungseinheiten überschaubarer regeln und kontrollieren lassen, ist es auch aus hygienischer Sicht anzustreben, Überdimensionierungen möglichst zu vermeiden [3].

Die beste und sicherste Methode, die Legionellose zu verhindern, ist auf Warmwasser gänzlich zu verzichten. Dies ist jedoch in der heutigen, auf Luxus und Komfort ausgerichteten Gesellschaft kaum mehr durchsetzbar. Da das Infektionsrisiko mit dem Gebrauch von nur kaltem Wasser nahezu ausgeschlossen ist (Das Risiko von Legionellose liegt gegenüber dem Warmwasser ca. 10^5 niedriger), müssen zumindest die Installationen von Warmwasserhähnen neu überdacht werden. Als Beispiel sind Handwaschbecken in Toiletten zu nennen, bei denen ohne Weiteres auf den Warmwasseranschluss verzichtet werden kann.

Da die Vermehrung von Legionellen sowohl eine Funktion von Temperatur als auch der Zeit ist, kann in der Erhitzung des Wassers bei ausreichender Länge die wirksamste Methode gesehen werden.

Zur Bestimmung einer entsprechenden Gesetzmäßigkeit definiert man einen D-Wert als die „Dezimale Reduktionszeit einer Bakterienpopulation um eine Zehnerpotenz“. Bei der Erhitzung des Wassers auf 70 °C ist das Abtöten der ausgewachsenen Legionellen bereits nach wenigen Minuten gewährleistet. Schwierigkeit bereitet aber die technische Durchführbarkeit, da gerade ab diesem Temperaturbereich enorm viel Kalk („Kesselstein“) ausfällt.

Bei stetiger Temperatur von 60 °C, welche von BGA und BVGW empfohlen wird, ist ebenfalls nach einer Absterbezeit von einigen Minuten ein weiteres Legionellen-Wachstum ausgeschlossen.

Man einigte sich, auch in Absprache mit anderen Ländern, auf diese Temperatur von 60 °C, weil sie als ein tolerierbarer Kompromiss angesehen wird. Einerseits aus hygienischer Sicht, andererseits aber auch aus material-/korrosionstechnischer Sicht sind diese 60 °C jedoch nur dann zu akzeptieren, wenn sie nicht nur Warmwasserbereiter oder beim Austritt inkl. Stichleitungen gewährleistet werden können.

Kleine Legionellen erweisen sich gegen hoch temperiertes (wie im Übrigen auch gegen gefrorenes) Wasser resistent. Sie „igelten" sich ein und verharrten in Warteposition, bis sich die Wassertemperatur wieder als günstig erwies, eine Kultur zu begründen.

Aus diesen neuen Erkenntnissen kann man daher einige vermeintliche Bekämpfungsarten gegenüber Legionellen als nutzlos bezeichnen.

So z. B. die Maßnahme, Warmwasseranlagen kurzzeitig auf hohe Temperaturen zu erhitzen, um die Legionellen nur von Zeit zu Zeit abzutöten. Die ausgewachsenen Bakterien sterben zwar, nicht aber der in dem Biofilm verborgene Nachwuchs. Da sich die Legionellen nicht durch Zellteilung vermehren, sind alle Versuche nutzlos, sie durch kurzzeitiges Erhitzen des Wassers abzutöten.

Häufig wurden, nicht zuletzt wegen mangelnder, technischer Möglichkeiten und Unkenntnis dieser Forschungsergebnisse, diskontinuierliche Erwärmungen auf bis zu 70 °C empfohlen.

Im Takt von ein bis zwei Wochen wurde das komplette Warmwassernetz inklusive aller Zapfstellen mit 70 °C heißem Wasser durchgespült. Oftmals können aber gerade durch diese Betriebsmethode noch größere technische Schwierigkeiten auftreten, ohne jedoch einen ausreichenden Erfolg gegen Legionellen zu erzielen.

Bei diskontinuierlichen Durchspülungen mit Temperaturen von 60 °C oder darunter kann insbesondere bei größeren Leitungsnetzen überhaupt keine annähernde Sicherheit mehr gewährleistet werden.

Seidel vom Institut WaBoLu fand nach thermischer Desinfektion des gesamten Warmwassersystems mit 70 °C bis zu den Endstellen und auch nach dreistündiger Stoßchlorung bei 5 mg/l Chlor spätestens nach drei Wochen wieder den alten Zustand der Legionellen-Besiedlung vor.

Leider wird auch im neuen Arbeitsblatt W 551 des DVGW vom März 1993 (Trinkwassererwärmungs- und Leitungsanlagen, technische Maßnahmen zur Verminderung des Legionellen-Wachstums) nur mindestens gefordert, dass bei Großanlagen der gesamte Warmwasseraustritt des Trinkwassererwärmers eine Temperatur von 60 °C (unter Berücksichtigung z. B. der Schaltdifferenz des Reglers darf eine Temperatur von 55 °C nicht unterschritten werden) betragen muss und der gesamte Trinkwasserinhalt der Vorwärmstufen einmal am Tag auf 60 °C erwärmt wird. Nicht zuletzt durch die Einführung einiger Gesetze und Verordnungen wurde in einigen Fällen das Ausbrechen der Legionellose mitverursacht.

So muss aus hygienischer Sicht das Energieeinsparungsgesetz (EnEG) [21] kritisiert werden, das die Begrenzung der Brauchwassertemperaturen fordert. Ebenso die Heizungsanlagen-Verordnung (HeizAnlV [22]), welche im März 1989 in Kraft getreten ist und Begrenzungen der Brauchwassertemperatur im Rohrnetz auf 60 °C durch selbsttätig wirkende Einrichtungen oder andere Einrichtungen vorschreibt (§ 8, Abs. 2) bzw. automatisch abschaltbare Zirkulationspumpen fordert (§ 8, Abs. 3).

Bis zum Jahre 1970 betrug z. B. die Warmwassertemperatur in Krankenhäusern 60 °C. Diese wurde aber durch die Einführung der vorstehenden Gesetze und Verordnungen auf 43–48 °C reduziert, um Verbrühungen zu verhindern. Bei diesen Temperaturen fanden die Erreger der Legionärskrankheit ideale Wachstumsbedingungen.

6.8 Zentrale Warmwasserbereitung

Große Fehler wurden in den letzten Jahren vor allem bei der Planung von Warmwasserbereitern gemacht. Übertriebenes Sicherheitsdenken, fehlende Prognosen, nicht zuletzt aber auch fehlendes technisches Wissen führten zu enormen Überdimensionierungen.

Hinzu kam die Auswahl von liegenden Speichern mit direkter Beheizung durch innen liegende Heizflächen. Dies begünstigte ebenso die Bildung von Legionellen-Nestern innerhalb des Speichers. Die Konzentration von Bakterien hat in diesen Bereichen bis zu Werten von 10^9 Keime/Liter Wasser geführt.

Nährböden für die Legionellen sind die ausgefallenen Wasserinhaltsstoffe einschließlich dem Magnesiumschlamm von Opferanoden in den Warmwasserbereitern, die Ventilverdichtungen und Dichtringe aus Kunststoffen und Gummi der eingebauten Armaturen sowie die Inkrustationen in den nachgeschalteten Zirkulationsleitungen.

Schlamm von Aluminiumopferanoden hingegen fördert das Legionellen-Wachstum nicht.

Die Qualitätsminderung des Warmwassers durch sehr lange Standzeiten im Speicher geht teilweise sogar soweit, dass die von der Trinkwasserverordnung (TrinkwV. [23]) geforderten Werte nicht mehr eingehalten werden können.

Der Hinweis in dem neuen DVGW-Arbeitsblatt W551 [6] Trinkwassererwärmungsanlagen regelmäßig zu warten und zu reinigen, sollte deshalb neben der empfohlenen Temperatureinhaltung vor allem beachtet werden. Die Behälter sind ein- bis zweimal pro Jahr, je nach Gesamthärte des Trinkwassers, von Fachkräften zu reinigen.

Durch diese Maßnahmen vermeidet man ein exzessives Bakterienwachstum mit Koloniezahlen bis zu 10^9, und somit wird auch die geforderte Wasserqualität bezüglich Geruch und Geschmack erhalten. Daher müssen die Behälter eine ausreichend dimensionierte Reinigungsöffnung (Mannloch besser als Handloch) aufweisen, sicher reinigen lassen und dazu an der tiefsten Stelle unmittelbar am Behälter einen Ablaufhahn für den Sumpf besitzen.

Speichergröße

Die Größe des Warmwasserspeichers sollte so berechnet werden, dass der Inhalt maximal einen Drei-Stunden-Spitzenverbrauch ausfüllt und mindestens einmal pro Tag ausgetauscht wird.

Anhaltspunkte bezüglich der Auslegung und der Konstruktion von Wassererwärmern und Wassererwärmungsanlagen findet man in der DIN 4708, Teil 1-3 (10/79) [10] und DIN 4753, Teil 1-11 [11] bzw. von Elektrowassererwärmern in der DIN 44532, Teil 1-3 [12].

Materialauswahl

Die Werkstoffe für WW-Bereiter und die Heizflächen bzw. die Korrosionsschutzüberzüge müssen sowohl der DIN 1988, Teil 1, 2 und 4 [9] als auch den KTW-Empfehlungen DVGW-Arbeitsblatt W 270 [5] entsprechen.

Die WW-Bereitung der zentralen Anlagen sollte in innen liegenden Anlagenteilen mit glatten Innenoberflächen erfolgen. WW-Speicher mit Opferanoden sind wegen vorher genannter Gründe abzulehnen.

Ebenso sollten WW-Bereiter mit Kunststoffbeschichtung wegen ihrer potentiellen Eigenschaft zur Wachstumsvermehrung von Legionellen vermieden werden oder aber im Einzelfall materialspezifisch überprüft werden. Vor allem dann erscheint eine Kunststoffbeschichtung kritisch, wenn die Soll-Temperatur von 60 °C nicht an allen Stellen des WW-Speichers eingehalten werden kann.

Weniger Bedenken gibt es bei Kunststoffbeschichtungen, falls innerhalb des Systems ein Temperaturbereich von über 60 °C gewährleistet werden kann und somit ein Wachstum von Legionellen und anderen Mikroorganismen ausgeschlossen wird.

Betrachtet man zur vorstehenden Problematik der Temperatureinhaltung noch zusätzlich die des Korrosionsschutzes, so wird bei WW-Bereitern als idealer Werkstoff Edelstahl nach DIN 17440, Werkstoff 14571, empfohlen [13].

Dieses Material gilt als besonders hygienisch, korrosionsbeständig und wartungsarm zugleich. Es gibt hier keinerlei Anodenschlammablagerungen und Verunreinigungen als Folge von Korrosionsprodukten. Korrosionsnarben sind ebenfalls nicht zu erwarten, sodass immer eine hygienisch einwandfreie und glatte Behälteroberfläche vorhanden ist, auf der sich keine Nährböden für Legionellen bilden können.

Konstruktive Maßnahmen

Die Heizflächen sollten so ausgelegt werden, dass es nicht zu größeren Kalkausfällungen an der Innenoberfläche des WW-Bereiters kommt. Damit die Soll-Temperatur von mindestens 60 °C in allen Bereichen innerhalb des Speichers erreicht wird, sollte ein außen liegender Wärmetauscher mit Ladepumpe bevorzugt werden. Dieser gewährleistet eher eine kontinuierliche Erwärmung des gesamten Inhalts.

Bei direkter Beheizung sind die Heizaggregate im Boden oder in Bodennähe empfehlenswert.

Um eine Schichtung des Warmwassers innerhalb des Speichers zu vermeiden, sollte die Einmündung der Zirkulationsleitung im oberen Bereich angeordnet sein. Von Nutzen könnte auch eine Zirkulationspumpe sein, die für die Umwälzung des Wassers innerhalb des Speichers sorgt.

Diese vorstehenden Maßnahmen können einzeln, aber auch zusammen angewendet werden.

Eine andere Maßnahme wäre der Einbau einer Bodenheizung am Boden des Speichers, um die Temperatur im unteren Teil des Speichers am Kaltwassereintritt zu erhöhen. Dies könnte elektrisch oder durch eine tiefer gelegte Rohrschlange geschehen.

6.9 Zeit als Einflussgröße

Wie bereits erwähnt, ist neben der Temperatur die Zeit eine wichtige Einflussgröße. Bei optimalen Bedingungen für das Wachstum der Legionellen bei Temperaturen von 30 °C, 37 °C und 41 °C beträgt die Generationszeit 3,9, 3,2 und 2,8 Stunden. Fehlt das Nahrungsangebot, wie z. B. Grünalgen oder heterotrophe Wasserbakterien, verlängern sich die Generationszeiten bis zu 72 Stunden auch bei einer für das Legionellen-Wachstum optimalen Temperatur von 35 °C. Nimmt man beim Trinkwasser diese Verhältnisse an, so errechnet sich eine Vermehrung von 2–3 Zehnerpotenzen erst nach ca. 2–3 Wochen.

Eine kurzfristige Stagnation von nicht Legionellen freiem Wasser ist somit nach dem heutigen Wissensstand bedenkenlos. Da Legionellen eine relativ hohe Generationszeit haben, sind somit erst Standzeiten ab 24 Stunden gefährlich. Bei Kaltwasser verschieben sich die genannten Werte weiter nach hinten.

Durchlauferhitzer und Wärmeaustauscher

BGA und DVGW empfehlen zur Vermeidung von Legionellen-Wachstum Durchlauferhitzer als Elektrogeräte oder Wärmetauscher als Plattenwärmetauscher, Gegenstromgeräte und ähnliches. In dem vom DVGW veröffentlichten Arbeitsblatt W 551 (März 1993) heißt es in dem Abschnitt 4.2.1 „Dezentrale Durchfluss-Trinkwassererwärmer“:

> „Dezentrale Durchfluss-Trinkwassererwärmer (mit einem Volumen ≤ 3 l) können bei Leitungslängen mit einem Wasservolumen ≤ 3 l ohne weitere Maßnahmen verwendet werden.“

In diesen werden so gut wie keine Legionellen festgestellt. Vorteil ist, dass diese Geräte auch bei niederen Temperaturen (40–45 °C) ohne Risiko der Vermehrung betrieben werden können. Sie können auch als Zentralgeräte unter der Voraussetzung herangezogen werden, dass die Erhitzung über 70 °C erfolgt und die peripheren Leitungsnetze relativ kurz sind. So ist eine Stagnation des Leitungswassers nur von kurzer Dauer.

Bedenklich wird es, falls die Betriebstemperaturen in zentralen Durchlauferhitzern oder Wärmeaustauschern in einem Bereich zwischen 40 und 60 °C liegen. Hier kann das Stagnieren des erwärmten Wassers in der peripheren Leitung durchaus problematisch werden.

Denn das Infektionsrisiko wächst mit der Länge des peripheren Leitungsnetzes und der Dauer der Standzeiten, weil die Durchschleusung von Legionellen in das anschließende Rohrnetz bei Temperaturen unter 70 °C wegen der unzureichenden Reaktionszeit nicht verhindert werden kann.

Deshalb sind Durchfluss-Trinkwassererwärmer (ohne Speichervolumen) etc. für längere Leitungsnetze nicht geeignet. Dies zeigt die nachfolgende nähere Betrachtung:

Berücksichtigt man z. B. elektrische Durchlauferhitzer für den Haushaltsbereich mit üblichen Anschlussleistungen von 18 bzw. 21 kW und bei Zapfraten für Duschen nach DIN 1988, Teil 3, von 9 l/min. bzw. im Komfortbereich 15 l/min, so ergeben sich die folgenden Wasseraustrittstemperaturen:

- Heizleistung: 18 kW
  bei 9 l/min. von 15 °C auf 43,0 °C
  bei 15 l/min. von 15 °C auf 32,2 °C
- Heizleistung: 21 kW
  bei 9 l/min von 15 °C auf 48,0 °C
  bei 15 l/min von 15 °C auf 35,0 °C

Es wird deutlich, dass die für eine Abtötung von Legionellen notwendige Temperatur hierbei nicht erreicht werden kann, abgesehen von der viel zu kurzen Verweilzeit während des Aufheizens.

Dies trifft insbesondere auf die für eine thermische Desinfektion schwieriger zugänglichen Anlagenteile außerhalb des Wassererwärmers zu, z. B. in der anschließenden Rohrleitung, im Duschschlauch und in den Armaturen. Hier können bei längeren Leitungsnetzen und Standzeiten Brutstätten von Legionellen entstehen, die mit Wassertemperaturen, wie sie üblicherweise aus dem Durchlauferhitzer austreten, auf keinen Fall desinfiziert werden.

6.10 Trinkwasserleitungsnetz

Legionellen gelangen mittels des Trinkwassernetzes bis an die einzelnen Entnahmestellen.

Um das Legionellen-Wachstum auch im Trinkwasserleitungsnetz auszuschließen, werden einige Maßnahmen zur Vermeidung aufgeführt. Vor der Projektierung bzw. Sanierung eines Leitungsnetzes sollten grundsätzlich all diese Punkte überprüft und auf ihre Durchführbarkeit hin untersucht werden:

- Periphere WW-Leitungen sollten immer so kurz wie möglich ausgeführt sein. Berücksichtigt werden müssen auch nicht ständig durchströmte Stichleitungen, wie Belüfteranschlussleitungen, Entlüftungs- und Entleerungsleitungen, Reservestutzen, Anschlussleitungen für Differenzdruckmanometer, Manometer, Membrandruckbehälter, Sicherheitsventile usw.

- WW-Zapfstellen sollten so sparsam wie möglich eingerichtet werden, um an diesen Zapfstellen eine ständige Fluktuation einzuhalten, bzw. eine längere Stagnation auszuschließen.
- Überlegenswert wären außerdem, vom zentralen Bereiter weit entfernte Zapfstellen, die nur sehr unregelmäßig benutzt werden, grundsätzlich an dezentrale, kleine Boiler oder Durchlauferhitzer anzuschließen. Zu beachten ist dies vor allem bei der Planung von größeren Krankenhäusern und Hotelanlagen.
- Bei Stilllegung von Leitungsanlagen sollten diese, wenn möglich, demontiert werden. Ist dies nicht durchführbar, so sollten zumindest alle Ein- und Auslässe verschlossen werden. Dies muss mit werkstoffgerechten Stopfen, Kappen oder Blindflanschen geschehen. Geschlossene Absperreinrichtungen gelten nicht als dichte Verschlüsse.
- Nicht benutzte Leitungsteile und -anschlüsse sollten abgesperrt werden. Da jedoch Absperrventile nicht absolut dicht sind, ist das Entleeren und Ausblasen der Leitung mit ölfreier Druckluft empfehlenswert.
- Um Verbrühungen an den Entnahmestellen vorzubeugen, müssen Sicherheitsmischbatterien mit Zwangsbeimischung von Kaltwasser eingebaut werden, oder thermostatisch geregelte Mischbatterien, die einen Sicherheitsanschlag besitzen. Nicht geeignet sind Zweigriff-Mischbatterien, die aus zwei Ventilen mit zwei Bedienungselementen und einem gemeinsamen Abgang bestehen oder auch Einhandmischer mit nur einem Bedienorgan und stufenloser Einstellung von Durchfluss und Mischwassertemperatur.
- Kalt- und Warmwasserleitungen müssen gut isoliert und vor Erwärmung bzw. Abkühlung geschützt werden. Kaltgehende Trinkwasserleitungen sind in ausreichendem Abstand zu Wärmequellen (z. B. warmen Rohrleitungen, Schornsteinen, Heizungsanlagen) anzuordnen. Zur Begrenzung des Wärmeverlustes warmgehender Rohrleitungen einschließlich Zirkulationsleitungen gelten die Mindestanforderungen der Heizungsanlagenverordnung zum Energieeinsparungsgesetz (siehe auch DIN 1988, Teil 2).
- Einsatz einer Zirkulationsleitung bis unmittelbar vor jede Zapfsäule.
  Dabei erfordert ein weitverzweigtes Rohrnetz bei jedem Betriebszustand einen vollkommenen hydraulischen Abgleich, um bei unterschiedlichen Zapfgewohnheiten bzw. bei Stillstand einzelner Stränge zu gewährleisten, dass das Warmwasser nicht unterhalb der nötigen Temperatur absinken kann.
- Selbsttätig sich entleerende Duschschläuche und -köpfe sind vorzusehen. Für Brauseköpfe einschließlich der Verbindungsleitung zur Mischbatterie kann ein selbstständiges Entleeren realisiert werden. Dabei ist jedoch eine konsequent aufsteigend angeordnete Verbindungsleitung zwischen Mischbatterie und Brausekopf erforderlich. Dazu muss eine Entwicklung spezieller Entleerungsventile mit Anschlussmöglichkeiten an derzeit auf dem Markt erhältlichen Mischbatterien vorangetrieben werden.

Sollten jedoch der im entleerten Rohr auf der Innenwand verbleibende Feuchtigkeitsfilm eine relevante Legionellen-Vermehrung ermöglichen, so wären diese Maßnahmen wirkungslos. Selbst bei günstiger Gestaltung der Mischbatterie und der Auslaufvorrichtung muss mit gewissen Restwassermengen gerechnet werden. Auch hier wird ein Flüssigkeitsfilm auf den Innenwänden bleiben, der nicht austrocknet.
- Ebenso sind geeignete Zirkulationspumpen (Dauerläufer) mit einer zusätzlichen Alarmiereinheit bei Stillstand bzw. Ausfall erforderlich. Eine gemäß HeizAnlV vorzusehende Nachtabschaltung der Zirkulationspumpe ist aufgrund der auftretenden Auskühlung während der Nacht zu unterlassen.
- Als Alternative zur Zirkulationsleitung kann auch ein Einrohrsystem mit einem elektrisch selbst regelnden Heizband gesehen werden:
  Das mit 220 V gespeiste Band wird mit dem Wasserleitungsrohr verlegt und kann mithilfe eines PTC-Elementes auf eine bestimmte Haltetemperatur eingestellt werden. So wird garantiert, dass auch bei Stillstand des Leitungswassers an jedem Punkt die Soll-Temperatur eingehalten wird.

Das Heizband heizt nur an den Stellen, wo Wärme benötigt wird. Dort wo Wärme vorhanden ist, regelt es sich zurück.

Die Dämmung wird dabei gemäß HeizAnlV ausgeführt. Aufgrund des Aufbaus des selbstregelnden Heizbandes kann dieses beliebig verzweigt und bis unmittelbar vor die Zapfstellen verlegt werden.

Von Vorteil ist, dass der Nachtstrom genutzt werden kann, da in dieser Zeit der höchste Energiebedarf herrscht. Tagsüber kann, in Verbindung einer elektrischen Steuerung, die Haltetemperatur niedriger (ca. 45 °C) eingestellt werden, wobei nachts die Temperatur auf 60 °C erhöht werden kann.

Dies garantiert auf der einen Seite eine thermische Eliminierung der Legionellen, auf der anderen Seite kann tagsüber Energie eingespart werden. Gekoppelt mit einer Spitzenlastabwurfschaltung vermeidet man noch dazu Stromspitzen.

6.11 Zirkulationsleitung

Die Planung der Zirkulationsleitungen erfordert angesichts der Legionellen-Gefahr genauere Betrachtungen:

Bei der Berechnung des Umwälzvolumens ist nach DIN 1988, Teil 3, der Inhalt der Entnahmeleitungen und der Zirkulationsleitungen zu berücksichtigen. Die dreimalige stündliche Umwälzung ist laut DIN zum Verhindern eines übermäßigen Abkühlens des erwärmten Trinkwassers ausreichend. Die errechnete Gesamtumwälzmenge soll auf die Zahl der Steigestränge aufgeteilt werden, die Verteilung durch einstellbare Drosselarmaturen abgeglichen werden.

Die Berechnungsmethode nach DIN 1988, Teil 3, zur Auslegung der Zirkulationsleitung entspricht nicht mehr dem Stand der Technik.

Vor allem bei Planungsaufgaben von Großanlagen ergeben die errechneten Teilstrommengen viel zu geringe Volumenströme.

Mittlerweile werden auf dem Markt Regulierventile angeboten, die auf diese geringen Wassermengen eingestellt werden können. Fraglich ist jedoch, ob diese auf längere Zeit ihre Funktion erfüllen, bzw. die sehr aufwendige Einregulierung eines jeden Stranges in der Praxis durchführbar ist. Durch den Einbau solcher Ventile wird nur eine Grobregelung bewirkt.

Die Einhaltung der von BGA und DVGW geforderten Temperatur von mindestens 55 °C in allen zirkulierenden Teilen des Leitungssystems ist nicht sichergestellt.

Damit bei dieser Berechnungsmethode auch nur die Dimension der Entnahmeleitung berücksichtigt wird, nicht aber die jeweilige Entfernung zur Umwälzpumpe, muss der Planer andere Bemessungsgrundlagen anwenden. Als Beispiel für eine, dem Stand der Technik entsprechenden Berechnungsart, soll die Dimensionierungsmethode der Zirkulationsleitungen nach Dipl.-Ing. W. Dünnleder, Ingenieurgruppe HSP/Hamburg, betrachtet werden:

Die Temperaturdifferenz zwischen Speicheraustritt (angenommen konstant +60 °C) und den Stockwerkabzweigleitungen des ungünstigsten Steigestranges beträgt bei dreifacher Umwälzung nach DIN 1988 und theoretischer optimaler Verteilung je nach Anlagengröße ca. 2 Kelvin [K] (z. B. bei einem Fünf-Familienhaus) bis ca. 5 K (z. B. bei fünfzig Wohneinheiten [WE]).

In der in die Zirkulation eingebundene, optimal gedämmte Stockwerksleitung werden mindestens weitere 4 K für die Entnahmeleitung und die Zirkulationsleitung verbraucht. Dadurch steht für die Hauptzirkulation bereits im Fünf-Familienhaus keine weitere Temperaturdifferenz mehr zur Verfügung. Zur Einhaltung einer Temperaturdifferenz von 4 K ergibt sich für eine Stockwerksleitung von Durchmesser [d] = 15 mm bei einer Länge von z. B. nur 4 m (einschließlich Zirkulation dann 8 m) die theoretische Mindestzirkulationsmenge wie folgt:

Berechnungsformel:

$$Q = \frac{\mathrm{WV} \cdot 0{,}86}{\Delta\vartheta_{\mathrm{Strang}}} \quad \text{in [l/h]}$$

Wärmeverlust [WV] = 9 W/mh bei 100 % Dämmung

$$Q = \frac{9\,\mathrm{W/mh} \cdot 8\,\mathrm{m} \cdot 0{,}86\,\mathrm{kcal/W}}{4\,\mathrm{K}}$$

$$Q = 15{,}48\,\mathrm{l/h} = 0{,}0043\,\mathrm{l/s}$$

In einem Objekt mit z. B. 50 WE wird die Warmwasseraustrittsleitung ca. d = 42 mm aufweisen und die Zirkulation nach DIN 1988 bisher mit d = 22 mm gewählt.

Bei der nach DIN 1988 maximal zulässigen Geschwindigkeit [w(max)] von 0,5 m/s in der Zirkulation entspricht dies einer Leistung von 0,15 l/s = 0,54 m^3/h.

Daraus ergibt sich die maximal mögliche Verknüpfung zwischen Vorlauf- und Zirkulationsleitung bei 0,5 m/s wie folgt:

Anzahl der Verknüpfungen = 0,15 l/s : 0,0043 l/s = 34,9 Stück.

Das heißt, dass bei einer Bestückung von Bädern mit zwei Warmwasserzapfstellen (Waschtisch und Wanne) maximal 17 WE angeschlossen werden können.

Bei einer von Dipl.-Ing. W. Dünnleder empfohlenen erhöhten, bisher jedoch unzulässigen Zirkulationsgeschwindigkeit von 1,2 m/s können maximal 41 WE angeschlossen werden. Dies setzt jedoch voraus, dass gleichzeitig die Umwälzmengen bei einer optimalen Verteilung in Abweichung von DIN 1988 von 3-fach auf ca. 8-fach erhöht werden.

Bei dieser überschlägigen Berechnung ist jedoch unberücksichtigt, dass:
- weitere Temperaturverluste von ca. 2–7 K in der Zirkulationssammelleitung auftreten,
- eine theoretisch optimale Verteilung praktisch nicht umsetzbar ist,
- die Warmwasseraustrittstemperatur nach dem DVGW-Arbeitsblatt W 551 zwischen +55 °C und +60 °C schwanken darf,
- die Temperaturverluste in den Stockwerksleitungen, auch bei der optimalen theoretischen Verteilung, bei der dort üblichen 50 %-Dämmung ca. doppelt so hoch angenommen, und damit mit ca. 8 K anzusetzen sind.

Es ergibt sich für ein Objekt mit ca. 50 WE oder 100 Entnahmestellen bei der geforderten Ausdehnung der Zirkulation bereits bei optimaler Verteilung sowie Erhöhung der Umwälzmengen und höheren Zirkulationsgeschwindigkeiten als 0,5 m/s, theoretisch nachstehendes Zirkulationstemperaturniveau am Wiedereintritt in die Warmwassererzeugung:

Berechnungsformel:

$$\vartheta = \vartheta_{SA} - \Delta\vartheta_R - \Delta\vartheta_E - \Delta\vartheta_Z$$

$$\vartheta = +60\,°C - (0 - 5\,K) - (0 - 5\,K) - (4 - 8\,K) - (2 - 7\,K)$$

$$\vartheta = 35\,°C - 54\,°C \Rightarrow \vartheta_{mittel} = 43{,}5\,°C$$

ϑ_{SA} = maximale Speicheraustrittstemperatur (+60 °C)

$\Delta\vartheta_R$ = Differenztemperatur durch Zweipunktregler (max. 5 K)

$\Delta\vartheta_{ST}$ = Temperaturabfall bis zum Stockwerksanschluß (0 – 5 K)

$\Delta\vartheta_E$ = Temperaturabfall in Stockwerksanschlußleitung (4 – 8 K)

$\Delta\vartheta_Z$ = Temperaturabfall in Zirkulationssammelleitung (2 – 7 K)

In der Praxis sind die Werte meist niedriger, weil Teile des Verteilungsnetzes ungünstiger zirkulieren und deshalb im Temperaturniveau niedriger liegen.

Berechnung der notwendigen Umwälzleistungen

Die notwendigen Umwälzleistungen werden von der Form des Baukörpers, von der Größe und Ausdehnung des Warmwasserverteilungssystems, wesentlich jedoch von der Lage der Warmwassererzeugung bzw. der Zirkulationspumpe bestimmt.

Eine genaue Berechnung ist wegen dem damit verbundenen großen Aufwand nicht praxisgerecht. Die Ergebnisse sind kaum umsetzbar und werden erfahrungsgemäß sehr schnell, z. B. durch die Schutzschichtausbildung oder Karbonatausfällung verändert.

Die Umwälzleistungen können das 3-/9-Fache des Leitungsinhaltes der Vorlauf- und Zirkulationsleitungen betragen. Bei Wasserinhalten von mehr als 1000 Liter müssen Bereichszirkulationspumpen oder dezentrale Zirkulationspumpen mit eigenen Zirkulationswärmetauschern eingebaut werden.

Für die Warmwassererzeugung ist bei integriertem Zirkulationswärmetauscher im Reaktionsbehälter zusätzlich 150 mbar, bei separat angeordneten Wärmetauscher mit zusätzlich 250 mbar zu rechnen.

Es ist notwendig, abweichend von der DIN 1988, für zukünftige Planungen eine vereinfachte und gleichzeitig verbesserte Berechnungsmethode einzuführen und die DIN entsprechend zu überarbeiten.

Da eine gleichmäßige Wasserverteilung auch mit entsprechenden Regulierungseinrichtungen nicht umsetzbar ist, muss zunächst eine Abstufung der Rohrdimensionen der Zirkulationsleitungen erfolgen.

Dabei sind die entferntesten Steigstränge wegen der dort notwendigen größeren Zirkulationsmenge mit größeren Dimensionen für die Zirkulationsleitungen einzuplanen. Die näheren Steigestränge sind dann abgestuft, mit geringeren Dimensionen bis zu einem Rohrquerschnitt von 10 mm auszuführen.

Die nachfolgende Tabelle 6.3 zeigt die Richtwerte auf:

Tab. 6.3: Dimensionierung von Zirkulationsleitungen für Anlagen mit mehr als 5 Steigsträngen.

Anlagetyp	Wasserinhalt des Kreislaufes	Dimension der Vorlaufleitung bzw. Steigstrang Anschlusses	Dimension der zugehörigen Zirkulationsleitung bis und im entferntesten Steigstrang
A			
H / L < 0,5 d. h. flache Bauweise	< 200 l	DN 20 – 25	DN 20
		DN 32 – 80	DN 20 – 50 (2 Dim. kleiner)
	> 200 l	DN 20 – 25	DN 20 – 25 (wie Vorlauf)
		DN 32 – 40	DN 25 – 32 (1 Dim. kleiner)
		DN 50 – 80	DN 40 – 50 (2 Dim. kleiner)
B			
H / L < 0,5 d. h. hohe Bauweise	< 200 l	DN 20 – 25	DN 20
		DN 32 – 40	DN 20 – 25 (2 Dim. kleiner)
	> 200 l	DN 50 – 80	DN 25 – 40 (3 Dim. kleiner)
		DN 20 – 25	DN 20 – 25 (wie Vorlauf)
		DN 32 – 80	DN 20 – 50 (2 Dim. kleiner)

Dimensionierung von Zirkulationsleitungen für Anlagen mit mehr als 5 Steigsträngen

Wärmebedarf der Zirkulationsverluste

In einschlägigen Herstellerkatalogen sind die spezifischen Wärmeverluste von einigen Rohrdimensionen unter Berücksichtigung der Dämmstärken nach der Heizungsanlagenverordnung für die Betriebstemperaturen von +50 °C und +60 °C aufgelistet. Das DVGW-Arbeitsblatt W 551 schreibt eine Betriebstemperatur von +60 °C vor.

Für überschlägige Berechnung kann als Wärmeverlust für alle Dimensionen vereinfacht 10 W/m angesetzt werden. Die Gesamtlänge aller in den Zirkulationskreislauf einbezogenen Vorlaufs- und Zirkulationsleitungen bestimmt den Zirkulationswärmebedarf.

Für erste Grobangaben (Vorentwurfsphase) kann davon ausgegangen werden, dass dieser Wärmebedarf bei Neubauten, je nach Größe des Objektes, zwischen 10 KW und 30 KW liegt.

In der Ausführungsplanung sollte berücksichtigt werden, dass der Zirkulationswärmetauscher bzw. der Heizenergieanschluss 20 % höher als der errechnete Wärmebedarf ausgelegt werden sollte, damit die Einhaltung der Betriebstemperatur bei einer thermischen Desinfektion des Systems mit +70 °C möglich ist.

Die Wassermengen (Entnahmemengen) und die Temperatur von +70 °C für die thermische Desinfektion selbst, kann nur über die Warmwassererzeugung sichergestellt werden.

Hydraulischer Abgleich der Zirkulationssysteme

Die theoretische Ermittlung der einzelnen Zirkulationsmengen ist extrem aufwendig und beruht dabei auf vielen theoretischen Annahmen. Die genaue Einregulierung des Warmwasserverteilungssystems ist praktisch kaum realisierbar. Es kann bestenfalls eine grobe Einregulierung erreicht werden.

Bei Planung der Zirkulation nach dem Tichelmann-System ist es möglich, durch die Wahl der Dimensionen Druck und Umlaufmengen ausreichend genau auszugleichen. Bei allen anderen Systemen gehört mit Ausnahme des Endkreislaufes (letzter Steigstrang), in jeden Einzelkreislauf vor der Einführung in die Hauptzirkulationsleitung ein Regulierorgan.

An dieses Regulierorgan sind folgende Forderungen zu stellen:

- Es muss zugänglich sein.
- Die Betätigung sollte von Hand oder mit einem einfachen Werkzeug möglich sein.
- Die Einstellung sollte von außen sichtbar und markierbar sein.
- Die Regulierung ist bei Zapfruhe (Entnahmestillstand) vorzunehmen, d. h. bei der Einregulierung darf kein Wasser ausfließen bzw. entnommen werden.

Wärmedämmung
Zur Reduzierung der Wärmeverluste sind die Warmwasser- und die Zirkulationsleitungen mit einer Wärmedämmung zu versehen. Das Energieeinsparungsgesetz ist einzuhalten.

6.12 Maßnahmen zur Legionellen tötenden Wasserversorgung im Krankenhaus

Gesamtkonzept zur thermischen Bekämpfung der Legionellen

Die vorher beschriebenen Maßnahmen zur thermischen Bekämpfung der Legionellen in Warmwassersystemen führen allerdings zu weitläufigen Konsequenzen:

- Bei einer gesicherten Dauertemperatur von 60 °C in allen Anlagenteilen des Warmwassersystems kommen zwar keine Legionellen mehr vor das Kaltwassernetz, hingegen beinhalten diese immer noch Legionellen in kleinen Konzentrationen, die sich vor allem in schlecht isolierten Leitungen und Stichleitungen bzw. Endleitungen absetzen und vermehren können.
- Innenliegende Wärmetauscher haben bei Wassertemperaturen unter 70 °C keine für die thermische Abtötung ausreichende Reaktionszeit über alle denkbaren Belastungsfälle. So besteht immer die Möglichkeit, dass einzelne Legionellen auch nach der Erwärmung des Wassers durchgeschleust werden.
  Bedingt durch das Nutzerverhalten wird dies durch plötzlich anfallende Leistungsspitzen gefördert. Dabei können sich Legionellen-Nester in verschiedenen Abkühlzonen und beschriebenen Gefahrenzonen bilden und eine Vermehrung vorantreiben.
  Gefährdungspotentiale stellen wiederum Endstränge und Stichleitungen des peripheren Leitungsnetzes dar, in denen bei Wasserstillstand von mehreren Tagen mit erheblichem Legionellen-Wachstum gerechnet werden muss. Dies kann auch eine exakte Einhaltung von 60 °C in der Zirkulationsleitung nicht verhindern.
- Durch die geforderte Dauertemperatur von 60 °C und darüber hinaus kommt es zu wachsenden Energiekosten. Je nach Erhöhung der Temperatur steigern sich dadurch die Verluste in den Zirkulationsleitungen um 60 bis 300 %. Zusätzlich werden parallel verlaufende Kaltwasserleitungen aufgeheizt.

Eine gute Systemlösung ist die Trennung des für die Desinfektion notwendigen Ladegerätes (Reaktionsbehälter einschließlich Vorerwärmer/Rückkühler/Desinfektionswärmetauscher und Zirkulationswärmetauscher) von dem eigentlichen Warmwasserspeicher- und Warmwasserverteilersystem.

Beschreibung technischer Einzelheiten

Das eintretende Kaltwasser wird zunächst im Ladegerät auf 70 °C – 80 °C oder mehr erhitzt und bei dieser Temperatur etwa 10 Minuten gehalten. Danach wird die, für die Desinfektion im Ladegerät notwendige erhöhte Temperatur über einen Wärmeaustauscher wieder abgeführt und zur Vorerwärmung des nachströmenden Kaltwassers genutzt.

Das im Ladegerät legionellenfrei gewordene und durch den Desinfektionswärmeaustauscher auf eine beliebige Haltetemperatur abgekühlte Wasser gelangt nun in den Warmwasserspeicher und in das Verteilungsnetz.

Bei Zapfen wird das eintretende Kaltwasser über den Rückkühler auf ca. +20 °C–+30 °C vorgewärmt und über die Ladepumpe und Ladewärmeaustauscher auf +70 °C erhitzt. Hierfür ist es erforderlich, dass die Heizwassertemperatur mindestens +75 °C beträgt.

Im Reaktionsspeicher, in welchem die Fließgeschwindigkeit durch den Einbau von Strömungsdämpfern reduziert wird, verweilt das auf + 70 °C erwärmte Trinkwasser ca. 10 Minuten, um dann über den Rückkühler von +70 °C auf eine einstellbare Temperatur von +40 °C bis +60 °C rückgekühlt und zu den Zapfstellen geführt zu werden.

Bei Zapfruhe wird mit der Ladepumpe über den Ladewärmeaustauscher und Reaktionsspeicher der oder die Warmwasserspeicher auf +70 °C erwärmt.

Die Zirkulation wird über ein im Reaktionsspeicher befindliches Heizregister auf +50–+60 °C erwärmt. Die Nachladung erfolgt über den Ladewärmeaustauscher. Nach Inbetriebnahme und Einregulierung erfolgt die Temperaturhaltung selbsttätig.

Dieses System bringt folgende Vorteile:

- Gesicherte Abtötung der Legionellen durch definierte Desinfektionstemperatur und -zeit im Reaktionsbehälter.
- Nach dem Durchgang durch das Ladegerät kann das Warmwasser nun gefahrlos im gesamten Speicher- und Verteilersystem bei beliebiger Temperatur gehalten werden.
- Niedrige Gesamtenergiekosten durch abgesenkte Temperatur im Warmwasserverteilungssystem. Der Energiemehrbedarf für die thermische Desinfektion bleibt vernachlässigbar, weil die Wärme rückgewonnen wird.
- Keine Verbrühungsgefahr an den Zapfstellen. Damit ist auch der Einbau kostspieliger und wartungsanfälliger Thermostate, Mischer, Regler oder bewegliche Teile im Heiz- bzw. Warmwassernetz überflüssig.
- Keine Karbonatausfällung oder temperaturbedingte, erhöhte Korrosion im Verteilungssystem, sondern ausschließlich im Ladegerät. Das Korrosionsproblem lässt sich durch Einsatz von Edelstahl völlig ausschließen. Eine Kombination mit bestehenden Kupfer- oder verzinkten Stahlrohrnetzen ist möglich, die Kalkausfällung wird auf dieses eine Systemelement konzentriert.
- Damit kann die sonst übliche Kalkausfällung im gesamten Warmwasserspeicher- und Verteilersystem weitgehend vermieden werden. Erforderlich ist lediglich die regelmäßige Wartung und Entkalkung oder gegebenenfalls der Austausch des Lademoduls.
- Einfacher Aufbau der notwendigen Technologie und dadurch problemloser Betrieb.

- Keine Ausweitung der notwendigen Technologie oder elektrische Begleitheizung unbedingt erforderlich.
- Geringe zusätzliche Investitionskosten, die jedoch durch Energieeinsparungen zurückfließen.
- Das System ist für Neuanlagen und zur Nachrüstung bei Altanlagen geeignet. Allerdings muss bei Altanlagen eine einmalige Hochtemperaturdesinfektion bei einer Temeperatur, die > 70 °C ist, durchgeführt werden, eventuell kombiniert mit der Demontage thermisch nicht desinfizierbarer Totleitungen.
  Damit wird die Eliminierung der möglicherweise peripher noch vorhandenen Legionellen-Nester sichergestellt. Der Einbau erfordert keine zusätzlichen Auflagen oder Genehmigungen durch Bauaufsichtsbehörden.
- Zentrale Verteiler sind aus Gründen der Betriebssicherheit und Wartung unverzichtbar. Dennoch muss im Einzelfall überlegt werden, ob nicht Teilbereiche zusammengefasst und durch Absperreinrichtungen innerhalb des Rohrnetzes eine bereichsweise Absperrung möglich und zumutbar ist.
  Allgemein gilt, dass weniger Unterteilung eine bessere Durchspülung, eine stärkere Wassererneuerung und damit mehr Sicherheit bedeutet.
- Entleerungsarmaturen sollten stets unmittelbar am Hauptrohr und nicht, wie häufig üblich, erst am Ende einer Stichleitung angeordnet werden. Hier ist allerdings kaum eine generelle Lösung möglich.
  Zusammenfassend können Legionellen in Wasserinstallationsanlagen durch folgende Maßnahmen minimiert bzw. verhindert werden:
  - Vor Inbetriebnahme sauberer Installationssysteme ist eine Desinfektion des Gesamtsystems erforderlich.
  - Die Durchflussgeschwindigkeit durch die Rohrstränge sollte nicht zu niedrig sein.
  - Abzweigleitungen vermeiden, die nur selten durchströmt werden. Es sollten stets Wasserentnahmen in den Einzelbereichen erfolgen.
  - Zirkulationsleitungen müssen ständig im Betrieb sein.
  - Zapfstellen, Durchflussbegrenzer (Schmutz- u. Feinfilter) sind regelmäßig zu reinigen. Kalkablagerungen sind zu beseitigen.
  - Ferner sollte eine regelmäßige Desinfektion der Gesamtanlage erfolgen.

Verfahren zur Desinfektion von in Betrieb befindlichen Trinkwassersystemen

Physikalische Desinfektionsmethoden

Neben der thermischen Wasserdesinfektion können auch die physikalischen Methoden angewendet werden, wie UV-Bestrahlung des Wassers und Sterilisation. Legionellen kommen in einem Trinkwassernetz vielerorts vor. Entscheidend für die Wirksamkeit dieser Methoden ist vor allem der Aufenthalt der verbreiteten Legionellen:

- Legionellen, die sich im freien Wasserstrom bewegen, sind gegenüber physikalischen und chemischen Desinfektionsmethoden sehr anfällig.

- Legionellen, die sich in Wandablagerungen und Inkrustierungen befinden, oder sich innerhalb von Amöben und anderen Protozoen aufhalten, sind mehr oder weniger gut gegen diese Desinfektionsmethoden geschützt.

UV-Bestrahlung

UV-Strahlen erwiesen sich als sehr effizient zur Abtötung von Legionellen. Sie haben jedoch eine geringe Eindringtiefe und setzen zudem klares Wasser voraus, da Trübungen das UV-Licht abschirmen können.

Bei Laborexperimenten wurden nahezu sämtliche, im Wasser befindliche Legionellen bei einer Bestrahlungsleistung von ca. 3000 $\mu Ws/cm^2$ abgetötet. Empfehlenswert sind im fließenden Wassernetz Leistungen von ca. 30.000 $\mu Ws/cm^2$ bei 254 nm sichtbaren Licht. Zu beachten ist jedoch, dass UV-behandeltes Wasser wieder nachkontaminiert werden kann (keine Depotwirkung).

Um eine Photoreaktivierung der bereits geschädigten Legionellen durch sichtbares Licht von 300–600 nm zu verhindern, sollte die UV-Bestrahlung unmittelbar vor dem Verbraucherort oder in einem Zirkulationssystem eingesetzt werden. Auch Ablagerungen an nicht regelmäßig gewarteten Brennern vermindern die Leistungsfähigkeit dieser Methode.

Sterilfiltration

Eine sehr aufwendige und deshalb in der Praxis kaum durchführbare Methode zur Legionellen-Vorbeugung ist die Sterilfiltration.

Die Filter werden an den Zapfhähnen angeschraubt und entkeimen das Wasser vollständig. Sie entfernen auch tote Bakterien etc., die sich im Filtereinsatz festsetzen. Um jedoch dauerhaft keimfreies Wasser gewährleisten zu können, müssen diese täglich gewechselt und vollständig gereinigt werden. Hier muss ein Aufwand betrieben werden, der wohl nur in einigen Ausnahmefällen zu rechtfertigen ist.

Chemische Desinfektion

Sehr viele Versuche wurden bereits mit verschiedenen Chemikalien unternommen.

Anwendbar waren diese jedoch meist nur in offenen und halb offenen Kühlkreisläufen, also in Rückkühlwerken bzw. Kühltürmen. Speziell organische Chloramine haben sich dabei bewährt.

Trinkwasserdesinfektion

Für die chemische Trinkwasserdesinfektion dürfen nur von der TrinkwV. zugelassene Chemikalien angewandt werden. Dies sind Ozon, Chlor, Chlordioxid und Wasserstoffperoxid, in Ausnahmefällen auch Silber.

Die nachfolgende Tabelle 6.4 zeigt die Wirksamkeit dieser Chemikalien in Bezug auf die Konzentration und auf die Zeit deutlich:

Tab. 6.4: Desinfektionsbedingungen für Chlor, Chlordioxid, Ozon und Wasserstoffperoxid.

Desinfektionsmittel	Konzentration	Zeit
Freies Chlor (pH < 7,0)	0,3 mg/l	30–45 min
	0,4 mg/l	5 min
Ozon (pH 7,2–8,9)	< 0,13 mg/l	kein Effekt
	0,2–0,3 mg/l	kein Effekt
Wasserstoffperoxid	100 mg/l	ca. 24 Stunden
	300 mg/l	< 60 min
Chlordioxid	0,75 mg/l	5 min

Desinfektionsbedingungen für Chlor, Chlordioxid, Ozon und Wasserstoffperoxid:

Ozon

Ozon hat, wie aus der Tabelle ersichtlich, die wirksamste Anwendung. Nachteilig sind jedoch die hohen Kosten, die bei der Anschaffung und veim beim laufenden Betrieb einer solchen Anlage anfallen.

Auch sind eventuell vorkommende, toxische Nebenprodukte mit karzinogener Wirkung nicht völlig auszuschließen. Dies trifft aber auch bei den anderen chemikalischen Methoden zu.

Chlordioxid

Bei Chlordioxid vermeidet die hohe Explosivität eine häufigere Anwendung. Zwangsläufig müssen hohe Sicherheitsstandards getroffen werden, die hohe Kosten verursachen.

Wasserstoffperoxid/Silber

Laufende Untersuchungen über die spezielle Anwendung von Wasserstoffperoxid und Silber führten noch zu keinen endgültigen Ergebnissen. Sie werden aber voraussichtlich in näherer Zukunft keinen entscheidenden Marktanteil einnehmen.

Chlor

Chlor ist, trotz Entstehung und Chloramine und chlorierter Wasserstoffe, das billigste und weitaus verbreitetste Desinfektionsmittel.

Man unterscheidet dabei zwischen der Chlorierung zur Sanierung bei massiver Legionellenbesiedlung und der kontinuierlichen Chlorung. Die früher empfohlene intermittierende Chlorung mit hohen Konzentrationen von 5 bis 20 mg freiem Chlor/l Wasser hat sich als ungeeignet herausgestellt, denn sie verringert das Legionellenrisiko nur bedingt.

Nur bei einer ständigen Dosierung von 1-2 mg Cl/l kann ein relativ sicherer Schutz gewährleistet werden. Problematisch ist bei einer solchen dauerhaften Dosierung die wachsende Korrosionsgefahr von Rohren, Armaturen, Apparate etc. Entscheidend hängt die Korrosionsgefahr natürlich von dem bestehenden Hausinstallationssystem und der jeweiligen Wasserqualität ab.

6.13 Legionellen im Badewasser

Speziell Whirlpools, Warmsprudelbecken oder Jacuzzi enthalten sehr oft Legionellen, die sich neben dem bestehenden Leitungsnetz vor allem in Becken, Speichern und Filteranlagen vermehren können.

Eine weitere Legionellen-Quelle ist die für das System benötigte Druckluft. Sie wird häufig aus den Duschräumen abgesaugt, die allerdings selbst in dem Verdacht der Keimausbreitung stehen. Nicht nur über den Wasserpfad schwemmen deshalb die Legionellen ein, sondern zusätzlich auch über die Zuluft. Durch die hohe Konzentration von Infektionserregern, bedingt durch eine sehr hohe Besucherdichte, sind einige Rahmenfaktoren für die Sicherheit vor Infektionen in Whirlpools u. ä. zu beachten:

- Filteranlagen, Speicher und Becken müssen ausreichend und der mittleren Besucherzahl entsprechend dimensioniert werden, sodass die zu erwartende Belastung durch Verunreinigungen der Badegäste von den vorhandenen Kapazitäten aufgefangen werden. Beispielsweise fordert die DIN 19644V, dass das nutzbare Volumen des Wasserspeichers mindestens dem des Beckens entspricht.
- Unbedingt anzustreben ist eine Automatisierung der Betriebsabläufe, wie die Füllwassereinspeisung, Filtration, Filterspülung, Dosierung von Chlor und Flockungsmitteln sowie pH-Wert-Regelung. Ohne diese scheint ein den Richtlinien angepasster und ordnungsgemäßer Betrieb nicht möglich zu sein.

Bei diesen Anlagen, die sehr schwer zu kontrollieren sind, ist der Gehalt anthropogener Substanzen durch einen optimierten Betriebsablauf so niedrig wie möglich zu halten. Dadurch entzieht man den Legionellen und anderen vorhandenen Krankheitserregern das Nährsubstrat und damit die Möglichkeit zur Vermehrung.

Es sollte angestrebt werden, die Chlorzehrung sowie die Konzentration von Chloraminen und halogenierten, organischen Verbindungen zu minimieren.

Organische Chlorverbindungen können durch kontinuierliche Zugabe von Aktivkohlepulver vor der Sandfiltration abgesenkt werden (ca. 4 g/m^3).

Bedingt durch die Zugabe von Aktivkohle kann es allerdings zu einer hohen Chlorabsorption kommen und damit zu einem verstärkten Bakterienwachstum, speziell auch zu einem größeren Legionellenanstieg. Um dies zu vermeiden, wird eine desinfizierende Rückspülung empfohlen, also der Zusatz von Chlor zum Rückspülwasser (ca. 2–3 mg/l).

Nach Empfehlungen des BGA und DIN 19644V („Aufbereitung und Desinfektion von Wasser für Warmsprudelbecken“ [17]) sollte zur Abtötung der Legionellen ein Gehalt an freiem Chlor zwischen 0,7–1,0 mg/l erreicht werden.

- Um eine gleichbleibend gute Wasserqualität zu erreichen, ist vor allem die optimale Wasserführung zu beachten. Das Beckenwasser muss überall gleichmäßig durch das aufbereitete Reinwasser erneuert werden. Als beste Lösung hat sich dabei die vertikale Durchströmung des Beckens von unten herausgestellt, wobei die Beckenwasserabführung über die Überlaufrinne erfolgt.
- Damit sich Legionellen und andere Bakterien im Biofilm des Wandbereiches nicht vermehren können, muss mindestens eine wöchentliche Beckenreinigung erfolgen. Nötig ist dies vor allem deswegen, weil die Bakterien in diesen Randbereichen eher vor Desinfektionsmitteln geschützt sind als in der freien, fließenden Welle.
- Luftkanäle müssen während der Whirlpausen mit Reinwasser durchspült und desinfiziert werden.
- Die Baderäume müssen zur Vermeidung vor Aerosolen gut entlüftet werden. Dadurch werden neben legionellenhaltigem Aerosol auch Trihalogenmethane entfernt, die beim Chloreinsatz entstehen.

6.14 Maßnahmen zur Minimierung des Infektionsrisikos durch RLT-Anlagen

Grundsätzlich sollen RLT-Anlagen nur dort installiert und betrieben werden, wo sie überhaupt notwendig sind.

Ziel des planenden Ingenieurs soll es sein, bei der Planung Anlagensysteme und Komponenten so auszuwählen, dass die Voraussetzungen für die Erstellung hygienisch einwandfreier Anlagen und deren Wartung und Reinigung geschaffen sind.

Dabei müssen die Regeln nach DIN 1946 bzw. die entsprechenden VDI-Richtlinien 3803 [18] bei Planung, Ausführung und Betrieb von RLT-Anlagen in Krankenhäusern eingehalten werden.

- DIN 1946, Teil 2
  (Raumlufttechnik, Gesundheitstechnische Anforderungen)
- DIN 1946, Teil 4
  (Raumlufttechnische Anlagen in Krankenhäusern)
  Anforderungen an z. B.:
  - Anordnung von Außen- und Fortluftöffnungen, Verhinderung von Luftkurzschlüssen
- Wartungs- und Reinigungsmöglichkeiten
- hygienische Kontrolle
- VDI 3803
  (Raumlufttechnische Anlagen, bauliche und technische Anforderungen)
  Anforderungen an z. B.:

- Luftbefeuchter: Anforderungen, Reinigung, Grenzwerte
- Rückkühlwerke: Vermeidung von Luftkurzschlüssen, Grenzwerte
- Luftdichtheit von Luftleitungen
- Wärmedämmung von Luftleitungen (zur Kondensatvermeidung)
- Instandhaltung (Reinigungs-, Inspektionsfähigkeit)

Wie in der DIN 1946, Teil 4, ersichtlich, ist besonders die Vermeidung von Kurzschlüssen z. B. zwischen offenen Rückkühlwerken und Frischluftansaugöffnungen zu beachten. Ebenso sollte der Standort offener und halb offener Rückkühlwerke so ausgewählt werden, dass ein Aerosoleintrag in Personenaufenthaltsräume, sowie direkte Immission in Straßenniveau verhindert wird (siehe auch BGA-Empfehlungen).

Die Filter müssen regelmäßig auf ihre Funktionstüchtigkeit geprüft und gewartet werden und dicht in ihren Gehäusen sitzen, sodass Leckstellen ausgeschlossen sind.

Ebenso müssen Rückkühlwerke, Luftkühler und Sprühbefeuchter regelmäßig gereinigt werden, insbesondere nach Betriebspausen. Einzelne Bauelemente von RLT-Anlagen wie Rückkühlwerke, Umlaufsprühbefeuchter, Tropfenabscheider und Kühlregister sind nach deren Entleerung (Aerosolbildung vermeiden!) mit geprüften Flächendesinfektionsmitteln, gemäß Liste des BGA, zu desinfizieren.

Da Dampfbefeuchter gegenüber Sprühbefeuchtern hinsichtlich Legionellose unproblematischer sind, sollten zukünftig nur noch Dampfbefeuchter vorgesehen werden. Andernfalls sind Filter der Klasse EU 7 nachzuschalten.

Die angestrebte Raumluftfeuchte sollte sich eher an der unteren Behaglichkeitsgrenze orientieren, um das Auskondensieren von Feuchtigkeit in den Zuluftkanälen zu verhindern.

Offene und halb offene Rückkühlwerke sollten durch geschlossene, rein luftgekühlte, ersetzt werden.

Korrosionen müssen zusätzlich im Hinblick auf die Verminderung des Legionellen-Risikos verhindert werden, denn Inkrustierungen können Legionärsbakterien gute Vermehrungsmöglichkeiten bieten. Eine ständige Zugabe von Bioziden soll aus humantoxikologischen Gründen bei Lufteintrag in Innenräume vermieden werden (z. B. aus Gründen der Sensibilisierung).

Dagegen haben sich besonders oxidativ wirkende Zusätze bewährt (z. B. Varicid/Schilling-Chemie, Freiberg). Hierbei ist darauf zu achten, dass die Desinfektionswirkung in einem pH-Bereich von 8–9 gegeben ist; also bei pH-Werten, die normalerweise in Kühlkreisläufen und Luftwäschern anzutreffen sind. Zu bevorzugen sind Feststoffpräparate, die im Teilstrom des Kühlwassers angebracht, ständig Wirkstoffe an das Kühlwasser abgeben.

Grundsätzlich sollten nur Chemikalien als Wasserzusätze in Kühlkreisläufen verwendet werden, die folgende Kriterien abdecken:
- die Zusätze müssen sich selbst abbauen können, um kein neues Umweltproblem zu schaffen,
- umfassende Sofortwirkung,

- gute Langzeitwirkung,
- Abtötung von Bakterien, Hefen und Schimmelpilzen, Viren und Sporenbildnern,
- keine Schlammentwicklung,
- keine Geruchsbelästigung.

Anzustreben ist bei Rückkühlwerken und Sprühbefeuchtern ein Lichtabschluss, damit kein zusätzliches Algenwachstum gefördert wird.

Diese beschleunigen nämlich, speziell bei Lichteinfall und den vorhandenen Härtestabilisatoren mit Phosphaten (nach VDI 3803 kann das Umlaufwasser von Rückkühlwerken und Sprühbefeuchtern eine Karbonathärte bis zu 20 °dH haben), die Vermehrung vieler Mikroorganismen und Legionellen. Algen können allein aus 1 g Phosphat bei Anwesenheit von ausreichenden Konzentrationen an Bikarbonat 40 g organische Substanz bilden.

Der benötigte Stickstoff wird von Blaualgen aus der Luft entnommen, sofern er nicht schon als Nitrat im Leitungswasser vorhanden ist.

6.15 Vorbeugende Untersuchungen

Wartung und Sanierung von Anlagen sind unstrittig.

In Krankenhäusern und Altenheimen wird eine halbjährliche Untersuchung der systemischen Kontamination des Hausinstallationssystems gefordert.

In übrigen Großgebäuden, wie Hotels und Wohngebäuden, sowie den Duschanlagen von öffentlichen Bädern, wird eine jährliche Untersuchung der systemischen Kontamination als sinnvoll erachtet.

RLT-Anlagen und Rückkühlwerke sollten mindestens einmal jährlich, bevorzugt in den Sommermonaten, hygienisch-mikrobiologisch untersucht werden. Dies sind allerdings nur Mindestabstände.

Im Fall der massiven Kontamination sowie nach Sanierung bzw. insbesondere nach Auftreten von Legionellen-Infektionen im Zusammenhang mit der Kontamination von Hausinstallationssystemen oder RLT-Anlagen müssen häufigere Untersuchungen durchgeführt werden.

6.16 Richtlinien der Deutschen Vereinigung des Gas- und Wasserfaches (DVGW) zur Bekämpfung von Legionellen

Folgende Richtlinien beziehen sich auf die Stellungnahme des DVGW-Hauptausschusses zu den Empfehlungen des Bundesgesundheitsamtes zur Verminderung eines Legionellen-Infektionsrisikos.

DVGW Arbeitsblatt W551 [6]

DVGW Arbeitsblatt W553 [7].

Bestehende Trinkwasserinstallationsanlagen

Das Legionellen-Infektionsrisiko kann vermindert werden durch:

Verhinderung von Legionellen-Vermehrung (die Vermehrung findet im Bereich von ca. 30–50 °C statt)

Vermeidung von Aerosol-Bildung

a. **Allgemeiner Hinweis**
Nicht benutzte Leitungsteile müssen außer Betrieb gesetzt werden. Zur Vermeidung von Totstrecken sind diese vom Trinkwassersystem zu trennen.

b. **Speichertrinkwassererwärmer**
Das Trinkwasser am Speicheraustritt muss mindestens 60 °C (Haltetemperatur) betragen, an den Verbrauchsstellen sind technische Vorkehrungen gegen Verbrühungen zu treffen.

c. **Vermeidung von Aerosolbildung**
Bei Entnahmearmaturen, insbesondere Duschköpfen, ist eine Aerosolbildung zu minimieren, ggf. sind Duschköpfe mit starker Aerosolbildung (z. B. Sparbrausen) auszutauschen.

Planungshinweise für neue Trinkwasserinstallationen und Sanierungen

a. ***Allgemeine Hinweise***
   - Für die Installation dürfen nur Materialien verwendet werden, die eine mikrobielle Beeinträchtigung der Wasserqualität nicht erwarten lassen.
   - Die verwendeten Materialien müssen Temperaturen von etwa 70 °C widerstehen können und einen ausreichenden Schutz vor Korrosion bieten.
   - Leitungen für warmes wie auch für kaltes Trinkwasser sind gegen Wärmeübertragung gut zu dämmen, insbesondere auch vor gegenseitiger Beeinflussung.

   Eine regelmäßige Wartung und Reinigung der Trinkwassererwärmer ist erforderlich. Entsprechende technische Vorkehrungen zur Reinigung und Entschlammung sind zu treffen.

b. **Hinweise zu einzelnen Trinkwassererwärmern**
   Man kann die Gesamtheit der Trinkwassererwärmer nach zwei Gesichtspunkten unterteilen:
   - Zentral/dezentral,
   - Durchflusssystem/Speichersystem.

Im Rahmen dieser Aufteilung sind die Gruppentrinkwassererwärmer den dezentralen Anlagen zuzuordnen. An die vier damit definierten Gruppen richten sich folgende Planungshinweise:

Dezentrale Trinkwassererwärmer

Dezentrale Trinkwassererwärmer, welche zur Einzelversorgung eingesetzt werden, können ohne Maßnahmen betrieben werden. Dies gilt auch bei dezentralen Durchfluss-trinkwassererwärmer, wenn das Rohrleitungsvolumen unter 3 l im Fließweg bemessen wird.

Dezentrale und zentrale Speichertrinkwassererwärmer
Beim Einsatz von Speichertrinkwassererwärmern sind durch die Bauformen und andere Maßnahmen (z. B. Umwälzung) die gleichmäßige Erwärmung des Wassers an allen Stellen sicherzustellen. Dabei ist darauf zu achten, dass die Speicheraustrittstemperatur nicht unter 60 °C fällt.

Zentrale Durchflusstrinkwassererwärmer
Die Warmwassertemperatur sollte unmittelbar nach dem Austritt des Wassererwärmers mindestens 60 °C und am Eintritt der Zirkulationsleitung mindestens 55 °C betragen.

6.17 Maßnahmen zur Legionellen tötenden Wasserversorgung im Krankenhaus

Die vom Bundesgesundheitsamt empfohlene Temperaturanhebung auf 60 °C in der Vorlaufleitung und mindestens 55 °C an den einzelnen Zapfstellen ist für ene sichere Abtötung der Legionellen nicht ausreichend. Die sichere Abtötung von Legionellen erfordert bei 60 °C eine Reaktionszeit von mindestens vier Minuten. Bei der üblichen Dimensionierung von Verbrauchsleitungen nach DIN 1988 fließt das Wasser in Spitzenzeiten 2 m/s, das heißt in vier Minuten 480 m weit. In den Abzweigleitungen kühlt es dann sehr schnell auf unter 50 °C und bildet so wieder ideale Vermehrungsbedingungen für Legionellen. Eine gesicherte Abtötung der Legionellen kann aus zuvor genannten Gründen, nur mit Temperaturen von über 65 °C bzw. 70 °C und einer entsprechenden Reaktionszeit erreicht werden. Dieser Temperaturbereich wird allerdings von der Heizungsanlagen-Verordnung nicht zugelassen. Der Einbau von Durchlauferhitzern statt Speicherbehältern brachte in einer Versuchsreihe ebenfalls nicht die gewünschte Besserung beim Legionellenproblem. Außerdem ist dies aus technischer Sicht nicht vertretbar, da diese Speicher zur Nutzung von Wärme aus Wärmerückgewinnungsanlagen oder alternativen Energien nicht eingesetzt werden.

Nach aktuellen Untersuchungen wurden verschiedene Fachartikel und Vorschläge zur Legionellenbekämpfung gesammelt und verglichen. Eine endgültige Lösung des Legionellenproblems ist bisher noch nicht entwickelt worden.

Sinnvolle Lösungsansätze sind:
- elektro-physikalische Systeme,
- chemische Systeme,
- thermische Systeme.

Bei allen drei Systemen wird jeweils zwischen Warmwassererzeugersystem und Warmwasserverteilungssystem unterschieden [4].

Elektro-physikalische Desinfektion

Bei der elektro-physikalischen Desinfektion werden die Legionellen durch Ozonbehandlung oder eine UV-Desinfektion des Kalt- bzw. Warmwassers im Nebenkreis vor Eintritt in den Wärmetauscher abgetötet. Durch die Gleichmäßigkeit der Strömung ist eine genaue Auslegung der Einbauteile und der Ozonleistung möglich (Abb. 6.2).

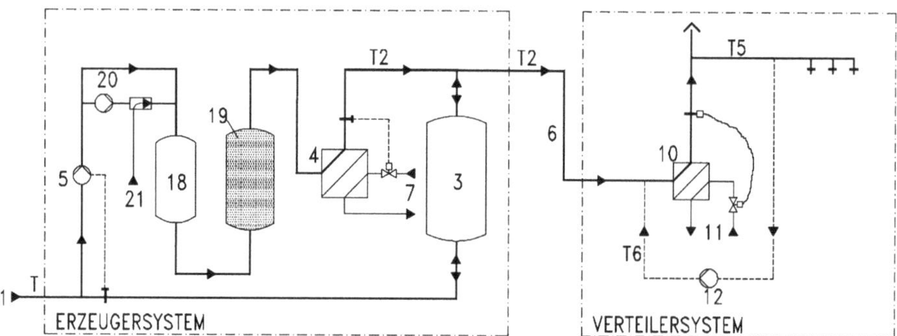

Abb. 6.2: Elektro-physikalische Desinfektion mit Ozon, 1. Kaltwassereintritt, 3 Warmwasserspeicher, 4 Wärmetauscher, 5 Ladepumpe, 6 Einspeiseleitung z. Verteilersystem, 7 Heizenergiezufuhr Erzeugersystem, 10 Wärmetauscher, 11 Heizenergiezufuhr Verteilersystem, 12 Zirkulationspumpe, 18 Reaktionsbehälter, 19 Aktivkohlefilter, 20 Treibwasserpumpe, 21 Desinfektionsmittelzufuhr, T Kaltwassereintrittstemp., T2 Austrittstemp. Erzeugersystem, T5 Verbrauchstemp., T6 Temperatur der Zirkulationsleitung.

Chemotechnische Desinfektion

Die chemotechnische Desinfektion erfordert die Anwendung von Chlor oder ähnlichen Desinfektionsmitteln. Die Anwendung von Chlor erfordert nach bisherigen Erkenntnissen zur sicheren Desinfektion sehr hohe Konzentrationen, die jedoch im Verteilungssystem, wie auch an den Verbrauchsstellen, nicht vertretbar sind. Durch entsprechende Schaltung wird jedoch dieser hohe Chlorgehalt auf die zentrale Wärmeerzeugeranlage beschränkt. Das anschließende Verteilungsnetz wird durch einen Aktivkohlefilter vom Chlor befreit (Abb. 6.3).

Thermische Desinfektion

Die überzeugendste Lösung für die Legionellenbekämpfung im Bereich Krankenhausbau ist die thermische Desinfektion. Diese wird hier genauer beschrieben. Durch die Trennung der Kreisläufe der Bereiche Warmwassererzeugung und Warmwasserverteilung mit einen außen liegenden Wärmetauscher, kann die Temperatur im Bereich Warmwassererzeugung auf das, die Legionellen abtötende, Niveau von 65–70 °C ange-

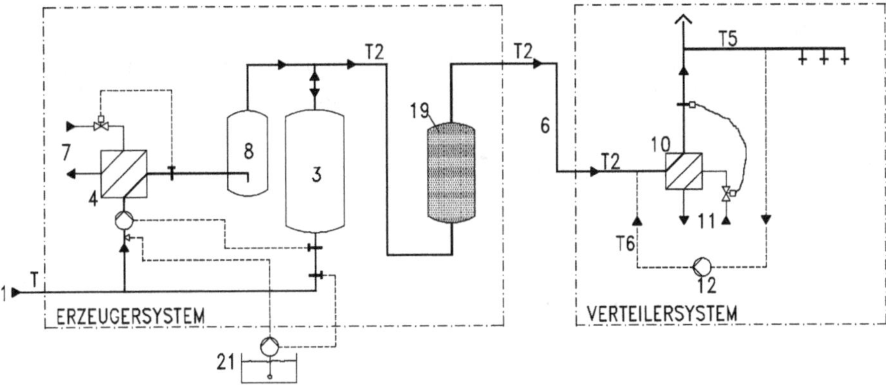

Abb. 6.3: Chemotechnische Desinfektion durch Chlor: 1 Kaltwassereintritt, 3 Warmwasserspeicher, 4 Wärmetauscher Erzeugersystem, 6 Einspeiseleitung z. Verteilersystem, 7 Heizenergiezufuhr Erzeugersystem, 8 Puffergefäß, 10 Wärmetauscher Verteilersystem, 11 Heizenergiezufuhr Verteilersystem, 12 Zirkulationspumpe, 19 Aktivkohlefilter, 21 Desinfektionsmittelzufuhr, T Kaltwassereintrittstemp., T2 Austrittemp. Erzeugersystem, T5 Verbrauchstemp., T6 Temperatur aus Zirkulationssystem.

hoben werden. Durch einen Pufferbehälter wird die notwendige Reaktionszeit für eine thermische Desinfektion sichergestellt. Vor Einspeisung in das Verteilersystem wird das Wasser über einen Wärmetauscher auf 45–50 °C nahezu verlustfrei heruntergekühlt. Als Kühlmedium dient das in gleicher Menge der Warmwasserbereitung zufließende Kaltwasser. Das Wasser im Verteilungsnetz wird nicht zum Erzeuger zurückgeführt, sondern durch einen separaten Wärmetauscher auf Soll-Temperatur gehalten, der gleichzeitig zur thermischen Desinfektion des Verteilersystems bei der Erstdesinfektion dient.

***Vorteile der thermischen Desinfektion*:**

- gesicherte Abtötung der Legionellen bei geringer Desinfektionstemperatur durch definierte Reaktionszeit im Pufferbehälter,
- niedrige Energiekosten durch abgesenkte Temperatur im Verteilungssystem,
- kein Verbrühungsrisiko an den Zapfstellen,
- kein Einbau von teuren Thermostaten,
- keine Karbonatausfällung im Verteilungssystem,
- keine elektrische Begleitheizung erforderlich,
- keine periodische Aufheizung erforderlich,
- geringe zusätzliche Investitionskosten.

All diese Systeme können jedoch nur die Trinkwarmwasserseite von Legionellen frei halten. An den Verbrauchsstellen kann es innerhalb der Stichleitungen bzw. an den Schläuchen hinter den Mischarmaturen durch die Kaltwasserseite zu neuen Verkeimungen kommen. Deshalb ist es in Krankenhäusern sinnvoll auch die Kaltwasserseite zu behandeln, aus denen die kritischen Bereiche versorgt werden.

Desinfektion mit UV-Licht

Eine sinnvolle Unterstützung der thermischen Desinfektion ist die Bestrahlung mit UV-Licht mit einer Wellenlänge von 254 nm. In Laborversuchen wurden 99,9 % der Legionellen abgetötet. Dabei wird der Zellkern geschädigt. Des Weiteren nimmt die Behandlung keinen Einfluss auf die chemische Zusammensetzung des Wassers. Wobei zu bemerken ist, dass UV-Licht nicht gegen alle Legionellen wirksam ist. Weiter ist zu beachten, dass eine Reaktivierung der Legionellen durch sichtbares Licht erfolgt. Es ist aus diesem Grund zu vermeiden. Außerdem müssen die Strahler regelmäßig gewartet werden, da sie nur eine begrenzte Lebensdauer haben und Ablagerungen oder Trübungen das UV-Licht abschirmen können.

Strangregulierventil

Ein neues Verfahren ist ein thermisch arbeitendes Strangregulierventil, das den hydraulischen Feinabgleich und die gleichmäßige Desinfektion in Warmwasserzirkulationsleitungen ermöglicht. Eine Grundvoraussetzung hierfür ist den Trinkwassererwärmer so auszulegen, dass er zeitlich in der Lage ist, in vorgegebenen Intervallen die Wassertemperatur deutlich über 70 °C zu erwärmen. Merkmale der neuen Armatur:

- automatische thermische Regelung des Volumenstromes,
- erhöhte thermische Desinfektion des Volumenstroms,
- drosselt oberhalb der Desinfektionstemperatur erneut den Volumenstrom,
- Starttemperatur für die Desinfektionsphase unabhängig von der gewählten Temperatureinstellung am Handrad,
- korrosionsbeständig durch Rotguss (Abb. 6.4).

Überprüfung der Trinkwasseranlage

Nach der Trinkwasserverordnung haben Krankenhäuser die Pflicht, je nach Anlagengröße mindestens einmal im Jahr eine Überprüfung der Trinkwasseranlage auf Legionellen durchzuführen. Dabei darf die Anzahl der Kolonie bildenden Einheiten von 100 KBE pro 100 ml nicht überschreiten. Zur Durchführung der orientierenden Untersuchung muss jeweils eine Wasserprobe an den folgenden Stellen entnommen werden:

- nach dem Trinkwassererwärmer,
- vor Eintritt in den Trinkwassererwärmer in der Zirkulationsleitung und
- eine repräsentative Entnahmearmatur eines jeden Stranges.

Liegt ein positiver Befund vor, muss der Betreiber dies dem dafür zuständigen Gesundheitsamt melden. Um die geeigneten Gegen- und Sanierungsmaßnahmen zu ermitteln, sind weitergehende Untersuchungen notwendig. Eine Sofortmaßnahme kann laut dem Deutschen Verein des Gas- und Wasserfaches (DVGW) Arbeitsblatt W551 eine thermische Desinfektion sein. Die thermische Desinfektion muss das gesamte System inklusive jeder einzelnen Wasserentnahmestelle erfassen. Das Trinkwasser im Erwärmer wird auf eine

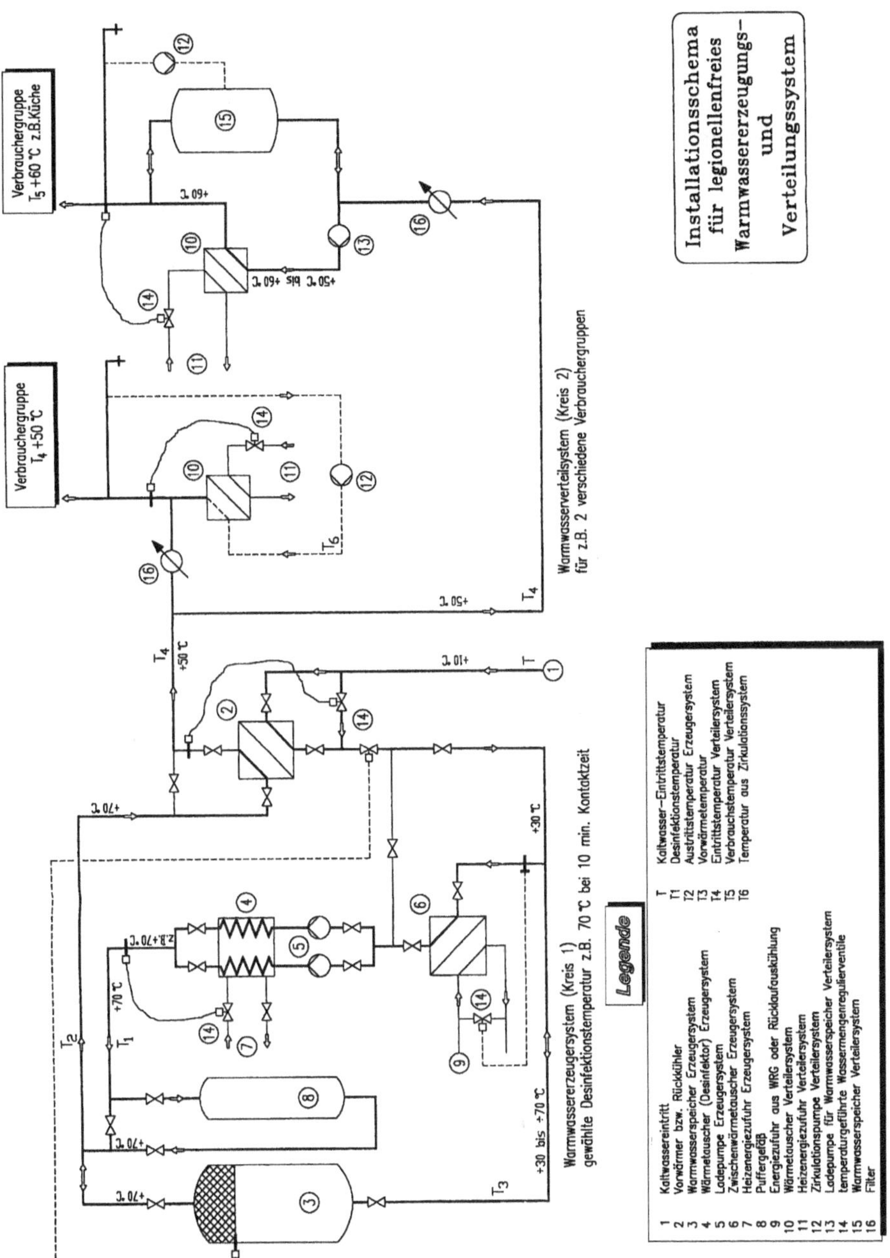

Abb. 6.4: Installationsschema für ein legionellenfreies Warmwassererzeugungs- und Verteilungssystem.

Temperatur von mehr als 70 °C aufgeheizt. Während der Aufheizphase müssen alle Wasserentnahmestellen geschlossen sein. Die Zirkulationspumpe wird zum Zeitpunkt des Verfahrens als Dauerläufer eingestellt. Ist die Temperatur erreicht, sind nach und nach die Wasserentnahmestellen zu öffnen. Während des dreiminütigen Spülvorgangs ist die Temperatur des ausfließenden Wassers zu überwachen. Fällt die Temperatur, muss gewartet werden, bis 70 °C wieder erreicht sind. Aufgrund der Größe der Trinkwasseranlagen im Krankenhaus ist eine thermische Desinfektion abschnittsweise ratsam. Um eine erneute Kontaminierung auszuschließen, desinfiziert man einzelne Abschnitte unmittelbar hintereinander. Für den Schutz vor Verbrühungen ist während des Vorganges zu sorgen.

Literatur

[1] Raumklima in der Wende-Energie u Hygiene in Krankenhaus u. Laborbau. Symposium FH München, 26.02.2004.

[2] Egberts G.: Legionellen in Warmwassersystemen und raumlufttechnischen Anlagen. Vortrag technische Akademie Wuppertal, 14.04.1997.

[3] Nusser S.: Vorbeugende Maßnahmen zur Verhinderung von Legionellenwachstum in Versorgungstechnischen Anlagen. Diplomarbeit an der FH München, Sept. 1993.

[4] Stern B.: Legionellen im Trinkwassersystem. Symposium Raumklima in der Wende-Energie u. Hygiene im Krankenhaus und Laborbau. Fachhochschule München, 26.03.2004.

[5] DVGW Arbeitsblatt W 270 Hygienische Unbedenklichkeit. Prüfverfahren zur Bestimmung des mikrobiellen Wachstums auf Werkstoffen aus organischen Materialien, die mit Trinkwasser in Berührung kommen. 2013-2, DVGW Regelwerk, Bonn.

[6] DVGW Arbeitsblatt W 551 Trinkwassererwärmungs- und Leitungsanlagen, Technische Maßnahmen zur Verminderung des Legionellenwachstums. März, 1993, DVGW Regelwerk, Bonn.

[7] DVGW Arbeitsblatt W 553 Trinkwasserhygiene. Berechnungsverfahren – Volumenstrom in der Zirkulationsleitung, 1998-12, DVGW Regelwerk, Bonn.

[8] DIN 1946-4 Baunormen für Architekten oder ihr Gewerk 2018-09 u. DIN 1946-6 Lüftungskonzept-Berechnung, 2019-12, Beuth Verlag, Berlin.

[9] DIN 1988 Technische Regeln für Trinkwasser-Installationen. 1988-12 ersetzt durch DIN EN 806-2 005-06, Beuth Verlag, Berlin.

[10] DIN 4708-2 Zentrale Wassererwärmungsanlagen- Begriffe u. Berechnungsgrundlagen. 1994-04, Beuth Verlag, Berlin.

[11] DIN 4753 Trinkwassererwärmungsanlagen und Speicher, Trinkwassererwärmer. 2019-05, Beuth Verlag, Berlin.

[12] DIN 44532 Elektrische Heißwasserbereiter, Warmwasserspeicher mit Nenninhalt bis 1000 Liter. 1989-05, Beuth Verlag, Berlin.

[13] DIN 17440 Nichtrostende Stähle. 2001-03, Beuth Verlag, Berlin.

[14] DIN 50930 Korrosion der Metalle. Korrosion metallischer Werkstoffe im Innern von Rohrleitungen, Behältern und Apparaten bei Korrosionsbelastung durch Wasser. 2013-10, Beuth Verlag, Berlin.

[15] DIN 16632 Tabak und Tabakerzeugnisse. Bestimmung des Wassergehaltes, gaschromatographische Verfahren. 2022-07, Beuth Verlag, Berlin.

[16] DIN 19636 Enthärtungsanlagen (Kationenaustauscher) in der Trinkwasserinstallation. Anwendung von Enthärtungsanlagen nach DIN EN 14743. 2008-02, Beuth Verlag, Berlin.

[17] DIN 19643-1 Aufbereitung von Schwimm- und Badebeckenwasser Teil 1 Allgem. Anforderungen und DIN 19644V Aufbereitung u. Desinfektion von Wasser für Warmsprudelbecken. 2023-06, Beuth Verlag, Berlin.
[18] VDI 3803 Raumlufttechnik, bauliche und technische Anforderungen. 2020-05, VDI Verlag, Düsseldorf.
[19] Bundesgesundheitsblatt 31/ Nr. 7 – Juli 1987: Empfehlung des Bundesgesundheitsamtes zur Verminderung eines Legionella-Infektionsrisikos Z. Springer.
[20] Bundesgesundheitsblatt 31/ Nr. 7 – Juli 1988: BGA Richtlinie für die Erkennung, Verhütung und Bekämpfung von Krankheitsinfektionen. Anforderungen an die Wasserversorgung. Z. Springer.
[21] EnEG Verordnung über energiesparenden Wärmeschutz und energiesparende Anlagentechnik bei Gebäuden. Groels Verlag, 18.04.2015.
[22] HeizAnlV Heizanlagenverordnung Mai 1989 § 8 bzw. Erläuterungen zu § 8, Bundesgesetzblatt.
[23] TrinkwV Trinkwasserverordnung Verordnung über die Qualität von Wasser für den menschlichen Gebrauch. 20.06.2023, Bundesgesetzblatt.

7 OP-Bereich und Hochaseptisches Operieren im Reinraum

7.1 Keimfreie Felder im OP

In den vergangenen Jahrzehnten hat die operative Behandlung in der gesamten Medizin drastisch zugenommen. Dies beruht im Wesentlichen auf folgenden Tatsachen:

Der Einsatz von Antibiotika erschien zu Beginn der 80er Jahre als die Prophylaxe für die Wundinfektion.

Moderne Eingriffstechniken vonseiten der Chirurgie wie z. B. in der Orthopädie sowie stark verbesserte Implantate aus Metall oder Kunststoff in Verbindung mit dem Einsatz von modernen Röntgenbildverstärkern ließen die Eingriffe – technisch gesehen – kalkulierbar werden.

Die hygienischen Umstände von der Hautdesinfektion des Patienten bis hin zur Händedesinfektion des Chirurgen haben das unmittelbare Infektionsrisiko stark reduziert.

Trotz vorgenannter Punkte blieb das Infektionsrisiko die Hauptgefahr von Operationen, da diese durch die stark verbesserten Techniken länger wurden und somit die Wahrscheinlichkeit des Keimeintrages in den Körper wesentlich erhöht worden ist. Für den Chirurgen ergibt sich daraus, neben den möglichen Komplikationen während eines Eingriffs, ein enormer Zeitdruck, unter dem er zu arbeiten hat.

Das o. g. gesteigerte Infektionsrisiko kann nicht alleine durch Antibiotika bekämpft werden. Die Fachwelt der Medizin ist sich nach 30 Jahren Erfahrung mit diesem Medikament einig, dass „dem Segen der Antibiotika größte Gefahren gegenüberstehen". Die „Wundermedizin" Antibiotikum senkt zwar das unmittelbare Infektionsrisiko bei der Operation, erhöht aber nicht unbeträchtlich das Risiko einer „Superinfektion mit resistenten Mikroorganismen", die den Patienten mit allergischen und toxischen Komplikationen belasten.

Aus diesem Grund ergibt sich der Zwang, die Dosis von Antibiotika soweit wie möglich zu reduzieren. Dies kann nur durch keimfreie OP-Räume erreicht werden. Somit ist die Aufgabe der RLT-Anlagen klar umrissen. Dass in diese Problemstellung zahlreiche andere Komponenten mit „hineinspielen", verdeutlicht folgende Liste mit einigen wesentlichen Anforderungen:

- Der Eintrag von luftgetragenen Keimen durch bauliche Gegebenheiten, wie z. B. durch Fenster ist zu verhindern. (Fenstergriffe)
- Bessere Zugänglichkeiten für das Hygienepersonal für die Desinfektion im OP und Luftkanalsystem ist sicherzustellen.
- Falsche Auswahl von Lüftungsgerätekomponenten ist zu unterbinden.
- Ungünstige Anordnung der Außenluftansaugung sowie des Fortluftauslasses ist zu vermeiden.
- Sicherstellung einer Grundbehaglichkeit – soweit wie möglich – für den Patienten als auch für das OP-Team.

https://doi.org/10.1515/9783110402919-007

- Sicherstellung der optimalen Luftführung im OP, um eine „AIR-BORNE CONTAMINATION" zu verhindern.
- Minimierung der Personen im OP-Feld und deren Bewegungen.
- Sicherstellung einer hohen hygienischen Disziplin des OP-Personals.
- Gute Qualität der OP-Kleidung ist zu garantieren.

Abb. 7.1 zeigt die Größenordnung der Partikel in einen Kubikmillimeter. Infektionen sog. nosokomiale Infektionen im Krankenhaus kommen immer wieder vor.

Weitere Keimherde müssen individuell, bezogen auf die spezielle Situation, gesucht werden. Um dieses „Wirrwarr" in geordnete Bahnen zu leiten, ist vor ca. 35 Jahren die DIN1946 [8] herausgegeben worden. Daneben etablieren sich, speziell auf die Reinraumtechnik bezogen, der US-Federal-Standard 209, sowie die VDI 2083 [7]. Diese Verordnungen versuchen Ingenieure oder Techniker bei der Planung, Ausführung, Inbetriebnahme sowie Wartung zu unterstützen. Bei dieser Fülle an Anforderungen und Richtlinien muss aber die Anlage übersehbar und vor allem für Patient und OP-Personal ohne besonders große Einschränkungen benutzbar bleiben.

- Es zeichnet sich eine Abspaltung der Reinraumtechnik im Krankenhaus von der Reinraumtechnik der Prozesstechnik in der Industrie ab. Die Anforderungen an die Luftreinheit haben sich geändert.
- Im Folgenden soll die Technik für reine Felder im Krankenhaus betrachtet werden.

Die Norm DIN 1946 enthält speziell Anforderungen an die raumlufttechnischen Anlagen (im Folgenden RLT-Anlagen genannt) in Krankenhäusern und entsprechend zu versorgenden gleichartigen Gebäuden und Räumen.

In den Anwendungsbereich der DIN 1946-6 fallen alle in Tabelle 2, Spalte 2 aufgeführten Raumarten und solche, an die sinngemäß die gleichen Anforderungen gestellt werden, nicht dagegen Räume des Verwaltungs-, Wirtschafts- und Betriebsbereiches sowie sonstige nicht krankenhaustypische Bereiche. Nicht erfasst sind Sonderfälle (z. B. Quarantänestationen), die besonders auf den Einzelfall abgestimmter hygienischer Beratung bedürfen.

Die Vernetzung der Geräte und Messdaten im OP führt in der Zukunft zu integrierten OP-Sälen.

7.2 Aseptischer – Septischer OP

Allgemein spricht man immer über den Operationssaal, kurz OP genannt. Dass es auch hier wesentliche Unterschiede aufgrund der Artenvielfalt der Eingriffe – von einer Blinddarmoperation angefangen, bis hin zur Hüftgelenkoperation in der Orthopädie – gibt, braucht nicht näher erklärt werden. Man unterscheidet streng zwei Bereiche:

- septischer OP (Keimherd im Körper)
- aseptischer OP (Keimherd nicht im Körper)

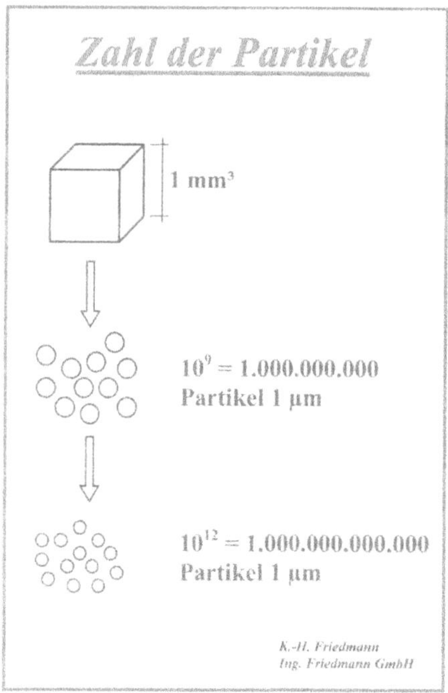

Abb. 7.1: Größenordnungen der „Partikelwelt“: „Wie sauber ist die Reinlufttechnik?“.

In der septischen Operationsabteilung werden Patienten operiert, die entweder eine infizierte Wunde oder eine Eiter absondernde Erkrankung haben. Aus diesem Grund ist die Hauptforderung, *das Austreten* von Infektionserregern aus dieser Abteilung zu verhindern. Es muss daher Sorge getragen werden, dass die RLT-Anlage im septischen OP bzw. im septischen Bereich die geringste Druckstufe im gesamten Krankenhaus hat oder, noch besser, im Unterdruckzustand läuft. Auf keinem Fall darf es zu einem großen Überdruck kommen, um die anliegenden Räume des septischen OPs nicht mit den luftgetragenen Keimen zu kontaminieren. An das Verhalten des OP-Personals und deren Arbeitsweise muss in der Weise appelliert werden, dass die farblich getrennten Bereiche nicht miteinander in Berührung kommen. Dabei ist die blaue Kleidung für den septischen Bereich und die grüne für den aseptischen Bereich festgelegt worden.

Anders ist die Situation im aseptischen Bereich, in dem z. B. Hüftgelenkoperationen durchgeführt werden. Dort versucht man, durch Überdruckverhältnisse eine mikrobielle Kontamination zu verhindern. Denn durch den Eintrag von Keimen in die Wunde, kann es zu einer Entzündung mit weitreichenden Schäden kommen. Aus diesem Grund müssen lt. Kanz alle Keime restlos entfernt werden. Lidwell führte sehr aufwendige Untersuchungen aus, um den Zusammenhang zwischen der Luftkonzentration und dem hieraus resultierenden Infektionsrisiko zu erhalten.

Das Infektionsrisiko nimmt mit stärker fallender Luftkeimkonzentration ab. Als optimal wäre eine Luftkeimkonzentration <1 KBE/m^3 Luft, denn dann wäre das Infektionsrisiko ungefähr bei 1 %.

7.3 OP-Personal

Damit der Planer einen besseren Überblick über die verwendeten Geräte und den dazu erforderlichen Platz erhält, wird dies kurz im Folgenden sehr allgemein dargestellt. Auch die Anzahl der Personen und deren Aktionsradius soll anhand einer Hüftgelenkoperation beschrieben werden, die ungefähr 1,3 bis 2,0 Stunden dauert.

Angemerkt sei, dass diese Ausführung durch Befragen von OP-Schwestern gemacht wurde. Abweichungen zu anderen Kliniken sind möglich, ja sogar sehr wahrscheinlich, da in diesem beschriebenen aseptischen OP drei LAMINAR-FLOW-KABINEN installiert waren (Abb. 7.2).

Zu Beginn des OP-Dienstes betreten die OP-Schwestern den Operationssaal in der grünen Kleidung, die in der Regel aus einer Hose und einem Oberteil besteht. Sie tragen zu diesem Zeitpunkt bereits eine Kopfhaube und einen Mundschutz, um die Kontamination mit Partikeln bzw. Keimen so gering wie möglich zu halten.

Anschließend werden die Hände desinfiziert und ein Paar sterile Handschuhe angezogen. Eine OP-Schwester, die als sogenannter Springer fungiert, öffnet die Tür zur OP-Kabine. Die OP-Schwester, die für die Instrumente zuständig ist, kann jetzt in die Kabine eintreten, ohne die Tür anfassen zu müssen. Der Springer öffnet jetzt den Wäschecontainer, in dem die sterilen OP-Mäntel gelagert sind. Daraus nimmt die Instrumentenschwester einen Mantel und zieht ihn an. Der Springer hilft ihr hierbei von hinten – der Rücken gilt in der Chirurgie als unsteril – und schließt den Mantel von dort mithilfe einer Klammer, die ebenfalls im Container lag. Die Aufgabe der Klammer ist es, den „unsterilen" Springer von der „sterilen" Instrumentenschwester zu trennen. Danach zieht die Instrumentenschwester sich ein zweites Paar sterile Handschuhe aus dem Container über. Ab jetzt muss die Instrumentenschwester in der Kabine bzw. in dem Schutzfeld bleiben.

Der Operateur mit seinen zwei Assistenten kommt ebenfalls mit der gleichen grünen Kleidung inklusive Kopf- und Mundschutz zur Tür der Kabine, nachdem er die Halterungen für den Ablufthelm angelegt hat. Das Gleiche gilt für seine zwei Assistenten. Dann werden die Hände desinfiziert und ein Paar sterile Handschuhe werden angezogen. Alle drei werden in der Kabine von der Instrumentenschwester mit dem sterilen Mantel angezogen; der Springer schließt hierbei jeweils von hinten mit der Klammer die Mäntel. Nach der Abdeckung des Patienten mit sterilen Tüchern, die den Körper bis auf die Operationsöffnung bedecken, setzen der Operateur und die beiden Assistenten die steril gelagerten Helme mit den Anschlüssen zur Atemluftabsaugung auf. Angeschlossen werden diese Helme an eine eigene RLT-Anlage durch den Springer an den Energiesäu-

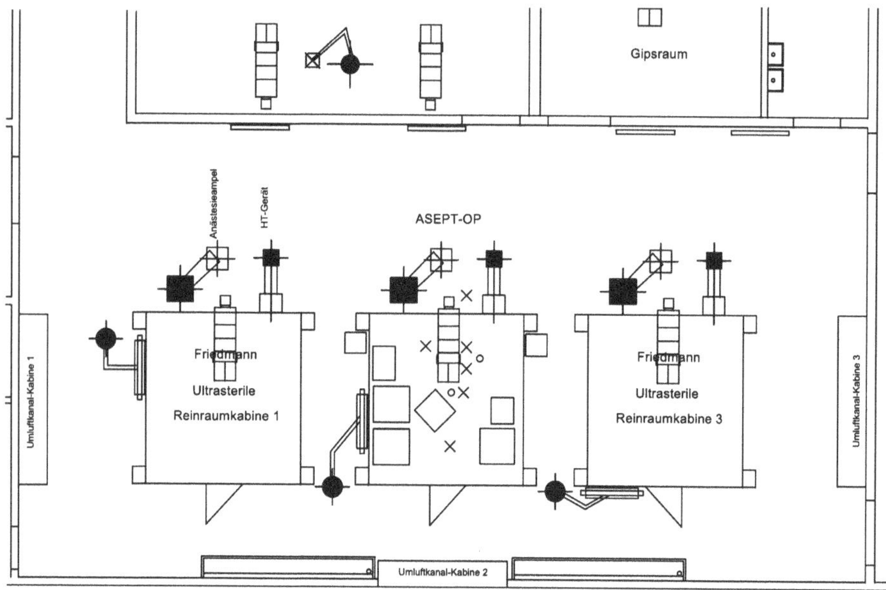

Abb. 7.2: Schema eines OP-Bereiches mit ultrasterilen Reinraumkabinen (Fa. Friedmann).

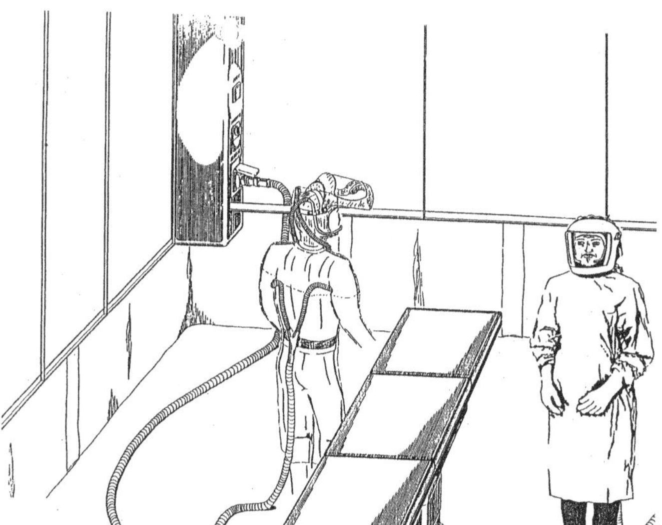

Abb. 7.3: Helmsystem.

len außerhalb der Kabine. Der Schlauch wird hierbei, wie abgebildet, am Rücken des Chirurgen entlang unterhalb des OP-Mantels gelegt. Nun kann mit der Operation begonnen werden (Abb. 7.3).

Reinraumkabine: Atemluftabsaugung
Generell ist festzustellen, dass nur der Springer die Kabine verlassen darf, um z. B. von dem außerhalb gelegenen Instrumententisch steril verpacktes Gut zu holen.

Bei Röntgenaufnahmen muss der Chirurg mit seinen Assistenten eine Bleischürze tragen, die sie vor Betreten der Kabine anlegen müssen. Nach Beendigung des Röntgens kann zur Erleichterung die etwa vier Kilogramm schwere Schürze vom Springer durch Öffnen der Klettverschlüsse am Rücken nach unten gezogen werden.

Zu Beginn der Operation ist es möglich, dass ein zweiter Springer benötigt wird, um die OP-Leuchten von außen nachzustellen. Die Steuerung ist in der Energiesäule rechts von der Tür installiert.

Der Anästhesist befindet sich während der gesamten Zeit am Kopf des Patienten. Da er und der Patient je mit den Oberkörpern außerhalb der Kabine sind, wird der Keimeintrag durch beide ausgeschaltet.

Der Platzbedarf für die benötigten Gerätschaften ist jeweils zu berücksichtigen. Der C-Bogen bzw. Bildverstärker steht zu Beginn noch außerhalb der Kabine. Nachdem der Springer die Bekleidungscontainer nach außen gebracht hat, kann der C-Bogen nach innen gefahren werden. Die beiden Behälter für Entsorgungsgüter stehen in der Nähe des Operateurs bzw. der Instrumentenschwester am Boden. Außerdem steht ein Gerät zum Blutstillen durch Verschweißen des Gewebes mittels Strom außerhalb der Kabine zur rechten Hand des Operateurs. Hinter dem Assistenten, der gegenüber dem Operateur steht, ist noch ein weiteres Gerät zum Absaugen von Flüssigkeiten. Auf den drei Tischen links von der Eingangstür werden neben den Grundinstrumenten noch die Prothesen sowie weiteres steriles Gut gelagert. Für besondere Fälle oder Komplikationen steht ein zweiter Instrumententisch außerhalb der Kabine mit steril verpacktem Gut, dass notfalls vom Springer geholt werden kann.

Aus der o. g. Fülle von Materialien und Geräten sowie der ständigen Anwesenheit von mindestens vier Personen in der Kabine bzw. dem Schutzfeld, ist für jeden erkennbar, dass der Raum optimal ausgenutzt werden muss, um darin uneingeschränkt arbeiten zu können.

7.4 Reinraumtechnik

Dieses Kapitel soll zeigen, dass die Ausschwemmung von Keimen durch eine geeignete Luftführung nur einen Teil dazu beitragen kann, eine Kontaminierung der Wunde durch pathogene Keime zu verhindern. Nur ein Zusammenwirken von Reinraumtechnik und reinraumgerechtem Verhalten bewirkt ein erhöhtes Maß an Sicherheit für den Patienten.

7.4.1 Reinraumgerechtes Verhalten jedes Einzelnen

Das Operationsteam muss alle Bewegungen kontrolliert ausführen. Hierfür ist ein gehobenes Maß an Disziplin, vor allem schon in der Vorbereitungs- und Einkleidungsphase, nötig. Für die Erhaltung des Reinraumzustandes ist es Voraussetzung, dass das Einbringen von Keimen aus der Umgebung unbedingt vermieden wird. Hierfür ist auch ein erhöhtes Maß an Hygiene- und Desinfektionsmaßnahmen an jedem Einzelnen unbedingt nötig. So sollte es vor allem der Operateur vermeiden, sich beim Händewaschen die Kleidung mit Wasser zu bespritzen.

7.4.2 Reinraumgerechte Kleidung

Damit weder Arzt, noch Operationsschwester Keime an die Umgebung abgeben können, ist der Bekleidung höchste Aufmerksamkeit zu schenken. Es sind Operationsmäntel erforderlich, die praktisch undurchlässig sind. Die Klimatechnik sorgt dafür, dass das Wohlbefinden des Operationsteams trotzdem aufrechterhalten bleibt. Ein wesentlicher Beitrag ist die Absenkung der Raumtemperatur auf 18 °C und das Tragen eines Helmes mit Atemluftabsaugung. Der Helm ist zum einen strömungsgünstig ausgebildet und zum anderen wird das Risiko, dass durch die Atemluft ausgeschiedene Keime in die Wunde gelangen oder gar Schweißtropfen von der Stirn des Arztes auf den Patienten tropfen, durch die Atemluftabsaugung ausgeschaltet. Gleichzeitig hat diese eine klimatisierende Wirkung, indem sie die Wärme vom Gesicht des Arztes abführt.

7.4.3 Verringerung der Zahl von Personen im OP-Bereich

Am wirkungsvollsten kann die Zahl von Keimen im kritischen Bereich, d. h. unmittelbar neben der offenen Operationswunde, dadurch verringert werden, dass alle Personen ferngehalten werden, die mit der Operation direkt nichts zu tun haben. Dies geschieht mithilfe einer Sterilbox (LAMINAR-FLOW-BOX) oder einer Trennwand. Beides erzeugt eine klimatechnisch und, bezüglich des Sterilitätsgrades, eine bevorzugte Arbeitszone und eine klimatechnisch weniger anspruchsvolle Anästhesiezone und Bedienzone. Die Aufteilung in Zonen erfordert eine besonders gute Vorausplanung jeder Operation, sodass während der Operation ein „Einbrechen" in die chirurgische Arbeitszone nicht erforderlich ist.

7.4.4 Ausschwemmen von Keimen mit geeigneter Luftführung

In der LAMINAR-FLOW-Kabine sind freigesetzte Keime nur dann von Bedeutung, wenn diese von der Strömung mitgerissen werden und in die offene Wunde gelangen. Dies ist nur möglich für Keime, die oberhalb der offenen Wunde entstehen; entweder von Kopf und Oberkörper des Operationsteams oder von Einrichtungsgegenständen, die sich über dem Patienten befinden.

Die Gefahr von Keimen auf Einrichtungsgegenständen ist nur dann gegeben, wenn sich Brutstätten darauf bilden können, z. B. durch Blut- und Wasserspritzer. Diese Gefahr sollte aber durch entsprechende Desinfektionsmaßnahmen ausgeschaltet sein. Mit dem sterilen Helm, der Atemluftabsaugung und der undurchlässigen Kleidung, ist auch die Gefahr ausgeschaltet, dass Keime von Kopf und Oberkörper der Operateure in die Wunde gelangen. Keime, die unterhalb der Wunde frei werden, sind nicht wirksam, denn diese werden in der Richtung von der Wunde weg ausgeschwemmt. Dies setzt allerdings voraus, dass Strömungswirbel und daraus resultierende Aufwärtsströmungen möglichst vermieden werden.

7.5 Zusammenhänge zwischen Partikel und Keimen

In jedem besseren Lexikon ist das Wort „Partikel“ mit Teilchen erklärt. Also ein Teilchen, das sich in der Luft befindet; über die Größe wird dabei keine Aussage gemacht (Abb. 7.4).

Bei dem Begriff „Keim“, der öfters auch mit Erreger oder Bakterium übersetzt wird, ist eine Definition schon schwieriger. Diese Mikroorganismen muss man zuerst in pathogene oder apathogene Keime unterscheiden. Bei den pathogenen Keimen handelt es sich um höchst gefährliche Arten, die entweder durch die Außenluft eingetragen werden können oder die selbst im Gebäudeinneren gewachsen oder ausgestreut worden sind. Bei den apathogenen Erregern, die normalerweise harmlos sind, sollte man nicht außer Acht lassen, dass auch diese in ausreichend hoher Konzentration zu Gesundheitsstörungen führen können.

Bakterien, die im Durchmesser um 1 µm liegen, benötigen Trägersysteme zum Bewegen. Dafür eignen sich Staubteilchen oder feine Wassertröpfchen sehr gut, – also Partikel –, wenn deren Größe zwischen 4 und 20 µm liegt. Bei kleineren Partikeln ist kein Transport mehr möglich und das Risiko der „airborne contamination“ zunächst ausgeschaltet [1].

Pilze und Sporen hingegen brauchen nicht unbedingt Trägersysteme, da diese selbst zwischen 3 µm und 20 µm groß sind.

Für die Filtertechnik ist die Abfilterung von Partikeln bzw. Keimen in dieser Größe kein Problem mehr. Heute schaffen S-Filter nach dem Testverfahren der DIN 24184 Mindestabscheidegrade von 99,97 % [9], wobei als Medium ein Paraffinölnebel verwendet wird, bei dem die überwiegende Partikelgröße zwischen 0,3 und 0,5 µm zu erwarten ist. Bei der Prüfung mit Kondensationskernzähler verblieb der Abscheidegrad für Teilchen >0,02 µm bei 99,99 %.

Das bedeutet, dass für uns Klimatechniker nicht die größte Gefahr des Keimeintrages, wobei man die Wasserqualität der Be- und Entfeuchter trotzdem beachten sollte,

Größenvergleich von einem Rauchpartikel bis zum Durchmesser des menschlichen Haares

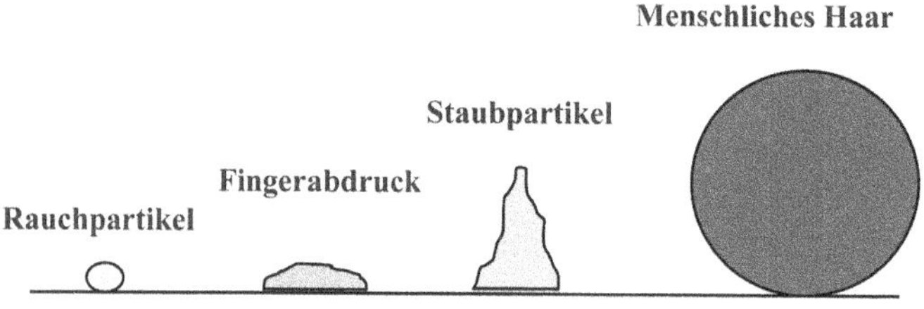

Abb. 7.4: Größenvergleich von einem Rauchpartikel bis zum Durchmesser des menschlichen Haares.

Klasse 10: 10 Teilchen >= 0,5μm
Klasse 100: 100 Teilchen >= 0,5μm
Klasse 1000: 1000 Teilchen >= 0,5μm

Bezogen auf cft = 28,31 l Luft

Abb. 7.5: Klassenteilung von Teilchen.

durch die Zuluft kommt, sondern durch den OP-Raum selbst, vor allem durch die Menschen, die darin arbeiten.

Es ist eine Vielfalt von Übertragungswegen durch den Menschen möglich. Eine zahlenmäßige Aussage über die Anzahl der abgegebenen Keime gibt Tabelle 7.1.

Diese Tabelle zeigt, dass die Abgabe von Keimen durch den Mund bzw. durch die Nase am höchsten ist. Auf die Körperfläche bezogen, kann die Keimdichte der Haut durch Abschwemmen mit einer gepufferten Triton-X-100-Lösung zahlenmäßig erfasst werden.

Als Quintessenz der Auswertung dieser Tabelle ergibt sich, dass der Mensch im OP, wie hier gezeigt wurde, als stärkster Keimherd anzusehen ist (Tab. 7.2). Die oben

Tab. 7.1: Die Keimabgabe durch den Menschen.

Keimabgabe durch	Anzahl der dabei abgegebenen Keime
Fingerkuppe	20–100/cm^2
Hand	Einige Tausend
1 Mal Niesen	104–106
Speichel	106–103/ml
Nasensekret	106–107/ml

Tab. 7.2: Die Keimdichte auf der Haut.

Bereich	Keimgehalt pro cm^2 Fläche
Achselhöhle	Ca. 2,4 × 106
Kopfhaut	Ca. 1,5 × 106
Stirn	Ca. 0,2 × 106
Rücken	314
Vorderarm	105–4.500

angeführten Zahlen steigen durch Schweißabsonderung noch erheblicher. Diese hohe Abgabe von Keimen muss durch veränderte Raumtemperaturen und durch spezielle Reinraumkleidung unterbunden werden. Eine Untersuchung über die Keimzahl der einzelnen Krankenhäuser selbst sollte folgende Werte ergeben, die als Richtwerte anzusehen sind:

Tab. 7.3: Keimzahl der Kleidung.

	Sterilisation	Keimzahl pro 20 cm^2 nach einer Tragezeit von			
		2 h	4 h	6 h	5 Tagen
Vorderseite (Brust)	*0*	*18*	*36*	*42*	*312*
Rücken	0	0	2	0	28
Schulter	0	0	4	16	42
Oberarm	0		0	4	16
Kragen	0	48	112	120	615

Zusammenfassend ist festzustellen, dass bereits bei der Auswahl der Stoffart der Kleidung und der anschließenden Häufigkeit der getragenen und gewaschenen Kleidung, die Anzahl der Partikel bzw. Keime wesentlich beeinflusst werden kann (Tab. 7.3).

Es ist darauf hinzuweisen, dass die Kopfhaube und der Mundschutz getrennt, d. h. nicht als komplette Einheit benutzt werden soll, da eine Durchfeuchtung des Mundschutzes mit anschließendem erhöhtem Ausstoß von Keimen, während der Operation, unumgänglich ist. Aus diesem Grund sollte zu dem Zeitpunkt der Durchfeuchtung der

Mundschutz gewechselt werden. Da ein solcher Wechsel während einer Operation nicht möglich ist, wurde von der Technik eine Art Helm entwickelt, der die Atemluft direkt absaugt (Siehe Abb. 6.3 Helmsystem).

Abschließend soll auf die koloniebildenden Einheiten – kurz KBE – eingegangen werden, die in der Klimatechnik in Verbindung mit der Luft oder dem Wasser oft verwendet werden. Die Einheit beschreibt, wie viele Zellverbände oder Sporenketten durch die Probeluftentnahme im reinen Feld über den Nährboden geleitet wurden. Der Ausdruck „Koloniebildung" wird hier gebraucht, da das Bakterium in der Regel nie einzeln vorkommt, sondern immer in Strukturverbänden. Mit diesem Wert soll eine Beurteilung der mikrobiellen Reinheit von Wasser oder Luft ermöglicht werden.

Das Problem bei der Bestimmung der Anzahl ist, dass bei Direktmethoden wie Partikelzählung „lebende und tote Zellen sowie ähnlich aussehende oder gleich große Fremdkörper" gemessen werden. Dadurch wird das Messergebnis zu einem nicht unerheblichen Teil verfälscht.

Bei der Methode der Erfassung der Anzahl von Keimen durch Nährboden, wird nur der Teil der Keime sichtbar, für die der Nährboden geeignet ist. Ein Universalnährboden existiert leider nicht. Aus diesem Grund benutzt man verschiedene Nährböden, die für die zu erwartenden Keime infrage kommen, um reale Ergebnisse zu erhalten.

Daneben kann das Untersuchungsmaterial noch unter Zuhilfenahme von Homogenisatoren oder oberflächenaktiven Substanzen zur Bestimmung der Anzahl benutzt werden. Der Nachteil dabei ist, dass die Zellverbände bzw. Sporenketten durch diese Maßnahmen zum Teil zerschlagen werden und somit ein Vielfaches des realen Wertes festgestellt wird.

7.6 Wärmehaushalt Patient und Chirurg

Zusätzlich zu den anwesenden Personen im OP-Saal, welche schon durch ihre Anwesenheit den größten Partikelausstoß und hiermit das größte Risiko für eine Infektion darstellen, muss noch der Wärmehaushalt von Patient und Chirurgen betrachtet werden. Dies ist schon bei der Raumtemperatur ein Streitpunkt in der Praxis. Denn die Chirurgen, die in der Orthopädie körperlich hart arbeiten müssen und unweigerlich ins Schwitzen kommen, wünschen sich eine kühlere Raumtemperatur, als die von der DIN 1946 T4 angegebene Mindesttemperatur von 22 °C. Für sie ist die Aktivitätsklasse III oder sogar IV gemäß der Einteilung der DIN1946 T2 anzusetzen. Das entspricht mindestens einer mäßig schweren körperlichen Tätigkeit mit einer Gesamtwärmeabgabe von min. 200 Watt.

Die Aktivität (Tätigkeit) wird durch die Wärmeabgabe (Grundumsatz) bezogen auf die Körperoberfläche oder die abgegebene Wärmeleistung der Person bei einer mittleren Körperoberfläche von ca. 1,8 m^2 erfasst. Als Maß für die Aktivität wird der Aktivitätsgrad in W/m^2 (DIN 33403) [11] bzw. im angelsächsischen Schrifttum die Einheit met. = 58 W/m^2 (metabolic rate) angewendet (ISO 7730).

Tab. 7.4: Wärmeabgabe bezogen auf Körperoberfläche bei verschiedenen Tätigkeiten.

Tätigkeit	Aktivitätsstufe	Wärmestromdichte W/m²	Metabolic rate met
Entspanntes Sitzen	I	58	1,0 (ca. 100 W)
Leichte Arbeit im Stehen, Labortätigkeit	II	87	1,5 (ca. 150 W)
Arbeit im Stehen, Maschinenarbeit	III	116	2,0 (ca. 200 W)
Schwere Arbeit im Stehen, Maschinenarbeit	IV	145	2,5 (ca. 250 W)

VDI 2083, Blatt 5, Tabelle 2

Wenn man nun das Wärmeflussschema eines Menschen bei einer Umgebungstemperatur von 20 °C zur Hand nimmt, der außerdem körperlich nicht tätig ist, so kann darin abgelesen werden, dass er die Wärme auf folgende Weise abgibt:

1) zu 46 % durch Strahlung
2) zu 35 % durch Konvektion
3) zu 19 % durch Verdunstung

Da aber bei erhöhtem Aktivitätsgrad, wie in unserem Fall, die Wärmeabgabe noch steigen muss und dies durch Konvektion und Strahlung nur unwesentlich geschehen kann, da die äußeren Bedingungen sich nicht ändern, muss dies durch erhöhte Verdunstung geschehen (Tab. 7.4).

Daraus resultiert eine verstärkte Abgabe von feinen Lufttröpfchen, die für die Keime als Transportmittel infrage kommen können. Der Patient hingegen, der unter Narkose steht und zum großen Teil unbekleidet ist, friert bei diesen Temperaturen. Eine Untersuchung über den Verlauf der Körperkerntemperatur ergab folgende Unterschiede zwischen einen konventionell belüfteten OP und einer LAMINAR-FLOW-EINHEIT, die mit einer Luftwechselzahl von 300 Umwälzungen pro Stunde betrieben wurde:

Bei den Patienten im konventionellen Operationsraum wurde eine Absenkung der Körpertemperatur von durchschnittlich 0,3 °C/h bei einer Laparotomie (operative Öffnung der Bauchhöhle) festgestellt.

Bei den Operationen in der LAMINAR-AIR-FLOW-KABINE müssen in Bezug auf die sinkende Körpertemperatur mehrere Ergebnisse genannt werden. Die Art der Operationen war zum größten Teil eine Endoprothesenimplantation oder ein Endoprothesenwechsel des Hüftgelenkes.

Bei einer Allgemeinanästhesie mit einem volatilen Anästhetikum (INH) betrug die Absenkung der Körperkerntemperatur in der ersten Stunde 1,1 °C/h und erhöhte sich gegen Ende des Eingriffs auf 4,6 °C/h. Etwas besser war die Periduralanästhesie mit zusätzlicher Allgemeinnarkose (KPDA+ITN), die zu Beginn eine ähnliche Absenkung wie beim INH-Verfahren aufweist, jedoch gegen Ende den Temperaturabfall auf 2,2 °C/3 h reduzierte. Als günstigstes Narkoseverfahren erwies sich die Neuroleptanalgesie (NLA), die insgesamt einen Temperaturabfall von 1,0 °C/3 h bewirkte. Die Raumtemperaturen in dem OP wurden von 18 bis 24 °C bei einer relativen Luftfeuchtigkeit von 60 bis 70 % geregelt.

Häufig werden Heizpolstersysteme eingesetzt, die zwischen Operationstisch und Patient gelegt werden, um den Temperaturabfall des Körpers zu kompensieren. Dabei ist nur zu beachten, dass die verwendeten Geräte den Grundsätzen der Arbeitssicherheit im OP entsprechen. Außerdem sollten die Heizpolster wasser- und desinfektionsfest sowie röntgenstrahlendurchlässig sein.

Die Untersuchung zeigt: der Wärmeverlust des Patienten ist durch die LAMINAR-FLOW-EINHEIT durch gezielt eingesetzten Narkoseverfahren nur unwesentlich höher als bei einem normal belüfteten OP. Durch den Vorteil der luftgetragenen Keimfreiheit des OP-Feldes dürfte im Sinne der Gesundheit des Patienten die LAMINAR-FLOW-EINHEIT die bessere Entscheidung sein.

Eine gezielte Nachfrage, wie hoch der Wärmeverlust durch die Narkose in Verbindung mit variablen Luftgeschwindigkeiten und veränderlichen Raumtemperaturen ist, kann hilfreich sein. Sowohl die Forderungen nach der luftgetragenen Keimfreiheit, als auch die Forderungen der Medizin nach minimaler Schwächung des Patienten durch seine Umgebung muss durch die Klimatechnik erfüllt werden.

Die restliche OP-Mannschaft kann durch gezielte Bekleidung den jeweils geforderten Raumtemperaturen angepasst werden.

Somit kann die Lufttemperatur z. B. auf 18 bis 20 °C eingestellt werden. Dies entspricht zwar nicht den Anforderungen der DIN 1946 T4, wird aber in der Praxis sehr oft von den Chirurgen gefordert. Für den Wärmehaushalt des Patienten können durch die vorgenannten Anwendungsarten der Anästhesie bzw. durch den Einsatz von Heizpolstern diese relativ niedrigen Raumtemperaturen verwendet werden.

7.7 Einbringungsarten der Luft in OPs

In der vorstehenden Beschreibung wurde eine LAMINAR-FLOW-KABINE, die die höchste Keimfreiheit beinhaltet und in Betrieb mit der Partikelanzahl 0 in der Praxis gemessen wurde, mit herkömmlichen Systemen verglichen. Dass in jedem Krankenhaus, aufgrund der höheren Kosten eine LAMINAR-FLOW-KABINE nicht eingebaut werden kann, ist klar; es sollte für jedes Krankenhaus eine nahezu optimale Lösung in Bezug auf die Be- und Entlüftung sowie die Kostenstruktur im Hinblick auf die Altbausituation und Betriebssicherheit gesucht werden [6].

Im Folgenden werden andere Lüftungssysteme aufgezeigt, die im mittleren Standardbereich anzusiedeln sind und für viele Krankenhäuser sinnvoll, wirtschaftlich und hygienisch sind. Eine kleine Übersicht, der verschiedenen Luftführungssysteme mit den jeweiligen Vor- und Nachteilen wird aufgeführt. Diese Übersicht ist nicht komplett, da es immer weitere Entwicklungen gibt, jedoch werden die wichtigsten und am häufigsten gebrauchten Systeme vorgestellt.

1. Der erste und wichtigste Punkt für die Luftführungssysteme ist der damit erreichbare Luftkeimpegel. Es wurden in vielen Veröffentlichungen Werte über die erreichten Luftkeimpegel genannt, dabei aber leider nur sehr selten eine Aussage über die näheren Zustände im OP gemacht. Dies bedeutet, dass häufig im leeren OP gemessen wurde, mit der Folge, dass sehr gute Werte erzielt wurden. Dies erfolgt auch in der DIN 4799 [10] „Operationsräume". Begründet ist dies in dem Umstand, dass der Hauptherd der Keimabgabe, nämlich der Mensch nicht berücksichtigt wurde. Aus diesem Grund werden zur Beurteilung der reinen Felder die Werte einer Untersuchung von Meierhans benützt, der die Luftkeimzahlen von 40 OP-Räumen verschiedener Bauart unter sehr ähnlichen Bedingungen während des normalen OP-Betriebes gemessen hat.
2. Ein weiteres Kriterium sind die Zuluftvolumenströme bzw. Luftwechselzahlen, die einen Aufschluss über die Effizienz der Luftführungssysteme in Bezug auf den Keimpegel geben. Hier ist zu berücksichtigen, inwiefern Energie durch Verwendung von Wärmerückgewinnungsanlagen oder durch den Umluftbetrieb eingespart werden kann. Dies ist für die Krankenhausverwaltung von enormer Bedeutung, da aus diesem Umstand auf die zu erwartenden Betriebskosten geschlossen werden kann.
3. Als letztes Kriterium ist zu klären, ob die jeweiligen Systeme in der Altbausanierung verwendet werden können oder ob diese nur in Neubauten anwendbar sind.

Abb. 7.6 zeigt den Strömungsverlauf um ein Objekt u. daran folgende Nachteile.

In der Untersuchung von Meierhans [4] wird in der Zusammenfassung der Ergebnisse die Aussage gemacht, dass auch „Operationseinrichtungen, die in ihrer Klimatisierung der neu gefassten DIN-Norm 1946 T4 entsprechen", ebenfalls „keine ausreichende Sicherheit bei endoprothetischen Eingriffen. . . " erreichen. DIN 1946 T4 wurde zwar zwischenzeitlich überarbeitet, wobei aber keine wesentlichen Änderungen zur damaligen Fassung vorgenommen wurden. Aus diesem Grund wird öfter vonseiten der Medizin eine Abweichung zur Norm gefordert, um die oben angesprochene Sicherheit in Bezug auf minimales Infektionsrisiko zu gewährleisten [5].

Zu Beginn wird ein OP-Lüftungssystem mit sogenannter Fensterlüftung dargestellt, um zu den nachfolgend dargestellten Systemen die Entwicklung bzw. den Unterschied besser aufzeigen zu können. Bei einer Messung in diesem OP, der zumeist normal – also ohne besondere Beleuchtung etc. – ausgestattet ist und bei dem keine RLT-Anlage angeschlossen ist, ergaben sich Werte zwischen 1.000 und 2.500 Keime pro m^3 Raumvolumen, je nach Jahreszeit und Größe des OPs. Dabei ist bemerkenswert, dass bei geöffneten Fenstern in der warmen Jahreszeit der Luftkeimpegel geringer war, als an kalten Tagen, an denen die Fenster geschlossen waren.

Der heutige Stand der Technik sei im Folgenden aufgezeigt. Die Systeme werden nach der Art und Lage ihrer Zuluftöffnungen eingeteilt (siehe auch Kap. 3.7.1. Wirtschaftlichkeit.)

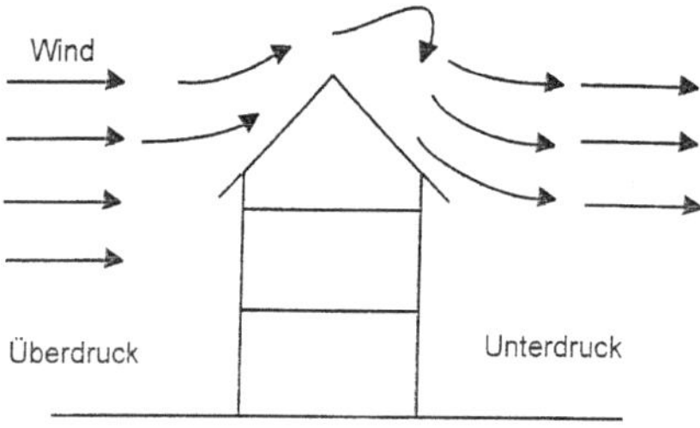

Abb. 7.6: Anströmung.

7.7.1 Horizontale Lufteinbringung

Für diese Art der Lufteinbringung können an den Wänden nach der Schwebstofffilterung normale Luftauslässe, die desinfizierbar sein müssen, verwendet werden. Die Abluft wird meist an der gegenüberliegenden Wand angesaugt. Das Prinzip ist die turbulente Mischlüftung, bei der kein Totraum entstehen sollte. Aufgrund des geringen Platzbedarfs kann diese gut für Altbausanierungen verwendet werden, sofern die S-Filter, die hinter den Auslässen liegen, ohne Problem gewartet werden können. Die OP-Einrichtungen bedürfen keiner Veränderung. Der Zuluftvolumenstrom berechnet sich aus folgender bekannten Formel:

$$V_{\text{Zu min.}} = 2.400\ \mu s/\varepsilon_{\text{SZUL.}} \quad (\text{m}^3/\text{h})$$

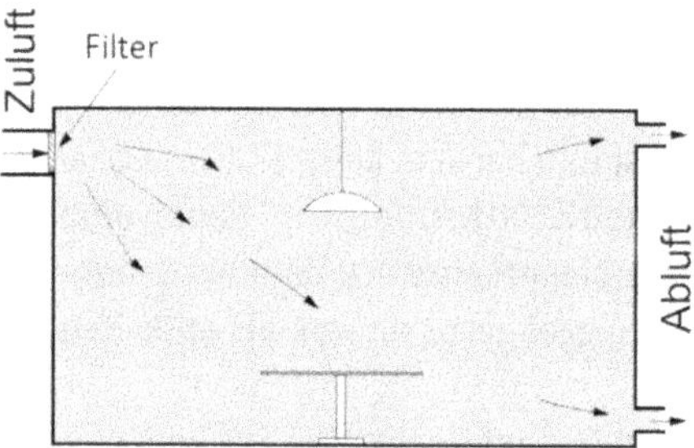

Abb. 7.7: OP mit Strahllüftung.

Für µs kann bei idealer Mischströmung – also ohne Totraum – der Wert 1,0 eingesetzt werden. Bei $\varepsilon_{SZUL.}$ muss entsprechend dem Typ der Keimfreiheit des Raumes unterschieden werden. Da sich die Volumenströme im Rahmen von normalen RLT-Anlagen für OPs bewegen (Luftwechsel ca. 20 l/h), sind die Betriebskosten wie bei normalen Vollklimaanlagen anzusetzen. Der einzige Nachteil dieses kostengünstigen Systems ist der relativ hohe Luftkeimpegel, der im Mittel 192 Keime pro m^3 Raumvolumen beträgt. Das ist zwar wesentlich weniger als ohne RLT-Anlage, aber für den aseptischen OP wäre das Risiko der postoperativen Hüftgelenksepsis nach Lidwell bei über 3 %. Aus diesem Grund eignet sich diese Art der Luftführung nur für OP-Nebenräume.

7.7.2 Schräge Lufteinbringung

Die schräge Lufteinbringung (Abb. 7.8 Zuluftschrägschirm), die auch häufig als Zuluftschirm bezeichnet wird, basiert ebenfalls auf dem Prinzip der turbulenten Mischlüftung. D. h., dass die Raumluft durch die Zuluft – die Richtung des gesamten Strahls ist auf den OP-Schutzbereich gerichtet – soweit mit keimfreier Luft aus den S-Filtern verdünnt wird, dass bei einem Zuluftvolumenstrom von 2.400 m^3/h – das entspricht einer Luftwechselzahl von 15 bis 25 l/h lt. DIN 4799 – ebenfalls 192 Keime pro m^3 Raumvolumen gemessen werden. Dieser Wert stammt aus dem Messbereich von Meierhans, der zu dem horizontalen Luftführungssystem unter Punkt 7.7.1 keinen Unterschied bei der Messung während des OP-Betriebs feststellte. Im technischen Prospekt z. B. der Firma WEISS wird zwar ein Wert von unter 100 KBE/m^3 Raumvolumen angegeben; hierbei wird jedoch keine Aussage über das Umfeld bei der Messung getroffen.

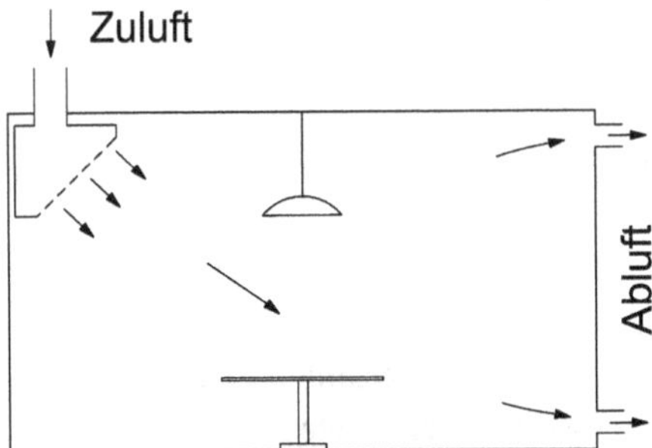

Abb. 7.8: Operationsraum mit Zuluftschrägschirm über die Raumbreite.

Die Zuluftschirme können über die gesamte Raumbreite eingebaut werden. Durch diese einfache Montage und den geringen Platzbedarf eignet sich das System sehr gut für die Altbausanierung. Da jedoch der Keimgehalt sehr hoch ist, wird dieses System, wie auch das unter 7.7.1 hauptsächlich in OP-Nebenräumen bzw. als Übergangslösung bei unzureichender Raumhöhe, eingesetzt. Von Vorteil ist die einfache Wartung der Filter, wie auch die leichte Desinfektionsmöglichkeit des Rahmens. Außerdem dürfen bei Zuluftströmen von 2.400 m^3/h bei einem Kontaminationsgrad <1,0 den thermophysiologischen Komfort wenig beeinträchtigen. Beide Fabrikate entsprechen der DIN 1946 T4. Die Einrichtungsgegenstände bedürfen keiner Änderung. Die Betriebskosten sind ebenfalls mit einer Vollklimaanlage vergleichbar.

7.7.3 Vertikale Lufteinbringung

Diese Systemart ist mit verschiedenen Varianten am weitesten am Markt verbreitet. Als einzige Anforderung, um mit der Zuluft von der Decke aus einblasen zu können, ist eine Mindestraumhöhe von drei Metern sowie eine abgehängte Decke, nötig. Das ist häufig für Altbausanierungen kein Problem, da früher die OP-Räume allgemein sehr hoch gebaut wurden (Abb. 7.9).

Abb. 7.10 zeigt die Verwirbelungen bei einer großflächigen Lochdecke.

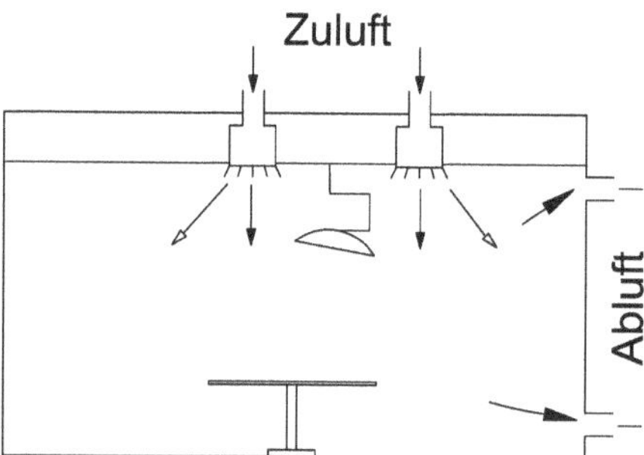

Abb. 7.9: OP mit Deckenauslässen.

Man unterscheidet verschiedene Arten dieses Systems. Meierhans teilt diese in folgende Arten ein, die auch heute noch ihre Gültigkeit haben:

1. Vertikale Lufteinbringungen nach dem Prinzip der turbulenzreichen Verdünnungslüftung gemäß den Anforderungen der DIN 1946 T4.
2. Ebenfalls wie bei Punkt 1), jedoch mit höheren Luftwechselzahlen bzw. Zuluftvolumenströmen und mit teilweiser Unterstützung durch gerichtete Luftstrahlen.
3. Wie Punkt 2), jedoch mit einer Abtrennwand zwischen Wunde und Anästhesist, teilweise auch mit Umluftbetrieb.

Es werden keine besonders angepassten Gegenstände als Einrichtung für den OP gebraucht. Es bietet sich aber eine geänderte Beleuchtung an, die die Verwirbelung in dem Zuluftfeld – vor allem bei den Systemen unter Punkt 2 und 3, das direkt über den OP-Schutzfeld liegt, gering zu halten, um eine möglichst keimfreie Strömung aufrechtzuerhalten.

Dieses Problem wird von fast allen Herstellern, durch Verwendung zweier kleinerer Satelliten (OP-Leuchten) statt der normalen großen OP-Leuchte mit einem Durchmesser von ca. 1,0 m gelöst. Alternativ und zusätzlich versucht man durch weitere Leuchteinheiten, die in der Zwischendecke eingearbeitet sind, und das Zuluftfeld umschließen, eine noch bessere Ausleuchtung des OP-Bereiches zu bewirken.

Im Hinblick auf die Luftvolumenströme bzw. die Luftwechselzahlen ist festzustellen, dass die Systemart unter Punkt 1 genauso anzusehen ist, wie die unter 7.7.1 beschriebene. Der Volumenstrom ergibt sich ebenfalls aus der dort genannten Formel mit den dazugehörigen Werten. Meierhans hat als Keimgehalt dabei ebenfalls im Mittel 192 Keime/m^3 Raumvolumen während des OP-Betriebs gemessen. Die Betriebskosten der RLT-Anlage sind, wie bei einer Vollklimaanlage zu berechnen, da keine stark erhöhten Volumenströme benötigt werden. Für die Medizin kommt aufgrund des hohen Keimwertes diese kostengünstige Systemart nur für OP-Nebenräume infrage.

Anders bei den Systemarten nach Punkt 2. Dort wird mithilfe von erhöhten keimfreien Zuluftvolumenströmen und einem großflächigen Luftauslass, der direkt über den OP-Tisch angeordnet ist, die Keimzahl merklich reduziert. Dabei wurden von Meierhans während des OP-Betriebs Werte im Mittel von ca. 90 Keime/m^3 Raumvolumen gemessen. Daraus ergibt sich z. B. nach Lidwell noch ein Risiko von über 2 % für die postoperative Hüftgelenkssepsis.

Es kann somit für eine OP-Decke ein Volumenstrom von 2.400 m^3/h – wie es die DIN 1946 T4 fordert – ausgelegt werden. Bei der OP-Decke beträgt die Fläche des Auslasses, bei einer Luftgeschwindigkeit von 0,4 m/s am OP-Tisch, (1,4 × 2,4 m) ca. 3,50 m^2. Der Luftkeimpegel wird mit unter 20 KBE/m^3 Raumvolumen angegeben. Als Luftauslassgitter wird ein Edelstahllochgitter, alternativ: Lichtgitter bzw. zweilagiges feines Mikrogewebe, verwendet.

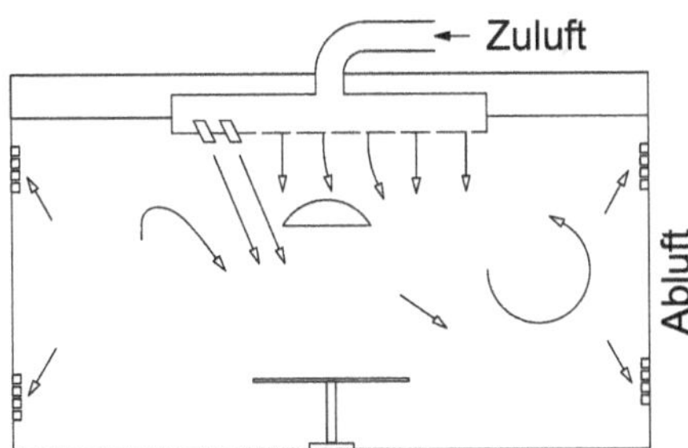

Abb. 7.10: OP mit großflächiger Lochdecke.

Abschließend ist zu den Systemarten unter Punkt 1) und 2) darauf hinzuweisen, dass lt. den Untersuchungen von Herrn W. Koller über den Temperaturgradienten zwischen der Raumluft und der Zuluft bei einem nach unten gerichteten laminaren Luftstrom festgestellt wurde, dass bei geringerer Zulufttemperatur – also im Kühlfall – sich eine

„Konzentration des Zuluftstromes“ ergab mit einer „Verbreiterung der Randwirbelzone, sodass dadurch das Reinfeld in OP-Tischhöhe merklich eingeengt wird“ (s. auch 7.10).

Das führt dazu, dass auch im OP-Gebiet nur noch Mischluft mit ihren Verunreinigungen durch Partikel bzw. Keime zur Verfügung steht. Durch zusätzliche Wärmequellen kann bei vertikaler Luftströmung weiterhin eine Auftriebswirkung der Luft entstehen. Aus diesem Grund ist es besser, Lampen bzw. die Abwärme der anwesenden Personen gezielt bzw. direkt abzuführen. Bei den Personen wurde dies in letzter Zeit mittels einer speziellen Helmabsaugung gelöst (Abb. 7.3).

Ferner wurde als Ergebnis herausgefunden, dass Körper, die als Strömungshindernisse anzusehen sind, auf ihrer Leeseite Fremdluft und somit auch Partikel in den reinen Luftstrom saugen (Abb. 7.11).

In der folgenden Abbildung kann man erkennen, wie bei einem nach unten gerichteten laminaren Luftstrahl dieser durch die Auftriebswirkung der abgegebenen Wärme verwirbelt wird, die alleine von einem nicht tätigen Menschen erzeugt wurde.

Bei den drei Aufnahmen ist sehr deutlich erkennbar, dass bei einer Luftgeschwindigkeit unter 0,33 m/s die Auftriebswirkung von Luft durch die Wärmeabgabe eines nicht tätigen Menschen schon reicht, um eine Verwirbelung des laminaren Luftstromes zu bewirken. Durch diese Verwirbelung können vom Menschen abgegebene Partikel bzw. Keime in das Operationsfeld gelangen. Erst bei Luftgeschwindigkeiten um ca. 0,45 m/s ist erkennbar, dass die Auftriebswirkung mit ihren o. g. Folgeerscheinungen kompensiert ist.

Man kann davon ausgehen, dass die beschriebene Systemvariante unter Punkt 3) nicht mehr eingesetzt wird. Trotzdem sollte sie der Ordnung und Vollständigkeit halber erwähnt werden. Das außergewöhnliche an diesem System ist, dass sich der Anästhesist und der Oberkörper des Patienten – soweit wie möglich – außerhalb des Zuluftvolumenstromes hinter bzw. „in“ einer Trennwand befinden. Dabei stellte Meierhans im Jahre 1980 während des OP-Betriebes eine mittlere Keimzahl von 12 Keimen/m^3 Raumvolumen fest. Dieser Wert ist zurückzuführen auf die verminderte Anzahl von Personen im unmittelbaren OP-Schutzfeld sowie einem besseren turbulenzarmen Strömungsprofil an der Trennwand.

7.7.4 Laminar-Flow -Kabinen

Bei diesen Anlagen, die häufig dadurch charakterisiert sind, dass diese über einen großen Bereich Luft zumeist in ein Raum-in-Raum-System einblasen und somit eine turbulenzarme Verdrängungsströmung, die öfters auch als Kolbenströmung bezeichnet wird, erzeugen. Man unterscheidet zwischen vertikaler und horizontaler Lufteinbringung [2].

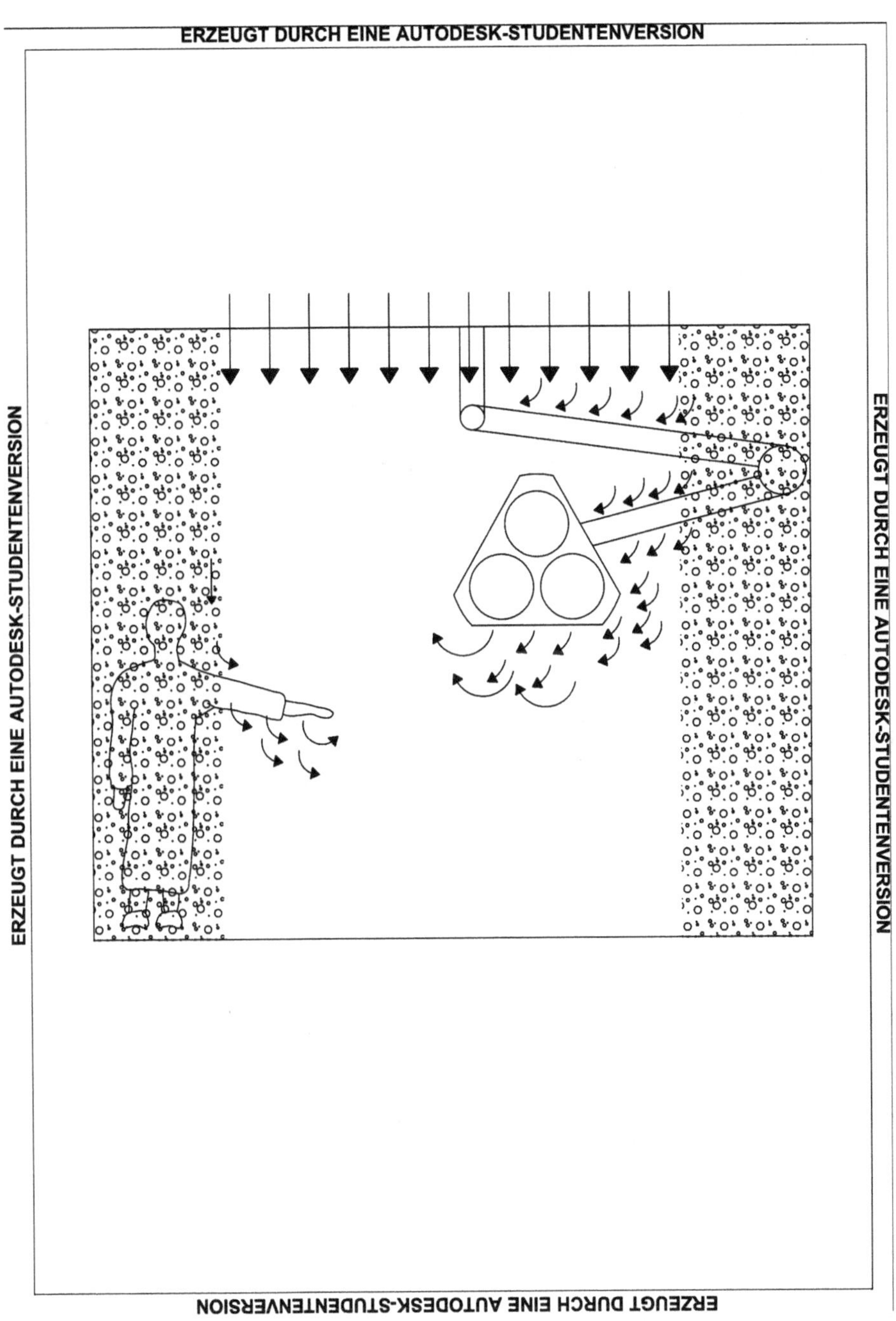

Abb. 7.11: Gegenstände, die in den reinen Luftstrom hineinragen.

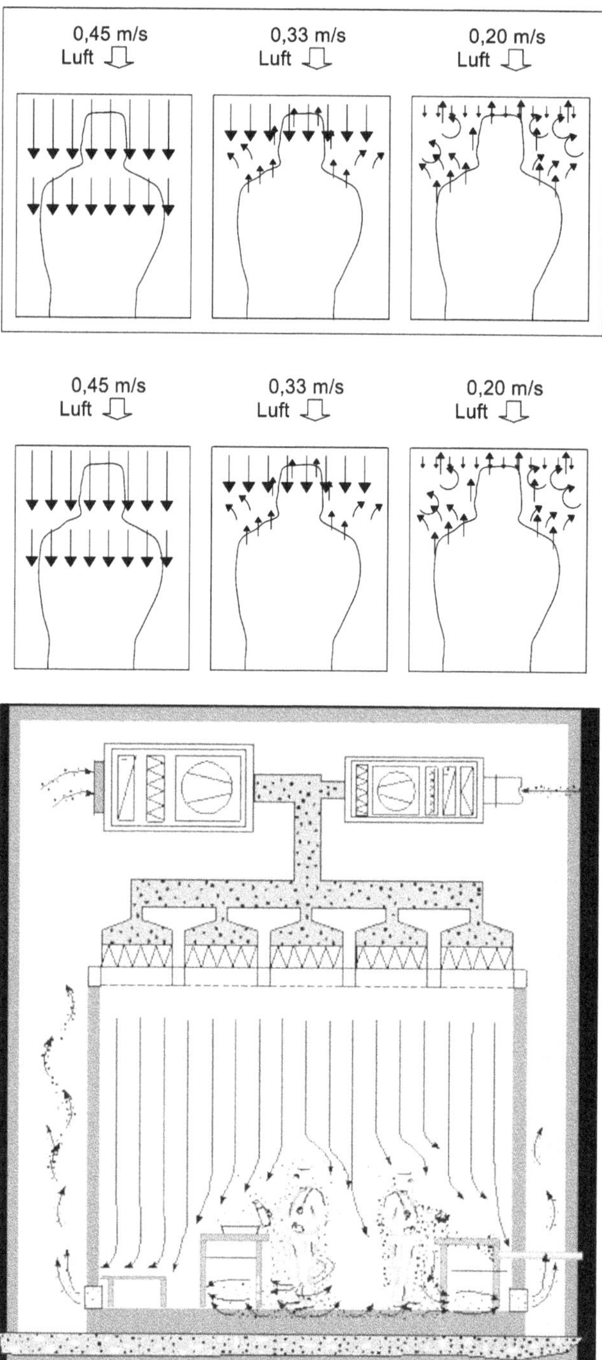

Abb. 7.12: Störung eines nach unten gerichteten laminaren Zuluftstroms durch die Auftriebswirkung der von einem Menschen erwärmten Luft.

Laminar-Flow-Kabinen (Horizontal)

Bei der horizontalen Zulufteinbringung, die meistens eine ganze Wandseite ausfüllt, hat Meierhans bei seinen Messungen im Mittel 13 Keime/m^3 Raumvolumen festgestellt. Ein Nachteil dieser Systemvariante besteht darin, dass durch Disziplinfehler des OP-Teams die Werte sehr stark negativ beeinflusst werden können. Dies ist vor allem der Fall, wenn sich Personen stromaufwärts in Bezug auf die Luftströmung und das Operationsfeld bewegen. Aus diesem Grund ist dieses System nicht sehr oft im OP anzutreffen, da dies eine starke Beeinträchtigung des OP-Teams bezüglich ihrer Bewegungsfreiheit bedeutet. Für die Altbausanierung wäre das System kein Problem, da man neben den Zwischendecken auch zwei gegenüberliegende Wandseiten – Zu- und Abluft – nutzen kann. Die Betriebskosten sind hier natürlich höher, da mit größeren Volumenströmen gefahren wird.

Laminar-Flow-Kabinen (Vertikal)

Vertikale Systemarten der Laminar-Flow-Einheiten arbeiten meist mit sehr hohen Volumenströmen. Durch die Abtrennung mittels Glasscheiben erfolgt keine Kontamination durch Luftwirbel von außerhalb. Meierhans hat bei seinen Messungen in Kabinen, die fast bis zum Boden reichen, Werte um 0 Keime/m^3 Raumvolumen gemessen. Dabei werden die Partikel und Keime, die vom OP-Team emittiert werden, nach unten und außen abgeführt, ohne in den Bereich der Operationsöffnung zu gelangen. Aus medizinischer Sicht ist dies für den Chirurgen bei seiner Arbeit eine gewaltige Entlastung im Hinblick auf den Zeitdruck, unter dem er arbeiten muss. Das postoperative Infektionsrisiko liegt, nach Lidwell, bei 1 %. Bei den Einrichtungsgegenständen wurde ein Beleuchtungssystem entwickelt, dass lt. Prospektangabe die Verwirbelung der Zuluft nach 200 mm Luftströmung durch die strömungsgünstige Form der Lampen wieder kompensiert, die man von außerhalb der Kabine durch ein Tableau elektrisch verstellen kann.

Der Einbau der Gesamtsysteme in Altbauten ist etwas schwieriger, da durch die erhöhten Volumenströme ein Größerer Platzbedarf für die RLF komponenten. Durch die optimale Anordnung ist es jedoch lt. Aussage der betroffenen Firmen bis jetzt immer möglich gewesen, diese Systeme zu verwenden.

Z. B. bietet die Fa. Friedmann als Hersteller eine Reinraumoperationskabine an, die dem konstruktiven Aufbau der Kabine von Meierhans [4] am nächsten kommt (Abb. 7.14). Dabei hängen die Seitenscheiben aus gehärtetem zweischichtigem Verbundsicherheitsglas bis auf 1,5 m bzw. 1,2 m an den Seitenflanken über den Fußboden herab. Daran anschließend sind transparente Sicherheitsvorhänge befestigt, die bis ca. 15 cm über den Fußboden reichen. Aus diesem Spalt, der die gesamte Kabine umgibt, entweicht die Zuluft nach dem Überdruckprinzip. Diese Anordnung bewirkt, dass alle Partikel bzw. Keime, die im (Abb. 7.1) Inneren der Kabine freigesetzt werden, sofort und direkt nach unten und außen abgeführt werden. Die Größe der Kabine bzw. des Zuluftauslasses, der die gesamte Decke innerhalb der Kabine ausfüllt, reicht von (3,18 × 3,45) m^2 bis zu (5,99 × 3,76) m^2 mit zwei OP-Tischen bei der größten Fläche.

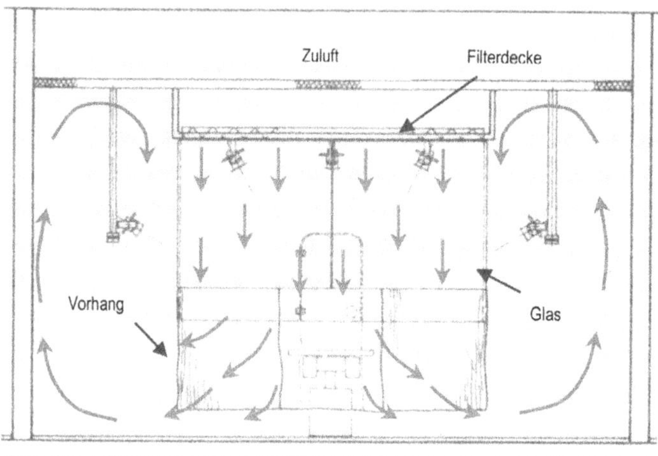

Abb. 7.13: Laminar-Flow-Kabine.

Der Zuluftvolumenstrom berechnet sich aus der Luftwechselzahl, die in der Firmeninformation mit 600 pro Stunde angegeben ist. Dabei wird darauf hingewiesen, dass eine Ausblasgeschwindigkeit von 0,45 m/s benötigt wird, um die Auftriebsenergie, durch die Abwärme des OP-Teams, vor allem die des Chirurgen, der bei einer Aktivitätsstufe eine Auftriebsgeschwindigkeit von 0,2 m/s erzeugt, zu kompensieren. Als Luftkeimkonzentration während einer Hüftoperation werden Werte im Mittel von 2 KBE/m^3 angegeben, die durch eine Atemluftabsaugung auf 0 bis 1 KBE/m^3 reduziert werden kann. Zur Bewertung der Betriebskosten wurde von der Firma Friedmann ein Kostenvergleich zur Verfügung gestellt, der eine Anlage nach DIN 1946 T4, Dez. 1989, mit der OP-Kabine des Friedmann-Systems vergleicht. Die Werte entsprechen denen von Meierhans, der bei seinen Messungen 0 Keime/m^3 Luft ermittelt hat, bei Kabinen, die an den Seitenflanken bis nahe dem Boden reichen. (Weiteres zu Betriebskosten und Wirtschaftlichkeit siehe Kap. 3.7).

Mittels Computerprogrammen lassen sich heute auch viele Strömungssimulationen ausführen, die sehr hilfreich sind und vor allem nicht so zeitaufwendig, wie experimentelle Untersuchungen [3].

7.8 Messungen von Reinraumfeldern

7.8.1 Arten der Messverfahren

Um Werte in der Dimension von ca. 0,5 µm oder noch weniger messen zu können, bedarf es einer speziell darauf abgestimmten Messtechnik. Denn die Messung von Partikeln soll neben der Effizienz der jeweiligen Luftführungssysteme im Hinblick auf den Kontaminationsgrad noch einen Aufschluss über die zu erwartende Luftkeimkonzentration

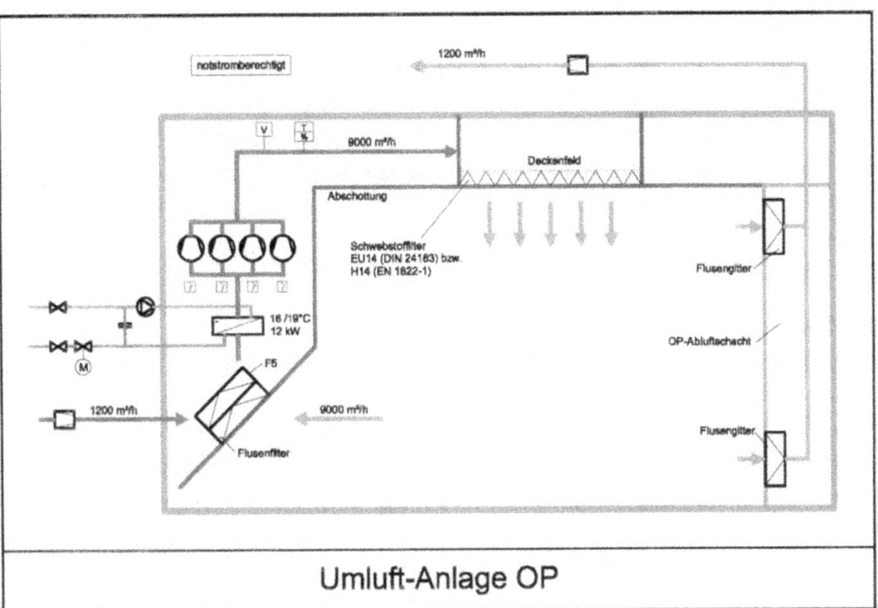

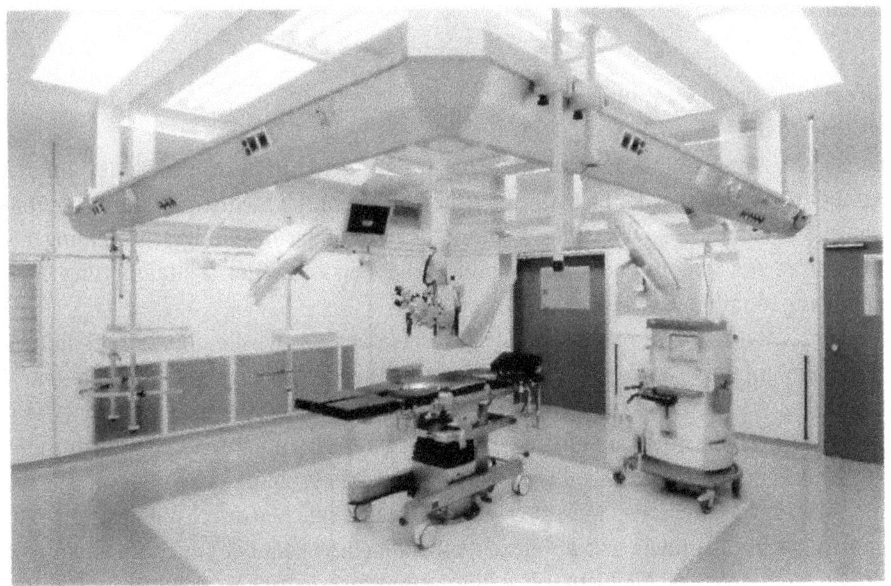

Friedmann Umluft-Anlagen im OP

Luftmenge:	9.000 m³/h
Frischluft:	1.200 m³/h
Luftwechsel:	60-fach

Abb. 7.14: Reinraum Einzelkabine.

geben. Die luftgetragenen Keime können nämlich nur mit der Methode der Nährböden erfasst werden, und das Ergebnis kann erst nach der Bebrütung erfolgen. Aus diesem Grund wählt man in der Praxis oft den Weg, neben der Keimbestimmung durch Nährböden, die Anzahl von Partikeln zu ermitteln, die als „Transportmittel" für die Keime infrage kommen, um eine Aussage über mögliche Abweichungen zu früheren Messungen zu bekommen. Im Folgenden sind einige Verfahren beschrieben, die heute verwendet werden.

Das Membranfilterverfahren

Dieses Verfahren ist nur für Partikel, die größer als 5 µm sind, verwendbar. Ein Nachteil dabei ist, dass keine kontinuierliche Messung stattfinden kann, da während der Auswertung der Zählvorgang unterbrochen ist. Dabei wird die Luft aus dem reinen Feld mittels einer Luftförderpumpe durch den Membranfilter gesaugt. Das Durchflussmessgerät hält dabei den Probeluftvolumenstrom konstant. Bei der Messung unter Reinraumbedingungen sollten mindestens 100 Partikel gezählt werden. Bei geringerer Belegung muss das gesamte Membranfilter mithilfe eines geeigneten Mikroskops abgerastert werden. Bei größerer Filterbelegung kann durch ausgezählte Stichproben auf die gesamte Filterfläche geschlossen werden.

Die optische Partikelzählung

Das Laserzählverfahren

Die am meisten benutzte Messmethode basiert auf dem Streulichteffekt oder auf der Extinktion. Dabei ist bei der Lichtstreuung die Ablenkung des Lichtstrahls durch die Teilchen zu verstehen. Bei der Extinktion hingegen besteht die Strahlungsschwächung aus der Summe von Streuung und Absorption, wobei Letzteres eine Lichtdämpfung beim Durchgang räumlich ausgedehnter Medien ist.

Der Messvorgang ist dabei folgender: Durch eine Düse wird ein Luftstrahl, mittels einer Vakuumpumpe, gezogen. Dabei sichert eine Blende den konstanten Luftvolumenstrom von 1 bzw. 0,1 Kubikfuß/min. aus dem zu messenden Reinfeld. Im optischen Geräteteil wird ein Lichtstrahl auf einen bestimmten Querschnitt fokussiert. Dabei entsteht die Lichtstreuung durch vorbeifliegende Teilchen. Das Problem dieses Verfahrens ist, dass bei zu groß belichtetem Messquerschnitt einzelne Teilchen durch die Unschärfe zusammenwachsen können, und als einzelne nicht mehr erkennbar sind. Dies entspricht dem Koinzidenzeffekt. Als Lichtquelle kann monochromatisches Licht, wie z. B. beim Laser oder polychromatisches Weißlicht verwendet werden.

Beim Weißlicht liegt die Nachweisgrenze bei ca. 0,3 µm Durchmesser; beim Laserlicht etwa bei 0,06 µm. Dieser Unterschied ist auf die höhere Lichtintensität des Lasers zurückzuführen. Visualisiert werden die Partikel durch einen Photodetektor, der das erzeugte Streulicht in einen Stromimpuls umwandelt. Dabei wird dessen Höhe gemessen und durch die Elektronik mittels Eichkurven auf einem Display angezeigt.

Das Kondensationskernzählverfahren

Dieses Verfahren gehört ebenso zur Familie der optischen Zählverfahren. Die Funktionsweise ist gleich der des Streulichtgerätes. Der Unterschied besteht darin, dass hier die entnommene Probeluft vor der eigentlichen Messung durch ein Sättigungsrohr mit Butanol (bei einer Temperatur von 35 °C) gefüllt, durchgesogen wird. Nach der Sättigung wird die Probeluft auf 10 °C im Kondensationsrohr wieder abgekühlt. An dieser Stelle wird dann der Butanoldampf von den Partikeln wieder abgeschlagen. Dadurch vergrößern sich die Partikel auf etwa 10 µm. Die optische Darstellung und Erfassung ist in dieser Größenordnung relativ einfach zu bewerkstelligen. Nachgewiesen werden können alle Partikel, die im Durchmesser nicht kleiner als 0,01 µm sind. Ein Nachteil des Verfahrens ist die geringe Probeluftentnahmemenge des Reinfeldes von nur 0,05 Kubikfuß pro Minute, da durch diese geringe Menge nicht eindeutig auf die Gesamtanzahl geschlossen werden kann. Als Lösung bietet sich hier an, mehrere Luftproben zu entnehmen.

Literatur

[1] Friedmann K.-H.: Hochaseptisches Operieren im Reinraum. Symposium Raumklima in der Wende an der Fachhochschule München, 03.12.1999.
[2] Hartung C.: Hygiene und Verdrängungsströmung im OP – Hygieneanforderungen in Klimaanlagen. Symposium: Der Weg zum guten Raumklima. Fachhochschule München, 27.03.1998.
[3] Martens S.: Durchführung einer Strömungssimulation mit Fluent-Software am Beispiel eines OP-Saales mit integrierter Reinraumkabine. Symposium Raumklima in der Wende – Technologien im Krankenhaus-Fachhochschule München, 20.10.2000.
[4] Meierhans R.: Sanfte Klimatechnik mit Bauteiltemperierung. Symposium Raumklima in der Wende. Fachhochschule München, 20.10.2000.
[5] KHS Gesellschaft für Klimahygiene-Service: RLT und Hygienesicherheit. Firmenschrift, 2008.
[6] Färber W. U., Schmidt-Burbach: Empfehlungen für die Überwachung von raumlufttechnischen Anlagen in Krankenhäusern. Krh.-Hyg + Inf.verh. 17 Heft 1 1995.
[7] VDI 2083 Blatt 1 Reinraumtechnik – Partikeleinheitsklassen der Luft. 2021 – 01 VdI Düsseldorf.
[8] DIN 1946 Raumlufttechnik 2018-09 u. DIN 1946-6 Lüftungskonzepte 15.05.2020, Beuth, Berlin.
[9] DIN 24184 Luftfilterklassen, Abscheidegrad, Hochleistungsschwebstofffilter der Klasse S (Hepa H 14). 1990 – 12, Berlin.
[10] DIN 4799 Ausgabe 6 1990 ersetzt durch DIN 1946 Teil 4 Ausgabe 2008 – 12 Raumlufttechnik: Luftführungssysteme für Operationsräume, Prüfung. Beuth Verlag, Berlin.
[11] DIN 33403 Klima am Arbeitsplatz und in der Arbeitsumgebung. Teil 3: Beurteilung des Klimas im Warm- u. Hitzebereich auf der Grundlage ausgewählter Klimasummenmaße. 2011 – 07, Beuth Verlag, Berlin.

8 Medizinische und technische Gase im Krankenhaus

Im Krankenhaus kommt eine Vielzahl von technischen und medizinischen Gasen zum Einsatz. Neben den rein technischen Gasen sind zur Versorgung der Patienten nach Bedarf medizinische Gase wie medizinischer Sauerstoff, Kohlendioxid, ölfreie Druckluft, z. B. für Absaugpumpen mit Vakuumanschluss und Narkosegase überall im Einsatz.

8.1 Medizinische Gase

Sauerstoff (O_2) muss für medizinische Zwecke eine bestimmte Reinheit besitzen, die im Europäischen Arzneibuch Bd. II aufgeführt ist und per Bundesverordnung bindend ist.

Sauerstoff ist ein unbrennbares, jedoch die meisten Stoffe verbrennendes Gas und findet zur Beatmung und bei Laborversuchen Verwendung.

Vakuum ist in vielen Fällen erforderlich, z. B. zum Absaugen von Spülflüssigkeit, Blut, Sekreten, Freisaugen der Atemwege und vieles mehr.

Medizinischer Sauerstoff wird in speziell vorbereiteten Flaschen mit weißer Flaschenschulter und Kappe geliefert. Der Sauerstoff wird mittels des Linde-Fränkl-Verfahrens aus der Luft erhalten. Der für uns lebensnotwendige Sauerstoff kann bei einem Absenken auf 17 % bereits zu Atemschwierigkeiten führen. Der schwerere Sauerstoffanteil im Luftgemisch kann sich in Kleidung und Wäsche einsaugen, deshalb kann man Brände mit Sauerstoff nur mit Kohlendioxidschnee löschen.

Weitere wichtige Gase sind:

- Lachgas (N_2O) ist wie Sauerstoff ein unbrennbares Gas, unterhält aber ähnlich wie Sauerstoff die Verbrennung. Es findet heute kaum noch als Narkosegas Verwendung. Vielmehr werden Halothan, Enfluren und Isofluren eingesetzt.
- Kohlensäure (CO_2) ist ein unbrennbares, in größeren Mengen erstickend wirkendes Gas. Es wird für medizinische Bäder verwendet.
- Stickstoff (N_2) ist ein unbrennbares, ungiftiges Gas. Verwendung: Stickstoff, argonarm in der Medizintechnik.
- Carbogen ist ein Gemisch aus 95 % Sauerstoff und 5 % Kohlendioxid.
- Verwendung: Beatmung

Technische Gase (s. auch Kap. 10.9)

Bei den technischen Gasen unterscheidet man zwischen Brenngasen und verbrennungsfördernden Gasen.

Zu den Brenngasen gehören:

- Propan ($C_3 H_8$) wird als Heiz- und Brenngas verwendet, da es einen hohen Heizwert hat. Es wird meist als Flaschengas im Krankenhaus eingesetzt. Im Labor wird es zur Flammenemmission-Spektralphotometrie benützt.
- Acetylen ($C_2 H_2$) wird in Aceton oder Dimethylformamid gelöst bevorratet, da es bei Drücken über 2,5 bar zu explosionsartigen Zersetzungen kommt.

https://doi.org/10.1515/9783110402919-008

- Acetylen in Flaschen enthalten starkporige Füllungen aus Kieselgur, Kalk und Kohle bzw. hochporigem Kunststoffschaum.
- Es wird als Brenngas für autogenes Schweißen und Schweißen mit Schutzgasen in den Werkstätten eingesetzt. Auch nass gereinigtes Acetylen wird im Labor als Analysegas eingesetzt.
- Wasserstoff (H_2) ist ein brennbares, farbloses, geruchloses und ungiftiges Gas. Verwendung findet es zusammen mit Sauerstoff zum autogenen Schneiden und Schweißen. Ebenfalls wird es als Kältemittel eingesetzt.
- Im Labor wird es bei der Gaschromatographie verwendet in Verbindung mit den Edelgasen Helium und Stickstoff.
- Stickstoff (N_2) ist ein unbrennbares, ungiftiges Gas. Stickstoff findet argonarm Verwendung in der Medizintechnik. Es ist ein inertes Gas.
- Argon (Ar) ist ein Edelgas, das mit 1.3 Gewichtsprozenten in der Luft und in vielen Mineralquellen verhältnismäßig reichlich vorhanden ist. Es ist ein farb-, geruchs- und geschmackloses Gas, das als völlig inertes Schutzgas bei bestimmten Schweißarbeiten und zur Füllung von Glühlampen und Leuchtröhren eingesetzt wird. (siehe auch Kap. 10.9).

8.2 Gefahrstoffe im Krankenhaus

Heute werden für die Anästhesie anstatt Lachgas häufig andere Gase wie Halothan, Enfluran, Isofluran verwendet. Weitere Gefahrstoffe sind Desinfektionsmittel: Formaldehyd, Glutardialdehyd, Isopropanol, Ethanol. Natürlich sind diese Gase gefährlich. Es werden hier die in den einzelnen Abteilungen des Krankenhauses aufgeführten Gefahrstoffe aufgelistet:

1. OP-Bereich mit OP-Saal	Lachgas
Ein- und Ausleitungsraum	Halothan
sowie Aufwachraum	Enfluran
	Isofluran
	Desinfektionsmittel:
	Formaldehyd
	Glutardialdehyd
	Isopropanol
	Ethanol
2. Zentrale Sterilisation	Ethylenoxid
	Formaldehyd
3. Pathologie, Histologie,	Formaldehyd
Gerichtsmedizin	Xylol
	Toluol
	Ethanol
	Methanol

		Aceton
4.	Endoskopie, Kreißsaal,	Formaldehyd
	Geräte- und Bodendesinfektion	Glutardialdehyd
5.	Bettenzentrale	Formaldehyd
	Glutardialdehyd	

Überschüssige Narkosegase entweichen in den OPs und werden vom OP-Personal eingeatmet, was bei ständiger Belastung zu gesundheitlichen Schädigungen führen kann [1].

Diese Gefahr kann durch Ejentor-Absaugsysteme am Narkosekreissystem verhindert werden. Sie werden in der Regel in den Klimaabluftkanal geleitet. Weitere Maßnahmen zur Reduzierung der Konzentration von Narkosegasen in der Raumluft sind:
- Regelmäßige Wartung der Anästhesiegeräte, Gasentnahmestellen, Anlagen und Systeme entsprechend der Empfehlungen des Herstellers
- Wirksame Raumbelüftung im Operationsumfeld (1200 m^3/h Frischluft)
- Lokalabsaugung bei kritischen Operationen (z. B. Maskennarkosen)
- Sparsamer Anästhesiemittelverbrauch
- Einsatz leckarmer Narkosegeräte (Low-Flow-Anästhesie)

Tabelle 8.1 gibt die zulässigen Grenzwerte bzw. Orientierungswerte an.

Tab. 8.1: Grenzwerte.

Gefahrstoff	ppm	
Lachgas	MAK	100
Halothan	MAK	5
Enfluran	OW	10
Isofluran	OW	10
Formaldehyd	MAK	0,5
Glutardialdehyd	MAK	0,2
Ethylenoxid	TRK	1
Xylol	MAK	100
Toluol	MAK	100
Ethanol	MAK	1000
Methanol	MAK	200
Aceton	MAK	1000
Isopropanol	MAK	400
Diethylether	MAK	400

OW = Orientierungswert, Amt für Arbeitsschutz, Hamburg, 1990; TLV = US-amerikanischer Grenzwert, 1990; MAK = Maximale Arbeitsplatzkonzentration, 1990; TRK = Technische Richtkonzentration, 1992

Diese Grenzwerte weichen in den einzelnen Ländern etwas ab.

Es sei hier eine maximale Arbeitsplatzkonzentration der BRD mit Schweden und den USA verglichen [2] (Tab. 8.2).

Tab. 8.2: Grenzwerte für Narkosegase.

	BRD (MAK)	Schweden	USA (TWA)
N_2O	100 ppm	100 ppm	50 ppm
Halothan	5 ppm	5 ppm	50 ppm
Enfluran	–	10 ppm	75 ppm
Isofluran	–	–	–

Ferner sind die Expositionsspitzen als Kurzzeitwerte angegeben (Tab. 8.3):

Tab. 8.3: Kurzzeitwerte – Expositionsspitzen.

	Kurzzeitwerthöhe	Dauer	Häufigkeit
Halothan	2 MAK	30 min	8
Enfluran	20 ppm	15 min	
Isofluran	wie Enfluran		

Um die Konzentrationen zu messen, gibt es verschiedene Verfahren.

Messplanung im OP-Bereich

Bei der Messung im OP-Bereich sollte nach folgendem Planungsschema vorgegangen werden.

Der Messtag wird repräsentativ gewählt. Eine personenbezogene Messung erfolgt beim Anästhesisten.

Ebenso wird eine personenbezogene Messung beim OP-Personal ausgeführt.

Die Messung hat während der Operationsdauer zu erfolgen.

Die Messergebnisse bilden die Grundlage für die Beurteilung des Schichtmittelwertes.

Verschiedene Firmen bieten Mess-Sets für Narkosegase an, z B. die Firma Dräger [3].

Ein **Mess-Set für Narkosegase der Fa Dräger** enthält [4]:

- 1 ORSA-Diffusionssammler für die Messung von:
  - Halothan
  - Enfluran
  - Isofluran
- 1 Lachgas-Diffusionssammler für die Messung von Lachgas
- Probenahmeprotokoll
- 2 Halter für Probenahmegeräte
- 2 Gebrauchsanweisungen
- Versandtasche
- Wertmarke (Analyse ist bereits im Preis enthalten)

8.3 Versorgungszentralen, Rohrleitungen und Armaturen

Die medizinischen Gase werden in speziellen Lagerräumen in Flaschen oder Kaltvergasern bevorratet. Je nach der Bedarfsmenge unterscheidet man zwischen zentraler und dezentraler Lagerung in Flaschen oder Tankbehältern.

Druckluft und Vakuum werden im Krankenhaus selbst erzeugt.

Die Erzeuger- bzw. Speicherzentralen sind so zu dimensionieren, dass beim Ausfall eines Anlagenteils die Versorgung ohne Unterbrechung sichergestellt ist.

Je nach Größe und Ausstattung des Krankenhauses kann man von unterschiedlichem Verbrauch an medizinischen Gasen ausgehen, wobei Universitätskliniken und Herzzentren einen wesentlich höheren Sauerstoffverbrauch haben (Herzzentren bis ca. 45 m^3/Bett im Monat).

Die Bevorratung erfolgt über Flaschenbatterien, aufgeteilt in eine Betriebs- und eine Reserveseite. Bei Sauerstoff beträgt der Flaschendruck 200 bar, der auf einen Betriebsdruck von 5 bar reduziert wird. Normalerweise werden die Flaschen bis auf einen Druck von 9 bar entleert. Die Umschaltung auf die Reserveseite erfolgt automatisch bei 9 bar. Die leere Flaschenbatterie ist sofort durch volle Flaschen aufzufüllen.

Bei den Narkosegasen erfolgt ein ähnlicher Aufbau. Für die Nachschubversorgung sollten die Batterieräume gut zugänglich für die Anlieferungen der Flaschen liegen und wenn möglich eine Laderampe besitzen. Die Räume sollten gut durchlüftet werden. Die Türen müssen feuerhemmend ausgeführt werden. Bei einem Sauerstoffverbrauch von mehr als 500 m^3/Monat werden Kaltvergaser eingesetzt, die im Freien aufgestellt werden, dabei ist zu beachten, dass der Kaltvergaser und die Füllstelle einen Abstand von 5 m von asphaltierten oder bituminierten Verkehrsflächen hat. Kaltvergaser bestehen aus zweischaligen Thermobehältern mit Vakuumpulverisolierung zur Aufbewahrung von flüssigen Sauerstoff (–173 °C). Im Verdampfer wird der Sauerstoff vergast und tritt mit ungefähr 14 bar aus, über die Sauerstoffzentrale wird der Druck auf 5 bar reduziert in das Rohrnetz gespeist.

Die Drucklufterzeugung im Krankenhaus erfolgt in der Regel über ölfreie Kolbenverdichter. Diese erfüllen als Trockenläufer die Anforderungen in idealer Weise. Es entfallen bei diesen Kompressoren die Ölfilter und somit die laufende Wartung. Im Krankenhaus muss medizinische Druckluft immer bereitstehen, deshalb ist ein reduziertes System mit mindestens zwei Kompressoren mit zwei Druckkesseln erforderlich, die wechselweise zu- oder abgeschaltet werden.

Die Qualität der Druckluft hängt von der Ansaugstelle ab. Die angesaugte Luft wird gefiltert und in den Druckminderstationen auf die Hauptdrücke 5 bar und 6–10 bar reduziert.

Die Größe der Anlage ist von der Bettenzahl des Krankenhauses abhängig. Beim Uniklinikum Großhadern z. B. errechnet sich der Gesamtverbrauch aus der Bettenzahl $\frac{0{,}0085\,\text{Nm}^3 \cdot \text{Bett}}{\text{h}}$ Nachts ca. 50–75 % davon.

Die Druckluftanlage sollte großzügig ausgelegt werden, also genügend Reserven besitzen, damit alle Geräte, auch eventuell im weiteren Betrieb hinzukommende Geräte, ausreichend versorgt werden können.

Die *Vakuumerzeugung* erfolgt heute meist mittels Ölringpumpen (Rotationsmaschinentyp) mit Spezialöl als Umlaufflüssigkeit. Der Vorteil ist: Öl nimmt keine Keime auf und verhindert den Verschleiß. Es sind mindestens zwei Vakuumpumpen zu installieren, damit ein redundanter Betrieb gewährleistet ist. Es empfiehlt sich, auch zwei Vakuumkessel als Pufferspeicher einzuplanen. Die Auslegung der Vakuumanlage richtet sich nach der Bettenzahl und dem OP-Betrieb. Der Enddruck sollte 0,8 bar betragen. Die infizierte Ausatemluft von Patienten wird abgesaugt, damit andere Patienten und das Pflegepersonal vor Infektionen geschützt werden. Bei einer hohen Anforderung an Keimfreiheit wird heute in OPs über Kopfhelme die Ausatemluft des Operationsteams abgesaugt. Die Absauggeräte sind mit einer Flüssigkeitsfalle versehen, damit kein Sekret in das Leitungsnetz gelangt.

Für die Reinigung der Vakuumzentrale wird Frischwasser verwendet.

Rohrleitungen und Armaturen für medizinische Gase

Als *Rohrwerkstoff* eignet sich am besten hart verlötetes Kupferrohr mit Sonderqualität für medizinische Gase (DIN 1786) [5]. Kupfer besitzt eine bakterientötende Wirkung. Die Befestigung soll mit Metallschellen erfolgen. Der Druck in den Leitungen sollte nicht unter 4,5 bar sinken, dies ist bei der Rohrdimensionierung zu beachten und richtet sich nach dem Verbrauch je nach den Abteilungen z. B. ist der Verbrauch in Intensivstationen weit höher als bei anderen Abteilungen, dabei ist auch darauf zu achten, dass bei benachbarter Entnahme keine gegenseitige Beeinflussung erfolgt.

Bei Großanlagen haben sich für Sauerstoff- und Druckluftversorgung Ringleitungen bewährt, die mit höherem Druck betrieben werden können. Die Druckminderer sind dann bei den verschiedenen Verbrauchergruppen installiert.

Sauerstoffleitungen müssen in jedem Stockwerk absperrbar sein (UVV Sauerstoff).

Bevor die Anlagen in Betrieb genommen werden, sind diese auf die Gesamtfunktion, die Dichtigkeit und die Durchflussmenge zu prüfen, ebenso muss die Funktion aller Armaturen getestet werden.

Die Entnahmestellen müssen leicht bedienbar und zuverlässig sein.

Abbildung 8.1 zeigt solche Entnahmestellen (z. B. der Fa. Dräger, Medap), womit ein unverwechselbares Einkuppeln von Entnahmearmaturen und -steckern gewährleistet ist. Es gibt diese für Sauerstoff, Druckluft, Anästhesiegase, Kohlendioxid und Vakuum. Der Einbau kann in Wände, Energieschienen, Leuchten und Deckenversorgungseinheiten erfolgen.

Die Steckverbindungen sind einhändig bedienbar und durch die Farbkennzeichnung eindeutig erkennbar. Es können nur Elemente derselben Gasart zusammengekuppelt werden.

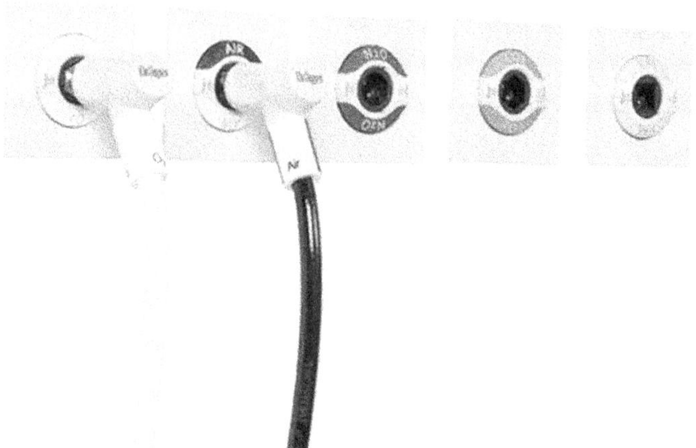

Abb. 8.1: Entnahmestellen Armatur und Stecker.

Arbeitsschutz im Krankenhaus

Beim Einsatz der verschiedenen medizinischen und technischen Gase sind die jeweiligen Unfallverhütungsvorschriften, die technischen Regelwerke, Verordnungen und Gesetze sowie die Gefahrstoffverordnung zu beachten.

Es sind die Schichtmittelwerte als auch die Konzentrationsspitzen der Gefahrstoffe zu messen.

Die relevanten Daten sind zu dokumentieren. Der Anästhesist ist in der Regel den höchsten Belastungen ausgesetzt. Expositionsmessungen sind deshalb bei ihm auszuführen. Zusätzlich sollte bei einer Person, die sich weitgehend ständig im OP aufhält, eine personenbezogene Luftuntersuchung durchgeführt werden, ebenso sollten Messungen auf Narkosegase beim Personal im Aufwachraum erfolgen.

Literatur

[1] Baumeister, A.: Einsatz medizinischer und technischer Gase im Krankenhaus. Krankenhaus-Umschau, 12/1979.
[2] Pannwitz, K.-H.: Arbeitsschutz im Krankenhaus.
[3] Drägerheft 355 (Sept) 1993.
[4] Messung von Schadstoffen in Krankenhäusern. Firmenschrift Dräger, 2002, Lübeck.
[5] DIN 1786 Installationsrohre aus Kupfer, nahtlosgezogen. 1980 – 05, Beuth, Berlin.

9 Feuerlösch- und Brandschutzanlagen

9.1 Evakuierung im Brandfall – Evakuierungskonzept

Rechtliche Grundlagen:
- Interne/externe Gefahrenlagen für das Krankenhaus
- Erfahrungen aus früheren Evakuierungen
- Führungsorganisation (Wer ist für was zuständig?)
- Zusammenarbeit im Schadensfall zwischen Krankenhaus und Feuerwehr
- Altes/neues Schadensszenario
- Gefahrenanalyse: Was bedroht den Krankenhausbetrieb?

Krankenhäuser sind so zu errichten und auszustatten, dass die Rettung kranker oder pflegebedürftiger Personen:
- ins Freie
- in einen benachbarten Evakuierungsabschnitt
- in einen anderen sicheren Bereich

durch das eigene Personal in wenigen Minuten durchgeführt werden kann.

Bauliche Gegebenheiten, wie Freilauftürschließer und für das Evakuierungsverfahren geeignete Bodenbeläge, müssen die Evakuierungsvorgänge unterstützen.

Das notwendige **Evakuierungskonzept** stimmt die baulichen, anlagentechnischen und organisatorischen Maßnahmen aufeinander ab, um die schnelle Räumung zu erreichen.

Der Evakuierungsplan ist ein wichtiger Bestandteil des **Notfallplans**. Grundvoraussetzungen für den Evakuierungsplan sind:
- Ausreichende horizontale und vertikale Rettungswege in Verbindung mit Brand- und Rauchabschnitten müssen vorhanden sein [4].
- Die Pflegebereiche sind in Brandabschnitte unterteilt, und jeder Brandabschnitt ist mit einem anderen BA und einem Treppenraum unmittelbar verbunden [1].
- Es ist sichergestellt, dass die Patienten in benachbarten Brandabschnitten vorübergehend aufgenommen werden können.

In der Brandschutzordnung soll Folgendes geregelt werden:
- Horizontale Räumungen in anderem BA des gleichen Geschosses sind im Brandfall schnell durchzuführen und deshalb vertikalen Räumungen vorzuziehen.
- Jeder Brandabschnitt in Pflegebereichen muss so dimensioniert sein, dass er mindestens 30 % der Patientenbetten aus dem Nachbarbereich aufnehmen kann.

Der Brandschutz setzt sich aus vorbeugenden und abwehrenden Brandschutz zusammen.

Der vorbeugende Brandschutz gliedert sich in den:

https://doi.org/10.1515/9783110402919-009

- Baulichen Brandschutz
- Anlagentechnischen Brandschutz
- Betrieblich organisierten Brandschutz

Der abwehrende Brandschutz umfasst alle Maßnahmen der Feuerwehr.

9.2 Feuerlösch- und Brandschutzanlagen

Da in Krankenhäusern viele Stoffe mit hoher Brandgefahr und elektrische Gerätschaften im Dauereinsatz vorhanden sind, ist darauf zu achten, dass zur rechtzeitigen Bekämpfung des Brandes, im besten Fall während der Entstehung, die nötigen Feuerlöscheinrichtungen vor Ort vorhanden sind.

Mögliche Brandquellen im OP- und im Intensivpflegebereich sind u. a. Beatmungs- und Narkosegeräte.

Brände solcher Geräte sind meist Schwelbrände (Kabelbrände). Sie können z. B. durch elektrischen Kurzschluss, Überhitzung von Leiterplatten, Prozessoren bzw. auch bei Ausfall von Kühlventilatoren in den Geräten entstehen.

Brände in OP- und Intensivbereiche stellen das Personal, wie die Operateure vor besondere Herausforderungen. In Intensivpflegebereichen sind die Patienten zumeist nicht in der Lage, einen Brand wahrzunehmen und melden zu können. Erfahrungsgemäß lagern hier ebenfalls eine Vielzahl von Brandbeschleunigern in Form von medizinischen Gasen.

Sauerstoffreste in der Beatmungsmaske wirken auch bei abgeschalteter Sauerstoffleitung brandfördernd.

Eine notwendige Evakuierung der Patienten im OP- und Intensivpflegebereich gestaltet sich schwierig, da die Patienten u. U. nicht von lebenserhaltenden medizinischen Geräten getrennt werden dürfen.

Wirksame Brandschutzkonzepte sind hier gefragt [5].

In Krankenhäusern geht der Brandschutz über den Grundschutz hinaus, da ein erhöhtes Risiko für Personen, durch die Anzahl und deren Einschränkung in der Mobilität, besteht. Man spricht dann vom objektbezogenen Brandschutz. Welche Schutzmaßnahmen zu treffen sind, wird im Brandschutzkonzept in Aufbau und Anforderung angegeben. Im Krankenhaus müssen die einzelnen sicherheitstechnischen Einrichtungen:
- Sprinkleranlage
- Brandmeldeanlage mit Rauchmeldern
- Überdrucklüftung im Treppenraum
- Aufzugevakuierung
- Sicherheitsstromversorgung

mittels einer Brandsteuermatrix in Verbund stehen. Der Ausfall eines Systems darf nicht zum Ausfall eines anderen oder des Gesamtsystems führen.

Oberstes Gebot, im Hinblick der Auslegung von Kaltwasserleitungen, ist die Erhaltung der Trinkwasserqualität. Dazu muss das Löschwasser und die Trinkwasseranlage voneinander über eine Löschwasserübergabestelle (LWÜ) getrennt werden.

9.2.1 Löschwasserleitungen

Bei Feuerausbruch im Krankenhaus muss in allen Stockwerken und Bauabschnitten ausreichend Löschwasser verfügbar sein. So schreibt es üblicherweise die örtliche Baubehörde vor. Diese entscheidet auch, welche Löschwasserversorgung notwendig ist. Neben den lokalen Brandschutzvorschriften sind auch die Ländererlässe zu beachten. Die Genehmigung zur Installation der Anlage erteilt das zuständige Wasserversorgungsunternehmen (WVU). Es prüft die Berechnung und die Konstruktionspläne sowie die den Brandschutz betreffenden baurechtlichen Vorschriften.

Aufbau und Funktion von Löschwasserleitungen

Durch eine gemeinsame Anschlussleitung sollen die Löschwasser- und Trinkwasserleitungen eines Grundstückes versorgt werden. Bei dieser Anschlussart spricht man von einem Verbundsystem. Das Löschwasser muss auch Trinkwasserqualität aufweisen. Damit die Trinkwasserentnahme zu keiner Zeit den Brandschutz gefährdet, ist die gemeinsame Leitung richtig zu bemessen. Bei größeren Bauvorhaben können mehrere Einspeisungen notwendig werden.

In diesem Fall muss jede Anschlussleitung, die ins Gebäude führt, mit einem Zähler und einem Rückflussverhinderer ausgerüstet sein. Um die Trinkwasserqualität dauerhaft zu gewährleisten, ist bei Verbundanlagen die ständige Erneuerung des Wassers wichtig. Deshalb müssen an den Enden der Feuerlöschleitungen Entnahmestellen vorgesehen werden, welche häufig benutzt werden. Wenn sich dies nicht verwirklichen lässt, muss am Rohrende eine Spülmöglichkeit eingebaut werden. Das Dreifache des Wasservolumens der Zuleitung zur Feuerlöschanlage muss einmal wöchentlich, mit einer Geschwindigkeit von mindestens 0,1 m/s, ausgetauscht werden. Dies kann über eine automatische Spüleinrichtung realisiert werden.

Arten der Löschwasserversorgung

- Anlagen mit nassen Versorgungsleitungen, welche ständig unter Druck stehen und immer betriebsbereit sind. Sie dienen in erster Linie zur Selbsthilfe bei der Brandbekämpfung.
- Anlagen mit trockenen Steigleitungen, in die das Löschwasser erst im Bedarfsfall durch die Feuerwehr eingespeist wird.
- Anlagen mit Steigleitungen nass/trocken, die normalerweise wasserfrei bleiben und nur im Bedarfsfall durch die Fernbetätigung von Armaturen mit Wasser aus dem Trinkwassernetz gefüllt werden.

Da die vielen haustechnischen Installationsleitungen durch Decken und Wände geführt werden, ist es wichtig, die Vorschriften und Normen für den Brandschutz einzuhalten, da ansonsten auch die ganzen Löschwasserleitungen bei der Brandbekämpfung nichts nützen.

9.2.2 Wandhydranten

Diese Löschanlagen dienen zur manuellen Brandbekämpfung durch anwesende Personen oder durch die Feuerwehr.

Aufbau einer Wandhydrantenanlage:
- Wassereinspeisung
- Rohrnetz
- Wandhydrantenschrank mit Schlauchanlage.

Arten von Wandhydranten:
- Typ F dient zur Bekämpfung eines Brandes zur Selbsthilfe und durch die Feuerwehr
- Typ S dient zur Bekämpfung eines Brandes zur Selbsthilfe durch Laien
- Die Anzahl der Wandhydranten ist abhängig von der Schlauchlänge und der Fluchtweglänge. In Krankenhäusern sind je Geschoss, Wandhydranten an Fluchtwegtüren und in Treppenhäusern anzubringen.

9.2.3 Sprinkleranlagen

Diese Feuerlöschanlage ist eine selbstauslösende Brandbekämpfungsanlage mit fest installiertem Rohrnetz. Sie kommt zum Einsatz, wenn eine Vorgabe der Bauordnung (MBO) [8] oder eine Kompensation für fehlenden Brandschutz nötig ist. Des Weiteren kann der Einsatz einer Sprinkleranlage, versicherungstechnisch, sowie durch hohe Brandgefahren im Krankenhaus, erforderlich sein. Es zählt zu den Aufgaben der Sprinkleranlage, den Brand automatisch zu erkennen, den Alarm auszulösen, den Brand ab der Entstehung zu bekämpfen und die Ausbreitung des Brandes zu vermeiden oder zu löschen [2].

Aufbau von Sprinkleranlagen
- Löschwasserversorgung
- Pumpen und Rohrnetz
- Alarmierung und Armaturen
- Rohrnetz mit Sprinkler.

Arten der Sprinkleranlagen:
- Nasssprinkleranlagen sind ständig mit Wasser gefüllt, sodass das Wasser beim Auslösen der Sprinkler sofort austritt.
- Trockensprinkleranlagen sind im Bereitschaftszustand nicht mit Wasser gefüllt. Das Wasser tritt erst nach Verdrängung der sich in der Leitung befindenden Luft mit Verzögerung, nach Auslösen der Sprinkler, aus.
- Vorgesteuerte Trockensprinkleranlagen sind im Bereitschaftszustand nicht mit Wasser gefüllt. Das Wasser tritt erst nach Verdrängung der sich in der Leitung befindenden Luft mit Verzögerung, nach Auslösen der Sprinkler oder durch Auslösen der Brandmeldeanlage, aus.

Eine unmittelbare Verbindung zwischen Trinkwasser- und Versorgungsanlage und Sprinkleranlage darf nur in Ausnahmefällen hergestellt werden.

Sprinkler

Die Sprinkler sind im Einbau mechanisch geschlossen. Man unterscheidet im Wesentlichen zwei Arten von Sprinklerköpfen:
- Glasfasssprinkler
- Schmelzlotsprinkler.

Bei Glasfasssprinkler dehnt sich bei steigender Temperatur die im Glasfass befindende Flüssigkeit aus, sodass dieses Gefäß zerbricht und den Sprinkler öffnet. Dadurch wird in der Anlage ein Druckverlust durch die Alarmventilstation erkannt und die Sprinklerpumpe angesteuert. Das Löschwasser tritt je nach Anlagentyp gleich oder verzögert aus.

Die Vorteile der Sprinklerung von Räumen sind:
- Die Rauchgasmengen bei gesprinklerten Bränden im Vergleich zu ungesprinklerten Branden sind sehr viel niedriger.
- Die Brandbekämpfung erfolgt bereits nach 3 bis 5 Minuten (sonst 15 bis 20 Minuten).
- Die Brandzeit und Brandleistung sind begrenzt.
- Die Temperaturbelastung ist wesentlich niedriger.
- Die Verrauchung im Bereich der Sprinkler (Absenkung des Wasserdampf-Rauchgemischs) [4].

So sind z. B. bettlägerige Patienten auf fremde Hilfe angewiesen. Entsteht durch Unachtsamkeit oder einen technischen Defekt, ein Brand in einem Patientenzimmer, so wird die Löschanlage mit Brandmelder und Sprinkler sofort aktiv und die Rettung der Patienten wird sofort aktiviert.

Beim Bau und bei der Planung ist auf den Einsatz von Brand- und Rauchschutzklappen zu achten. Die Brandschutzklappe hat die Aufgabe, eine Brandübertragung zweier Brandabschnitte über die Lüftungsleitungen zu verhindern [6].

Die Dimensionierung der Rauchableitung ist äußerst wichtig [1]. Ferner ist bei den einzelnen Gewerken auf die Sicherheitsvorschriften zu achten. Dies sollte bereits im Frühstadium der Planung erfolgen, damit nicht lange Stillstandszeiten des Projektes entstehen (Beispiel Flughafen Berlin).

9.3 Brand in Wäschereien

Heute sind die Wäschereien meist ausgegliedert. Wäschereien sind stark brandgefährdet. So können in ungewaschenen Lappen 27,3 % Fette sein. Nach dem Waschen beinhalten sie immer noch 19,9 % Fett. Nach dem Trocknen sind diese bis zu 75 °C heiß und erreichen beim Zusammenlegen und beim Stapeln nach ca. 80 Minuten eine hohe Temperatur, die Glutnester bilden kann.

9.4 Putzkammern im Krankenhaus

Diese unterliegen der Brandklasse F90, da dort viele Chemikalien aufbewahrt werden, die eine hohe Brandgefahr bedeuten.

Auch in den Küchen muss besonders bei der Küchenlüftung auf den Brandschutz geachtet werden [6].

Explosionsgefährdete Bereiche im OP

In medizinisch genutzten Räumen kann durch Atmungsanästhesiemittel und durch brennbare Flüssigkeiten Explosionsgefahr entstehen. Das Merkblatt M639 der Berufsgenossenschaft für Gesundheitsdienst und Wohlfahrtspflege weist darauf detailliert hin [7].

Literatur

[1] VDI 6019 Blatt 1 u. 2 Dimensionierung von Rauchableitungen aus Gebäuden Rauchschutzanlagen, VDI Verlag Düsseldorf.

[2] DIN 12845 Sprinkleranlagen in Gebäuden. Beuth Verlag, Berlin.

[3] Mermi, R.: Technischer Brandschutz im Krankenhaus. Vortrag VDI AK Bio-, Medizin- und Umwelttechnik 08.05.2017 an der HM.

[4] Mermi, R., Mermi H., Niemöller H., Lechner Th., Meyer M., et al.: Brandschutz im Krankenhaus Seminar 27.04.2018, Hochschule München.

[5] Schreitmüller M.: Einsatz von Brand-/rauchschutzklappen in der Praxis. Symposium Raumklima in der Wende Fachhochschule München, 04.04.2003.

[6] Kiss S.: Küchenlüftung aus Sicht des Brandschutzes. Moderne Gebäudetechnik 7–8 2017, www.tga-praxis.de. Berlin.

[7] Brand und Explosionsschutz im Gesundheitsdienst. Sicher Arbeiten Merkblatt M639 BGW (Berufsgenossenschaft für Gesundheitsdienst und Wohlfahrtspflege).

[8] MBO Musterbauordnung. Fassung Nov. 2002, geändert 23.09.2020, Website der Bauministerkonferenz.

10 Labortechnik

10.1 Einleitung

Laboratorien im Sinne der Technischen Regeln für biologische Arbeitsstoffe (TRBA) 100 [33] sind Räume, in denen Tätigkeiten mit biologischen Arbeitsstoffen zu Forschungs-, Entwicklungs-, Lehr- oder Untersuchungszwecken z. B. in der Human-, Veterinärmedizin, Biologie, Biotechnologie, bei der Erzeugung von Biologika, der Umweltanalytik, und der Qualitätssicherung durchgeführt werden.

Ein Laborgebäude besteht in der Regel aus einer Vielzahl an hoch technischen Räumen. Dies stellt hohe Anforderungen an die Haustechnik dar.

Nach der BG-I 850-0 [37] sind Laboratorien Arbeitsräume, in denen Fachleute oder unterwiesene Personen Versuche zur Erforschung oder Nutzung naturwissenschaftlicher Vorgänge durchführen.

Laboratorien müssen nach den einschlägigen Vorschriften und im Übrigen nach dem Stand der Technik beschaffen sein und betrieben werden. Die spezifischen Tätigkeiten von Versicherten in Laboratorien, insbesondere mit Gefahrstoffen, erfordern spezifische Schutzmaßnahmen baulicher, technischer, organisatorischer und persönlicher Art. [1].

Historische Entwicklung

Seit Anbeginn des Laborbaus, der bis ins 13. Jahrhundert zurückreicht, sind vier wesentliche Gründe für die Erstellung eines Labors bis in die heutige Zeit bedeutend:

1. Der wichtigste Grund für die Erstellung eines Labors ist die Sicherheit der dort arbeitenden Personen (Personenschutz).
2. Die Produkte mit denen gearbeitet wird, müssen vor möglichen schädlichen Einflüssen im Labor geschützt werden (Produktschutz).
3. Laboratorien sind Orte des informativen Austausches von intellektuellen Diskussionen und der Kommunikation.
4. Schutz der Umwelt: gefährliche Prozessstoffe dürfen nicht außerhalb des Labors gelangen.

Im Laufe des 20. Jahrhunderts hat sich die Trennung von Labor- und Büroflächen in separate Gebäudeteile etabliert.

Man unterscheidet zwischen:

Laborbereichen in Kliniken:

- Klinische Chemiegebäude
- Hämatologie
- Immunologie
- Serologisches Labor
- Mikrobiologie

https://doi.org/10.1515/9783110402919-010

- KMT-Labore (Knochenmarktransplantation)
- Pathologie (Zuschneidelabor, Histochemie, Zytochemie usw.)
- Apotheke (Zytostatikalabor, Rezeptur, usw.)
- Auxiliarräume (Kühllabor, Autoklaven, Spül-/Entsorgeräume, Chemikalienräume).

Laboratorien für Forschung und Lehre:
- Nasschemische Laboratorien
- Gentechnische, mikrobiologische S1-/S2-/S3-Laboratorien
- Elektronenmikroskopische Laboratorien
- Mischlaboratorien
- Mess- und Gerätelaboratorien
- Isotopenlaboratorien
- NMR-Laboratorien (nuclear magnetic resonance NMR = Kernspinresonanzspektroskopie)
- Tierexperimentelle (SPF)-Laboratorien
- Sterillaboratorien
- GMP-Laboratorien
- Physikalische Laboratorien

10.2 Sicherheitsmaßnahmen

Im Rahmen einer Gefährdungsbeurteilung sind für alle gezielten Tätigkeiten mit biologischen Arbeitsstoffen im Labor die in Betracht kommenden Schutzmaßnahmen zu ermitteln. Diese Anforderungen sollen Gefährdungen für die Beschäftigten, die sich aus den Tätigkeiten mit biologischen Arbeitsstoffen ergeben können, auf ein Minimum reduzieren.

Dabei sind immer mindestens die allgemeinen Hygienemaßnahmen der Schutzstufe 1, bzw. die der niedrigeren Schutzstufe einzuhalten.

Laut TRBA 100 [33] hat die Anwendung technischer Schutzmaßnahmen grundsätzlich Vorrang vor dem Einsatz organisatorischer Maßnahmen. Persönliche Schutzausrüstung, wie z. B. Atemschutz, ist zu tragen, wenn technische und organisatorische Schutzmaßnahmen nicht alleine zur Erreichung des Schutzzieles ausreichen.

10.2.1 Risikogruppen

In Laboratorien, in denen mit biologischen Arbeitsstoffen umgegangen wird, müssen bestimmte Schutzmaßnahmen getroffen werden. Die biologischen Arbeitsstoffe werden entsprechend dem von ihnen ausgehenden Infektionsrisiko in vier Risikogruppen laut § 3 der Biostoffverordnung (BioStoffV) [43] eingeteilt:

Risikogruppe 1: Biologische Arbeitsstoffe, bei denen es unwahrscheinlich ist, dass sie beim Menschen eine Krankheit verursachen.

Beispiele: Methanbakterien, Essigsäurebakterien.

Risikogruppe 2: Biologische Arbeitsstoffe, die eine Krankheit beim Menschen hervorrufen können und eine Gefahr für Beschäftige darstellen können; eine Verbreitung des Stoffes in der Bevölkerung ist unwahrscheinlich; eine wirksame Vorbeugung oder Behandlung ist normalerweise möglich.

Beispiele: Legionellen, Tetanuserreger, Tollwutviren (Schutzstufe 2).

Risikogruppe 3: Biologische Arbeitsstoffe, die eine schwere Krankheit beim Menschen hervorrufen können und eine ernste Gefahr für Beschäftigte darstellen können; die Gefahr einer Verbreitung in der Bevölkerung kann bestehen, doch es ist normalerweise eine wirksame Vorbeugung oder Behandlung möglich.

Beispiele: Milzbranderreger, Tuberkuloseerreger, AIDS-Erreger (Schutzstufe 3).

Risikogruppe 4: Biologische Arbeitsstoffe, die eine schwere Krankheit beim Menschen hervorrufen und eine ernste Gefahr für Beschäftigte darstellen; die Gefahr einer Verbreitung in der Bevölkerung ist unter Umständen groß; normalerweise ist eine wirksame Vorbeugung oder Behandlung nicht möglich.

Beispiele: Ebola-Viren, Lassa-Viren.

10.2.2 Technische und bauliche Maßnahmen für Schutzstufe 1 nach TRBA 500 und TRBA 100

Damit jeder Mitarbeiter in einem Laboratorium der Schutzstufe 1 genügend Platz hat, sollte das Labor und die Arbeitsfläche, in Abhängigkeit der Tätigkeit, groß genug sein [33, 34].

Die Oberflächen (Arbeitsflächen, Fußböden) sollen leicht zu reinigen sein und müssen dicht und beständig gegen die verwendeten Stoffe und Desinfektionsmittel sein.

Außerdem ist darauf zu achten, dass leicht erreichbare Waschgelegenheiten, Einrichtungen zum hygienischen Trocknen der Hände, sowie geeignete Hautschutz und Hautpflegemittel vorhanden sind.

Solange den biologischen Arbeitsstoffen der Risikogruppe 1 nicht das Ergebnis der Gefährdungsbeurteilung oder andere Vorschriften (z. B. Wasser-, Abfall- oder Gentechnikrecht) entgegenstehen, können sie ohne Vorbehandlung entsorgt werden.

Beim Umgang mit sensibilisierend oder toxisch wirkenden biologischen Artbeitsstoffen der Risikogruppe 1 sind Maßnahmen, die eine Exposition der Beschäftigten minimieren, zu treffen. Dies kann zum einen das Arbeiten mit einer Sicherheitswerkbank sein, ein geeigneter Atemschutz oder die Vermeidung Sporen bildender Entwicklungsphasen bei Pilzen oder Actinomyceten sein.

Waschräume oder Duschmöglichkeiten sind zu installieren, wenn z. B. mit Arbeitsstoffen mit starker Verschmutzung oder starker Geruchsbelastung gearbeitet wird.

Eine weitere Sicherheitsmaßnahme der Schutzstufe 1 ist die Planung vom Arbeitsplatz, getrennter Umkleidemöglichkeiten und Pausenverpflegungsräumen.

Außerdem sind Arbeitsverfahren nach dem Stand der Technik einzusetzen, die zur Vermeidung bzw. Reduktion von Bioaerosolen führen. Dazu zählen unter anderem:
- räumliche Trennung von belasteten und unbelasteten Arbeitsbereichen,
- raumlufttechnische Maßnahmen,
- Kapselung und Absaugung am Ort der Freisetzung,
- Staubbindung mit Nebeltechnik,
- geschlossene Förderwege für staubende Schüttgüter,
- Einsatz von Staubsaugern der Staubklasse H, ggf. mit Vorabscheider
- zentrale Staubsaugeranlagen mit Rohranschlüssen in den Arbeitsbereichen.

Sollte dies nicht zu einer ausreichenden Reduktion führen, sind weitere Schutzmaßnahmen umzusetzen.

10.2.3 Sicherheitsmaßnahmen für Schutzstufe 2, 3 und 4 lt. BioStoffV

Zusätzlich sind die im § 6 der BioStoffV Tabelle 1 und 2 für biologische Arbeitsstoffe [43]
1. der Risikogruppe 2 die Sicherheitsmaßnahmen der Schutzstufe 2,
2. der Risikogruppe 3 die Sicherheitsmaßnahmen der Schutzstufe 3,
3. der Risikogruppe 4 die Sicherheitsmaßnahmen der Schutzstufe 4,

empfohlenen Sicherheitsmaßnahmen anzuwenden, wenn dadurch die Gefährdung der Beschäftigten verringert werden kann. Bei der Gefährdungsbeurteilung sind sensibilisierende und toxische Wirkungen zusätzlich zu berücksichtigen und geeignete Schutzmaßnahmen festzulegen.

10.2.4 Sicherheitsmaßnahmen für Schutzstufe 2, 3 und 4 lt. TRBA 100

In der TRBA 100 finden sich noch weitere bauliche, technische und organisatorische Mindestanforderungen an die biologische Sicherheit in Laboratorien für die vier Sicherheitsstufen, die für Tätigkeiten mit biologischen Arbeitsstoffen verschiedener Risikogruppen erforderlich sind.

Sicherheitsmaßnahmen für Schutzstufe 2 lt. TRBA 100

Bei Laboratorien der Schutzstufe 2 muss das Symbol der „Biogefährdung“ an der Zugangstür befestigt werden, außerdem muss von außen deutlich und dauerhaft zu sehen sein, um welche Schutzstufe es sich bei diesem Labor handelt.

Die Türen müssen nach außen aufschlagen und Sichtfenster beinhalten, damit der Personenschutz gewährleistet ist. In Abhängigkeit von der Gefährdungsbeurteilung kann eine Ausnahmegenehmigung erfolgen.

Ein Waschbecken mit einer Armatur, vorrangig ohne Handberührung, Einrichtungen zum Spülen der Augen und Desinfektionsmittel-, Handwaschmittel- und Einmalhandtuchspender sollten so nah wie möglich bei der Labortür vorhanden sein.

Kontaminierte flüssige und feste Abfälle (z. B. Kulturen, Gewebe, Proben mit Körperflüssigkeiten) aus gezielten Tätigkeiten, sind vor der Entsorgung durch einen Autoklav oder eine vergleichbare Einrichtung (z. B. thermische Desinfektionsanlage), die im selben Gebäude vorhanden sein muss, zu inaktivieren. Kontaminierte Abfälle aus nicht gezielten Tätigkeiten sind gleichermaßen zu behandeln oder einer sachgerechten Entsorgung (Auftragsentsorgung) zuzuführen.

Wenn kontaminierte Prozessabluft auftritt, darf diese nicht in den Arbeitsbereich abgegeben werden, sondern muss durch geeignete Verfahren, wie Filterung oder thermische Nachbehandlung dekontaminiert werden. Dies gilt z. B. auch für die Abluft von Autoklaven, Pumpen oder Bioreaktoren.

Sicherheitsmaßnahmen für Schutzstufe 3 lt. TRBA 100

Laboratorium der Schutzstufe 3 ist gegenüber anderen Bereichen durch eine Schleuse mit zwei sich selbst schließenden und gegeneinander verriegelten Türen zu trennen. In der Schleuse muss eine Möglichkeit zum Anlegen der Schutzkleidung für die Schutzstufe 3 existieren.

Sicherheitsrelevante Einrichtungen wie Lüftungsanlagen, Notruf- und Überwachungseinrichtungen müssen über eine Notstromversorgung verfügen. Zum sicheren Verlassen des Arbeitsbereiches ist eine Sicherheitsbeleuchtung einzurichten.

Der erforderliche Unterdruck im Labor ist ständig durch Alarmgeber zu kontrollieren. In begründeten Fällen sind auch andere vom Personenschutz gleichwertige erprobte Verfahren oder Einrichtungen zur Sicherstellung des Raumzustandes einzusetzen. Die Abluft muss über einen Hochleistungsschwebstofffilter oder eine vergleichbare Vorrichtung geführt werden. Die Rückführung kontaminierter Abluft in Arbeitsbereiche ist unzulässig.

Arbeiten mit biologischen Arbeitsstoffen der Risikogruppe 3 oder mit Materialien, bei denen der begründete Verdacht besteht, dass sie diese enthalten, sind in einer Sicherheitswerkbank der Klasse I bzw. II oder in einer im Personenschutz vergleichbaren Einrichtung durchzuführen. Bei Tätigkeiten, die Entwicklungszwecken dienen, sofern technologisch möglich, ist ein geschlossenes System zu verwenden, damit ein Entweichen dieser biologischen Arbeitsstoffe beim bestimmungsgemäßen Betrieb verhindert werden kann.

Filter, die man auswechselt, müssen am Einbauort sterilisiert oder wegen späterer Sterilisierung durch ein geräteseits vorgesehenes Austauschsystem in einem luftdichten Behälter verpackt werden. Dies verhindert, dass beim Austausch der Filter z. B. bei

Sicherheitswerkbänken eine Infektion des Wartungspersonals oder anderer Personen auftritt.

Ein Autoklav oder eine gleichwertige Sterilisationseinheit muss im Labor vorhanden sein.

Das im Arbeitsbereich anfallende Abwasser ist grundsätzlich einer thermischen Nachbehandlung zu unterziehen, dazu gehört das Sammeln in Auffangbehältern und Autoklavierung oder zentrale Abwassersterilisation. Alternativ können auch erprobte chemische Inaktivierungsverfahren eingesetzt werden. Allerdings sollte bei bestimmungsgemäßem Betrieb und unter Beachtung der organisatorischen Sicherheitsmaßnahmen aus der Schleuse kein kontaminiertes Abwasser anfallen.

Das Labor und die Raumlufttechnik müssen zum Zweck der Begasung abdichtbar sein. Fenster im Arbeitsbereich müssen dicht, geschlossen und nicht zu öffnen sein.

Außerdem muss im Labor ein Notfallplan vorhanden sein, der das Verhalten in Notfällen regelt. Auch muss für die Kommunikation nach außen eine geeignete Einrichtung vorhanden sein.

Sind die biologischen Arbeitsstoffe der Risikogruppe 3 nicht über den *Luftweg übertragbar*, kann auf *folgende Maßnahmen verzichtet* werden:

- Unterdruck,
- Abluftfiltration der Raumluft mit Hochleistungsschwebstofffiltern, wenn die Arbeiten in einer Sicherheitswerkbank oder einem geschlossenen System durchgeführt werden,
- Autoklav innerhalb des Laborbereiches,
- die generelle Inaktivierung der Abfälle und Abwässer, wobei sichergestellt sein muss, dass eine Inaktivierung der kontaminierten festen und flüssigen Abfälle gewährleistet ist,
- Abdichtbarkeit zum Zwecke der Begasung.

Sicherheitsmaßnahmen für Schutzstufe 4 lt. TRBA 100

Ein Labor der Schutzstufe 4 muss baulich zu anderen Arbeitsbereichen abgetrennt sein, deshalb kann man es nur in einem separaten Gebäude errichten oder durch bauliche Abschottung eines Gebäudeteils. Die Fenster dürfen nicht zu öffnen sein und müssen dicht und bruchsicher sein.

Der Zutritt zu einem Laboratorium der Schutzstufe 4 darf nur über ein vierkammeriges Schleusensystem erfolgen, wobei die Türen des Schleusensystems gegeneinander verriegelt und selbstschließend sein müssen.

In dem Schleusensystem müssen folgende Komponenten enthalten sein:

Raum zum Ausziehen der Straßenkleidung und Anlegen von Unterkleidung, Personendusche mit Platz zum Ablegen der Unterkleidung, Anzugraum zum An- und Ablegen der Vollschutzanzüge und Chemikaliendusche zur Dekontamination der Vollschutzanzüge.

Außerdem sollte eine begasbare Materialschleuse zum Einbringen großräumiger Geräte oder Einrichtungen vorhanden sein.

In Laboratorien muss auch ein ausreichend dimensionierter Durchreicheautoklav vorhanden sein, dessen Verriegelungsautomatik ein Öffnen der Tür nur zulässt, wenn der Sterilisationszyklus abgeschlossen ist. Die Inaktivierung kontaminierter Prozessabluft und des Kondenswassers muss gewährleistet sein. Zum Ausschleusen von Kleingeräten oder hitzeempfindlichem Material ist ein Tauchtank oder eine begasbare Durchreiche mit wechselseitig verriegelbaren Türen vorzusehen.

Die Schleusenkammern müssen über einen gestaffelten Unterdruck verfügen, um das Austreten von Luft zu verhindern. Der Unterdruck muss zum Labor hin zunehmen. Der jeweils vorhandene Unterdruck muss von innen wie außen leicht überprüfbar sein und durch optischen und akustischen Alarmgeber kontrolliert werden. Das Zu- und Abluftsystem ist autark von sonstigen raumlufttechnischen Anlagen (RLT-Anlagen) zu führen und muss rückschlagsicher und redundant ausgeführt sein und über eine Notstromversorgung verfügen. Es ist technisch so zu koppeln, dass bei Ausfall von Ventilatoren die Luft nicht unkontrolliert austreten kann. Die Zu- und Abluft muss je durch zwei aufeinanderfolgende Hochleistungsschwebstofffilter geleitet werden, deren einwandfreie Funktion in eingebautem Zustand überprüfbar sein muss. Außerdem müssen Zu- und Abluftleitungen vor und hinter den Filtern mechanisch dicht verschließbar sein, sodass ein gefahrloser Filterwechsel möglich ist.

Das Labor muss zum Zweck der Begasung hermetisch abdichtbar sein.

Alle Durchtritte von Ver- und Entsorgungsleitungen müssen abgedichtet sein und sind gegen Rückfluss zu sichern. Die Gasleitungen sind durch Hochleistungsschwebstofffilter und die Flüssigkeitsleitungen durch keimdichte Filter zu schützen.

Die Oberflächen müssen wasserundurchlässig, leicht zu reinigen und gegen die verwendeten Säuren, Laugen, organischen Lösungs- und Desinfektionsmittel beständig sein. Außerdem müssen sie glatt und fugenlos sein. Ecken und Kanten des Raumes müssen aus Gründen der leichteren Reinigung/Desinfektion vorzugsweise gerundet sein.

Eine thermische Nachbehandlung ist für alle Abwässer aus dem Labor notwendig.

Das Arbeiten mit biologischen Arbeitsstoffen der Risikogruppe 4 kann in einer mikrobiologischen Sicherheitswerkbank der Klasse II erfolgen. Zusammen mit einem fremdbelüfteten Vollschutzanzug gibt dies den derzeitigen Stand der Technik wieder. Der Anzug muss abriebfest, reißfest und luftundurchlässig, sowie beständig gegen das Desinfektionsmittel, das bei der Desinfektionsdusche verwendet wird, sein.

Eine weitere wichtige Sicherheitsmaßnahme in einem Labor mit der Schutzstufe 4 ist, dass sich dort immer mehr als eine Person aufhalten muss, außer es besteht eine kontinuierliche Sichtverbindung oder Kameraüberwachung. Um auch mit den außerhalb des Labors befindenden Personen sprechen zu können, ist eine Wechselsprechanlage oder eine vergleichbare Einrichtung zu installieren.

Es sind für alle sicherheitsrelevanten Einrichtungen, wie Atemwegluftversorgungssysteme der fremdbelüfteten Schutzanzüge, Lüftungsanlagen und Überwachungseinrichtungen eine Notstromversorgung einzurichten.

Falls im Labor Versuchstiere zum Zwecke der Forschung gebraucht werden, muss ein Verbrennungsofen für Tierkörper vor Ort vorhanden sein. Es kann ein Ausnahmeantrag nach § 14 BioStoffV [43] bei der zuständigen Behörde gestellt werden.

10.3 Planung und Bau von Laborgebäuden

10.3.1 Bauliche Maßnahmen nach Schutzstufen

Beim Laborbau gibt es die sicherheitstechnischen baulichen Maßnahmen der verschiedenen Schutzstufen. Bei der:
Schutzstufe 1:
- soll das Labor aus abgegrenzten und ausreichend großen Räumen bestehen,
- mit ausreichend großen Arbeitsflächen und
- vom Arbeitsplatz getrennten Umkleidemöglichkeiten und Pausenverpflegungsräumen ausgestattet sein.

Schutzstufe 2:
- muss ein Beobachtungsfenster angebracht werden und
- Türen, die nur nach außen aufschlagen.

Schutzstufe 3:
- muss das Labor durch eine Schleuse mit zwei sich selbst schließenden und gegeneinander verriegelten Türen und
- Fenstern, die nicht zu öffnen sind, bestehen und
- wenn eine Infizierung über die Luft erfolgen kann, einer Abtrennung des Arbeitsplatzes von anderen Tätigkeiten in demselben Gebäude.

Schutzstufe 4:
- muss sich das Labor in einem separaten Gebäude befinden und
- der Zugang darf nur über ein 4-kammeriges Schleusensystem erfolgen.

10.3.2 Bedien- und Verkehrsflächen

Die einschlägigen Vorschriften unterscheiden hier sogenannte Bedien- und Verkehrsflächen. Nach der DIN EN 14056 „Laboreinrichtungen – Empfehlungen für Anordnung und Montage“ [18] sind für reine Verkehrswege ohne Bedienflächen eine Breite von mindestens 0,90 m vorgesehen. Pro Bedienfläche, also einem Platz vor einem Labortisch, kommen dann noch mindestens 0,45 m hinzu.

Die angegebenen Mindestabstände gelten für Laboratorien mit geringer Personendichte. In anderen Fällen sind die Minimalabstände zu verändern (Abb. 10.1).

Wenn z. B.:
- der Raum zwischen zwei Arbeitsflächen nicht nur als Bewegungsraum der dort unmittelbar Arbeitenden, sondern auch als Verkehrsweg für andere Personen dient,
- besondere Arbeitsbedingungen vorliegen, beispielsweise bei erhöhter Brand- und Explosionsgefahr,
- die Arbeitsflächen länger als 6 m sind,
- zwischen den Arbeitsflächen mehr als 4 Personen arbeiten oder
- sich zwei Abzüge gegenüberstehen.

Der Abstand ist ebenfalls zu verbreitern, wenn der Raum beispielsweise durch Hocker, herausziehbare Schreibplatten, Gerätewagen, Racks oder Unterbauten dauerhaft eingeengt wird. Wartungsgänge, z. B. zwischen zwei Reihen von sich mit den Rückseiten gegenüberstehenden Gaschromatographen, dürfen auch eine geringere Breite als 0,90 m haben.

Auch gibt die DIN EN 12128 „Biotechnik-Laboratorien für Forschung, Entwicklung und Analyse" [19] Abstände zwischen Arbeitsflächen oder Ausrüstungen vor:
a) eine Person, kein Durchgangsverkehr: 975 mm bis 1200 mm,
b) eine Person plus Verkehrsweg: 1050 mm bis 1350 mm,

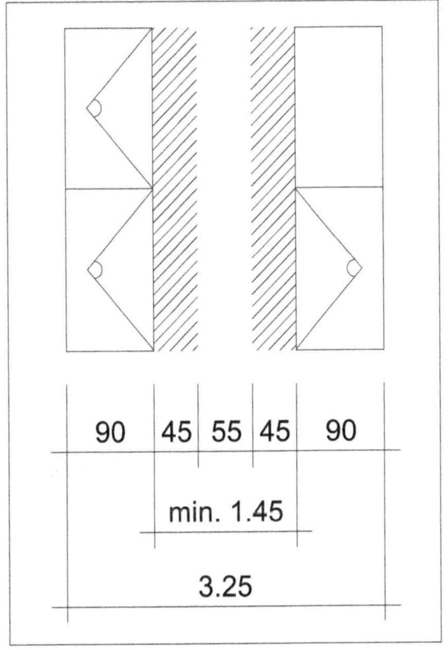

Abb. 10.1: Zeigt die Mindestbreite für Laboratorien unter Berücksichtigung der Durchgangs- und Bedienflächen.

c) nur Verkehrsweg: 900 mm bis 1500 mm,
d) zwei Personen, Rücken an Rücken, kein Durchgangsverkehr: 1350 mm bis 1500 mm,
e) zwei Personen, Rücken an Rücken, plus Verkehrsweg: 1650 mm bis 1950 mm.

10.3.3 Rettungswege und Notausgänge

Im Laboratorium muss man sich an die Arbeitsstättenrichtlinien (ASR) A 2.3 „Fluchtwege und Notausgänge, Flucht-und Rettungsplan" halten [40].

Diese schreiben vor, dass unbedingt zwei Fluchtwege vorhanden sein müssen, die maximale Fluchtweglänge nicht mehr als 25 m beträgt und die Fluchtwegbreite sollte bei bis zu 5 Personen im Labor 900 mm betragen und bei 6 bis 20 Personen 1000 mm. Außerdem dürfen Fluchtwege nur dann über einen benachbarten Raum führen, wenn dieser Raum auch im Gefahrfall während des Betriebes, ein sicheres Verlassen ohne fremde Hilfe ermöglicht.

10.3.4 Grundrissaufbauten-Aufbau von Laborgebäuden

Organisation der Nutzungsbereiche

Die Trennung verschiedener Funktionsbereiche innerhalb eines Projektes widerspricht dem Anspruch interdisziplinärer Forschungstätigkeiten mit einem hohen Bedarf an Kommunikation und enger Zusammenarbeit zwischen den am Projekt beteiligten Forschern.

Heute werden größere Raumeinheiten geschaffen, die über günstigere Voraussetzungen für bauliche und technische Anpassungen an den jeweiligen Bedarf verfügen als kleinteilige, voneinander isolierte Einheiten [2].

Die Auswerteplätze befinden sich direkt im Labor, wo die Dokumentation und die Auswertung der Versuchsergebnisse erfolgen. Sie ersetzen aber keinen vollwertigen Schreibarbeitsplatz in separaten Büroräumen in räumlicher Nähe zum Labor (Abb. 10.2).

Vorteile der Trennung der Auswertezone vom Labor sind:

- Die Lärmbelastung im Labor ist für anspruchsvolle Tätigkeiten beeinträchtigend, da die DIN 1946 Teil 7 einen Schalldruckpegel bis zu 52 dB(A) zulässt [29]. Durch eine räumliche Trennung der Auswertezone kann der Schalldruckpegel auf ca. 45 dB(A) reduziert werden.
- Aufgrund der Belegungsdichte und der direkten Verbindung zum Labor müssen die Dokumentationsbereiche mechanisch belüftet werden. Dafür ist es völlig ausreichend, den Bereich nur mit Zuluft zu versorgen und die notwendige Abluft mittels Überströmung vom Labor zu realisieren.

Abb. 10.2: Dokumentationsarbeitsplatz direkt im Labor.

- Ein derartig abgetrennter Bereich schließt eine Beeinträchtigung durch den Laborbetrieb weitestgehend aus. Durch den Blickkontakt ist eine visuelle Überwachung möglich.

Minimalanforderungen nach HIS:

Hinsichtlich der Dimensionierung von Laborbereichen hat sich in der Praxis als Standard ein Ausbauraster von 1,15 m und als Vielfaches davon ein Konstruktionsraster von 3,45 m bzw. 6,90 m etabliert. Mit diesen Rastermaßen lässt sich ein optimales Verhältnis von nutzbarer Fläche für Laborzeilen (dem eigentlichen experimentellen Arbeitsbereich) und ausreichender Gangbreiten (Bedienfläche und Verkehrsweg) zwischen den Laborzeilen erzielen (mindestens 1,45 m nach der DIN EN14056 [18]). Heute werden Ausbauraster von 1,20 m und Konstruktionsraster von 3,60 m verwendet.

Die Arbeitsstättenrichtlinie steht in diesem Fall mit der DIN EN 14056 im Konflikt, da diese eine Mindesttiefe von 1,0 m und eine Mindestbreite von 1,20 m pro Arbeitsplatz vorschreibt. Die Bewegungsflächen sowie die Verkehrswege dürfen sich nicht überschneiden. Dies ist mit den Wünschen des Bauherrn abzustimmen.

Laborraumhöhe

Die Geschosshöhe in Laborbereichen wird durch den Platzbedarf für Abzüge, sowie für die Installationen zur Ver- und Entsorgung der Laboratorien bestimmt. Laboratorien mit Abzügen benötigen eine lichte Raumhöhe von mindestens 3,00 m. Je nach Installationsgrad und Schachtkonzeption (Einzel- oder Sammelschacht) sind darüber hinaus eine Installationszone von 0,40 bis 0,60 m sowie ein Geschossdeckenaufbau von 0,40 m zu berücksichtigen, sodass sich für Laboratorien eine notwendige Mindestgeschosshöhe zwischen 3,80 und 4,00 m ergibt [6]. Bei Neubauten sind mittlerweile Mindestgeschosshöhen zwischen 4,10 und 4,20 m üblich.

Die Mindestgeschosshöhe in Büroräumen wird durch die Anforderungen der Länderbauordnungen über die lichte Raumhöhe von Aufenthaltsräumen festgelegt. Nach der Musterbauordnung beträgt diese mindestens 2,40 m. Einige Länderbauordnungen empfehlen eine höhere Raumhöhe, sodass in der Praxis die lichte Raumhöhe zwischen 2,40 und 2,70 m anzusetzen ist. Es ergibt sich eine Geschosshöhe von 2,80 bis 3,10 m [6].

Aus Sicht der Baukosten wäre die bauliche Trennung hoch installierter und niedrig installierter Flächen sinnvoll, um unterschiedliche, für den jeweiligen Bedarf optimierte Baukörper zu schaffen, mit einer geringeren Fassadenfläche und kurzen Installationsleitungen.

Die Dokumentation und Auswertung parallel zu den Experimenten nimmt ständig zu, sodass sich eine bauliche Trennung der Bereiche negativ durch zu lange Wege auswirken kann.

10.4 Laboreinrichtungen

10.4.1 Labormöbel, Labortische, Laborspülen

Die Breite von Labormöbeln wird in ein Rastermaß von 300 mm oder einem Vielfachen nach DIN EN 13150 eingeteilt [17].

Labortische

Das Design der Laboreinrichtung unterliegt gewissen Modetrends oder nationalen Gepflogenheiten. Labormöbel sollen folgenden Anforderungen gerecht werden:

- ästhetische Qualität,
- ökologische Qualität,
- funktionale Qualität,
- chemische und mechanische Beständigkeit,
- Wirtschaftlichkeit,
- ergonomische Qualität,
- Arbeitssicherheit, Reinigung und Hygiene [4].

Labortische werden in folgende Kategorien unterteilt:

- Abstelltische,
- Sitzarbeitstische,
- Labortische in Stehhöhe,

- Mittel- oder Doppelarbeitstische,
- Wägetische,
- Tische speziell für Medizin- oder Reinraumlaboratorien [3].

Allgemeine Sicherheitsanforderungen nach der DIN EN 13150
Arbeitstische müssen derart hergestellt sein, dass unter üblichen Arbeitsbedingungen die Möglichkeit von Verletzungen und Schädigungen am Körper oder an Körperteilen auf ein Minimum beschränkt bleibt. Bestandteile oder Teile des Arbeitstisches, mit denen der Benutzer bei üblichem Gebrauch in Kontakt kommen kann, dürfen keine Grate oder scharfen Ecken und Kanten aufweisen.

Werkstoffe für Arbeitstische müssen hinsichtlich ihrer mechanischen, chemischen und thermischen Widerstandsfähigkeit der vorgesehenen Einsatzart des Arbeitstisches entsprechen.

Arbeitsoberflächen, die speziell zur Zurückhaltung von Flüssigkeiten ausgelegt sind, müssen allseitig mit nahtlos umlaufendem Wulstrand versehen sein, sodass ein Rückhaltevermögen von mindestens 5 Liter je m^2 Arbeitsoberfläche sichergestellt ist.

Werkstoffe für Fugen und Arbeitsoberflächen müssen so ausgelegt sein, dass die Oberfläche nicht reißt, keinen Schmutz oder Fremdmaterial zurückhält oder Flüssigkeit aufsaugt. Wenn die vorgesehene Verwendung es erfordert, muss besonders gewährleistet sein, dass das Wachstum von gefährlichen Krankheitserregern nicht gefördert oder aufrechterhalten wird.

Übertischablagen müssen an der Rückseite und an offenen Stirnseiten über Borde von mindestens 30 mm Höhe verfügen, wenn der Tisch nicht an einer Wand steht.

Falls die Art der Arbeit dies bedingt, muss zwischen zwei gegenüberliegenden Arbeitstischen eine Trennwand angebracht sein.

Nach der BGI-850-0 [37] ist bei gegenüberliegenden Arbeitsflächen bis in einer Höhe von mindestens 175 cm ein Spritzschutz erforderlich.

Laborspülen
Trotz des Rückgangs von Wasser für Prozesszwecke im Labor sind Laborspülen zentrale Einrichtungen in Laboratorien, zumal sie mehreren Arbeitsplätzen zugeordnet sind, d. h. von mehreren Nutzern gebraucht werden.

Laborspülen dürfen nicht für die Entsorgung von Chemikalien und Lösemitteln zweckentfremdet werden!

Spülen erfüllen folgende Aufgaben:
- Ver- und Entsorgung von Wasser verschiedenster Art (WNC, WNH, WDI,
- etc.),
- Reinigung von Betriebsmitteln,
- Entsorgung von Wasser,
- Handhygiene,
- Standort für Augenduschen und Entsorgung des Augenduschenwassers [7].

Die Spülentypen im Einzelnen sind:
- Tischspüle,
- Stirnspüle,
- Trichterbecken (hängend in Zelle/in Tisch) (Abb. 10.5),
- mobile Spüle [7].

Mobile Spülen mit Rollen oder als tragbare Variante werden vor allem in Schulen eingesetzt. Über flexible Leitungen werden die mobilen Spülen mit den geeigneten Anschlüssen am Lehrertisch verbunden. Das Schmutzwasser muss über eine Hebeanlage bis unter die Decke gepumpt werden, erst dort kann es drucklos und mit Gefälle abfließen.

Je nach dem Verwendungszweck werden Spülen aus Edelstahl oder Steinzeug angefertigt (Abb. 10.3, 10.4).

Abb. 10.3: Edelstahlspüle.

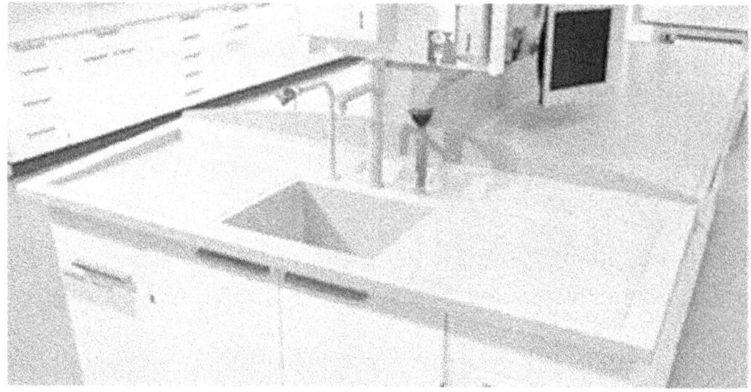

Abb. 10.4: Steinzeugspüle Universitätsklinikum Essen.

Abb. 10.5: Trichterspüle www.waldner-lab.de.

10.4.2 Trassierung

Versorgungstrassen sollen lt. der KBOB (Koordination der Bau- und Liegenschaftsorgane des Bundes) aus den Vertikalschächten in den Gängen direkt in die Laborräume geführt werden. Dabei ist zu beachten, dass Absperrungen und Regulierungen an leicht zugänglichen Stellen möglichst außerhalb des Labors angebracht werden. Die Steigeschächte der Medien sollen vom Gang her ausreichend zugänglich sein, damit Service, Nachinstallation und Kontrolle erfolgen können [8].

Als Variante gibt es auch die Einführung aus den Schächten oberhalb des Fußbodens seitlich in die Labortische. Die Medienerschließung der Laboreinrichtungen soll lt. der KBOB aber mit punktuell von oben eingespeisten Zapfstellen erfolgen. Dies kann gut über eine Mediensäule realisiert werden, durch die auch eine ungehinderte Medienentnahme ermöglicht werden kann, da Armaturen und Steckdosen nicht von komplexen Versuchsaufbauten auf der Tischplatte verdeckt werden.

Die vorgefertigten Labormöbel sind von Hersteller zu Hersteller unterschiedlich. Es gibt außer den Mediensäulen auch Medienzellen, Medienbrücken oder auch Medienflügel. Bei den Medienzellen und Medienflügeln sind die Medienentnahmestellen über der gesamten Breite des Arbeitstisches verteilt. Das ist besonders dann ein Vorteil, wenn sehr viele und unterschiedliche Medien im Labor benötigt werden.

10.4.3 Medienzelle

Die Medienzelle ist eine kassettenartige Metallkonstruktion, an der die Labortische bündig mit ihrem Rücken angebracht sind und die eine kompakte, sehr übersichtliche Installation ermöglicht und unterbringt. Die Schnittstelle zur Hauptversorgung befindet sich im Boden (heute unüblich), an einer Wand oder über Kopf. Infolgedessen sind Umbauten aufwendig, aber machbar. Die Installationen sind mit Kassettenblechen oder bei sehr hohen Hygieneanforderungen mit großflächigen Blenden abgedeckt, die Veränderungen erschweren. Die Medienzelle wird mit dem Boden fest verschraubt und ist ca.

10 cm tief. Die in den Blenden über der Tischfläche angebrachten Entnahmestellen sind ergonomisch günstig platziert. Als Grundlage bei der Gestaltung von Laborarbeitsplätzen bietet die Medienzelle eine sehr ökonomische Lösung (Abb. 10.6). Als eigenständige Einheit wird die Medienzelle in Kombination mit frei wählbaren Tischgestellen wahlweise zum Wandarbeitsplatz oder zum Doppeltisch [5].

Die Dominanz der Medienzelle im deutschen Laborbau erfordert einen Spritzschutz zwischen gegenüberliegenden Arbeitsplätzen.

Medienzellen dienen auch als Tragestruktur für Hängeschränke und Ablagen. Der Hängeschrank wird an einer Profilschiene an der Medienzelle eingehängt. Die Höhe der Medienzelle kann über eine Medienzellenverlängerung verändert werden, um die ausreichende Höhe für den Schrank zu erhalten.

Abb. 10.6: Wandständige Medienzelle (Laborbausysteme Hemling-Labor-Medienzelle).

Modulare schraubenlose Medienpanels können bei Bedarf schnell getauscht werden. Zuleitungen beispielsweise für Wasser und Druckluft sind mit Steckkupplungssystemen schnell erweitert und montiert – ohne nennenswerte Störung des Laborbetriebs. Die in der Medienzelle untergebrachte Installation versorgt gleichzeitig Spülen in den Tischen oder an der Stirnseite [7].

Bauformen:

- Medienzelle für Wandarbeitstisch mit Medienzuführung unterhalb der Tischplatte oder Konsole,
- Medienzelle für Wandarbeitstisch mit Medienzuführung von oben,
- Medienzelle für Doppelarbeitstisch frei im Raum mit Medienzuführung unterhalb der Tischplatte oder Konsole,

– Medienzelle für Doppelarbeitstisch frei im Raum mit Medienzuführung von oben.

Für die Medienzuführung von oben bieten sich zwei Möglichkeiten an:
1. Die Absperrarmatur wird waagrecht unterhalb der Decke im Bereich der Verkehrsfläche positioniert.
   + Für mögliche Umbauten von Vorteil
   – Schwerer zugänglich im Falle eines kleineren Schadenfalls während des Betriebes
2. Die Absperrarmatur wird senkrecht knapp über der Medienzelle platziert.
   + leicht zugänglich im Falle eines kleineren Schadenfalls während des Betriebes
   – Ist allerdings für mögliche Umbauten von Nachteil, da hierbei das ganze Geschoss abgesperrt werden muss.

10.4.4 Medienwandkanal

Alternativ zur Medienzelle kann der Medienwandkanal direkt an Wänden oder im Anschluss an eine wandseitige Medienzelle montiert werden (Abb. 10.7). Ebenfalls ausgestattet mit Paneltechnik und Zubehörschiene für variable Bestückung ist der Medienwandkanal nahezu baugleich mit dem Medienkanal der Medienzelle. Im Gegensatz zur Medienzelle ist der Platzbedarf im Medienwandkanal und die mögliche Anzahl der geführten Medien geringer. Im Medienwandkanal kann die Leitung für Laborabwasser nicht installiert werden.

Abb. 10.7: Medienwandkanal.

10.4.5 Medienampel und Mediensäulen

Medienampeln sind Installationselemente, die ortsfest an der Raumdecke befestigt werden. Eine Montage über die Raumdecke im Labor und über Mediendecken ist möglich. Sie sitzen horizontal über den Arbeitstischen (Abb. 10.8). Sie eignen sich für Laboratorien, die eine hohe Anzahl von elektrischen Geräten nutzen [7].

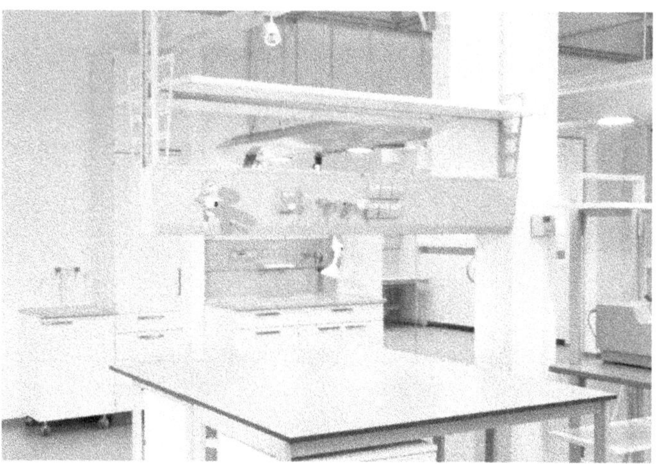

Abb. 10.8: Medienampel.

Außer Medienampeln werden vielfach auch Mediensäulen an der Medium- bzw. Labordecke installiert, die sich verschieben lassen.

10.4.6 Medienflügel-Mediendecke

Der Medienflügel bietet ein Höchstmaß an Flexibilität und Bewegungsfreiheit im Labor. Als zentrales Einrichtungselement, in das alle Medien wie Sanitär, Elektro, EDV, Abluft und auch die Abwasserentsorgung integriert sind, ist der Medienflügel ein optimales Versorgungssystem über die Decke.

Der Medienflügel wird in verschiedenen Ausbaustufen angeboten und kann den Kundenwünschen angepasst werden. Häufig werden mittels eines metallischen Tragwerkes sämtliche Installationen an der Labordecke angebracht, einer sogenannten Mediendecke.

In der Mediandecke sind alle flüssigen Labormedien, Gase, Strom, Beleuchtung, Klimatisierung sowie Zu- und Abluftleitungen montiert. Mit Anschlüssen an die verschiebbaren Mediensäulen zum jeweiligen Arbeitsplatz ersparen diese Kosten, da die Koordination unterschiedlicher Gewerke entfällt.

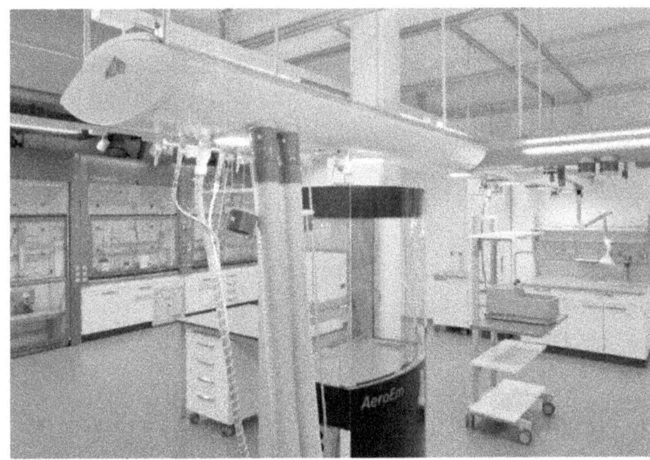

Abb. 10.9: AeroEm Medienflügel.

Die Mediendecken haben viele Vorteile:

- Die Mediendecke passt sich in ihren Dimensionen den Raumrastern an und erschließt gleichwertig jede Laborachse. Jedes Raster kann jederzeit räumlich von anderen Rastern getrennt werden, so sind z. B. Mediensäulen schnell austauschbar. Die Wartung ist einfach.
- Durch die integrale Planung und Ausführung der Gewerke ist die Schnittstellenproblematik entschärft und gleichzeitig eine besonders ökonomische Ausführung der Installation durch Minimierung der Leitungslängen und verbauten Materialien verwirklicht.
- Die industrielle Vorfertigung der Mediendecke verursacht extrem kurze Bauzeiten und keinen Abfall auf der Baustelle.
- Gebäude mit Mediendecken erfüllen die Forderungen der Nachhaltigkeit, da einerseits die Lebensdauer der TGA sich der Gebäudelebensdauer annähert, weniger Material im gesamten Lebenszyklus des Gebäudes verbaut werden muss und andererseits die Mediendecke Teamarbeit, Interaktion und wirtschaftliches Arbeiten ermöglicht.
- Es ist auch eine Bodenmontage möglich.

Nachteile:

- Höhere Investitionskosten für z. B. nicht genutzte Systeme (Kälte oder voll entsalztes Wasser etc.)
- Das Problem stagnierender Medien ist nicht vollständig gelöst. Es sind Zwangsumwälzungen zwischen den Hauptanschlusspunkten notwendig.
- Die Leitungen müssen über die Decke geführt werden.

Wichtig ist:
- Soll eine Mediendecke verwendet werden, ist dies bereits in der Vorentwurfsplanung festzulegen. Die Lage von Transferinfrastruktur (Hauptlüftungsverteilung/Medienhauptstränge) unterscheiden sich bei der Mediendecke grundlegend zum ‚Normallabor'.
- Die Planungsverantwortung zu den Leitungen in der Mediendecke und der versorgenden Infrastruktur ist klar zu definieren.
- Folgende Gewerke (Installationen) werden nicht in der Mediendecke geführt, oder bieten erhöhte Schwierigkeiten in der Planung:
- Sprinkler: Die hohen Anforderungen der Befestigungen an der Decke sind durch die Mediendeckenkonstruktion nicht gegeben.
- EDV/RLT: Das System der Mediendecke macht es in der Regel nicht möglich, dass EDV-Leitungen mit nur einem ununterbrochenen langen Kabel durch das Labor geführt werden können. Es besteht jedoch die Möglichkeit, an einem zentralen Punkt einen Switch zu setzen und von dort aus in einer sternförmigen Verteilung die Mediensäulen im Labor anzuschließen.

10.5 Sicherheitstechnische Einbauten in Laboratorien

Im Labor sind folgende sicherheitstechnische Einrichtungen vorgeschrieben:

Notduschen

In Laboratorien müssen mit Wasser, möglichst von Trinkwasserqualität gespeiste Körpernotduschen am Ausgang installiert sein. Sie sollen alle Körperzonen sofort mit ausreichenden Wassermengen überfluten können. Hierfür sind mindestens 30 l Wasser pro Minute erforderlich. Augenduschen sind entweder im Bereich der Körperdusche oder beim Ausgussbecken vorzusehen. Von jedem Ort des Labors sollte eine Körpernotdusche innerhalb von höchstens 5 s erreichbar sein. Die genaue Lage der Notdusche richtet sich nach der Gefährdungsbeurteilung. Der Zugang zu den Notduschen ist ständig frei zu halten. Es müssen die Mindestanforderungen der DIN EN 15154 eingehalten werden [20].

Notduscheneinrichtungen sind nur für den Notfall vorgesehen und werden daher ohne Bodenablauf geplant!

Vor Übergabe des Gebäudes sind die Volumenströme aller Leitungen zu testen und zu dokumentieren, um spätere Komplikationen zu vermeiden.

Körperduschen

Körperduschen: Nach der DIN EN 15154 Teil 1 sind Körperduschen mit Wasseranschluss für die Installation in der Nähe von gefährlichen Arbeitsbereichen vorgesehen und konstruiert. Hauptzweck dieser Einrichtung ist es, sofort eine ausreichende Menge an Wasser zu liefern, sodass der Körper bei einem Brand, nach dem Kontakt mit gesundheitsgefährlichen Substanzen oder nach Verbrennungen geduscht werden kann. Anschließend kann die verletzte Person medizinisch versorgt werden.

Die Armatur muss von verletzten Personen einfach und schnell in Gang zu setzen sein und darf nicht selbsttätig schließen.

Nach der DIN EN 15154 Teil 1 wird für Körperduschen Trinkwasser oder Wasser ähnlicher Qualität nach Europäischen oder Nationalen Normen gefordert. Nach der TRGS 526 [36] sind mindestens 30 l Wasser pro Minute erforderlich.

Nach der DIN EN 15154 Teil 1 muss der Duschkopf für eine Installationshöhe von 2200+/−100 mm vorgesehen sein, gemessen von seiner Unterkante bis zum Bodenniveau auf dem der Benutzer steht.

Nach BGI-850-0 ist beim Einsatz von Geräten in feuchter Umgebung sowie bei Spritzgefahr für die Betriebsmittel eine erhöhte elektrische Schutzart (zum Beispiel IP67 statt IP44) zu wählen.

Augenduschen

Augenduschen in Laboratorien müssen möglichst im Bereich der Körperdusche oder am Ausgussbecken – mit Wasser von Trinkwasserqualität gespeiste Augennotduschen installiert sein – dass diese von jedem Arbeitsplatz aus sofort erreichbar sind. Sie sollen beide Augen mit ausreichenden Wassermengen spülen können. Das Stellteil der Ventile muss leicht erreichbar, verwechslungssicher angebracht und leicht zu betätigen sein. An jeder Auslassöffnung einer Augennotdusche müssen mindestens 6 l Wasser pro Minute austreten. Der Spülstrahl muss konstant und unabhängig vom Leitungsdruck sein, und darf erst in einer Höhe von 10 bis 30 cm umkippen, damit die Augen optimal ausgespült werden.

Die Sicherheitsnotduschen sind regelmäßig zu prüfen und zu warten.

Die Funktion sollte mindestens einmal im Monat überprüft werden. Die Wartung und Inspektion erfolgt einmal im Jahr durch sachkundiges Personal (nach TRGS). Der Sicherheitsbeauftragte hat das Erste-Hilfe-System jeweils den Erfordernissen anzupassen.

Da Sicherheitsnotduschen nur selten genutzt werden und der Nutzen der Notduschen mit nicht optimaler Trinkwasserqualität überwiegt, gilt die DVGW-Vorschrift, dass das Trinkwasser nicht länger als drei Tage stagnieren darf, bei Augen- und Körperduschen nicht – sie werden monatlich im Intervall geprüft.

Notschalter für Elektro und Gas

Im Laborbereich sind Notschalter zur Abschaltung der Spannung in der Stromversorgung erforderlich. Alle Beschäftigten sind zu unterweisen, um im Falle eines Notfalles sofort die Stromversorgung unterbrechen zu können. Alle Steckdosen dürfen nur über diesen Notausschalter mit Strom versorgt werden.

Das Wiedereinschalten der Stromversorgung darf erst nach Rückstellen der Notschalter erfolgen. Das Rückstellen darf die Stromversorgung nicht wiederherstellen, sondern setzt nur die Unterbrechung durch den Notausschalter zurück.

Sicherheitsstromkreise, Notbeleuchtung und die Überwachung der Abzüge sind davon ausgeschlossen.

Der Gasnotausschalter ist ein elektrisch gesteuerter Sicherheitsschalter, der zwingend die Brenngase innerhalb eines Labors abschaltet. Brandfördernde Gase (z. B. Sauerstoff) und giftige Gase (z. B. Kohlenstoffdioxid) werden damit ausgeschaltet. Alle anderen verwendeten Gase können je nach Bauvorhaben bei Notwendigkeit ausgeschaltet werden, da sie unter Umständen zur Brandbekämpfung beitragen, ohne Menschen, die sich eventuell noch im Gebäude befinden, zu gefährden (z. B. Stickstoff).

Nach dem DVGW Arbeitsblatt G621 [39] (Brenngase aus öffentlicher Versorgung) sind zusätzlich zu den nach DVGW-TRGI und TRF geforderten Absperreinrichtungen für alle Gasentnahmestellen von Laboratorien eine hand- oder ferngesteuerte zentrale Absperreinrichtung, innerhalb oder außerhalb, vorzusehen.

Brandschutzeinrichtungen

In den Richtlinien für Laboratorien der BG Chemie wird darauf hingewiesen, dass außer den folgenden Personenlöscheinrichtungen auch Löschsand zur Brandbekämpfung eingesetzt werden kann.

Löschsand, Zementpulver, trockenes Streusalz und Graugussspäne gehören zu den Behelfslöschmitteln. Als Behelfslöschmittel werden Stoffe, Gemische oder Gegenstände bezeichnet, die eigentlich anderen Zwecken dienen, jedoch auch als Löschmittel eingesetzt werden können.

Personenlöscheinrichtungen nach der BGI-560

Personenbrände sind seltene, aber äußerst dramatische Ereignisse, da die Folgen für das Leben und die Gesundheit des Betroffenen besonders schwerwiegend sein können. Aus diesem Grund muss an den Arbeitsplätzen, an denen mit brennbaren Flüssigkeiten und/oder offenen Flammen umgegangen wird, ausreichende Vorsorge für die Erste-Hilfe-Maßnahmen getroffen werden.

Brennende Personen reagieren häufig panisch und können meist keine rationalen Entscheidungen treffen. Im Folgenden seien einige Personenlöscheinrichtungen aufgeführt:

Feuerlöschdecken

Feuerlöschdecken dienen als Rettungsmöglichkeit, wenn die Kleidung eines Menschen in Brand geraten ist.

Feuerlöscher

Feuerlöscher können zum Ablöschen brennender Kleidung eingesetzt werden. Tragbare Feuerlöscher, fahrbare Feuerlöschgeräte mit den Löschmitteln ABC-Pulver, wässrige Lösung, Schaum oder Kohlendioxid und Wandhydranten kommen infrage.

Feuerlöschgeräte nach der BGI-560

Feuerlöscher müssen leicht erreichbar sein. Ein im Entstehen begriffener Brand ist nur dann erfolgreich zu bekämpfen, wenn die Feuerlöscher jederzeit leicht aufzufinden und zu erreichen sind. Deshalb sind Feuerlöscher in der Nähe von Bereichen mit besonderer Brandgefahr sowie in unmittelbarer Nähe von Ausgängen und Rettungswegen zu installieren.

Die Entfernung von einem Feuerlöscher zum nächsten soll nicht mehr als 20 m betragen. Die Anbringung an Verkehrswegen ist zu empfehlen. Wo Feuerlöscheinrichtungen zu finden sind, ist kenntlich zu machen [38].

Man unterscheidet zwischen:

Wasserlöscher

Im Wasserlöscher – auch als Nasslöscher bezeichnet – wird als Löschmittel Wasser benutzt, dem Frostschutz- und Netzmittel zugesetzt sind. Die Löschwirkung beruht auf der Abkühlung der brennenden Stoffe.

Schaumlöscher

Löschschaum wird durch Verschäumung eines Wasser-Schaummittel-Gemisches mit Luft erzeugt. Dabei wird der Stick- und Kühleffekt des Schaums genutzt.

Pulverlöscher

In Pulverlöschern – auch Trockenlöscher genannt – werden als Löschmittel ABC-Löschpulver (für Glut- und Flammenbrände) oder BC-Löschpulver (nur für Flammenbrände) verwendet. Die Löschwirkung beruht auf dem Inhibitionseffekt, der durch die Löschpulverwolke entsteht. Der Abstand zwischen Löschgerät und Brandgut soll 2 bis 3 m betragen.

Kohlendioxidlöscher

In Kohlendioxidlöschern dient Kohlendioxid als Löschmittel, welches das Feuer durch Reduktion des Luftsauerstoffs über dem Brandgut erstickt. Kohlendioxid ist schwerer als die Luft.

Nach den Richtlinien für Laboratorien der BG Chemie reichen in den meisten Fällen zur Brandbekämpfung in Laboratorien Kohlendioxidlöscher aus. Sie hinterlassen keine Rückstände und verursachen daher keine Verschmutzung des Raumes, keine Schäden an empfindlichen Geräten, sind chemisch nahezu indifferent und auch bei elektrischen Anlagen verwendbar.

Erste Hilfe

Nach den Richtlinien für Laboratorien der BG Chemie müssen Erste-Hilfe-Maßnahmen auf die in Laboratorien möglichen Verletzungen und Gesundheitsschädigungen ausgerichtet sein. Dies sind z. B. Maßnahmen bei Augenverätzungen, Hautverätzungen, Schnittverletzungen, Verbrennungen und Verbrühungen.

Nach den BG-I850-0 sind bei Tätigkeiten mit gefährlichen chemischen Stoffen, wie beispielsweise Flusssäure, Blausäure, Phenol oder die Atemwege ätzende und reizende Stoffe, in Absprache mit dem Betriebsarzt Antidots oder Mittel zur Begrenzung der Auswirkungen bereitzuhalten.

Notfallschrank
Sehr bewährt hat sich ein Notfallschrank im Labor. Der Notfallschrank ist eine zentrale Rettungseinheit. In ihm befinden sich die Erste-Hilfe-Ausrüstung, Feuerlöscher und Feuerlöschdecke. Je nach Abstimmung mit dem Bauherrn können dort auch die Notduschenbetätigung, der Notausschalter und der Gasnotausschalter integriert sein. Die Bündelung der sicherheitstechnischen Maßnahmen an einem zentralen Punkt vereinfacht die Orientierung im Notfall.

10.6 Abzüge (Digestorien)

Abzüge (Digestorien) – Definition nach der DIN EN 12924 Teil 1 [22]: Ein Abzug ist eine Arbeitsschutzeinrichtung in Laboratorien für Arbeiten, bei denen Gase, Dämpfe, Aerosole oder Stäube in gefährlicher Menge oder Konzentration auftreten können.

Funktionsprinzip
Durch die Öffnung auf der Vorderseite des Digestoriums wird Luft über die Arbeitsfläche gesaugt, mittels einer Abluftanlage. Dadurch werden Schadstoffe über die Abluftleitung entfernt.

Die erforderliche Druckdifferenz wird teilweise durch die zentrale Abluftanlage nicht gewährleistet. Deshalb wird ein Ventilator installiert, der an dem deckenseitigen Abluftstutzen angebracht ist. Die vertikal verschiebbare Frontscheibe kann je nach Bedarf eingestellt werden, aber jeweils so, dass ein Körperschutz gewährleistet ist.

Auch bei geschlossenem Frontschieber ist immer ein kleiner Restspalt für die Einströmung einer Mindestluftmenge vorhanden.

Man unterscheidet zwischen verschiedenen Konstruktionen: „Abzug mit horizontaler Luftwalze und Abzug mit Stützstrahltechnik“. Beim Abzug mit horizontaler Luftwalze wird durch eine Prallwand an der Rückseite des Abzuges die Strömung entlang der Prallwand geführt. Es bildet sich eine horizontale Strömungswalze auf der Arbeitsfläche aus zwischen der angesaugten Luft auf der Öffnungsseite der Frontseite und der Prallwand. Je nach der Öffnungshöhe der Frontseite ändert sich die vertikale Ausdehnung der Walze. Beim Abzug mit Stützstrahltechnik erfolgt bei der Frontöffnung eine zusätzliche Lufteinblasung. Dadurch wird eine Wirbelbildung an der Einstromkante verhindert. Beim Stützabzug wird die Luftmenge um ein Drittel verringert gegenüber konventionellen Abzügen. Auch der Schadstoffausbruch ist geringer. Es entstehen allerdings höhere Investitionskosten durch den zusätzlichen Ventilator und dessen Wartung. Welcher Abzug gewählt wird, sollte bereits in der Planungsphase festgelegt werden.

Sicherheits- und Leistungsziele

Abzüge sind so auszulegen, dass drei Schutzziele nach der DIN EN 14175 Teil 2 [23] eingehalten werden:

1. Personenschutz: Abzüge müssen so ausgelegt sein, dass gefährliche luftgetragene Schadstoffkonzentrationen oder -mengen nicht vom Abzug in den Raum gelangen.
2. Explosionsschutz: Schadstoffe müssen effizient entfernt werden, um die Gefahr der Ausbildung einer explosiven oder gefährlichen Atmosphäre im Abzugsinnenraum zu verringern.
3. Spritzschutz: Der Nutzer muss gegen Spritzer und Splitter durch einen Frontschieber geschützt werden.

Die Regelung

Die Höhe des Abluftvolumenstroms kann von jedem Hersteller selbst gewählt werden. Jedoch muss das vorgeschriebene Schadstoffrückhaltevermögen lt. DIN EN 14175 erreicht werden.

Für die Vordimensionierung der Lüftungsanlage kann für einen Laborabzug ein Wert von 400 m^3/h pro lfm Frontlänge angerechnet werden. Den minimalen Luftvolumenstrom, bei geschlossener Scheibe und im ausgeschalteten Zustand, pro Laborabzug, sollte man mit 120 m^3/h ansetzten. Über die Bewegung der Frontscheibe wird die Höhe der Abluft geregelt. Die Laborabzüge müssen mindestens mit einer dreistufigen oder stufenlosen Volumenstromregelung ausgerüstet sein. Zudem wird eine automatische Schieberschließung verlangt.

Der Luftstrom (Abbildung 10.10) wird mit einer Kontrollvorrichtung, die in die Abzugseinheit integriert ist, geregelt, welche bei zu geringer Saugleistung optische und akustische Warnsignale aussendet. Außerdem müssen Abzüge mit Einrichtungen ausgerüstet sein, die eine Druckentlastung ermöglichen, dies können z. B. lose eingelegte Platten geringen Gewichtes sein, die gegen Fortfliegen gesichert sind.

Je nach Bedarf kann während der Nacht eine geringere Luftmenge eingestellt werden. Mittels einer Tag-/Nachtschaltung kann die Abluftmenge bis auf 100 m^3/h im Nachtbetrieb abgesenkt werden. Die Regelung von Tag- auf Nachtbetrieb kann auch über die Abzüge erfolgen. So schaltet beim Öffnen eines Abzuges die Laborraumregelung automatisch auf Tagbetrieb.

Abzüge mit variablem Luftstrom, auch VAV-System (variable air volume system) genannt, sind heute Stand der Technik, dabei wird die Abluftmenge den jeweiligen Arbeiten angepasst.

Weiter sind die Abzüge mit einem Schiebefenster-Controller ausgestattet. Die Schließung des Abzuges erfolgt dabei automatisch, wenn daran nicht gearbeitet wird.

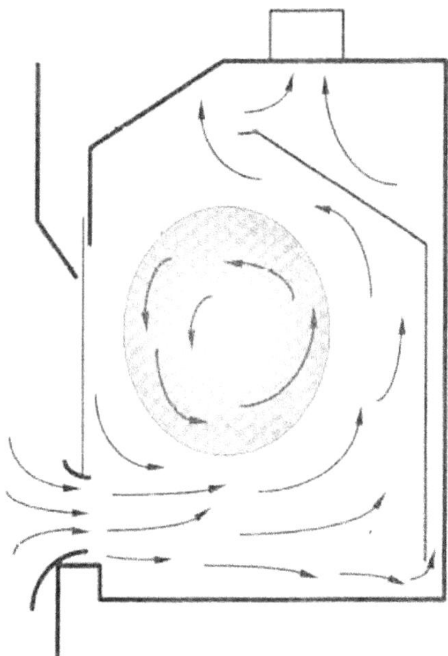

Abb. 10.10: Luftströmung in einem Digestorium.

Bauarten

Allen Bauarten ist gemeinsam, dass die Bedieneinheiten der Medien, wie Schalter und Ventilköpfe, die im Abzug gewünscht werden, außerhalb des Abzugs (Seitenleiste/Tischleiste) untergebracht sind.

Standardabzug/Tischabzug nach der DIN EN 14175 Teil 1

Ein Standardabzug besitzt einen Fußbodenabstand von mindestens 720 mm bis zur Arbeitsfläche.

Bei den meisten Herstellern verläuft bei Tischabzügen die Medienzelle an der Rückwand der Tischkonstruktion. Das heißt, die Medieneinspeisung muss nicht speziell für den Abzug, sondern kann auch am benachbarten Labortisch erfolgen.

Nach der DIN EN 14175 [23] gilt für Tischabzüge bei geöffneten Frontschieber ein Abluftwert von 400 m^3/h je Meter Abzugslänge. (Ausnahmen sind die Stützstrahlabzüge).

Tiefabzug nach der DIN EN 14175 Teil 1

Ein Tiefabzug ist ein Abzug mit einer Arbeitsfläche, die sich zwischen dem Fußboden und einer Höhe von 720 mm befindet (Abb. 10.11).

Nach DIN EN 14175 [23] gilt für Tiefabzüge bei geöffneten Frontschieber ein Abluftwert: 600 m^3/h je Meter Abzugslänge.

Abb. 10.11: Tischabzug.

Nach DIN EN 14175 gilt für begehbare Abzüge bei geöffneten Frontschieber ein Abluftwert von 700 m^3/h je Meter Abzugslänge.

Anmerkung: Begehbare Abzüge unterbrechen meist die Medienversorgung. Daher sind in diesem Bereich keine Medienzellen möglich. Begehbare Abzüge müssen einzeln angeschlossen werden.

Begehbare Abzüge kommen im Krankenhaus kaum vor, aber in der Chemischen Industrie.

Abrauchabzüge sind Abzüge mit thermischen Lasten in denen mit Flusspercholor- oder Schwefelsäure gearbeitet wird. Es kann zu starker Rauchentwicklung kommen, deshalb sollte der Rauch möglichst schnell abgesaugt werden (DIN EN 141 75 Teil 7).

Des Weiteren seien noch folgende Sonderabzüge erwähnt:

Apothekenabzüge

Die Betriebsordnung für Apotheken schreibt einen Abzug in Apotheken vor (DIN 12 924 Teil 4 [22]).

Radionuklidabzüge

In DIN 25466 [27] sind die technischen Schutzmaßnahmen für radioaktive Stoffe vor Strahlenexposition beschrieben.

Punktabsaugungen

Punktabsaugungen sind bei gesundheitsschädlichen oder explosiven Arbeitsvorgängen vorzusehen, die Stäube, Dämpfe oder Gase o. ä. entwickeln. Des Weiteren werden Punktabsaugungen bei reizenden und unangenehmen Gerüchen eingesetzt, die nicht die Gesundheit des Bedienpersonals gefährden.

Diese Verfahrensschadstoffe müssen direkt am Entstehungsort abgesaugt werden.

Punktabsaugungen werden über einen Absaugarm oder Gelenkarm direkt an den Arbeitsvorgang herangeführt. Es gibt sie in den Ausführungen mit und ohne Haube. Diese erleichtert das Absaugen der kontaminierten Luft.

Bei besonders gesundheitsschädlichen oder explosiven Arbeitsvorgängen sind Arbeitskabinette vorzusehen, somit werden die Schadstoffe, die bei dem Verfahren entstehen, eingekapselt und können risikolos abgesaugt werden.

10.7 Mikrobiologische Sicherheitswerkbänke

Eine Sicherheitswerkbank [7] ist ein Arbeitsschutzgerät. Dieses soll den Anwender und die Umwelt vor schädlichen Schwebstoffen (Partikeln) schützen, die während eines Experimentes oder Arbeitsschrittes erzeugt werden können. Weiterhin muss das Experiment (Produkt) gegebenenfalls vor schädlichen Umwelteinflüssen geschützt werden [3].

Das Europäische Gefahrstoffrecht unterscheidet vier Sicherheitsstufen: Sicherheitsstufe 1 bedeutet geringes Risiko, Sicherheitsstufe 4 hohe Kontamination eventuell mit tödlichem Ausgang.

Sicherheitswerkbänke bieten im Gegensatz zu Abzügen nur Schutz vor Partikeln und werden außer in Ausnahmefällen nicht an das Abluftkanalnetz angeschlossen!

Sicherheitswerkbänke unterscheiden sich von Abzügen dadurch, dass die gefilterte Luft direkt in den Laborraum zurückgeleitet wird. Diese Geräte sind in der Regel nur für Tätigkeiten mit kleinen Mengen und nicht für Tätigkeiten mit sehr giftigen, krebserzeugenden, erbgutverändernden oder reproduktionstoxischen Stoffen, sowie nicht für Tätigkeiten mit Niedrigsiedern (Siedepunkt ≤ 65 °C) geeignet.

Man unterscheidet drei Klassen von Sicherheitswerkbänken:

Klasse I – Schutz des Arbeitenden

Die Raumluft wird in den Arbeitsbereich gesogen und über High Efficiency Particulate Airfilter (HEPA 14; H14) wieder in den Raum abgeführt (Abb. 10.12).

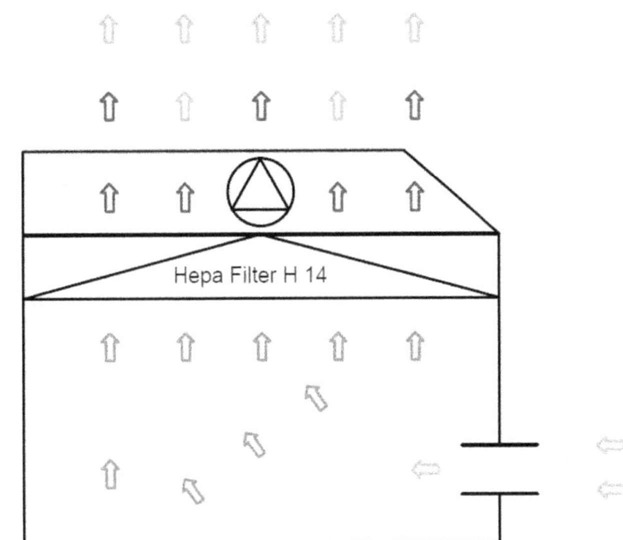

Abb. 10.12: Sicherheitswerkbank Klasse I [7].

Klasse II – Schutz des Arbeitenden und des Arbeitsgegenstands

Hier werden etwa 70 % des Luftstroms über den Hauptfilter von oben nach unten in einer vertikalen laminaren Fallströmung bis zu den an den Rändern der Arbeitsfläche befindlichen Absaugöffnungen geführt. Die verbleibenden 30 % werden über Hochleistungsschwebstofffilter in die Raumluft abgegeben. Gleichzeitig bilden 30 % Raumluft aus dem Labor, die in die vorderen Absaugöffnungen eingesaugt werden, einen Luftvorhang für den Personenschutz.

Die Sicherheitswerkbänke der Klasse II gibt es mit einem 2-Filter-System (Abb. 10.13) und einem 3-Filter-System (Abb. 10.14), einer sogenannten Zytostatika-Werkbank. Die von der Sicherheitswerkbank der Klasse II dargestellten Luftströmungen sind sehr empfindlich gegen Störungen durch Fremdluftströmungen.

Die Werkbänke sollen deshalb so aufgestellt werden, dass Personenverkehr, z. B. Vorbeilaufen während des Experimentes, nicht zu erwarten ist.

Eine Sicherheitswerkbank der Klasse II gewährleistet den Personen-, Produkt- und Verschleppungsschutz.

HEPA-Filter:

Zur Erzeugung der versorgenden Reinluft werden Hochleistungsschwebstofffilter mit sehr hohem Adsorptionsgrad eingesetzt. Sie zählen zu den Tiefenfiltern und scheiden Partikel mit einem aerodynamischen Durchmesser kleiner als 21 µm ab.

Schwebestofffilter werden zur Ausfilterung von z. B. Bakterien und Viren, Pollen, Milbeneiern und -ausscheidungen, Stäuben, Aerosolen und Rauchpartikeln aus der Luft benutzt. Sie besitzen einen Adsorptionsgrad von 99,999 %.

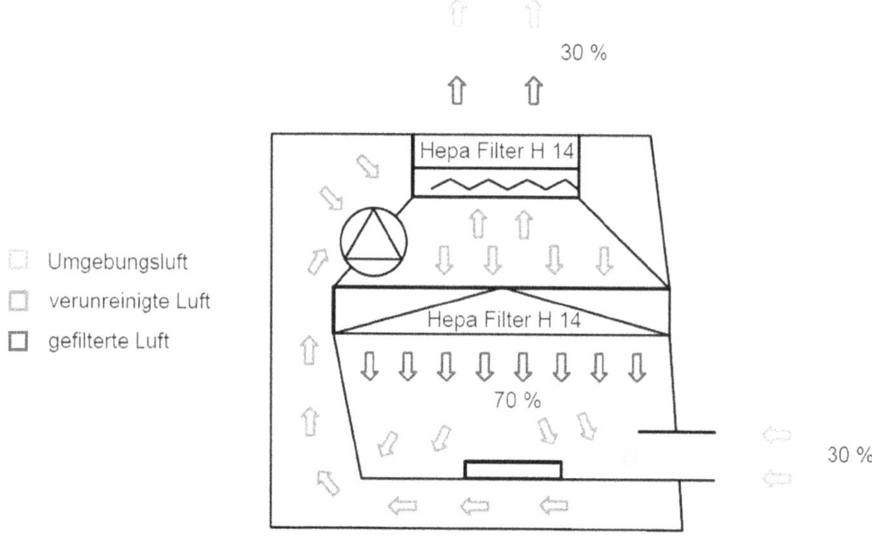

Abb. 10.13: Sicherheitswerkbank Klasse II – 2-Filter-System [10].

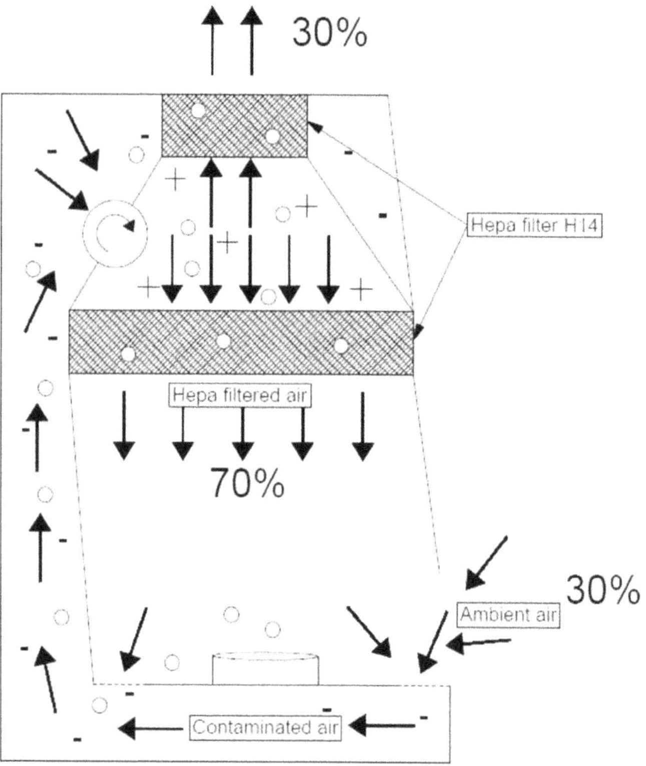

Abb. 10.14: Sicherheitswerkbank Klasse II – 3-Filter-System [7].

Abb. 10.15: Sicherheitswerkbank.

Klasse III – erhöhter Schutz des Arbeitenden, Schutz des Arbeitsgegenstands
Sicherheitswerkbänke der Klasse III (Abb. 10.16) sind vollständig geschlossen. Sie verfügen über fest eingebaute Handschuhe und Schleusen, durch die Werkzeuge und Arbeitsmaterial eingebracht werden. Sowohl Zuluft als auch Abluft werden durch Schwebstofffilter geführt, wobei im Innern ein Unterdruck aufrechterhalten wird, sodass bei Undichtigkeiten keine potentiell kontaminierte Innenluft austritt (Abb. 10.15).

10.8 Sicherheitsschränke

Etliche Substanzen, die im Labor benötigt werden, sind leicht brennbar oder giftig. Um das von ihnen ausgehende Gefahrenpotenzial möglichst gering zu halten, sind diese in entsprechenden Sicherheitsschränken zu lagern. Die Hauptaufgabe, neben der Lagerung der verschiedenen Stoffe, ist im Brandfall den gefährdeten Personen ausreichend Zeit zu geben, den Raum zu verlassen [13].

Dies wird dadurch ermöglicht, dass sich die Türen und Schubladen eines Sicherheitsschranks im Brandfall innerhalb von 20 Sekunden selbsttätig schließen müssen.

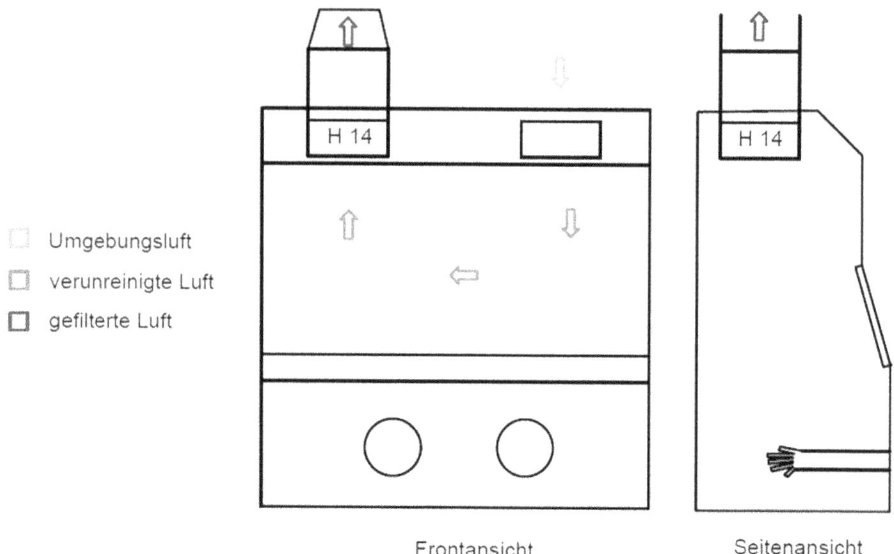

Abb. 10.16: Sicherheitswerkbank Klasse III [7].

Um Stauungen von gefährlichen Gas-Luft-Gemischen zu verhindern, wird ein Sicherheitsschrank dauerabgesaugt. Das Absaugen kann entweder durch einen Anschluss an das hauseigene Abluftsystem, einen zusätzlichen externen Ventilator oder mittels eines in den Schrank integrierten Ventilators erfolgen. Druckgasflaschenschränke, aus denen heraus die Einspeisung giftiger Gase erfolgt, erfordern einen 120-fachen Luftwechsel. Für Sicherheitsschränke, in denen Gase aller anderen Gefährdungsarten lagern, und für alle anderen Typen von Sicherheitsschränken, genügt ein 10-facher Luftwechsel.

Die Luftöffnungen müssen bei 70 °C (+/−10 °C) automatisch schließen. Die Absaugung sollte nicht nur oberhalb der Bodenwanne, sondern in jeder Schrankebene wirksam sein. Chemikalien-, Säuren- und Laugenschränke sind mit einer Bodenwanne ausgestattet, die mind. 10 % des Gesamtvolumens aller eingelagerten Behältnisse und/oder 110 % des größten Behältnisses fasst. Im Vergleich zum Chemikalienschrank hat ein Säuren- und Laugenschrank baulich getrennte Fächer, in denen Säuren und Laugen separat aufbewahrt und notfalls bei Auslaufen auch mit integrierten Wannen aufgefangen werden. Alle Sicherheitsschränke besitzen die Feuerwiderstandsklasse F90 (in Deutschland Stand der Technik), und beim Brandfall versiegeln selbstständig aufschäumende Brandschutzdichtungen den Sicherheitsschrank.

Bewährt haben sich neuere Sicherheitsschränke mit einer Zu- und Abluftöffnung in jeder Schrankebene. Die Lüftungsklappen unterliegen einer regelmäßigen Kontrolle. Moderne Schränke lassen sich von Schrankinnenraum prüfen mittels eines Ampelprinzips (grün bedeutet in Ordnung, und rot eine Störung).

Sicherheitsschränke für Druckgasflaschen

Druckgasflaschen stellen eine erhebliche Gefahrenquelle im Labor dar. Bei der Planung eines Labors ist dies zu berücksichtigen und es sind entsprechende Sicherheitsschränke vorzusehen.

Nach der BGI-850-0 sind Druckgasflaschen aus Brandschutzgründen grundsätzlich außerhalb der Laboratorien sicher aufzustellen. Bei der Aufstellung im Labor sind in der Regel besondere Schutzmaßnahmen zu ergreifen, unter dem Gesichtspunkt eines erhöhten Brandrisikos.

Nach der BGI-850-0 bestehen die Gefahren durch die Aufstellung von Druckgasflaschen in Laboratorien beispielsweise durch Undichtigkeiten, durch Umstürzen, beim Flaschentransport oder bei Bränden durch Zerknall. Die Gefährdung im Brandfall ist bei allen Gasarten gegeben. Druckgasflaschen werden daher in Abhängigkeit von der möglichen Brandgefahr geschützt durch Unterbringen in Schränken nach der DIN EN 14470 Teil 2 [24], durch Unterbringen in dauerbelüfteten Flaschenschränken nach der TRG 280 [35], durch Einrichtungen, die Druckgasflaschen selbsttätig mit Wasser berieseln (beispielsweise nach der DIN 14494 „Sprühwasserlöschanlagen, ortsfest, mit offenen Düsen" [30]) oder durch Aufstellen der Druckgasflaschen hinter einer feuerhemmenden Abtrennung.

10.9 Lüftungstechnische Anforderungen im Labor

Es gelten prinzipiell die im Kap. 3 aufgeführten Grundlagen DIN 1946 [28]. Die Raumlufttechnische Anlage (RLT-Anlage) im Labor ist laut DIN 1946-7 „Raumlufttechnische Anlagen in Laboratorien" auszulegen und hat drei wesentliche Aufgaben zu erfüllen [9].

Sie dient vordringlich dem Schutz von Personen bei Tätigkeiten mit Gefahrstoffen, indem sie die freigesetzten Gefahrstoffe (Gas, Dämpfe, Stäube, Aerosole) gezielt an der Entstehungsstelle soweit abführt und verdünnt, dass Gesundheitsgefährdungen über die Atemluft (2 m über dem Fußboden) vermieden werden.

Des Weiteren muss die Raumluftqualität nach DIN EN 13779 [25] und DIN EN 15251 [21] sichergestellt werden. Neben dem Luftwechselbedarf des Raumes muss auch der Abluft- und Zuluftbedarf von Laboreinrichtungen und Geräten räumlich und zeitlich sichergestellt werden.

Die Zuluft muss aufbereitete Außenluft sein, Sekundärluft nach DIN EN 13779 ist zur thermischen Aufbereitung nur dann zulässig, wenn keine gefährlichen Konzentrationen von Gefahrstoffen auftreten können.

Für die Auslegung des Abluftvolumenstroms eines Laborraums sind 25 $m^3/(m^2 \cdot h)$ anzurechnen. Abgetrennte Flure oder abgetrennte Auswerte- oder Schreibflächen gehören nicht zum Laborraum und müssen nicht mit 25 $m^3/(m^2 \cdot h)$ versorgt werden. Sollte bei einer Gefährdungsbeurteilung ein niedrigerer Abluftvolumenstrom ausreichend und wirksam sein, darf dieser in der Planung oder im Betrieb gewählt werden. Am Laboreingang muss diese Absenkung gekennzeichnet werden. Ohne Absenkung entspricht dies bei 3 m lichter Raumhöhe stündlich einem etwa achtfachen Luftwechsel, der in der Nacht auf einen vierfachen Luftwechsel in der Stunde abgesenkt werden kann. Bei der Auslegung der Abluft sind die Teilabluftvolumenströme, z. B. von Digestorien oder Sicherheitsschränken nicht zu vergessen.

Die Zuluftgeschwindigkeit sollte im Bereich der Digestorienöffnungen 0,3 m/s nicht überschreiten. Damit ist gewährleistet, dass das Rückhaltevermögen der Laborabzüge, insbesondere bei geöffneten Frontschiebern, nicht nachteilig beeinflusst wird. Dies kann durch eine große Anzahl von Zuluftauslässen, mindestens aber durch große Zuluftflächen gewährleistet werden. Im Labor sind Drall-, Schlitz- oder Speziallaborluftauslässe im Einsatz. Die Zuluftmenge wird variabel geregelt und zugfrei ausgeblasen. Bei der Zuluft unterscheidet man zwischen Mischlüftung und Verdrängungslüftung, wobei die Mischlüftung im Labor häufig Anwendung findet. Bei der Verdrängungslüftung gibt es je nach Einbringung, Decken-, Quer-, Boden- und Quelllüftung.

Bei der Auslegung der RLT-Anlage eines Labors ist zu berücksichtigen, dass der Schalldruckpegel von 52 dB(A) im Raum nicht überschritten wird. Hierin sind alle Luft führenden Komponenten einschließlich Kapellen, Zu- und Abluftdurchlässe, Punktabsaugungen usw. enthalten; siehe VDI 2081 Blatt 1 [41]. In Räumen, die keine ständigen Arbeitsplätze aufweisen und, in denen im Rahmen der Gefährdungsbeurteilung andere Anforderungen Vorrang haben sollen, dürfen höhere Werte vereinbart werden.

Energierückgewinnung

Ab Januar 2016 schreibt die europäische Ökodesign-Richtlinie (ERP-Richtlinie = Energy related Products-Directive [44]) erhöhte Anforderungen für Lüftungsgeräte vor. Diese müssen ab dem 01.1.2016 eine Mindesteffizienz und mehrstufige Regelung vorweisen können. Ausgenommen sind Ventilatoren für den Ex-Schutz sowie Brandgasventilatoren für bestimmte Prozessbereiche wie Absaugungen von aggressiven Medien, die einer erhöhten Temperatur ausgesetzt werden.

Des Weiteren sind ab dem 01.01.2016 nach der ERP-Richtlinie Wärmerückgewinnungsanlagen erforderlich.

In Laboren mit Ex-Schutz muss eine kontrollierte Mindestluftwechselzahl auch nachts gefahren werden. In Laboratorien mit reiner Lüftungsanforderungen wird in der Regel nur tagsüber eine Lüftung gefordert.

Anordnung der Lüftungszentrale im Gebäude

Die Anordnung der Lüftungszentrale hat einen grundlegenden Einfluss auf die Gebäudestruktur. Folgende Alternativen stehen laut Rydzewski (9) zur Verfügung:

Die Lüftungszentrale im Dachgeschoss stellt eine sehr vorteilhafte, kostengünstige Lösung dar (Leichtbauweise).

Die Lüftungszentrale im Technikuntergeschoss erspart ein Nutzungsgeschoss [9]. Nachteile sind:

– Das Untergeschoss ist der teuerste Bauraum im Gebäude.

- Die Fortluft vom Untergeschoss über das Dach abzuführen ist energetisch nicht sinnvoll, da die Luft einen unnötig langen Weg zurücklegen muss. (Nach der DIN EN 13779 [25] sollte im Hinblick auf Druckverlust und Energiebedarf das Luftleitungssystem so kurz wie möglich sein).
- Im Leitungsnetz der Abluft durch das Gebäude können auf dem Weg in die Technikzentrale gefährliche Stoffe, die aus den Laboren abgeführt werden, nicht entweichen, da die Abluft im Kanal im Unterdruck zur Raumluft außerhalb des Kanals steht. Nachdem die Abluft den Ventilator passiert hat, drückt dieser die belastete Luft den restlichen Leitungsweg hinaus ins Freie. Es besteht die Gefahr, dass gefährliche Stoffe nach außen durch den Lüftungskanal diffundieren können. Die Strecke zwischen dem Ventilator bis ins Freie sollte so kurz wie möglich sein, um die Gefahr zu minimieren und, um außer der Technikzentrale keine weiteren Räume zu gefährden.

Lüftungszentrale im Technikzwischengeschoss: Bei hohen Gebäuden mit mehr als 9 Geschossen ist ein Technikzwischengeschoss erforderlich.

Zuluftanlage im Untergeschoss, Abluftanlage im Dachgeschoss: Bei Verwendung von kreislaufverbundenen Wärmerückgewinnungsanlagen können die Zuluft- und Abluftanlagen räumlich voneinander getrennt werden. In Laborgebäuden kann man die Zuluftanlagen im Technikuntergeschoss und die Abluftanlagen im Dachbereich planen, um zu einer gegenläufigen Kanalführung und damit zu einer Schachtflächenminimierung zu gelangen [9].

Bei sehr hohen Gebäuden können diese Möglichkeiten auch kombiniert werden.

Abluft: Insgesamt soll in jedem Labor mehr Abluft abgesaugt werden, als Zuluft zugeführt wird, damit ein leichter Unterdruck im Labor herrscht, um die umgebenden Räume zu schützen (mit Ausnahme von Überdrucklaboren und Reinräumen).

Beispiel zur Berechnung der Zu- und Abluft eines Labors

Gegeben: Ein Labor hat eine Nutzfläche von insgesamt 100 m^2. Mit enthalten in der Nutzfläche ist eine Auswertezone von 20 m^2. Der Auswertebereich hat einen Mindestluftwechsel von 2 l/h.

Die lichte Raumhöhe im gesamten Labor beträgt 3,00 m.

Zu der Laborausstattung zählen:

- drei Standardabzüge mit einer Breite von 1,20 m und einem Volumenstrom von 500 mm^3/h bei geöffnetem Frontschieber und 200 m^3/h bei geschlossenem Frontschieber;
- zwei begehbare Abzüge mit einer Breite von 1,20 m und einem Volumenstrom von 700 m^3/h bei geöffnetem Frontschieber und 300 m^3/h bei geschlossenem Frontschieber;
- ein Sicherheitsschrank für Druckgasflaschen mit giftigen Gasen, für die der Hersteller 400 m^3/h festgelegt hat,

– ein Sicherheitsschrank für Säuren und Laugen, für die der Hersteller 100 m^3/h festgelegt hat.

Die Standardabzüge haben bei geschlossenen Frontschiebern einen Mindestluftwechsel von 200 m^3/h.

Die begehbaren Abzüge bei geschlossenem Frontschieber laufen mit einem Mindestluftwechsel von 300 m^3/h.

Zwei Türen verbinden das Labor mit dem angrenzenden Flur.

Gesucht ist der Mindestluftwechsel im Labor nach DIN, der Mindestluftwechsel bei Volllast und bei Minimallast.

Sind zusätzliche Lüftungsgitter nötig, um den Mindestluftwechsel im Labor zu gewährleisten?

Lösung.

A: (DIN)

$80\,m^2 \times 25\,m^3/h{*}m^2 + 20\,m^2 \times 3\,m \times 2\,l/h = 2120\,m^3/h$

B 1: (Volllast)

$1 \times 400\,m^3/h + 1 \times 100\,m^3/h + 2 \times 700\,m^3/h + 3 \times 500\,m^3/h = 3400\,m^3$

B 2 (Minimallast)

$1 \times 400\,m^3/h + 1 \times 100\,m^3/h + 2 \times 300\,m^3/h + 3 \times 200\,m^3/h = 1700\,m^3$

Berechnung der Mindestzuluftmenge:

Je Tür sind 30 m^3/h von der errechneten maximalen Zuluftmenge abzuziehen.

Berechnung der Mindestabluftmenge:

Fall A: Mindestabluftmenge

Anforderungen (Randbedingungen, um die erforderliche Mindestabluftmenge zu berechnen):

A. Mindestluftwechsel nach DIN

Gemäß der DIN 1946 Teil 7 sind 25 m^3/h Abluft je qm Labornutzfläche, also:

$$25 = \frac{m^3}{\frac{h}{qm}\ \text{Laborfläche}} \quad \text{vorgeschrieben.}$$

Dieser Wert ist bei Laboratorien im Betrieb einzuhalten, außer eine Gefährdungsbeurteilung gibt einen anderen Wert vor, beispielsweise einen reduzierten (4-fachen) Luftwechsel. Dann errechnet sich der Mindestluftwechsel folgendermaßen 4 × Laborfläche [m^2] × lichte Laborraumhöhe [m]

B 1: Volllast

Summe der maximal notwendigen Abluft der Laborausstattung gemäß Herstellerunterlagen bzw. Baumusterprüfung:

- Abzüge, maximale Abluftmenge bei geöffnetem Frontschieber
- Containments
- Punktabsaugungen
- andere Nutzerausstattungen.

B 2: Minimallast
Summe der minimal notwendigen Abluft der Laborausstattungen gemäß Herstellerunterlagen bzw. Baumusterprüfungen:
- Abzüge (minimale Abluftmenge bei geschlossenem Frontschieber)
- Containments
- Punktabsaugungen (nur für den Fall, dass diese nicht abschaltbar sind, ansonsten sind diese nicht anzusetzen)
- andere Nutzerausstattungen (nur für den Fall, dass diese nicht abschaltbar sind, ansonsten sind diese nicht anzusetzen).

Da sowohl A als auch B eingehalten werden müssen, werden diese beiden Werte verglichen und die höchste berechnete Mindestluftmenge, also A oder B, ist für das jeweilige Labor als Mindestabluftmenge anzusetzen.

2.) Ermittlung der Mindestabluftmenge im Labor:
Fall I.) B2 < B1 < A: Mindestabluftmenge = A:
Auswirkungen auf die Planung:
Die Laborausstattung alleine reicht nicht aus, um die geforderte Mindestabluftmenge nach der DIN 1946 Teil 7 [29] zu gewährleisten, da die Laborausstattung zu keinem Zeitpunkt die Mindestabluftmenge abführt. Es müssen zusätzlich Luftauslässe mit variablen Regler eingesetzt werden, die die restliche Luftmenge (A – B2) abdecken.

Sonderfall: Für den Fall, dass die Luftmenge B2 nur geringfügig kleiner ist als die Luftmenge B 1, ist es aus Kostengründen besser, auf eine Schiebe-Steuer-Regelung zu verzichten und die Abzüge mit einem konstanten Volumenstrom laufen zu lassen und nur die Luftmenge (A – B1) über die Luftauslässe mit einem konstanten Regler abzusaugen. Bei einer zu großen Differenz zwischen den Luftmengen B2 und B1 ist diese Lösung trotz der finanziellen Einsparung nicht sinnvoll, da die Geräuschbelästigung im Labor enorm wäre. Die Annahme, dass alle Frontschieber zeitgleich offen sind, ist nicht realistisch, und die Abzüge sind nicht dafür vorgesehen, einen größeren Luftwert über den kleinen Spalt des geschlossenen Frontschiebers abzusaugen.

Fall II.) B2 < A < B1): Mindestabluftmenge = A:
Auswirkungen auf die Planung:
Die Laborausstattung alleine reicht nicht aus, um die geforderte Mindestabluftmenge nach der DIN 1946 Teil 7 zu gewährleisten, da diese im Minimalbetrieb nicht ausreichend Luft abführt. Es müssen zusätzliche Luftauslässe samt variablem Regler eingesetzt werden, die die restliche Luftmenge (A – B1) abdecken.

Sonderfall: Für den Fall, dass die Luftmenge B2 nur geringfügig kleiner ist als die Luftmengen B1, ist es aus Kostengründen besser, auf eine Schiebe-Steuer-Regelung zu verzichten und die Abzüge mit einem konstanten Volumenstrom laufen zu lassen. Bei einer zu großen Differenz zwischen den Luftmengen B2 und B1 ist diese Lösung trotz der finanziellen Einsparung nicht sinnvoll, da die Geräuschbelästigung im Labor enorm wäre. Die Annahme, dass alle Frontschieber zeitgleich offen sind, ist nicht realistisch, und die Abzüge sind nicht dafür vorgesehen, einen größeren Luftwert über den kleinen Spalt des geschlossenen Frontschiebers abzusaugen.

Fall III.) A < B2 < B1: Mindestabluftmenge = B1:
Auswirkungen auf die Planung:
Es sind keine zusätzlichen Luftauslässe samt variablem Regler notwendig, da die Laborausstattungen zu jedem Zeitpunkt die nach der DIN 1946 Teil 7 notwendige Mindestabluftmenge abführen.

Ermittlung der Zuluftmenge im Labor:
Die Laborzuluft ist um 30 m^3/h je Flurtür kleiner als die zugehörige Abluft anzusetzen, damit ein Unterdruck vom Flur zum Labor besteht. Die Summe dieser Überströmungen von je 30 m^3/h ist der Zuluft vom Flur hinzuzufügen.

Auswirkungen auf die Planung:
Die Laborausstattung alleine reicht nicht aus, um die geforderte Mindestabluftmenge nach der DIN 1946 Teil 7 zu gewährleisten, da die Laborausstattung zu keinem Zeitpunkt die Mindestabluftmenge abführt. Es müssen zusätzlich Luftauslässe samt variablem Regler eingesetzt werden, die die restliche Luftmenge von 100 m^3/h abdecken.

Der Sonderfall kommt bei diesem Beispiel nicht zum Einsatz, da B2 um einiges kleiner ist als B1. Die Geräuschbelästigung im Labor wäre enorm. Die Annahme, dass alle Frontschieber zeitgleich offen sind, ist nicht realistisch, da die Abzüge nicht dafür vorgesehen sind, einen größeren Luftwert über den kleinen Spalt des geschlossenen Frontschiebers abzusaugen.

10.10 Sanitärmedien

Bei der Medienversorgung unterscheidet man zwischen zentralen Anlagen mit Versorgungsleitungen zu den einzelnen Verbrauchspunkten in den Laborbereichen und dezentralen Anlagen direkt am jeweiligen Verbrauchspunkt.

Grundsätzlich sollten nur solche Medien über eine zentrale Versorgung zugeführt werden, die regelmäßig und in gleicher Qualität an vielen Verbrauchsstellen benötigt werden. Gegen eine zentrale Versorgung mit selten oder in kleinsten Mengen benötigten Medien (z. B. hochreine Gase, Reinstwasser) spricht die Gefahr der Verunreinigung durch lange Standzeiten im Leitungsnetz. Medien mit hohem Reinheitsgrad (meist kleine Mengen) erzeugen hohe Kosten.

Medienversorgung: Nichttrinkwasser

Nichttrinkwasser im Labor muss die Kennzeichnung: „Kein Trinkwasser" aufweisen!
Es gilt die DIN 1988 Teil 200 [26] und DIN EN 806 [14] für Installationen im Trinkwasserbereich. Man unterteilt Stoffe bezüglich des Gefährdungspotentials zum Schutz des Trinkwassers in fünf Klassen. Viele Stoffe, in Laboratorien sind giftig, krebserregend oder radioaktiv und fallen in die Gefährdungsklasse 4. In Klasse 5 werden Erreger übertragbarer Krankheiten wie Hepatitisviren oder Salmonellen eingestuft. Bei Klasse 4 und 5 werden Sammelsicherungen bzw. Sicherungen am Armaturen eingebaut.

Folgende Sicherungen werden unter anderem eingesetzt:

Rückflussverhinderer: Rückflussverhinderer nach der DIN 3269 Teil 1 [31] unterbinden das Rückfließen von Wasser durch ein selbsttätig schließendes, meist federbelastetes Ventil. Bei Rückfluss schiebt eine Feder die Dichtung gegen den Ventilsitz.

Ein effektiver Schutz gegen Rückfließen und Rücksaugen von Wasser ist allerdings nur im Zusammenwirken mit Rohrbelüftern gewährleistet. Sie können für die Klassen 1 und 2 eingesetzt werden. Für die weitern Klassen 3–5 kommen Rückflussverhinderer in Laborarmaturen nicht zum Einsatz.

Rohrtrenner

Rohrtrenner nach der DIN 3266 Teil 1 [32] haben eine ähnliche Funktion wie Rückflussverhinderer mit einem höheren Sicherungsgrad. Rohrtrenner können, sowohl zur Einzelsicherung und auch als Sammelsicherung eingebaut werden. Rohrtrenner sollen vor dem Auftreten eines Unterdruckes in den Rohrleitungen durch sichtbares „Trennen" der Leitung den atmosphärischen Druck herstellen und dadurch das Rückfließen des Nichttrinkwassers ins Trinkwassernetz verhindern.

Rohrtrenner dürfen bis zur Klasse 3 eingesetzt werden.

Rohrunterbrecher

Rohrunterbrecher nach der DIN 3266 Teil 1 [32] haben eine ähnliche Funktion wie Rohrbelüfter. Sie sollen ebenfalls bei Unterdruck zur Vermeidung des Rückfließens von Nichttrinkwasser in Trinkwasseranlagen durch selbsttätiges Belüften der Anlagen den Unterdruck aufheben.

Dabei ist das Trinkwassernetz vom installierten System sicher getrennt. Man unterscheidet zwischen Rohrunterbrechern mit halb offener Bauform A2 für Gefährdungsklasse 4 und offener Bauform A1 für Klasse 5. Um ein Herausspritzen des Wassers zu vermeiden, müssen die Armaturenausläufe so gestaltet sein, dass es zu keinem Rückstau kommt [12].

Freier Auslauf

Der freie Auslauf ist eine Sicherungseinrichtung, die das Rückfließen von Wasser verhindert. Der freie Auslauf ist die sicherste Einrichtung und im eigentlichen Sinne keine Armatur.

Dabei ist zu beachten, dass beispielsweise bei einem Siebstrahlregler der Abstand zum höchstmöglichen Wasserstand mindestens 20 mm beträgt.

Freie Ausläufe dürfen ebenfalls im Bereich der Klasse 5 eingesetzt werden.

Nach dem Einbau eines freien Auslaufs ist eine Druckerhöhungsanlage vorzusehen, um das Nichttrinkwassernetz mit dem erforderlichen Druck zu versehen.

In reinen Laborbauten ist der freie Auslauf die kostengünstigste Art der Absicherung.

Warmwasser

Für die Warmwassererzeugung in Laboratorien gibt es drei gängige Varianten:

Der Durchlauferhitzer erwärmt bei direktem Verbrauch das Trinkwasser. Man benötigt keinen Warmwasserspeicher. Man beugt damit die Legionellenbildung vor und vermeidet Wärmeverluste beim Zwischenspeichern. Nachteilig ist die elektrische Erwärmung, was energetisch nicht optimal ist.

Der Untertischboiler dient zum Vorhalten von kleineren Wassermengen, üblicherweise setzt man sie in den Größen zwischen 10 bis 220 Liter unter die Wasserabnahmestelle. Nachteile sind, Energieverlust beim Vorhalten des Warmwassers, Legionellen bei nicht optimaler Temperierung und ein erhöhter Platzbedarf gegenüber einem Durchlauferhitzer.

Die Frischwasserstation ist eine mögliche Alternative zum Durchlauferhitzer und Untertischboiler. Sie wird über einen Pufferspeicher mit Heizungswasser versorgt. Das Heizungswasser erwärmt über einen Plattenwärmetauscher das Trinkwasser. Vorteilhaft dabei sind Hygiene und die energetisch sinnvolle Warmwasserzeugung. Nachteilig sind Mehrkosten. Um Frischwasserstationen optimal betreiben zu können, ist es sinnvoll, eine Solarthermieanlage auf dem Dach zu installieren.

Hochwertige Medien

Die „Hochwertigen Medien" (siehe auch Kap. 2.8 Wasseraufbereitung) sind in ihrer Reinheit aufgeführt:

Enthärtetes Wasser

Unter Wasserenthärtung wird die Beseitigung oder Maskierung der im Wasser gelösten Erdalkali-Kationen Ca2+ und Mg2+ verstanden, die die Waschwirkung von Waschmitteln durch Bildung von Kalkseifen reduzieren und zu störenden Kesselsteinablagerungen in Rohrleitungen und Apparaten führen können. Aus umgangssprachlich „hartem" Wasser wird „weiches" Wasser erzeugt. Enthärtetes Wasser darf nicht verwechselt werden mit destilliertem oder demineralisiertem/voll entsalztem Wasser (VE-Wasser).

Ein häufig eingesetztes Verfahren ist die Enthärtung mit Kationenaustauscherharz. Das Wasser strömt durch einen Behälter, der ein Kationenaustauscherharz enthält. In diesem werden vorwiegend die „Ca2+"-Ionen und „Mg2+"-Ionen gegen eine äquivalente

Menge „Na+"-Ionen getauscht. Das enthärtete Wasser enthält nun entsprechend mehr „Na+"-Ionen und fast keine „Ca2+"-Ionen und „Mg2+"-Ionen. Alle übrigen Ionen verbleiben im Wasser (siehe Kap. 2.8).

Voll entsalztes Wasser (VEW), demineralisiertes Wasser

Demineralisiertes Wasser, auch als deionisiertes Wasser, voll entsalztes Wasser (*VE-Wasser) oder Deionat bezeichnet, ist Wasser ohne die im normalen Quell-* und Leitungswasser vorkommenden Mineralien (Salze, Ionen). Es kommt vor allem bei technischen Anwendungen als Betriebsstoff zum Einsatz (beispielsweise als Wärmeträger im Kühlmittelkreislauf eines Kraftwerks), wird aber auch in der Chemie und in der Biologie als Lösungs- und manchmal auch als Reinigungsmittel verwendet.

Demineralisiertes Wasser wird durch Ionenaustausch aus Trinkwasser gewonnen. Eine andere Methode ist die Gewinnung aus Brauchwasser durch vorgeschaltete Umkehrosmose mit einer nachgeschalteten Restentsalzung über einen Mischbettfilter. Als Rohwasser wird bei kleineren Mengen Leitungswasser und bei größeren Mengen, für den industriellen Bedarf, auch Oberflächen- oder Brunnenwasser verwendet.

Zur Bestimmung des Reinheitsgrades eines demineralisierten Wassers wird die elektrische Leitfähigkeit mit Leitwertmessgeräten gemessen. Die Leitfähigkeit wird in S/m angegeben. Da demineralisiertes Wasser eine sehr geringe Leitfähigkeit aufweist, ist die gebräuchliche Einheit mS/m und im technischen Sprachgebrauch µS/cm.

Der Wert bei destilliertem Wasser liegt zwischen 0,5 und 5 µS/cm bei 25 °C.

Laborgebäude werden mit voll entsalztem Wasser zentral mittels einer Zirkulationsleitung versorgt.

Zur Dimensionierung von VE-Wasser gibt es keine Norm. Man kann nur auf Erfahrungswerte und vergleichbare Projekte zurückgreifen. Nach der Schweizer Richtlinie der Eidgenössischen Technischen Hochschule Zürich von 2009, die wieder zurückgezogen wurde, ist für ein Standard Labor von vier bis fünf Arbeitsplätzen mit 50–60 qm, ein Durchfluss von 6–12 l/min vorzusehen.

Reinstwasser

Reinstwasser ist besonders gereinigtes Wasser. Im Gegensatz zum herkömmlichen Wasser, wie es in der Natur vorkommt, welches z. B. Mineralstoffe wie Magnesium enthält, beinhaltet Reinstwasser keine Fremdstoffe.

Das Europäische Arzneibuch stellt an hoch gereinigtes Wasser die Anforderung, dass der Grenzwert der Leitfähigkeit $\leq$ 1,1 µS/cm bei 20 °C sein muss. Wasser für analytische Zwecke darf nach der DIN EN ISO 3696 bei 25 °C in der Qualität 1 eine maximale Leitfähigkeit von 0,1 µS/cm haben [16].

Wasser für die Dampferzeugung in Kraftwerken mit Hochdruckdampferzeugern darf maximal eine Leitfähigkeit von 0,2 µS/cm haben.

Das häufigste Verfahren zur Herstellung von Reinstwasser ist die Umkehrosmose, seltener die Destillation. Beide Verfahren werden kombiniert mit weiteren Reinigungsverfahren wie Ionentauscher, Aktivkohlefilter, Ultrafiltration, Photooxidation, Entgasungsverfahren (Vakuumentgasung, Membranentgasung), Entkeimung durch UV-Bestrahlung, elektrochemische Deionisation.

Durch kurze Leitungswege und eine hohe Durchflussgeschwindigkeit kann der Gefahr der Verkeimung entgegengewirkt werden. In der Praxis haben sich dezentrale, kleine Aufbereitungsanlagen, je nach spezieller Nutzung bewährt, die auch kostengünstiger sind.

Kälte (siehe auch Kapitel 4).

Wasser wird in der Labortechnik häufig als Kühlmittel eingesetzt.

Es wird zwischen 3 Systemen unterschieden:

Geschlossene Kühlsysteme

Bei geschlossenen Umlaufkühlsystemen wird das umlaufende Kühlwasser nur unmittelbar rückgekühlt. Es kommt mit Luft nicht direkt in Berührung, steht also mit der Atmosphäre nicht in Verbindung. Die indirekte Rückkühlung kann über Luft oder über Wasser erfolgen. Erfolgt die Rückkühlung über Wasser, so wird es über einen sekundären Wärmetauscher direkt in einen Rückkühler geleitet. Die Wasserbehandlung solcher Anlagen ist wenig wartungsintensiv. Wenn ein Produkt erst einmal eingespeist ist, verbleibt es in der Regel im System. Lediglich bei Leckagen ist eine Nachspeisung notwendig. Bei geschlossenen Umlaufkühlsystemen ist eine Korrosionsbehandlung notwendig, da das Wasser mehr als einmal im Gebrauch ist.

An die geschlossenen Kühlsysteme werden Geräte angeschlossen, die dauerhaft im Betrieb sind z. B. Fan Coils. Ein Anbinden oder Entfernen von Geräten an das geschlossene Kühlsystem im Betrieb sollte vermieden werden, da bei diesem Vorgang Luft ins System kommt, welche die Hydraulik der Anlage zerstört.

Geschlossene Kühlsysteme sind druckbehaftet und werden meist in 6 °C/12 °C, manchmal auch in 10 °C/16 °C ausgeführt.

Offene Kühlsysteme

Offene Kühlsysteme, Durchflusskühlsysteme oder auch offene Systeme ohne Kreislauf genannt, sind die Lösung für Geräte im Labor, die flexibel anzuschließen sind, also deren Einsatz und Nutzung sich zeitlich ändert.

Zeitlich gesehen hat das offene Kühlsystem eine Wandlung durchlebt. Zu den Anfängen der Planung von offenen Systemen wurde das Kühlwasser entweder dem Leitungswassernetz der Stadt, dem Grundwasser oder einem Vorfluter entnommen. Das Kühlmedium kann öfters wieder verwendet werden und wird anschließend wie Abwasser behandelt und entsorgt.

Funktion

Der Kühlwasservorlauf zum Gerät ist dabei druckbehaftet. Nachdem das Kühlwasser im Gerät seinen Zweck erfüllt hat, fließt es vom Gerät, an dem ein Schlauch angeschlossen ist, als Kühlwasserrücklauf in ein Trichterbecken, in dem außer dem Laborkühlwasser keine anderen Medien angeschlossen sind, und anschließend in die Technikzentrale. Dort wird der Kühlwasserrücklauf in einem Behälter gesammelt, der mit der Atmosphäre in Verbindung steht. Es wird erneut heruntergekühlt und wieder als Kühlwasservorlauf in die Laboratorien zurückgepumpt. Dieses System scheiterte jedoch in der Vergangenheit immer wieder wegen Eintrag von Fremdstoffen, Staub und vor allem Kleinteilen, die unter anderem durch das Fehlverhalten des Nutzers in das Trickerbecken gelangten. Die Pumpen konnten das immer stärker verunreinigte Wasser nicht befördern, ohne von den Kleinteilen verstopft oder gar zerstört zu werden.

Diese Art des offenen Systems wird heutzutage kaum noch geplant, ist aber in vielen älteren Laboratorien immer noch im Betrieb.

Offene Kühlsysteme sind bis zum Gerät druckbehaftet und danach drucklos und werden meist in 18 °C/24 °C, manchmal auch in 16 °C/22 °C ausgeführt.

Halb offene Systeme

Wegen der oben genannten Probleme, die ein offenes System mit sich bringt, werden heutzutage halb offene Systeme eingesetzt.

Dieses System bietet gegenüber dem offenen System zwei Vorteile:

1. Das halb offene System ist komplett unabhängig vom Boden, da sowohl der Kühlwasservorlauf als auch der Rücklauf an den Hauptleitungen an der Decke angeschlossen sind. Es besteht also keine Bindung an Trichterbecken oder an Laborabwasseranschlüsse, die einen Bodendurchbruch zur Folge haben. Dieses System macht das Labor flexibler, auch im Falle eines Umbaus.
2. Schmutz oder Kleinteile können nicht mehr ins System eingetragen werden und die Funktion der Pumpe beeinträchtigen.

Der druckbehaftete Kühlwasservorlauf wird analog zum offenen System zum Gerät geführt. Nach dem Gerät wird der Rücklauf ebenfalls druckbehaftet zurück zur Trasse unter die Decke geführt. Mit dem Gegendruck von ca. 0,2 bar können die zwei Höhenmeter überwunden werden. Das eingebaute Rückschlagventil öffnet bei einer bestimmten Druckdifferenz selbsttätig. Danach fällt das Kühlwasser in die drucklose, mit einem Gefälle verlaufende Kühlwasserrücklaufhauptleitung. Das Leitungsnetz ist analog dem des Schmutzwassers ausgelegt. Der Kühlwasserrücklauf wird in der Technikzentrale in einem Behälter gesammelt, der mit der Atmosphäre in Verbindung steht.

Biozidbehandlung

Wegen des minimalen Staubeintrags, der sich auch bei diesem System nicht ganz vermeiden lässt und des Lichteintrages muss das Kühlwasser mit Bioziden behandelt werden, um das mikrobiologische Wachstum von Algen, Pilzen und Bakterien zu vermeiden. Dies gilt ebenso für eine Keimzahlbestimmung, die zu hohe Keimwerte ergibt.

Es empfiehlt sich, das Kühlwasser mit den Bioziden selten, aber dafür kräftig zu beimpfen, da diese analog zu Antibiotika wirken. Gegen eine regelmäßige Beimpfung in kleinen Dosen würden die Bakterien etc. auf Dauer resistent. Zu den wichtigsten Vertretern der Biozide gehören Chlor und Brom.

Korrosions- und Steinschutzdosierung

Einfache Wasseraufbereitungssysteme verwenden neben einer Biozidbehandlung auch eine Korrosions- und Steinschutzdosierung. Bei weicheren Wässern kann auf Steinschutz verzichtet werden. Die Dosierung richtet sich nach den verwendeten Materialien, der thermischen Beanspruchung und der Wasserzusammensetzung. Generell werden für die Korrosions- und Steinschutzdosierung Kombinationsprodukte wie z. B. Phosphat, Chromat, Nitrit, Chrom, Zink, Mangan oder Nickel eingesetzt.

Halb offene Systeme werden meist in 18 °C/24 °C manchmal auch in 16 °C/22 °C ausgeführt.

10.11 Gasförmige Medien (siehe auch Kapitel 8)

Gase werden entweder durch Reaktionen erzeugt oder durch Abtrennung aus Stoffgemischen gewonnen.

Trockene, saubere atmosphärische Luft hat im Mittel etwa folgende Zusammensetzung (Tab. 10.1):

Tab. 10.1: Zusammensetzung der Luft.

Bezeichnung des Stoffes	Chem. Zeichen	Volumenanteil	Massenanteil
Hauptbestandteile der trockenen Luft auf Meereshöhe			
Stickstoff	N_2	78,084 %	75,508 %
Sauerstoff	O_2	20,942 %	23,135 %
Argon	Ar	0,934 %	1,288 %
Gehalt an Spurengasen (eine Auswahl)			
Kohlendioxid	CO_2	0,038 %	0,058 %
Neon	Ne	18180 ppm	12,67 ppm
Helium	He	5,240 ppm	0,72 ppm
Methan (Erdgas)	CH_4	1,760 ppm	0,97 ppm
Krypton	Kr	1,140 ppm	3,30 ppm
Wasserstoff	H_2	Ca. 500 ppb	36 ppb
Kohlenstoff-Monoxid	CO	50–	50–200 ppb
Xenon	Xe	87 ppb	400 ppb

Technische Gase
Für Analysen werden Gase mit hoher Reinheit verwendet [11].

Typische Eigenschaften von Reinstgasen, die sich auf den Umgang auswirken, sind:

1. inert
2. brennbar
3. oxidierend
4. korrosiv
5. giftig
6. tiefkalt (in dieser Zustandsform sind auch Verbrennungen möglich).

Die Reinstgase werden in verschiedenen Reinheitsklassen unterteilt.

Bei der Lagerung unterscheidet man zwischen aktiver und passiver Lagerung. Bei der aktiven Lagerung sind die Gase an das Verbrauchernetz angeschlossen (sog. Flaschenzentrale). Bei der passiven Lagerung handelt es sich um leere oder volle Flaschen, die zur weiteren Verwendung gelagert werden, aber nicht an einen Verbraucher angeschlossen sind (sog. Flaschenlager). Beide Räume sollten nebeneinander geplant werden.

Eine Flaschenzentrale kann wie in der Abbildung 10.17 ausgeführt sein. Nach der TRG 280 [35] muss zwischen brandfördernden und brennbaren Gasen ein Mindestabstand von 2 m bestehen.

Brennbare und inerte Gase dürfen mit einem beliebigen Abstand zueinander aufgestellt sein.

Brandfördernde und inerte Gase dürfen ebenso mit einem beliebigen Abstand zueinander aufgestellt sein.

Die Leitungsdimensionierung berechnet sich aus dem Mindestdruck und der Mengenstrom, wie folgendes Beispiel zeigt:

> Bekannt ist: In einem Laborgebäude sollen 34 Entnahmestellen je 0,15 Norm-l/s (bei Normbedingungen, also bei atmosphärischem Druck) mit Druckluft versorgt werden. Die Druckluft soll bei einem Überdruck von 6 bar durchs Gebäude verlegt werden.

In welcher Dimensionierung wird die Druckluftleitung ins Gebäude geführt?

Lösung. Nicht alle Entnahmestellen werden gleichzeitig in Gebrauch sein. Mithilfe des Gleichzeitigkeitsfaktors φ wird der Spitzendurchfluss bestimmt:

Den Gleichzeitigkeitsfaktor zur Rohrnetzberechnung in Abhängigkeit von der Entnahmestelle erhält man aus den Diagramm (siehe Feurich [10]).

$\varphi = 0{,}45$:

$$V_{\text{S,Norm}} = V_R \times \varphi$$
$$V_{\text{S,Norm}} = 35 \times 0{,}15\,\text{l/s} \times 0{,}45$$
$$V_{\text{S,Norm}} = 2{,}36\,\text{l/s}$$

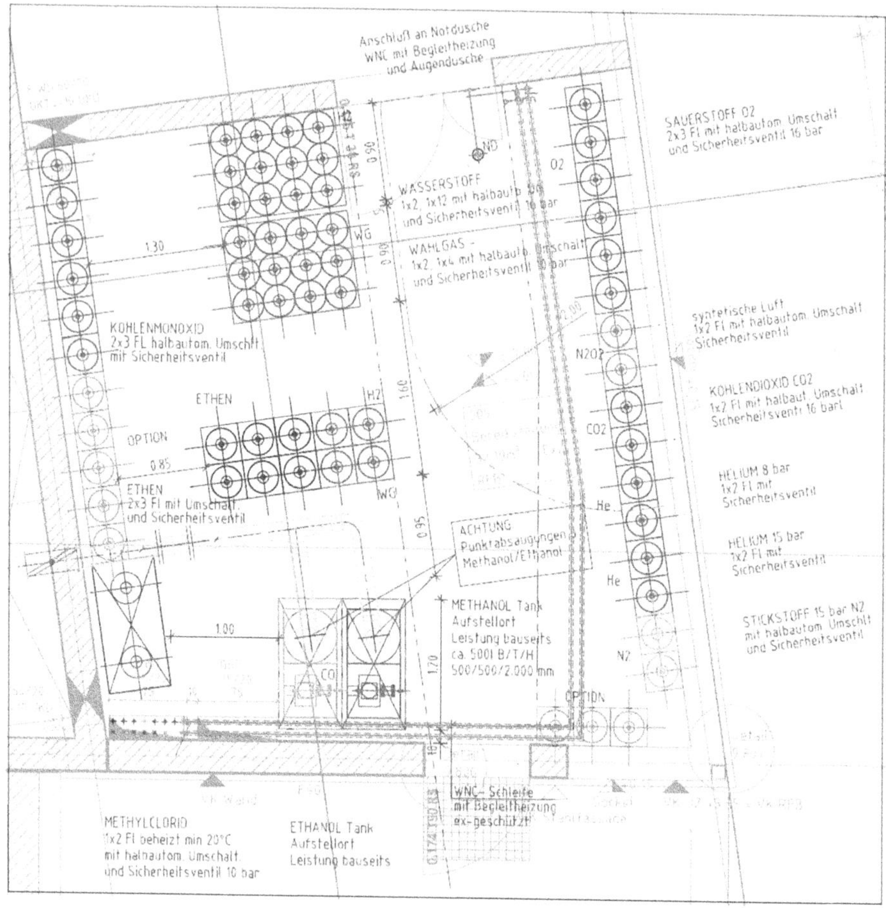

Abb. 10.17: Flaschenzentrale.

Unter der Annahme, dass die Temperatur konstant 20 °C bleibt, gilt das Gesetz von Boyle-Mariotte:

$$V_1 = V_{\text{S,Norm B}} \times p_{\text{Norm}}/p_1$$
$$V_1 = 2{,}36\,\text{l/s} \times 1\,\text{bar}/(6\,\text{bar} + 1\,\text{bar})$$
$$V_1 = 0{,}3371\,\text{l/s}$$

Für Verteilungsleitungen wird eine Fließgeschwindigkeit von 4 bis 10 m/s, für Steigleitungen wird eine Fließgeschwindigkeit von 2 bis 6 m/s, für Stockwerksleitungen wird eine Fließgeschwindigkeit von 2 bis 6 m/s und für Anschlussleitungen wird eine Fließgeschwindigkeit von 1 bis 3 m/s empfohlen [11].

Für selten bzw. in kleinen Mengen und zumeist mit unterschiedlich hohem Reinheitsgrad genutzte Sondergase sind dezentrale Versorgungseinrichtungen vorzuziehen

(Druckgasflaschenschränke oder Versorgungsräume). Die Gase sollten leitungsgebunden an die Verbrauchsstellen geführt werden [6].

Technische Gase, die in Laboren verwendet werden sind in Tabelle 10.2 aufgelistet.

Tab. 10.2: Technische Gase und ihre Eigenschaften.

Bezeichnung	Chem. Zeichen	Siedepunkt		Ideale Dichte	Versorgungsart (in der Regel)
		in [K]	in [°C]		
Argon	Ar	87,3	−185,9	1,782	Zentral
Helium	He	4,23	−268,92	0,178	Zentral
Kohlendioxid	CO_2	194,7	−78,5	1,963	Zentral
Sauerstoff	O_2	90,2	−183,0	1,427	Dezentral
Stickstoff	N_2	77,3	−195,9	1,249	Zentral
Wasserstoff	H_2	20,4	−252,8	0,09	Dezentral
Methan (Erdgas)	CH_4	111,7	−161,5	0,715	Zentral/dezentral

Außerdem werden in Laboratorien noch Druckluft (zentrale Versorgung) und Vakuum verwendet.

Erdgas (Brenngas)

Nach dem DVGW-Arbeitsblatt G 621 [39] ist zusätzlich zu den nach DVGW-Arbeitsblatt G 600 [39] und TRF [45] geforderten Absperreinrichtungen Folgendes einzuhalten: Die Laborräume müssen mit einer zentralen Absperreinrichtung versehen sein, durch deren Betätigung die Gasversorgung zu allen Gasentnahmestellen des betreffenden Raumes abgesperrt werden können. Bei direkt angrenzenden Laborräumen kann auch eine gemeinsame zentrale Absperreinrichtung ausreichend sein.

Diese zentrale Absperreinrichtung muss aus zwei hintereinander geschalteten Sicherheitsventilen nach der DIN EN 161 [15], mindestens der Klasse C bestehen. Das Bedienteil selbst muss für Laborräume an leicht erreichbarer und jederzeit zugänglicher Stelle außerhalb des Laboratoriums und in dessen Nähe angebracht und als solches gekennzeichnet sein.

Die zentrale Absperreinrichtung ist mit einer Sicherheitseinrichtung zu versehen, dass nur dann Gas eingelassen werden kann, wenn sämtliche Geräteanschlussarmaturen geschlossen sind (Geschlossen-Stellungskontrolle). Sicherheitseinrichtung und Absperreinrichtung dürfen eine kombiniert werden.

Der Bedarf an Brenngas ist stark rückläufig. In der Regel schränkt sich der Verbrauch auf die örtliche Bereitstellung ein (Druckgasflaschen als Kleingebinde).

Vakuum

Hier haben sich dezentrale Vakuumpumpen am Laborplatz bewährt oder es werden Laborbereiche versorgt, wo die Pumpe lärmisoliert außerhalb des Laboratoriums steht.

Kyrotechnik

In Laboratorien werden auch Gase mit sehr tiefen Temperaturen verwendet, wie z. B. Flüssigstickstoff oder Flüssighelium. Stickstoff wird verwendet, weil es am häufigsten in der Natur vorkommt. Helium kommt zwar nicht so häufig vor, kann aber tiefer heruntergekühlt werden. Helium wird nach der Benutzung im Labor wieder aufgefangen und in Heliumrückgewinnungsanlagen aufbereitet. Flüssiger Stickstoff bzw. flüssiges Helium werden in Dewargefäßen aufbewahrt und transportiert.

Kyrotechnik, Kyrogenik oder Tieftemperaturtechnik ist die Technik zur Erzeugung tiefer Temperaturen (Joule-Thomson-Effekt) und zur Nutzung physikalischer Effekte bei tiefen Temperaturen (Verflüssigung und Trennung von Gasen). Die Kyrotechnik deckt den Temperaturbereich unterhalb von etwa –150 °C ab. Technisch einfach zugänglich sind Temperaturen von 77,4 K (–195,8 °C), dem Siedepunkt von Stickstoff, 20,4 K (dem Siedepunkt von Wasserstoff) und 4,2 K (dem Siedepunkt von Helium). Tiefere Temperaturen sind durch Druckverminderung und die damit verbundene Änderung der Siedepunkte erreichbar. Mit Helium können somit 0,001 K bis 1 K erreicht werden. Eine breite Anwendung findet flüssiges Helium in der Kühlung von supraleitenden Wicklungen von Elektromagneten.

Anwendungen der Kyrotechnik in Laboratorien:
- Hochenergiephysik (Teilchenbeschleuniger)
- Vakuumtechnik (Kyropumpe)
- Messtechnik
- Kyrobiologie
- Medizin: MRT, Kyrochirurgie, Gewinnung medizinischer Gase
- Konservierung, Kyrokonservierung.

10.12 Schachtkonzepte

Zur Versorgung mit Medien unterscheidet man zwischen Einzelschacht- und Zentralschachtversorgung, wobei meist beides verwendet wird.

Bei der Einzelschachterschließung werden pro Laborraster in regelmäßigen Abständen direkt an den Laborbereichen Versorgungsschächte angeordnet. Aus diesen Schächten können die Gewerke Lüftung und Sanitär vertikal verteilt und versorgt werden.

Bei der Zentralschachtversorgung sind pro Laborbereich oder Etage zentrale Versorgungsschächte angeordnet, aus welchen die Systeme horizontal in die Laborbereiche verteilt werden.

Die technische Erschließung der Labormodule über Zentralschächte bietet für die Aufgabenstellung die höchste Flexibilität. Laborinstallationen werden zur besseren Zugänglichkeit für Wartungsarbeiten und Nachrüstungen ohne abgehängte Decke ausgeführt. Die Konzentration aller Installationen an der Decke erschwert die gute Reinigung für Labore der Sicherheitsstufe S2. Abwasserleitungen benötigen im Labor Gefälleleitungen, die entweder eine entsprechende Geschosshöhe erfordern oder die Installationsmöglichkeiten einschränken. Unter Beachtung dieser beiden Aufgabenstellungen ist es für bestimmte Gebäudetypen sinnvoll, eine hybride Versorgungsstruktur zu entwickeln. Die Zu- und Abluftversorgung, sowie die Elektro- und EDV-Technik erfolgt durch Zentralschächte bzw. Etagenbereichsversorgungsräume. Die Medienversorgung und die Abwasserführung erfolgt durch dezentrale Einzelschächte.

Der heutige Stand der Technik ist eine Mischung zwischen Einzelschächten und Zentralschächten, also eine Mischerschließung des Gebäudes. Man kann damit die Vorteile der einzelnen Erschließungsarten nutzen und das Gebäude optimal versorgen; die Richtlinie VDI 2050 Blatt 1.1 [42] konkretisiert die benötigten Flächen der Schächte für die Erschließung des Gebäudes. Die Anwendung dieser Richtlinie ermöglicht eine Flächenplanung unter Beachtung der anerkannten Regeln der Technik. Es ist darauf zu achten, dass die Hauptzu- und Abluftkanäle und Leitungen kreuzungsfrei verlegt sind und zugänglich sind.

10.13 Zusammenfassung

Ein Labor einzurichten, erfordert spezialisierte Fachkenntnisse. Dabei kommt es natürlich in erster Linie darauf an, welche Arbeiten in dem Labor durchgeführt werden sollen. Anschlüsse für Elektrizität, Gas, Wasser, Abwasser, spezielle Geräte, die richtigen Labormöbel und ergonomisch sinnvolle Arbeitsplätze zeigen nur einige Aspekte. Hinzu kommen gesetzliche Regelungen, wie Sicherheits- und Arbeitsschutzvorschriften.

Nach der Biostoffverordnung [43] sind die im Labor verwendeten Arbeitsstoffen entsprechend dem von ihnen ausgehenden Infektionsrisiko in vier Risikogruppen eingeteilt. Für die Risikogruppen gibt es wiederum vier Schutzstufen (S1 bis S4), für die bestimmte Schutzmaßnahmen zur Sicherheit der Labormitarbeiter vorzusehen sind. Die Sicherheitsmaßnahmen für Schutzstufe 1 gibt die TRBA 500 [34] und TRBA 100 [33] vor, für die Schutzstufen 2 bis 4 die BioStoffV und die TRBA 100.

Im Labor muss zwischen Steharbeitstischen mindestens ein Abstand von 1,45 m eingehalten werden. Davon sollte der Durchgang 0,55 m breit sein. Die Abstände müssen vergrößert werden, wenn eine in der DIN EN 14056 [18] aufgeführte Situation zutrifft.

Ein Laborraum braucht zwei Fluchtwege, die nicht länger als 25 m sein dürfen. Sollten sich dauerhaft im Labor 6 bis 20 Personen aufhalten, muss der Fluchtweg mindestens einen Meter breit sein, bei weniger als 6 Personen genügen 90 Zentimeter.

Außerdem dürfen Fluchtwege nur dann über einen benachbarten Raum führen, wenn dieser Raum auch im Gefahrfall, während des Betriebes, ein sicheres Verlassen ohne fremde Hilfe ermöglicht.

Wie schon beschrieben, werden in einem Labor sehr viele unterschiedliche Medien benötigt. Mit dem Laborbenutzer sollte erst abgestimmt werden, welche Medien häufig und welche eher weniger häufig benötigt werden. Daraufhin kann der Laborplaner das Labor, mit zentral oder dezentral versorgten Medien vorsehen. Die Trassierung der Medien sollte lt. der KBOB [46] aus den Vertikalschächten in den Gängen direkt in die Laborräume erfolgen. Dort werden die Arbeitsplätze mit punktuellen von oben eingespeisten Zapfstellen versorgt. Dies kann durch Mediensäulen, Medienbrücken oder auch Medienflügel realisiert werden. Die vorgefertigten Labormöbel sind von Hersteller zu Hersteller unterschiedlich. Die Absperrungen und Regulierungen der Medienleitungen sollten an leicht zugänglichen Stellen, möglichst außerhalb des Labors, angebracht werden. Dies kann im Brandfall einen entscheidenden Sicherheitsaspekt bewirken.

Das im Labor anfallende belastete Abwasser ist, vor der Übergabe an die kommunalen Vorfluter, aufzubereiten. Für die Auslegung der Leitungen und Kanäle können von der Eidgenössischen Technischen Hochschule Zürich (ETH) „Richtlinien Laborbauten" und von der KBOB „Laborleiter" Richtwerte als Planungsgrundlage herangezogen werden.

Die RLT-Anlage in einem Krankenhauslabor hat folgende Aufgaben zu erfüllen:

1. die Versorgung mit einer ausreichenden Menge Frischluft, wobei die Behaglichkeitskriterien lt. DIN EN 15251 [21] und DIN EN 13779 [25] einzuhalten sind,
2. die Verdünnung und Abführung im Labor möglicherweise freigesetzter Gefahrstoffe, um Gesundheitsgefährdungen über die Atemluft zu vermeiden,
3. den Abluft- und Zuluftbedarf von Laboreinrichtungen und Geräten sicherzustellen.

Die Zuluft muss aufbereitete Außenluft sein, Sekundärluft nach DIN EN 13779 ist zur thermischen Aufbereitung nur dann zulässig, wenn keine gefährlichen Konzentrationen von Gefahrstoffen auftreten können. Für die Auslegung des Abluftvolumenstroms eines Laborraums sind 25 $m^3/(m^2{\cdot}h)$ anzurechnen. Ohne Absenkung entspricht dies bei 3 m lichter Raumhöhe stündlich einem etwa achtfachen Luftwechsel, der in der Nacht auf einen vierfachen Luftwechsel in der Stunde abgesenkt werden kann. Die Zuluftgeschwindigkeit sollte im Bereich der Digestorienöffnungen 0,3 m/s nicht überschreiten und der Schalldruckpegel im Raum darf lt. DIN 1946–7 [29] 52 dB(A) nicht überschreiten.

Ein Digestorium im Labor hat folgende Aufgaben:

- Gase, Dämpfe oder Stäube in gefährlicher Konzentration oder Menge dürfen aus dem Abzugsinneren nicht in den Laborraum gelangen,
- es darf sich im Abzugsinneren keine gefährliche explosionsfähige Atmosphäre bilden und
- es soll Beschäftigte gegen verspritzende gefährliche Stoffe oder umherfliegende Glassplitter schützen.

Für die Vordimensionierung der Lüftungsanlage kann für einen Laborabzug ein Wert von 400 m^3/h pro lfm Frontlänge angerechnet werden. Den minimalen Luftvolumenstrom, bei geschlossener Scheibe und im ausgeschalteten Zustand, pro Laborabzug, sollte man mit 120 m^3/h ansetzten.

Sicherheitswerkbänke sind in der Regel nur für Tätigkeiten mit kleinen Mengen und nicht für Tätigkeiten mit sehr giftigen, krebserzeugenden, erbgutverändernden oder reproduktionstoxischen Stoffen, sowie nicht für Tätigkeiten mit Niedrigsiedern (Siedepunkt ≤ 65 °C) geeignet.

Man unterscheidet drei Klassen von Sicherheitswerkbänken: Klasse I – Schutz des Arbeitenden; Klasse II – Schutz des Arbeitenden und des Arbeitsgegenstands; Klasse III – erhöhter Schutz des Arbeitenden und Schutz des Arbeitsgegenstands.

Die Hauptaufgabe eines Sicherheitsschrankes ist, neben der Lagerung der verschiedenen Stoffe, im Brandfall den gefährdeten Personen ausreichend Zeit zu geben, den Raum zu verlassen. Sicherheitsschränke müssen im Brandfall innerhalb von 20 Sekunden selbsttätig schließen und müssen abgesaugt werden, damit in ihnen kein gefährliches Gas-Luft-Gemisch entsteht. Das Absaugen kann entweder durch einen Anschluss an das hauseigene Abluftsystem, einen zusätzlichen externen Ventilator oder mittels eines in den Schrank integrierten Ventilators erfolgen.

Literatur

[1] Bauch M.: Brandschutzmaßnahmen, S. 75 ff., Handbuch für nachhaltige Laboratorien. Dittrich E., Erich Schmitt Verlag, Berlin, 2012.

[2] Cordes S., Holzmann, I.: Forschungszentren und Laborgebäude. HIS Forum Hochschule, 2007.

[3] bense-Laborbau, http://www.bense-laborbau.de/tl_files/fotos/Abzug-begehbar.jpg, aufgerufen am 21.04.2014. Hardegsen, Niedersachsen.

[4] Waldner www.waldner lab.de/portals technischer Katalog, Labortische und laborspülen 2021. Wangen, Allgau.

[5] Dittrich E.: Laboreinrichtungen, S. 218 ff. Handbuch für nachhaltige Laboratorien. Erich Schmitt Verlag, Berlin, 2012.

[6] Wimmer B.: Sicherheit im Labor – Die neue GUV-R120, Bayerischer Gemeindeunfallversicherungsverband Bayerische Landesunfallkasse Geschäftsbereich 1 – Prävention Bildungswesen 2008.

[7] Gerstel S.: Mikrobiologische Sicherheitswerkbänke. www.mh-hannover.de Medizinische Hochschule Hannover (siehe auch DIN EN 12469).

[8] Heinekamp C.: Nachhaltigkeit von Laboratorien. Dechema Kolloquium 2011. Frankfurt.

[9] Rydzewski R.: Raumlufttechnik, S. 108 ff. Handbuch für nachhaltige Laboratorien. Dittrich E., Erich Schmitt Verlag, Berlin, 2012.

[10] Feurich H.: Sanitärtechnik. Krammer Verlag, Düsseldorf, 1995.

[11] Veranneman G.: Tabellenanhang, S. 66 ff., Technische Gase, Veranneman G., verlag moderne industrie AG & Co., Landsberg am Lech, 1987-3-478-93010-3.

[12] Pistohl W.: Regel- und Sicherheitsarmaturen, S. B89 ff, Handbuch der Gebäudetechnik, Pistohl W., Werner Verlag, Köln, 2007 – ISBN: 978-3-8041-4680-8.

[13] Liebsch J.: Gefahrstofflagerung im Labor – sicher und energieeffizient. Laborpraxis 11/12.2022.

[14] DIN EN 806 Techn. Regeln für Trinkwasserinstallationen. 2012-04, Beuth Verlag, Berlin.

[15] DIN EN 161: Automatische Absperrventile für Gasbrenner und Gasgeräte. 2013-04, Beuth Verlag, Berlin.

[16] DIN EN ISO 3696: Wasser für analytische Zwecke, Anforderungen und Prüfungen. 1991-06, Beuth, Berlin.

[17] DIN EN 13150: Arbeitstische für Laboratorien in Bildungseinrichtungen – Maße, Anforderungen an die Sicherheit und Dauerhaltbarkeit, Prüfungsverfahren. 2020-05, Beuth Verlag, Berlin.

[18] DIN EN 14056: Laboreinrichtungen – Empfehlungen für Anordnung und Montage. 2003-07, Beuth Verlag, Berlin.

[19] DIN EN 12128: Biotechnik – Laboratorien für Forschung, Entwicklung und Analyse – Sicherheitsstufen mikrobiologischer Laboratorien, Gefahrenbereiche, Räumlichkeiten und technische Sicherheitsanforderungen. 1998-05, Beuth Verlag, Berlin.

[20] DIN EN 15154: Sicherheitsnotduschen – Teil 5: Körperduschen über Kopf mit Wasser für andere Standorte als Laboratorien. 2019-12, Beuth Verlag, Berlin.

[21] DIN EN 15251: Eingangsparameter für das Raumklima zur Auslegung und Bewertung der Energieeffizienz von Gebäuden – Raumluftqualität, Temperatur, Licht und Akustik. 2012-12, Beuth Verlag, Berlin.

[22] DIN EN 12924: Laboreinrichtungen – Abzüge Teil 1 Abzüge für den allgemeinen Gebrauch. 1993-19, Beuth Verlag, Berlin.

[23] DIN EN 14175: Laborabzüge. 2019-07 Teil 1: Begriffe und Maße Teil 2: Anforderungen an Sicherheit und Leistungsvermögen Teil 3: Baumusterprüfungen Teil 4: vor Ort Prüfverfahren. 2003-08, Beuth.

[24] DIN EN 14470: Feuerwiderstandsfähige Lagerschränke – Teil 1: Sicherheitsschränke für brennbare Flüssigkeiten. 2023-09, Beuth, Berlin.

[25] DIN EN 13779: Lüftung von Nichtwohngebäuden – Allgemeine Grundlagen und Anforderungen für Lüftungs- und Klimaanlagen und Raumkühlsysteme. 2007-09, Beuth, Berlin.

[26] DIN EN 806-4: Technische Regeln für Trinkwasserinstallationen. 1988-12, Beuth Verlag, Berlin.

[27] DIN 25466: Radionukleidabzüge – Regeln für Auslegung und Prüfung. 2012-08, Beuth Verlag.

[28] DIN 1946: Raumlufttechnik. 2019-12, Beuth.

[29] DIN 1946-7: Teil 7: Raumlufttechnische Anlagen in Laboratorien. 2022-08, Beuth, Berlin.

[30] DIN 14494: Sprühwasserlöschanlagen, ortsfest mit offenen Düsen. 1979-03, Beuth.

[31] DIN EN ISO 3269: Mechanische Verbindungselemente – Annahmeprüfung. 2020-11, Beuth, Berlin.

[32] DIN 3266: Armaturen für Trinkwasserinstallationen in Grundstücken und Gebäuden. Rohrbelüfter. 2018-03, Beuth, Berlin.

[33] TRBA 100: Technische Regeln für biologische Arbeitsstoffe. „Schutzmaßnahmen für gezielte und nichtgezielte Tätigkeiten mit biologischen Arbeitsstoffen in Laboratorien". Bundesanstalt für Arbeitsschutz und Arbeitsmedizin. 2013-10.

[34] TRBA 500: Grundlegende Maßnahmen bei Tätigkeiten mit biologischen Arbeitsstoffen. 2012-04 BAuA-Regelwerk. Bundesanstalt für Arbeitsschutz und Arbeitsmedizin.

[35] TRG 280: Technische Regeln Druckgase. Betreiben von Druckgasbehältern. Wurde ersetzt durch TRGS 510 veröffentlicht im gemeinsamen Ministerialblatt (GMBl.) 2010 Nr. 81–83 13.12.2010 S. 1693–1721.

[36] TRGS 526: Technische Regeln für Gefahrstoffe, Laboratorien. Bundesanstalt für Arbeitsschutz, 2008-02. Berlin.

[37] BGI-I850-0: Sicheres Arbeiten in Laboratorien. DGUV Information (Deutsche gesetzliche Unfallversicherung). 2011-10 und BGRCI Berufsgenossenschaft Rohstoffe und chem. Industrie.

[38] BGI-560: Betrieblicher Brandschutz in der Praxis. DGUV – Schriften, 2020-12.

[39] DVGW Arbeitsblatt G621 Gasinstallation in Laborräumen und naturwissenschaftlichen Unterrichtsräumen. 2022-03 und DVGW Arbeitsblatt G600: Techn. Regeln für Gasinstallationen. 2018-09. Bonn.

[40] ASR: Betriebsaushänge zur Sicherheitskennzeichnung. Betriebsaushänge nach Vorgabe der Berufsgenossenschaft, aushangpflichtige Gesetze. DGUV Deutsche Gesetzliche Unfallversicherung Berlin April 2016 siehe auch DGUV Information 211-041. Berlin.

[41] ASR A2.3 Fluchtwege und Notausgänge, Flucht- und Rettungsplan. Technische Regeln für Arbeitsstätten. DGUV Berlin, Februar 2013.

[42] VDI 2081: Raumlufttechnik – Geräuscherzeugung und Lärmminderung. 2022-04 VDI Verlag Düsseldorf.

[43] VDI 2050: Anforderungen an Technikzentralen. 2013-11, VDI Verlag, Düsseldorf.

[44] BIOStoffV: Verordnung über Sicherheit und Gesundheitsschutz bei Tätigkeiten mit biologischen Arbeitsstoffen. 15. Juli 2013, zuletzt geändert durch Artikel 1 der klein d. des Inneren Verordnung vom 21.07.2021, Bundesministerium für Arbeit und Soziales und Bundesmin. Des Innern.

[45] ERP-Richrlinie: Enterprise Resource Planning, Unternehmungsresourcenplanung optimieren der Geschäftsprozesse, Dienstleistungen. Cloud basierte CRM Microsoft Dynamics. Verordnung (EU) 2016/679 des Europ. Parlaments, Brüssel.
[46] TRF 2021: Techn. Regel Flüssiggas. Regeln der Technik und Anforderungen an das Errichten und Betreiben von Flüssiggasanlagen. DVFG-TRF 2021 DVGW.

Weitere Literaturhinweise

Gesetze und Verordnungen

- BioStoffV Anhang II u. BioStoffV Anhang III.
- Gentechnik-Sicherheitsverordnung „Verordnung über die Sicherheitsstufen und Sicherheitsmaßnahmen bei gentechnischen Arbeiten in gentechnischen Anlagen."
- Hinweise zur Planung und Ausführung von Raumlufttechnischen Anlagen für Öffentliche Gebäude (RLT – Anlagen- Bau). Herrausgegeben vom Bundesministerium für Raumordnung, Bauwesen und Städtebau. Bonn.

Normen

Normen des Deutschen Instituts für Normung (DIN), Europäische-Normen EN u. ISO-Normen. Es wird darauf hingewiesen, dass die Normen meist ergänzt oder geändert werden. Es ist deshalb erforderlich immer die aktuellen Normen, die auf den neuesten Stand sind, zu benützen. Es werden in den Kapiteln oft auch ältere Normen mit aufgeführt, die durch überarbeitete Normen ersetzt wurden, um die Entwicklung mit aufzuzeigen.

- DIN EN 676: Gebläsebrenner für gasförmige Brennstoffe. 2012-03.
- DIN EN ISO 1135-4: Transfusionsgeräte zur medizinischen Verwendung – Teil 4: Transfusionsgeräte zur einmaligen Verwendung 2012-06.
- DIN EN 1279: Lüftung von Gebäuden – Symbole,Terminologie und graphische Symbole Ausgabe 2004-01.
- DIN EN 1717: Schutz des Trinkwassers vor Verunreinigungen in Trinkwasserinstallationen und allgemeine Anforderungen an Sicherheitseinrichtungen zur Verhütung von Trinkwasserverunreinigungen durch Rückfließen 2011-08.
- DIN 4102: Brandverhalten von Baustoffen und Bauteilen, Lüftungsleitungen, Begriffe, Anforderungen und Prüfungen. 1977-09.
- DIN 4701-10: Energetische Bewertung heiz- und raumlufttechnischer Anlagen – Teil 10: Heizung, Trinkwassererwärmung, Lüftung. 2012-07.
- DIN 4708: Zentrale Wassererwärmungsanlagen; Begriffe und Berechnungsgrundlagen. 1994-04.
- DIN 4753-1: Trinkwassererwärmer, Trinkwassererwärmungsanlagen und Speicher Trinkwassererwärmer Teil 1: Behälter mit einem Volumen über 1000 l. 2011-11.
- DIN 4755: Ölfeuerungsanlagen – Technische Regel Ölfeuerungsinstallation (TRÖ) – Prüfung. 2004-11.
- DIN 4810: Druckbehälter aus Stahl für Wasserversorgungsanlagen. 1991-09.
- DIN 6625: Standortgefertigte Behälter (Tanks) aus Stahl für die oberirdische Lagerung von wassergefährdenden Flüssigkeiten der Gefahrklasse A III und wessergefährdenden, nichtbrennbaren Flüssigkeiten; Bau- u. Prüfgrundsätze. 1989-09.

https://doi.org/10.1515/9783110402919-011

- DIN EN ISO 7396-1: Rohrleitungssysteme für medizinische Gase – Teil 1: Rohrleitungssysteme für medizinische Druckgase u. Vakuum. 2010-08.
- DIN 12056: Entwässerungsanlagen für Gebäude und Grundstücke. 1988-06.
- DIN EN 12845: Ortsfeste Brandbekämpfungsanlagen automatische Sprinkleranlagen, Planung, Istallation und Instandhaltung. 2009-07.
- DIN 14462: Löschwassereinrichtungen – Planung, Einbau, Betrieb u. Installation von Wandhydrantenanlagen sowie Anlagen mit Über- u. Unterflurhydranten. 2012-09.
- DIN EN 12285-1: Werksgefertigte Tanks aus Stahl – Teil 1: Liegende zylindrische ein- u. doppelwandige Tanks zur unterirdischen Lagerung von brennbaren u. nichtbrenbaren wassergefährdenden Flüssigkeiten. 2003-07.
- DIN EN 12285-2: Werksgefertigte Tanks aus Stahl – Teil 2: Liegende zylindrische ein- u. doppelwandige Tanks zur oberirdischen Lagerung von brennbaren und nichtbrennbaren wassergefährdenden Flüssigkeiten. 2005-05.
- DIN 12828: Heizungsanlagen in Gebäuden – Planung von Warmwasserheizungsanlagen. 2011-03.
- DIN EN 12831: Verfahren zur Berechnung der Normheizlast. 2003-08.
- DIN EN 13384-1: Abgasanlagen – Wärme- u. strömungstechnische Berechnungsverfahren – Teil 1: Abgasanlagen mit einer Feuerstätte. 2008-08.
- DIN 18739: VOB Vergabe- u. Vertragsordnung für Bauleistungen – Teil C: Allgemeine Technische Vertragsbedingungen für Bauleistungen (ATV) – Raumlufttechnische Anlagen. 2012-09.
- DIN 19522: Gusseiserne Abflussrohre und Formstücke ohne Muffe (SML). 2010-12.
- DIN 19606: Ozonerzeugungsanlagen zur Wasseraufbereitung. 1980-01.
- DIN 58946-7: Sterilisation Dampfsterilisation Teil 7: Bauliche Anforderungen u. Anforderungen an Betriebsmittel. 2004-09.

DVGW Regelwerk des Deutschen Vereins des Gas und Wasserfaches e. V.

- Arbeitsblatt W 358: Leitungsschächte und Auslaufbauwerke. 2005-09.
- Arbeitsblatt W 405: Bereitstellung von Löschwasser durch die öffentliche Trinkwasserversorgung. 2008-02.
- Arbeitsblatt GW 541: Rohre aus nichtrostenden Stählen für die Gas- u. Trinwasserinstallation; Anforderungen und Prüfungen. 2004-10.
- Arbeitsblatt W 542: Mehrschichtverbundrohre in der Trinkwasser-Installation – Anforderungen und Prüfungen. 2009-08.
- Arbeitsblatt 551: Trinkwassererwärmungs- u. Trinkwasserleitungsanlagen; Technische Maßnahemen zur Verminderung des Legionellenwachstums; Planung, errichtung, Betrieb und Sanierung von Trinkwasser-Installationen. 2004-04.
- Arbeitsblatt W 553: Bemessung von Zirkulationssystemen in zentralen Trinkwassererwärmungsanlagen. 1988-12.

- Arbeitsblatt W 570-3: Armaturen in der Trinkwasserinstallation Gebäude- u. Sicherungsarmaturen und/oder Kombinationen in Sonderbauformen für Einsatzbereiche nach DIN EN 806 und DIN EN 1717 in Verbindung mit DIN 1988 Ausgabe 2012-10.

VDI- Richtlinien des Vereins Deutscher Ingenieure

- VDI 2035: Blatt2 Vermeidung von Schäden in Warmwasser-Heizungsanlagen – Wasserseitige Korrosion. Ausgabe 2009-08.
- VDI 2051: Raumlufttechnik in Laboratorein. 2018-04.
- VDI 2052: Raumlufttechnische Anlagen für Küchen. 2017-04.
- VDI 2055: Wärme- und Kälteschutz von betriebstechnischen Anlagen in der Industrie und in der Technischen Gebäudeausrichtung. Ausgabe ohne Jahr.
- VDI 2078: Berechnung der Kühllast und Raumtemperraturen von Räumen und Gebäuden (VDI-Kühllastregeln). Ausgabe 2012-03.
- VDI 2079: Technische Abnahmeprüfung an Raumlufttechnischen Anlagen. 1996-08.
- VDI 2081: Lärmminderung an Raumlufttechnischen Anlagen. 2006-12.
- VDI 6022: Hygieneanforderungen an Raumlufttechnische Anlagen. 2018-01.

Empfehlung/Richtlinie

- Eidgenössische Technische Hochschule Zürich „Richtlinie Laborbauten".
- Koordination der Bau- und Liegenschaftsorgane des Bundes (KBOB) „Laborbauten" Völk, C.: Sicherheitsschränke S. 307 ff, Handbuch für nachhaltige Laboratorien. Siehe Dittrich E.: Laboreirichtungen Berlin: Erich Schmidt Verlag; 2012- ISBN: 978-3-503-13053-5.

Stichwortverzeichnis

https://doi.org/10.1515/9783110402919-012

www.ingramcontent.com/pod-product-compliance
Lightning Source LLC
Chambersburg PA
CBHW080656220326
41598CB00033B/5231

* 9 7 8 3 1 1 0 4 0 2 9 0 2 *